线性代数与积分变换

（第2版）

编著　陈文鑫　鲍程红
　　　郑子含
主审　张增年

ZHEJIANG UNIVERSITY PRESS
浙江大学出版社

图书在版编目（CIP）数据

线性代数与积分变换 / 陈文鑫，鲍程红编著. —杭州：
浙江大学出版社，2004.8（2022.6 重印）
ISBN 978-7-308-03756-3

Ⅰ.线… Ⅱ.①陈…②鲍… Ⅲ.①线性代数－
高等学校－教材②积分变换－高等学校－教材
Ⅳ.①O151.2②O177.6

中国版本图书馆 CIP 数据核字（2004）第 065965 号

内容简介

本书主要介绍线性代数、积分变换的基本知识.线性代数部分包括行列式、矩阵及其运算、向量组的线性相关性与线性方程组、方阵的特征值及二次型；积分变换部分包括傅氏变换、拉式变换、Z 变换的概念、基本性质及其应用.书中还介绍了如何用 MATLAB 实现线性代数与积分变换的计算.附录中有常用积分变换表和在线性代数、积分变换中常用到的 MATLAB 命令函数，书后附有习题参考答案.

本书可供高等院校电子通信类各专业本、专科生使用，也可作为教师的参考读物.

线性代数与积分变换(第 2 版)

陈文鑫　鲍程红　编著

责任编辑　徐素君
出版发行　浙江大学出版社
（杭州市天目山路 148 号　邮政编码 310007）
（网址：http://www.zjupress.com）
排　　版　杭州青翊图文设计有限公司
印　　刷　嘉兴华源印刷厂
开　　本　787mm×960mm　1/16
印　　张　19.25
字　　数　410 千
版 印 次　2012 年 6 月第 2 版　2022 年 6 月第 11 次印刷
书　　号　ISBN 978-7-308-03756-3
定　　价　50.00 元

浙江大学出版社市场运营中心联系方式：0571－88925591；http://zjdxcbs.tmall.com

序

在信息科学技术日新月异的时代，“工程数学”这门高等学校理工科专业必不可少的数学课程，从课程体系、教学内容到教学方法也亟待改革．与实际相贴近的教学参考书是每位教育工作者所期盼的，本教材便是从这些愿望出发来编著的．

本教材以“工程数学”中的“线性代数”与“积分变换”为主要内容，并将这两大部分内容统一按章节编排，这样的设计有利于那些将“线性代数”与“积分变换”安排在一学期内完成的学校选用．教材的最后增加了一章与“线性代数”和“积分变换”有关的MATLAB软件知识内容，体现了“与时俱进”的理念，使学生从一开始学习“工程数学”就能了解到功能强大的MATLAB计算机应用软件，这将对学习后续专业课程产生积极的作用．本教材在教育思想上做到“因材施教”，也就是说按学生的特点来编写教材，符合目前学生的认知规律；在教学内容上精简“线性代数”内容，增加“Z变换”到“积分变换”中；例题多而不杂，一题多解以训练学生思维；书中还增加了与专业课有关的例题，力求联系专业，培养学生的基本运算、分析与解决问题的能力．

书中例题都是作者经过精心设计和挑选，并经过合理编排，蕴涵着作者多年的教学经验，融入了教与学互动过程的心得．

虽然此书以教材形式出版，但也不失为一本好的工具书．教材中丰富的例题，叙述详细的解题方法，每章后总结性的小结，收集全面的附录，令读者从中得到收获．本书起点较低，对于初学者来说容易入门，适合于学生自学．

本书从讲义到教材历经五载，即将付梓．作者的执着与创新精神堪为楷模．惟愿本书的问世，能加速工科专业教学改革的步伐．

2004年7月

序

前　言

本书是根据多年的教学经验，在原有讲义的基础上改编而成的．全书系统地介绍了线性代数和积分变换的一些基本知识，主要适用对象是电子通信类各专业学生，可作为高等院校工程数学"线性代数"和"积分变换"课程的试用教材和教学参考书．

本书主要特点有：

1．定义、性质、定理的引入和证明尽量采用最简单的方式，讲述基本知识如 n 阶行列式的引入，不讲述全排列与逆序数，而是直接用递推定义．

2．例题丰富而典型，讲解详细，方便自学．一些题目采用一题多解，从中培养读者的解题技巧．有许多例子采用了实例，如讲述克莱姆法则解题时，用求解实际电路为例等等．

3．Z 变换归入积分变换中，使积分变换内容从一般教材中出现的两个增加到三个，即傅氏变换、拉氏变换及 Z 变换，为专业基础课的学习起到了抛砖引玉的作用．

4．用 MATLAB 实现线性代数与积分变换的计算是一种新的尝试．

5．集百家之长，汇四海之源．书中充分吸收了国内同类教材的主要优点，同时融入了作者长期授课的经验和体会．

考虑本书的独立性及某些专业不开设复变函数课程，在积分变换中用到复变函数的内容我们设法回避，但这不影响内容的完整，即便书中出现了复变函数内容，教学中也可绕过，编入书中的目的只是方便读者查阅和参考．

本书共分八章，其中第一至第四章为线性代数部分，主要由陈文鑫编写；第五、六、七章为积分变换内容，主要由鲍程红编写；第八章为线性代数与积分变换的 MATLAB 实现，由陈文鑫编写．全书由陈文鑫定稿完成，郑子含参与了本书部分内容的编写．

本教材的教学参考时数为 68 学时．书中带"＊"的章节和内容，可根据专业要求及课时安排来选用．第八章内容根据教学情况可以选讲或自学，最多课时不应超过 2 学时（包括上机指导）．

在本书的撰写过程中，自始至终得到了浙江万里学院领导和同仁的大力支持，感谢浙江万里学院将本书列入浙江万里学院教材建设基金资助项目．在出版本书的过程中，得到了学院教务处等部门的大力支持和帮助，特别是王刚教务长对于本书的出版给予了热情的鼓励和无私的帮助，在此深表谢意．感谢钱国英教授为本书作序．还要特别感谢的是邬国扬教授为本书提出了非常宝贵的建议；张增年副教授的热情鼓励和帮助，并从百忙之中抽出时间来审阅书稿;钱裕禄为本书的修改提出了宝贵的建议.感谢张萱副教授、胡俊杰工程师、院务办主任洪群欢等所有为本书的编写和出版给予帮助和关心的同志们.

浙江大学出版社领导为本书的出版给予了大力支持,该社多位同志为本书的顺利出版付出了辛勤的劳动,在此一并表示诚挚的谢意!

由于作者水平有限,书中疏漏之处在所难免,敬请各位读者批评指正.

编　者

2004年8月

目　录

第一章 行 列 式

本章及以下三章介绍线性代数的一些基本知识，讨论线性方程组的解法、矩阵化为对角阵及化二次型为标准型等问题.

n 阶行列式是线性代数的基础，要求理解 n 阶行列式的定义，会利用其性质求 n 阶行列式的值，并能用克莱姆(Crame)法则求解 n 元线性方程组.

§1.1 二阶与三阶行列式

一、二元线性方程组与二阶行列式

我们经常用加减消元法求二元线性方程组. 对于一般的二元线性方程组

$$\begin{cases} a_{11}x_1 + a_{12}x_2 = b_1 \\ a_{21}x_1 + a_{22}x_2 = b_2 \end{cases} \tag{1-1}$$

为消去未知数 x_2，以 a_{22} 与 a_{12} 分别乘以两方程的两端，然后两个方程相减，得

$$(a_{11}a_{22} - a_{12}a_{21})x_1 = b_1a_{22} - a_{12}b_2$$

同理，消去 x_1，得

$$(a_{11}a_{22} - a_{12}a_{21})x_2 = a_{11}b_2 - b_1a_{21}$$

当 $a_{11}a_{22} - a_{12}a_{21} \neq 0$ 时，方程组(1-1)有唯一解：

$$\begin{cases} x_1 = \dfrac{b_1a_{22} - a_{12}b_2}{a_{11}a_{22} - a_{12}a_{21}} \\ x_2 = \dfrac{a_{11}b_2 - b_1a_{21}}{a_{11}a_{22} - a_{12}a_{21}} \end{cases} \tag{1-2}$$

式(1-2)中的分子、分母都是四个数分两对相乘再相减而得. 根据式中特点，为便于记忆，引进行列式的概念.

定义 1.1 用 2^2 个数组成的记号

$$\begin{vmatrix} a_{11} & a_{12} \\ a_{21} & a_{22} \end{vmatrix}$$

表示数值 $a_{11}a_{22}-a_{12}a_{21}$，称此记号为**二阶行列式**，数 $a_{ij}(i=1,2;j=1,2)$ 称为行列式的元素，横排称**行**，竖排称**列**. 元素 a_{ij} 的第一个下标 i 称为**行标**，表明该元素位于第 i 行，第二个下标 j 称为**列标**，表明该元素位于第 j 列.

上述二阶行列式的定义可用对角线法则来记忆，参看图 1-1. 把 a_{11} 到 a_{22} 的实联线称为**主对角线**，a_{12} 到 a_{21} 的虚联线称为**副对角线**，于是二阶行列式的值便是主对角线上的两元素之积减去副对角线上两元素之积所得的差.

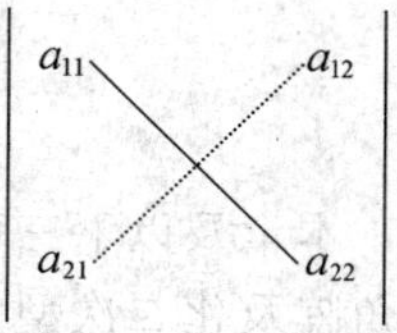

图 1-1

利用二阶行列式的定义，式(1-2)中 x_1，x_2 的分子也可写成二阶行列式，即

$$b_1a_{22}-a_{12}b_2=\begin{vmatrix} b_1 & a_{12} \\ b_2 & a_{22} \end{vmatrix},\quad a_{11}b_2-b_1a_{21}=\begin{vmatrix} a_{11} & b_1 \\ a_{21} & b_2 \end{vmatrix}$$

若记 $$D=\begin{vmatrix} a_{11} & a_{12} \\ a_{21} & a_{22} \end{vmatrix},\quad D_1=\begin{vmatrix} b_1 & a_{12} \\ b_2 & a_{22} \end{vmatrix},\quad D_2=\begin{vmatrix} a_{11} & b_1 \\ a_{21} & b_2 \end{vmatrix}$$

则二元线性方程组(1-1)的解可以写成

$$x_1=\frac{D_1}{D}=\frac{\begin{vmatrix} b_1 & a_{12} \\ b_2 & a_{22} \end{vmatrix}}{\begin{vmatrix} a_{11} & a_{12} \\ a_{21} & a_{22} \end{vmatrix}},\qquad x_2=\frac{D_2}{D}=\frac{\begin{vmatrix} a_{11} & b_1 \\ a_{21} & b_2 \end{vmatrix}}{\begin{vmatrix} a_{11} & a_{12} \\ a_{21} & a_{22} \end{vmatrix}}$$

注意 这里的分母 D 是由方程组(1-1)的系数所确定的二阶行列式(称**系数行列式**)，x_1 的分子 D_1 是用常数项 b_1，b_2 替换 D 中 x_1 的系数 a_{11}，a_{21} 所得的行列式，x_2 的分子 D_2 是用常数项 b_1，b_2 替换 D 中 x_2 的系数 a_{12}，a_{22} 所得的行列式.

例 1-1 求解二元线性方程组

$$\begin{cases} x_1+5x_2=-4 \\ 3x_1-x_2=20 \end{cases}$$

解 因为 $D=\begin{vmatrix} 1 & 5 \\ 3 & -1 \end{vmatrix}=-1-15=-16\neq 0$

$$D_1=\begin{vmatrix} -4 & 5 \\ 20 & -1 \end{vmatrix}=4-100=-96$$

$$D_2=\begin{vmatrix} 1 & -4 \\ 3 & 20 \end{vmatrix}=20+12=32$$

所以，方程组的解为

$$x_1 = \frac{D_1}{D} = \frac{-96}{-16} = 6, \ x_2 = \frac{D_2}{D} = \frac{32}{-16} = -2$$

二、三阶行列式

定义 1.2　用 3^2 个数组成的记号

$$\begin{vmatrix} a_{11} & a_{12} & a_{13} \\ a_{21} & a_{22} & a_{23} \\ a_{31} & a_{32} & a_{33} \end{vmatrix}$$

表示数值

$$a_{11}a_{22}a_{33} + a_{12}a_{23}a_{31} + a_{13}a_{21}a_{32} - a_{11}a_{23}a_{32} - a_{12}a_{21}a_{33} - a_{13}a_{22}a_{31}$$

称此记号为**三阶行列式**.

上述定义表明三阶行列式的展开式含 6 项(3！项)，每项均为不同行、不同列的三个元素的乘积再冠以正负号，其规律遵循图 1-2 所示的对角线法则：凡实线所联三个元素的积取正号，凡虚线所联三个元素的积取负号，它们的代数和就是三阶行列式的值.

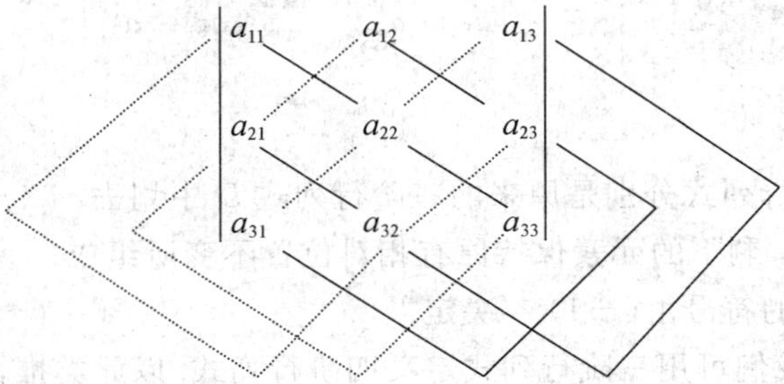

图 1-2

例 1-2　计算三阶行列式值

$$D = \begin{vmatrix} 1 & 1 & -2 \\ 5 & -2 & 7 \\ 2 & -5 & 4 \end{vmatrix}$$

解　按对角线法则，有

$$D = 1 \times (-2) \times 4 + 1 \times 7 \times 2 + (-2) \times 5 \times (-5) - 1 \times 7 \times (-5) - 1 \times 5 \times 4$$
$$- (-2) \times (-2) \times 2 = -8 + 14 + 50 + 35 - 20 - 8 = 63$$

例 1－3 求解用行列式表示的方程

$$\begin{vmatrix} -1 & 0 & 2 \\ x & x+1 & x-1 \\ 1 & 3 & 5 \end{vmatrix} = 8$$

解 由三阶行列式的定义可将左端化为

$$D = -5x - 5 + 6x + 3x - 3 - 2x - 2 = 2x - 10$$

因此 $2x - 10 = 8$，解得 $x = 9$.

§1.2 n 阶行列式

对角线法则只适用于二阶行列式与三阶行列式. 为研究四阶行列式及更高阶行列式，本节引出 n 阶行列式的概念.

为了作出 n 阶行列式的定义，先来研究三阶行列式的结构，根据二、三阶行列式的定义，可验证如下关系：

$$D = \begin{vmatrix} a_{11} & a_{12} & a_{13} \\ a_{21} & a_{22} & a_{23} \\ a_{31} & a_{32} & a_{33} \end{vmatrix} = a_{11}\begin{vmatrix} a_{22} & a_{23} \\ a_{32} & a_{33} \end{vmatrix} - a_{12}\begin{vmatrix} a_{21} & a_{23} \\ a_{31} & a_{33} \end{vmatrix} + a_{13}\begin{vmatrix} a_{21} & a_{22} \\ a_{31} & a_{32} \end{vmatrix} \qquad (1-3)$$

从中得到如下规律：

(1) 三个二阶行列式分别是原来的三阶行列式 D 中划去 $a_{1j}(j=1,2,3)$ 所在第 1 行与第 j 列的元素，剩下的元素保持原有相对位置不变所组成；

(2) 每一项前的符号由 $(-1)^{1+j}$ 决定.

按上述规律，我们可用三阶行列式定义四阶行列式. 以此类推，在定义了 $n-1$ 阶行列式之后，便可得 n 阶行列式的定义.

定义 1.3① 用 n^2 个数组成的记号

$$\begin{vmatrix} a_{11} & a_{12} & \cdots & a_{1n} \\ a_{21} & a_{22} & \cdots & a_{2n} \\ \vdots & \vdots & & \vdots \\ a_{n1} & a_{n2} & \cdots & a_{nn} \end{vmatrix}$$

① n 阶行列式的另一定义法参见同济大学数学教研室编：《工程数学——线性代数》(第 2 版)，高等教育出版社.

称为 n 阶行列式，其值为

$$D=(-1)^{1+1}a_{11}\begin{vmatrix} a_{22} & a_{23} & \cdots & a_{2n} \\ a_{32} & a_{33} & \cdots & a_{3n} \\ \vdots & \vdots & & \vdots \\ a_{n2} & a_{n3} & \cdots & a_{nn} \end{vmatrix}+(-1)^{1+2}a_{12}\begin{vmatrix} a_{21} & a_{23} & \cdots & a_{2n} \\ a_{31} & a_{33} & \cdots & a_{3n} \\ \vdots & \vdots & & \vdots \\ a_{n1} & a_{n3} & \cdots & a_{nn} \end{vmatrix}+\cdots$$

$$+(-1)^{1+j}a_{1j}\begin{vmatrix} a_{21} & a_{22} & \cdots & a_{2,j-1} & a_{2,j+1} & \cdots & a_{2n} \\ a_{31} & a_{32} & \cdots & a_{3,j-1} & a_{3,j+1} & \cdots & a_{3n} \\ \vdots & \vdots & & \vdots & \vdots & & \vdots \\ a_{n1} & a_{n2} & \cdots & a_{n,j-1} & a_{n,j+1} & \cdots & a_{nn} \end{vmatrix}+\cdots$$

$$+(-1)^{1+n}a_{1n}\begin{vmatrix} a_{21} & a_{22} & \cdots & a_{2,n-1} \\ a_{31} & a_{32} & \cdots & a_{3,n-1} \\ \vdots & \vdots & & \vdots \\ a_{n1} & a_{n2} & \cdots & a_{n,n-1} \end{vmatrix} \tag{1-4}$$

这种用低阶行列式定义高阶行列式的方法，称为**递推定义法**.

在 n 阶行列式 D 中划去 a_{ij} 所在的第 i 行和第 j 列的元素后，剩下的元素按原来相对位置不变所组成的 $n-1$ 阶行列式，称为 a_{ij} 的**余子式**，记为 M_{ij}，即

$$M_{ij}=\begin{vmatrix} a_{11} & \cdots & a_{1,j-1} & a_{1,j+1} & \cdots & a_{1n} \\ \vdots & & \vdots & \vdots & & \vdots \\ a_{i-1,1} & \cdots & a_{i-1,j-1} & a_{i-1,j+1} & \cdots & a_{i-1,n} \\ a_{i+1,1} & \cdots & a_{i+1,j-1} & a_{i+1,j+1} & \cdots & a_{i+1,n} \\ \vdots & & \vdots & \vdots & & \vdots \\ a_{n1} & \cdots & a_{n,j-1} & a_{n,j+1} & \cdots & a_{nn} \end{vmatrix}$$

记 $A_{ij}=(-1)^{i+j}M_{ij}$，并称 A_{ij} 为 a_{ij} 的**代数余子式**，则 n 阶行列式的递推式定义(1-4)可记为

$$\boxed{D=a_{11}A_{11}+a_{12}A_{12}+\cdots+a_{1n}A_{1n}}$$

(1-4)式右边又称为 **n 阶行列式按第 1 行元素的展开式**.

例 1－4 计算行列式

$$D=\begin{vmatrix}2&0&0&-1\\3&0&-2&0\\4&5&6&2\\1&3&2&4\end{vmatrix}$$

解

$$D=\begin{vmatrix}2&0&0&-1\\3&0&-2&0\\4&5&6&2\\1&3&2&4\end{vmatrix}=(-1)^{1+1}\times 2\begin{vmatrix}0&-2&0\\5&6&2\\3&2&4\end{vmatrix}+(-1)^{1+4}\times(-1)\begin{vmatrix}3&0&-2\\4&5&6\\1&3&2\end{vmatrix}$$

$$=2\times(-1)^{1+2}\times(-2)\begin{vmatrix}5&2\\3&4\end{vmatrix}+(-1)^{1+1}\times 3\begin{vmatrix}5&6\\3&2\end{vmatrix}+(-1)^{1+3}\times(-2)\begin{vmatrix}4&5\\1&3\end{vmatrix}$$

$$=56-24-14=18$$

或

$$D=\begin{vmatrix}2&0&0&-1\\3&0&-2&0\\4&5&6&2\\1&3&2&4\end{vmatrix}=(-1)^{1+1}\times 2\begin{vmatrix}0&-2&0\\5&6&2\\3&2&4\end{vmatrix}+(-1)^{1+4}\times(-1)\begin{vmatrix}3&0&-2\\4&5&6\\1&3&2\end{vmatrix}$$

$$=2\times(-12+40)+(30-24+10-54)=56-38=18$$

例 1－5 求如下下三角行列式的值

$$D=\begin{vmatrix}a_{11}&&&\mathbf{0}\\a_{21}&a_{22}&&\\\vdots&\vdots&\ddots&\\a_{n1}&a_{n2}&\cdots&a_{nn}\end{vmatrix}.$$

解 因为第 1 行元素中除 a_{11} 可能不为零外，其余元素都为零，因此按第 1 行元素展开，只有一项，如此逐次按第 1 行元素展开，得

$$D=\begin{vmatrix}a_{11}&&&\mathbf{0}\\a_{21}&a_{22}&&\\\vdots&\vdots&\ddots&\\a_{n1}&a_{n2}&\cdots&a_{nn}\end{vmatrix}=(-1)^{1+1}a_{11}\begin{vmatrix}a_{22}&&&\mathbf{0}\\a_{32}&a_{33}&&\\\vdots&\vdots&\ddots&\\a_{n2}&a_{n3}&\cdots&a_{nn}\end{vmatrix}$$

$$=a_{11}a_{22}\begin{vmatrix} a_{33} & & & \mathbf{0} \\ a_{43} & a_{44} & & \\ \vdots & \vdots & \ddots & \\ a_{n3} & a_{n4} & \cdots & a_{nn} \end{vmatrix}=\cdots=a_{11}a_{22}\cdots a_{nn}$$

这就是说,下三角行列式的值等于主对角线上所有元素的乘积.

例 1-6 证明如下等式成立,其中行列式称为对角行列式.

$$D=\begin{vmatrix} & \mathbf{0} & & \lambda_1 \\ & & \lambda_2 & \\ & \cdot^{\cdot^{\cdot}} & & \\ \lambda_n & & & \mathbf{0} \end{vmatrix}=(-1)^{\frac{n(n-1)}{2}}\lambda_1\lambda_2\cdots\lambda_n$$

证明 将 D 逐次按第 1 行展开得

$$D=\begin{vmatrix} & \mathbf{0} & & \lambda_1 \\ & & \lambda_2 & \\ & \cdot^{\cdot^{\cdot}} & & \\ \lambda_n & & & \mathbf{0} \end{vmatrix}=(-1)^{1+n}\lambda_1\begin{vmatrix} & \mathbf{0} & & \lambda_2 \\ & & \lambda_3 & \\ & \cdot^{\cdot^{\cdot}} & & \\ \lambda_n & & & \mathbf{0} \end{vmatrix}$$

$$=(-1)^{1+n}\lambda_1\times(-1)^{n}\lambda_2\begin{vmatrix} & \mathbf{0} & & \lambda_3 \\ & & \lambda_4 & \\ & \cdot^{\cdot^{\cdot}} & & \\ \lambda_n & & & \mathbf{0} \end{vmatrix}=\cdots$$

$$=(-1)^{n+1}(-1)^{n}\cdots(-1)^{4}\lambda_1\lambda_2\cdots\lambda_{n-2}\cdot\begin{vmatrix} 0 & \lambda_{n-1} \\ \lambda_n & 0 \end{vmatrix}$$

$$=(-1)^{\frac{n^2-n}{2}}(-1)^{\frac{4n-10}{2}+1}\lambda_1\lambda_2\cdots\lambda_{n-2}\lambda_{n-1}\lambda_n$$

$$=(-1)^{\frac{n(n-1)}{2}}(-1)^{2(n-2)}\lambda_1\lambda_2\cdots\lambda_n$$

$$=(-1)^{\frac{n(n-1)}{2}}\lambda_1\lambda_2\cdots\lambda_n$$

§1.3 行列式的性质

从上节例题可看出,按定义式计算行列式的值,如果第 1 行 0 元素较多则计算非常简单,但若行列式 0 较多的行不在第 1 行,应怎样求解呢?又若 0 很少,又如何求解呢?一般情况下,当行列式的阶数 n 较大时,若按第 1 行展开,展开一次就出现 n 项,两次将有 $n(n-1)$ 项…… 即使是四阶行列式也将很困难,而且四阶(包括四阶)以上的行列式不再有对角线法则. 所以,利用 n 阶行列式的定义直接计算行列式,一般是很麻烦的. 若能利用行列式的一些性质,就可简化 n 阶行列式的计算.

性质 1.1[①] **行列式与它的转置行列式相等,即** $D = D^{\mathrm{T}}$.

$$\text{记 } D = \begin{vmatrix} a_{11} & a_{12} & \cdots & a_{1n} \\ a_{21} & a_{22} & \cdots & a_{2n} \\ \vdots & \vdots & & \vdots \\ a_{n1} & a_{n2} & \cdots & a_{nn} \end{vmatrix}, \text{则 } D^{\mathrm{T}} = \begin{vmatrix} a_{11} & a_{21} & \cdots & a_{n1} \\ a_{12} & a_{22} & \cdots & a_{n2} \\ \vdots & \vdots & & \vdots \\ a_{1n} & a_{2n} & \cdots & a_{nn} \end{vmatrix}$$

D^{T} 称为行列式 D 的**转置行列式**. 显然,D^{T} 是由 D 的行变为相应的列得到的. 如:

$$D = \begin{vmatrix} a & b & c \\ d & e & f \\ g & h & i \end{vmatrix} = aei + bfg + cdh - afh - bdi - ceg$$

$$D^{\mathrm{T}} = \begin{vmatrix} a & d & g \\ b & e & h \\ c & f & i \end{vmatrix} = aei + dhc + gbf - ahf - dbi - gec = D$$

由此性质出发,我们不加以证明地得出如下结论:**行列式中的行与列具有同等的地位,行列式的性质凡是对"行"成立的,对"列"也同样成立,反之亦然.**

由上一节求得的下三角行列式的值可求得上三角行列式的值:

$$D = \begin{vmatrix} a_{11} & a_{12} & \cdots & a_{1n} \\ & a_{22} & \cdots & a_{2n} \\ & & \ddots & \vdots \\ \mathbf{0} & & & a_{nn} \end{vmatrix} = D^{\mathrm{T}} = \begin{vmatrix} a_{11} & & & \mathbf{0} \\ a_{12} & a_{22} & & \\ \vdots & \vdots & \ddots & \\ a_{1n} & a_{2n} & \cdots & a_{nn} \end{vmatrix} = a_{11}a_{22}\cdots a_{nn}$$

性质 1.2 互换行列式的两行(或两列),行列式的值变号.

如:

$$D = \begin{vmatrix} 2 & 1 & 4 \\ 3 & -1 & 2 \\ 1 & 2 & 3 \end{vmatrix} = -6 + 2 + 24 - 8 - 9 - (-4) = 7$$

$$D' = \begin{vmatrix} 2 & 1 & 4 \\ 1 & 2 & 3 \\ 3 & -1 & 2 \end{vmatrix} = 8 + 9 + (-4) - (-6) - 2 - 24 = -7 = -D$$

① 本书中的性质、定理,若没有证明,读者可查阅有关参考书或自行证明,在此不再赘述.

说明　通常以 r_i 表示行列式的第 i 行(row)，以 c_i 表示第 i 列(column)，交换 i，j 两行记作 $r_i \leftrightarrow r_j$，交换 i、j 两列记作 $c_i \leftrightarrow c_j$. 如上例：

$$D = \begin{vmatrix} 2 & 1 & 4 \\ 3 & -1 & 2 \\ 1 & 2 & 3 \end{vmatrix} \xlongequal{r_2 \leftrightarrow r_3} - \begin{vmatrix} 2 & 1 & 4 \\ 1 & 2 & 3 \\ 3 & -1 & 2 \end{vmatrix} = -D' = -(-7) = 7$$

推论　如果行列式有两行(或两列)对应元素相同，则此行列式等于零.

证明　把这两行(或两列)互换还是行列式 D，而由性质 1.2 知改变后的行列式值应是原行列式值的变号，即有 $D = -D$，故 $D = 0$.

性质 1.3　行列式的某一行(或列)中所有的元素都乘以同一数 k 等于用数 k 乘此行列式.

如：

$$D = \begin{vmatrix} 2 & 1 & 4 \\ 3 & -1 & 2 \\ 1 & 2 & 3 \end{vmatrix} = -6 + 2 + 24 - 8 - 9 - (-4) = 7$$

$$\begin{vmatrix} 2 & 1 & 4 \\ 3 & -1 & 2 \\ 1 \times k & 2 \times k & 3 \times k \end{vmatrix} = -6k + 2k + 24k - 8k - 9k - (-4)k$$

$$= k \times [-6 + 2 + 24 - 8 - 9 - (-4)] = k \times D = 7k$$

第 i 行(或列)乘以 k，记作 $r_i \times k$(或 $c_i \times k$).

推论　行列式中某一行(或列)的所有元素的公因子可以提到行列式符号的外面.

第 i 行(或列)提出公因子 k，记作 $r_i \div k$(或 $c_i \div k$). 如：

$$D = \begin{vmatrix} 2 & 1 & 4 \\ 3 & -1 & 2 \\ k & 2k & 3k \end{vmatrix} \xlongequal{r_3 \div k} k \times \begin{vmatrix} 2 & 1 & 4 \\ 3 & -1 & 2 \\ 1 & 2 & 3 \end{vmatrix} = 7 \times k$$

性质 1.4　行列式中如果有两行(或列)元素成比例，则此行列式等于零.

性质 1.5　若行列式的某一列(或行)的元素都是两数之和，则这个行列式等于相应两个行列式的和.

例如：第 i 列的元素都是两数之和，则有

$$D = \begin{vmatrix} a_{11} & a_{12} & \cdots & (a_{1i} + a_{1i}') & \cdots & a_{1n} \\ a_{21} & a_{22} & \cdots & (a_{2i} + a_{2i}') & \cdots & a_{2n} \\ \vdots & \vdots & & \vdots & & \vdots \\ a_{n1} & a_{n2} & \cdots & (a_{ni} + a_{ni}') & \cdots & a_{nn} \end{vmatrix}$$

$$=\begin{vmatrix} a_{11} & a_{12} & \cdots & a_{1i} & \cdots & a_{1n} \\ a_{21} & a_{22} & \cdots & a_{2i} & \cdots & a_{2n} \\ \vdots & \vdots & & \vdots & & \vdots \\ a_{n1} & a_{n2} & \cdots & a_{ni} & \cdots & a_{nn} \end{vmatrix}+\begin{vmatrix} a_{11} & a_{12} & \cdots & a_{1i}' & \cdots & a_{1n} \\ a_{21} & a_{22} & \cdots & a_{2i}' & \cdots & a_{2n} \\ \vdots & \vdots & & \vdots & & \vdots \\ a_{n1} & a_{n2} & \cdots & a_{ni}' & \cdots & a_{nn} \end{vmatrix}$$

性质 1.5 表明，当某一行（或列）的元素为两数之和时行列式关于该行（或列）可分解为两个行列式，若 n 阶行列式每个元素都表示成两数之和，则它可分解为 2^n 个行列式.

如二阶行列式：

$$\begin{vmatrix} 1+a & 2+b \\ 3+c & 4+d \end{vmatrix}=\begin{vmatrix} 1 & 2+b \\ 3 & 4+d \end{vmatrix}+\begin{vmatrix} a & 2+b \\ c & 4+d \end{vmatrix}=\begin{vmatrix} 1 & 2 \\ 3 & 4 \end{vmatrix}+\begin{vmatrix} 1 & b \\ 3 & d \end{vmatrix}+\begin{vmatrix} a & 2 \\ c & 4 \end{vmatrix}+\begin{vmatrix} a & b \\ c & d \end{vmatrix}$$

性质 1.6　把行列式的某一列（或行）的各元素乘以同一数然后加到另一列（或行）对应的元素上去，行列式的值不变.

例如以数 k 乘第 j 列加到第 i 列上（记作 c_i+kc_j），有

$$\begin{vmatrix} a_{11} & \cdots & a_{1i} & \cdots & a_{1j} & \cdots & a_{1n} \\ a_{21} & \cdots & a_{2i} & \cdots & a_{2j} & \cdots & a_{2n} \\ \vdots & & \vdots & & \vdots & & \vdots \\ a_{n1} & \cdots & a_{ni} & \cdots & a_{nj} & \cdots & a_{nn} \end{vmatrix} \xlongequal{c_i+kc_j}$$

$$\begin{vmatrix} a_{11} & \cdots & (a_{1i}+ka_{1j}) & \cdots & a_{1j} & \cdots & a_{1n} \\ a_{21} & \cdots & (a_{2i}+ka_{2j}) & \cdots & a_{2j} & \cdots & a_{2n} \\ \vdots & & \vdots & & \vdots & & \vdots \\ a_{n1} & \cdots & (a_{ni}+ka_{nj}) & \cdots & a_{nj} & \cdots & a_{nn} \end{vmatrix} \quad (i\neq j)$$

此性质可从等式右边先算来验证，先用性质 1.5 将等式右边分成两个行列式，再利用性质 1.4 知其中一个行列式的值为 0，从而验得等式右边等于左边.

同样以数 k 乘第 j 行加到第 i 行上，记作 r_i+kr_j.

接下来的性质 1.7 是将 n 阶行列式的定义式（n 阶行列式按第 1 行展开）推广到按任意一行或任意一列展开.

性质 1.7　行列式等于它任意一行（或列）元素与对应的代数余子式的乘积之和. 即

$$D=a_{i1}A_{i1}+a_{i2}A_{i2}+\cdots+a_{in}A_{in}=\sum_{k=1}^{n}a_{ik}A_{ik}\quad (i=1,2,\cdots,n) \qquad (1-5)$$

或

$$D=a_{1j}A_{1j}+a_{2j}A_{2j}+\cdots+a_{nj}A_{nj}=\sum_{k=1}^{n}a_{kj}A_{kj}\quad (j=1,2,\cdots,n) \qquad (1-6)$$

式(1-5)称为行列式 D 按第 i 行的展开式;式(1-6)称为行列式 D 按第 j 列的展开式.

证明 先证式(1-5),将 D 中的第 i 行与它相邻的上一行元素逐次交换,经 $i-1$ 次交换后,得

$$D \xlongequal{\text{性质 1.2}} (-1)^{i-1}\begin{vmatrix} a_{i1} & a_{i2} & \cdots & a_{in} \\ a_{11} & a_{12} & \cdots & a_{1n} \\ \vdots & \vdots & & \vdots \\ a_{i-1,1} & a_{i-1,2} & \cdots & a_{i-1,n} \\ a_{i+1,1} & a_{i+1,2} & \cdots & a_{i+1,n} \\ \vdots & \vdots & & \vdots \\ a_{n1} & a_{n2} & \cdots & a_{nn} \end{vmatrix}$$

$$\xlongequal{\text{按第一行展开}} (-1)^{i-1}[(-1)^{1+1}a_{i1}M_{i1}+(-1)^{1+2}a_{i2}M_{i2}+\cdots+(-1)^{1+n}a_{in}M_{in}]$$

$$=(-1)^{i+1}a_{i1}M_{i1}+(-1)^{i+2}a_{i2}M_{i2}+\cdots+(-1)^{i+n}a_{in}M_{in}=a_{i1}A_{i1}+a_{i2}A_{i2}+\cdots+a_{in}A_{in}$$

其中 M_{ij} 及 A_{ij} 为行列式 D 中元素 a_{ij} 的余子式和代数余子式 $(i=1, 2, \cdots, n)$. 再由性质 1.1 即可用同样的过程证得式(1-6),请读者自行证明.

利用性质 1.7 可将某行(或列) 0 元素比较多的行列式进行简化计算. 如:

$$\begin{vmatrix} 5 & 11 & 12 & 7 & 6 \\ 0 & 0 & 4 & -3 & 0 \\ 0 & 1 & 8 & 10 & 0 \\ 0 & 0 & 2 & 0 & 0 \\ 3 & -9 & 6 & 2 & 4 \end{vmatrix} \xlongequal{\text{按第 4 行展开}} (-1)^{4+3}\times 2\times \begin{vmatrix} 5 & 11 & 7 & 6 \\ 0 & 0 & -3 & 0 \\ 0 & 1 & 10 & 0 \\ 3 & -9 & 2 & 4 \end{vmatrix}$$

$$\xlongequal{\text{按第 2 行展开}} (-2)\times(-1)^{2+3}\times(-3)\times \begin{vmatrix} 5 & 11 & 6 \\ 0 & 1 & 0 \\ 3 & -9 & 4 \end{vmatrix}$$

$$\xlongequal{\text{按第 2 行展开}} (-6)\times(-1)^{2+2}\times 1\times \begin{vmatrix} 5 & 6 \\ 3 & 4 \end{vmatrix} = (-6)\times(20-18) = -12$$

又如:

$$D = \begin{vmatrix} 6 & 0 & 8 & 0 \\ 5 & -1 & 3 & -2 \\ 0 & 2 & 0 & 0 \\ 1 & 0 & 4 & -3 \end{vmatrix}$$

因为 D 第 3 行中只有一个非零元素，故按第 3 行展开，得

$$D = 2 \times (-1)^{3+2} \times \begin{vmatrix} 6 & 8 & 0 \\ 5 & 3 & -2 \\ 1 & 4 & -3 \end{vmatrix} = -2 \times (-54-16+48+120) = -2 \times 98 = -196$$

推论 **行列式某一行(或列)的元素与另一行(或列)的对应元素的代数余子式乘积之和等于零.** 即

$$a_{i1}A_{j1} + a_{i2}A_{j2} + \cdots + a_{in}A_{jn} = 0 \quad (i \neq j)$$

$$a_{1i}A_{1j} + a_{2i}A_{2j} + \cdots + a_{ni}A_{nj} = 0 \quad (i \neq j)$$

证明 把行列式按第 j 行展开，有

$$D = \begin{vmatrix} a_{11} & \cdots & a_{1n} \\ \vdots & & \vdots \\ a_{i1} & \cdots & a_{in} \\ \vdots & & \vdots \\ a_{j1} & \cdots & a_{jn} \\ \vdots & & \vdots \\ a_{n1} & \cdots & a_{nn} \end{vmatrix} = a_{j1}A_{j1} + a_{j2}A_{j2} + \cdots + a_{jn}A_{jn}$$

将 D 中第 j 行元素 $a_{jk}\,(k=1, 2, \cdots, n)$ 对应换成第 i 行元素 $a_{ik}\,(k=1, 2, \cdots, n)$ 得另一行列式 D_1，右边也作相应变换，得

$$D_1 = \begin{vmatrix} a_{11} & \cdots & a_{1n} \\ \vdots & & \vdots \\ a_{i1} & \cdots & a_{in} \\ \vdots & & \vdots \\ a_{i1} & \cdots & a_{in} \\ \vdots & & \vdots \\ a_{n1} & \cdots & a_{nn} \end{vmatrix} \begin{matrix} \\ \\ \leftarrow \text{第 } i \text{ 行} \\ \\ \leftarrow \text{第 } j \text{ 行} \\ \\ \\ \end{matrix} = a_{i1}A_{j1} + a_{i2}A_{j2} + \cdots + a_{in}A_{jn}$$

当 $i \neq j$ 时，因第 i 行与第 j 行对应元素相同，$D_1 = 0$，即得

$$a_{i1}A_{j1} + a_{i2}A_{j2} + \cdots + a_{in}A_{jn} = 0 \quad (i \neq j)$$

上述证法如按列进行，即可得

$$a_{1i}A_{1j} + a_{2i}A_{2j} + \cdots + a_{ni}A_{nj} = 0 \quad (i \neq j).$$

证毕

综合性质 1.7 及其推论，可得有关代数余子式的重要性质：

$$\sum_{k=1}^{n} a_{ki}A_{kj} = D\delta_{ij} = \begin{cases} 0, & (i \neq j) \\ D, & (i = j) \end{cases} \quad 或 \quad \sum_{k=1}^{n} a_{ik}A_{jk} = D\delta_{ij} = \begin{cases} 0, & (i \neq j) \\ D, & (i = j) \end{cases}$$

其中 $\delta_{ij} = \begin{cases} 0, & (i \neq j) \\ 1, & (i = j) \end{cases}$，$D$ 代表行列式值.

说明 性质 1.2,1.3,1.6 介绍了行列式关于行和列的三种运算，即 $r_i \leftrightarrow r_j$（或 $c_i \leftrightarrow c_j$），$r_i \times k$（或 $c_i \times k$）和 $r_i + kr_j$（或 $c_i + kc_j$），利用这些运算可简化行列式的计算，特别是利用运算 $r_i + kr_j$（或 $c_i + kc_j$）可以把行列式中许多元素化为 0. 计算行列式常用的一种方法就是利用运算 $r_i + kr_j$ 把行列式化为上三角行列式或下三角行列式，从而算得行列式的值.

例 1－7 计算

$$D = \begin{vmatrix} 1 & 0 & -1 & 2 \\ -2 & 1 & 3 & 1 \\ 0 & 1 & 0 & -1 \\ 1 & 3 & 4 & -2 \end{vmatrix}$$

解 解题思路是利用性质把行列式化成上三角行列式.

$$D \xlongequal[r_4 - r_1]{r_2 + 2r_1} \begin{vmatrix} 1 & 0 & -1 & 2 \\ 0 & 1 & 1 & 5 \\ 0 & 1 & 0 & -1 \\ 0 & 3 & 5 & -4 \end{vmatrix} \xlongequal[r_4 - 3r_2]{r_3 - r_2} \begin{vmatrix} 1 & 0 & -1 & 2 \\ 0 & 1 & 1 & 5 \\ 0 & 0 & -1 & -6 \\ 0 & 0 & 2 & -19 \end{vmatrix}$$

$$\xlongequal{r_4 + 2r_3} \begin{vmatrix} 1 & 0 & -1 & 2 \\ 0 & 1 & 1 & 5 \\ 0 & 0 & -1 & -6 \\ 0 & 0 & 0 & -31 \end{vmatrix} = 1 \times 1 \times (-1) \times (-31) = 31$$

例 1－8 计算

$$D = \begin{vmatrix} 4 & 1 & 1 & 1 \\ 1 & 4 & 1 & 1 \\ 1 & 1 & 4 & 1 \\ 1 & 1 & 1 & 4 \end{vmatrix}$$

解 行列式的特点是各行 4 个数之和都是 7，现把第 2，3，4 列同时加到第 1 列，提出公因子 7，然后将第 2，3，4 行减去第 1 行即得上三角行列式：

$$D \xlongequal{c_1+c_2+c_3+c_4} \begin{vmatrix} 7 & 1 & 1 & 1 \\ 7 & 4 & 1 & 1 \\ 7 & 1 & 4 & 1 \\ 7 & 1 & 1 & 4 \end{vmatrix} \xlongequal{c_1 \div 7} 7 \times \begin{vmatrix} 1 & 1 & 1 & 1 \\ 1 & 4 & 1 & 1 \\ 1 & 1 & 4 & 1 \\ 1 & 1 & 1 & 4 \end{vmatrix}$$

$$\xlongequal[r_4-r_1]{\substack{r_2-r_1 \\ r_3-r_1}} 7 \times \begin{vmatrix} 1 & 1 & 1 & 1 \\ 0 & 3 & 0 & 0 \\ 0 & 0 & 3 & 0 \\ 0 & 0 & 0 & 3 \end{vmatrix} = 189$$

例 1-9 计算

$$D = \begin{vmatrix} a+b & a & a & a \\ a & a+c & a & a \\ a & a & a+d & a \\ a & a & a & a \end{vmatrix}$$

解 将第 1，2，3 行分别减去第 4 行(相当于第 1，2，3 行加上(−1)乘以第 4 行)，得

$$D \xlongequal[(k=1,2,3)]{r_k - r_4} \begin{vmatrix} b & 0 & 0 & 0 \\ 0 & c & 0 & 0 \\ 0 & 0 & d & 0 \\ a & a & a & a \end{vmatrix} = abcd$$

例 1-10 计算

$$D = \begin{vmatrix} a & b & c & d \\ a & a+b & a+b+c & a+b+c+d \\ a & 2a+b & 3a+2b+c & 4a+3b+2c+d \\ a & 3a+b & 6a+3b+c & 10a+6b+3c+d \end{vmatrix}$$

解 先从第 4 行开始，后行减前行，然后以同样的思路将此行列式化成上三角行列式.

$$D \xlongequal[r_2-r_1]{\substack{r_4-r_3 \\ r_3-r_2}} \begin{vmatrix} a & b & c & d \\ 0 & a & a+b & a+b+c \\ 0 & a & 2a+b & 3a+2b+c \\ 0 & a & 3a+b & 6a+3b+c \end{vmatrix} \xlongequal[r_3-r_2]{r_4-r_3} \begin{vmatrix} a & b & c & d \\ 0 & a & a+b & a+b+c \\ 0 & 0 & a & 2a+b \\ 0 & 0 & a & 3a+b \end{vmatrix}$$

$$\xlongequal{r_4-r_3}\begin{vmatrix} a & b & c & d \\ 0 & a & a+b & a+b+c \\ 0 & 0 & a & 2a+b \\ 0 & 0 & 0 & a \end{vmatrix}=a^4$$

注意

(1) 等式中将几个运算写在一起的省略写法的次序一般不能颠倒,这是由于后一次运算是作用在前一次运算结果上的缘故,规定计算顺序为从上到下.例如:

$$\begin{vmatrix} a & b \\ c & d \end{vmatrix}\xlongequal{r_1+r_2}\begin{vmatrix} a+c & b+d \\ c & d \end{vmatrix}\xlongequal{r_2-r_1}\begin{vmatrix} a+c & b+d \\ -a & -b \end{vmatrix}$$

$$\begin{vmatrix} a & b \\ c & d \end{vmatrix}\xlongequal{r_2-r_1}\begin{vmatrix} a & b \\ c-a & d-b \end{vmatrix}\xlongequal{r_1+r_2}\begin{vmatrix} c & d \\ c-a & d-b \end{vmatrix}$$

从上两式可看出两次运算当次序不同时所得形式不同,忽视后一次运算是以前一次运算的结果为基础的,就会出错.例如

$$\begin{vmatrix} a & b \\ c & d \end{vmatrix}\xlongequal[r_2-r_1]{r_1+r_2}\begin{vmatrix} a+c & b+d \\ c-a & d-b \end{vmatrix}$$

这样的运算是错误的,出错的原因在于第二次运算找错了对象.

(2) 运算 r_i+r_j 与 r_j+r_i 是有区别的,前者是第 i 行加上第 j 行对应元素,第 i 行变,而第 j 行不变;后者是第 j 行加上第 i 行对应元素,第 j 行变,而第 i 行不变.记号 r_i+kr_j 也不能写作 kr_j+r_i(这里不能套用加法交换律).

(3) 求高阶行列式的一般步骤是:

① 根据行列式特点判断是否可以化成如下所述形式:

a. 某行(列)元素全为 0

b. 两行(列)完全相同

c. 两行(列)元素成比例

只要满足 a, b, c 其中之一条,此行列式值即为 0.如:

$$\begin{vmatrix} a & b & c & 1 \\ b & c & a & 1 \\ c & a & b & 1 \\ \frac{b+c}{2} & \frac{c+a}{2} & \frac{a+b}{2} & 1 \end{vmatrix}\xlongequal{r_3+r_2}\begin{vmatrix} a & b & c & 1 \\ b & c & a & 1 \\ c+b & a+c & b+a & 2 \\ \frac{b+c}{2} & \frac{c+a}{2} & \frac{a+b}{2} & 1 \end{vmatrix}\xlongequal{\text{因为 } r_3=2r_4}0$$

又如:

$$\begin{vmatrix} 3 & 2 & 4 & 7 \\ 2 & -2 & 4 & -5 \\ 2 & 1 & 2 & 3 \\ 5 & 0 & 8 & 2 \end{vmatrix} \xlongequal{r_1+r_2} \begin{vmatrix} 5 & 0 & 8 & 2 \\ 2 & -2 & 4 & -5 \\ 2 & 1 & 2 & 3 \\ 5 & 0 & 8 & 2 \end{vmatrix} \xlongequal{\text{因为 } r_1=r_4} 0$$

② 不容易得到或得不到①所述形式,则利用性质将其化为上或下三角形式.

(4) 任何行列式均可用 $r_i + kr_j$(或 $c_i + kc_j$) 把它化为上或下三角形行列式.

例 1-11 解方程

$$\begin{vmatrix} 1 & 4 & 3 & 2 \\ 2 & x+4 & 6 & 4 \\ 3 & -2 & x & 1 \\ -3 & 2 & 5 & -1 \end{vmatrix} = 0$$

解 因为

$$\begin{vmatrix} 1 & 4 & 3 & 2 \\ 2 & x+4 & 6 & 4 \\ 3 & -2 & x & 1 \\ -3 & 2 & 5 & -1 \end{vmatrix} \xlongequal[r_3+r_4]{r_2-2r_1} \begin{vmatrix} 1 & 4 & 3 & 2 \\ 0 & x-4 & 0 & 0 \\ 0 & 0 & x+5 & 0 \\ -3 & 2 & 5 & -1 \end{vmatrix}$$

$$\xlongequal[c_3+5c_4]{\substack{c_1-3c_4 \\ c_2+2c_4}} \begin{vmatrix} -5 & 8 & 13 & 2 \\ 0 & x-4 & 0 & 0 \\ 0 & 0 & x+5 & 0 \\ 0 & 0 & 0 & -1 \end{vmatrix} = 5(x-4)(x+5)$$

原方程即为 $5(x-4)(x+5)=0$,得原方程的解为 $x_1=4$, $x_2=-5$.

例 1-12 证明范德蒙德(Vandermonde)行列式满足如下等式,其中记号"Π"表示全体同类因子的乘积.

$$D_n = \begin{vmatrix} 1 & 1 & \cdots & 1 \\ x_1 & x_2 & \cdots & x_n \\ x_1^2 & x_2^2 & \cdots & x_n^2 \\ \vdots & \vdots & & \vdots \\ x_1^{n-1} & x_2^{n-1} & \cdots & x_n^{n-1} \end{vmatrix} = \prod_{n \geqslant i > j \geqslant 1} (x_i - x_j)$$

证明

$$D_n \xlongequal[i=n,n-1,\cdots,2]{r_i - x_1 r_{i-1}} \begin{vmatrix} 1 & 1 & \cdots & 1 \\ 0 & x_2-x_1 & \cdots & x_n-x_1 \\ 0 & x_2(x_2-x_1) & \cdots & x_n(x_n-x_1) \\ \vdots & \vdots & & \vdots \\ 0 & x_2^{n-2}(x_2-x_1) & \cdots & x_n^{n-2}(x_n-x_1) \end{vmatrix}$$

$$\xlongequal[\text{公因子 } x_i - x_1 \text{ 提出}]{\text{把第 1 列展开然后把每列的}} (x_2-x_1)\cdots(x_n-x_1) \begin{vmatrix} 1 & 1 & \cdots & 1 \\ x_2 & x_3 & \cdots & x_n \\ x_2^2 & x_3^2 & \cdots & x_n^2 \\ \vdots & \vdots & & \vdots \\ x_2^{n-2} & x_3^{n-2} & \cdots & x_n^{n-2} \end{vmatrix}$$

$$\xlongequal[\text{面两步}]{\text{重复前}} (x_n-x_1)\cdots(x_2-x_1)(x_n-x_2)\cdots(x_3-x_2)\cdots(x_n-x_{n-2})(x_{n-1}-x_{n-2})D_2$$

而 $D_2 = \begin{vmatrix} 1 & 1 \\ x_{n-1} & x_n \end{vmatrix}$，所以

$$\begin{aligned} D_n &= (x_n-x_1)\cdots(x_2-x_1)(x_n-x_2)\cdots(x_3-x_2)\cdots(x_n-x_{n-1}) \\ &= \prod_{n \geqslant i > j \geqslant 1} (x_i - x_j) \end{aligned}$$

§1.4* 行列式的计算

行列式的阶数可从 2 到 n 阶，各个元素值又是任意的，而且有的行列式还是代数行列式(即用符号表示的行列式)，特点更是层出不穷；不讲究方法，不找规律，求解行列式值如同在黑暗中摸索，很难求得正确结果. 本书专门安排这一节内容供大家学习，有助于提高计算能力. 在讲述行列式性质时已经列举了好多求解行列式的方法，在这里综合罗列，便于读者查阅和总结规律.

一、三角形法

此法是利用性质将行列式化为上(或下)三角行列式，从而得其值.

例 1-13 计算

$$D = \begin{vmatrix} 1 & a & a & \cdots & a \\ a & a & a & \cdots & a \\ a & a & 3 & \cdots & a \\ \vdots & \vdots & \vdots & & \vdots \\ a & a & a & \cdots & n \end{vmatrix}$$

解 若 $a=1$ 或 $3,4,\cdots,n$ 则行列式值为 0,否则将第 1,3,4,…,n 行分别减去第 2 行,得

$$D=\begin{vmatrix}1-a & 0 & 0 & \cdots & 0\\ a & a & a & \cdots & a\\ 0 & 0 & 3-a & \cdots & 0\\ \vdots & \vdots & \vdots & & \vdots\\ 0 & 0 & 0 & \cdots & n-a\end{vmatrix}$$

再按第 1 行展开即可得

$$D=(1-a)\begin{vmatrix}a & a & \cdots & a\\ 0 & 3-a & \cdots & 0\\ \vdots & \vdots & & \vdots\\ 0 & 0 & \cdots & n-a\end{vmatrix}=a(1-a)\prod_{k=3}^{n}(k-a)$$

例 1-14 计算

$$D=\begin{vmatrix}x_1 & a & a & \cdots & a\\ a & x_2 & a & \cdots & a\\ a & a & x_3 & \cdots & a\\ \vdots & \vdots & \vdots & & \vdots\\ a & a & a & \cdots & x_n\end{vmatrix}\quad (x_k\neq a,\ k=1,\ 2,\ \cdots,\ n)$$

解 第 1 行乘以(−1)分别加到其余各行,得

$$D=\begin{vmatrix}x_1 & a & a & \cdots & a\\ a-x_1 & x_2-a & 0 & \cdots & 0\\ a-x_1 & 0 & x_3-a & \cdots & 0\\ \vdots & \vdots & \vdots & & \vdots\\ a-x_1 & 0 & 0 & \cdots & x_n-a\end{vmatrix}$$

从第 1 列,第 2 列,…,第 n 列分别提取 $x_1-a,\ x_2-a,\ \cdots,\ x_n-a$,得

$$D=(x_1-a)(x_2-a)\cdots(x_n-a)\cdot\begin{vmatrix}\dfrac{x_1}{x_1-a} & \dfrac{a}{x_2-a} & \dfrac{a}{x_3-a} & \cdots & \dfrac{a}{x_n-a}\\ -1 & 1 & 0 & \cdots & 0\\ -1 & 0 & 1 & \cdots & 0\\ \vdots & \vdots & \vdots & & \vdots\\ -1 & 0 & 0 & \cdots & 1\end{vmatrix}$$

把所有各列加到第 1 列，考虑到 $\frac{x_1}{x_1-a}=1+\frac{a}{x_1-a}$，得

$$D=(x_1-a)(x_2-a)\cdots(x_n-a)\cdot\begin{vmatrix}1+\sum\limits_{i=1}^{n}\frac{a}{x_i-a} & \frac{a}{x_2-a} & \frac{a}{x_3-a} & \cdots & \frac{a}{x_n-a}\\ 0 & 1 & 0 & \cdots & 0\\ 0 & 0 & 1 & \cdots & 0\\ \vdots & \vdots & \vdots & & \vdots\\ 0 & 0 & 0 & \cdots & 1\end{vmatrix}$$

$$=(x_1-a)(x_2-a)\cdots(x_n-a)\cdot\left(1+\sum_{i=1}^{n}\frac{a}{x_i-a}\right)$$

$$=a(x_1-a)(x_2-a)\cdots(x_n-a)\cdot\left(\frac{1}{a}+\frac{1}{x_1-a}+\frac{1}{x_2-a}+\cdots+\frac{1}{x_n-a}\right)$$

二、降阶法

此法是利用递推定义式或性质 1.7 将行列式降至二阶或三阶，从而求得值. 如：

$$\begin{vmatrix}5 & 0 & 3 & 2\\ 4 & 3 & 2 & 5\\ 3 & 0 & 1 & 0\\ 2 & 0 & 4 & 0\end{vmatrix}$$

此行列式第 2 列 0 元素较多，可按此列展开从而变为一个三阶行列式，再往下求得值为 60，读者可自行找习题练习，在此不再举例.

三、升阶法

下例介绍的是加边升阶法.

例 1－15 计算

$$D=\begin{vmatrix}a_1 & x_2 & x_3 & x_4\\ x_1 & a_2 & x_3 & x_4\\ x_1 & x_2 & a_3 & x_4\\ x_1 & x_2 & x_3 & a_4\end{vmatrix}$$

解 显然 D 与如下行列式相等

$$D=\begin{vmatrix}1&0&0&0&0\\1&a_1&x_2&x_3&x_4\\1&x_1&a_2&x_3&x_4\\1&x_1&x_2&a_3&x_4\\1&x_1&x_2&x_3&a_4\end{vmatrix}$$

然后把第 2 列、第 3 列、第 4 列、第 5 列分别减去第 1 列的 x_1 倍、x_2 倍、x_3 倍、x_4 倍，得

$$D=\begin{vmatrix}1&-x_1&-x_2&-x_3&-x_4\\1&a_1-x_1&0&0&0\\1&0&a_2-x_2&0&0\\1&0&0&a_3-x_3&0\\1&0&0&0&a_4-x_4\end{vmatrix}$$

按第 1 列展开，得

$$\begin{aligned}D=&(a_1-x_1)(a_2-x_2)(a_3-x_3)(a_4-x_4)\\&+x_1(a_2-x_2)(a_3-x_3)(a_4-x_4)+x_2(a_1-x_1)(a_3-x_3)(a_4-x_4)\\&+x_3(a_1-x_1)(a_2-x_2)(a_4-x_4)+x_4(a_1-x_1)(a_2-x_2)(a_3-x_3)\end{aligned}$$

加边升阶法的一般方法是

$$\begin{vmatrix}a_{11}&a_{12}&\cdots&a_{1n}\\a_{21}&a_{22}&\cdots&a_{2n}\\\vdots&\vdots&&\vdots\\a_{n1}&a_{n2}&\cdots&a_{nn}\end{vmatrix}=\begin{vmatrix}1&0&0&\cdots&0\\b_1&a_{11}&a_{12}&\cdots&a_{1n}\\b_2&a_{21}&a_{22}&\cdots&a_{2n}\\\vdots&\vdots&\vdots&&\vdots\\b_n&a_{n1}&a_{n2}&\cdots&a_{nn}\end{vmatrix}$$

该法关键是适当选取 $b_1, b_2, \cdots, b_n$，以便计算右边的行列式.

四、和、差、乘积法

例 1-16 计算

$$D=\begin{vmatrix}x_1+y_1z_1&x_2+y_1z_2&x_3+y_1z_3\\x_1+y_2z_1&x_2+y_2z_2&x_3+y_2z_3\\x_1+y_3z_1&x_2+y_3z_2&x_3+y_3z_3\end{vmatrix}$$

解 把 D 按第 1 列拆成两个行列式之和，得

$$D=\begin{vmatrix} x_1 & x_2+y_1z_2 & x_3+y_1z_3 \\ x_1 & x_2+y_2z_2 & x_3+y_2z_3 \\ x_1 & x_2+y_3z_2 & x_3+y_3z_3 \end{vmatrix}+\begin{vmatrix} y_1z_1 & x_2+y_1z_2 & x_3+y_1z_3 \\ y_2z_1 & x_2+y_2z_2 & x_3+y_2z_3 \\ y_3z_1 & x_2+y_3z_2 & x_3+y_3z_3 \end{vmatrix}=D_1+D_2$$

D_1 再拆,可得

$$D_1=\begin{vmatrix} x_1 & x_2 & x_3+y_1z_3 \\ x_1 & x_2 & x_3+y_2z_3 \\ x_1 & x_2 & x_3+y_3z_3 \end{vmatrix}+\begin{vmatrix} x_1 & y_1z_2 & x_3+y_1z_3 \\ x_1 & y_2z_2 & x_3+y_2z_3 \\ x_1 & y_3z_2 & x_3+y_3z_3 \end{vmatrix}$$

$$=0+\begin{vmatrix} x_1 & y_1z_2 & x_3 \\ x_1 & y_2z_2 & x_3 \\ x_1 & y_3z_2 & x_3 \end{vmatrix}+\begin{vmatrix} x_1 & y_1z_2 & y_1z_3 \\ x_1 & y_2z_2 & y_2z_3 \\ x_1 & y_3z_2 & y_3z_3 \end{vmatrix}=0$$

同理,D_2 也可再拆,得 $D_2=0$,所以 $D=0$.

例 1-17　计算

$$D_n=\begin{vmatrix} a_1-y & a_2 & \cdots & a_n \\ a_1 & a_2-y & \cdots & a_n \\ a_1 & a_2 & \cdots & a_n \\ \vdots & \vdots & & \vdots \\ a_1 & a_2 & \cdots & a_n-y \end{vmatrix}$$

解

$$D_n=\begin{vmatrix} a_1-y & a_2-0 & \cdots & a_n-0 \\ a_1-0 & a_2-y & \cdots & a_n-0 \\ a_1-0 & a_2-0 & \cdots & a_n-0 \\ \vdots & \vdots & & \vdots \\ a_1-0 & a_2-0 & \cdots & a_n-y \end{vmatrix}$$

$$=\begin{vmatrix} -y & 0 & \cdots & 0 \\ 0 & -y & \cdots & 0 \\ \vdots & \vdots & & \vdots \\ 0 & 0 & \cdots & -y \end{vmatrix}+\begin{vmatrix} a_1 & 0 & \cdots & 0 \\ a_1 & -y & \cdots & 0 \\ \vdots & \vdots & & \vdots \\ a_1 & 0 & \cdots & -y \end{vmatrix}+\cdots+\begin{vmatrix} -y & 0 & \cdots & a_n \\ 0 & -y & \cdots & a_n \\ \vdots & \vdots & & \vdots \\ 0 & 0 & \cdots & a_n \end{vmatrix}$$

$$=(-y)^n+(-y)^{n-1}a_1+\cdots+(-y)^{n-1}a_n$$

$$=(-y)^n\left[1-\sum_{i=1}^{n}\frac{a_i}{y}\right]$$

注意 在将行列式分解为多个行列式之和时,行列式值为 0 的没有写出.

例 1-18 计算

$$D_n=\begin{vmatrix} x_1+y_1 & x_1+y_2 & \cdots & x_1+y_n \\ x_2+y_1 & x_2+y_2 & \cdots & x_2+y_n \\ \vdots & \vdots & & \vdots \\ x_n+y_1 & x_n+y_2 & \cdots & x_n+y_n \end{vmatrix} \quad (n\geqslant 2)$$

解 本例将一个行列式分解为两个行列式之积,要用到矩阵乘法及其方阵的行列式的运算规律($|AB|=|A|\cdot|B|$)的知识,读者可在学了矩阵这一章内容后再来观察此法.

$$D_n=\begin{vmatrix} x_1 & 1 & 0 & \cdots & 0 \\ x_2 & 1 & 0 & \cdots & 0 \\ \vdots & \vdots & \vdots & & \vdots \\ x_n & 1 & 0 & \cdots & 0 \end{vmatrix}\cdot\begin{vmatrix} 1 & 1 & \cdots & 1 \\ y_1 & y_2 & \cdots & y_n \\ 0 & 0 & \cdots & 0 \\ \vdots & \vdots & & \vdots \\ 0 & 0 & \cdots & 0 \end{vmatrix}$$

$$=\begin{cases} 0, & n>2 \\ (x_1-x_2)(y_2-y_1), & n=2 \end{cases}$$

五、递推、归纳法

例 1-19 计算

$$D_n=\begin{vmatrix} a+b & ab & 0 & \cdots & 0 & 0 \\ 1 & a+b & ab & \cdots & 0 & 0 \\ 0 & 1 & a+b & \cdots & 0 & 0 \\ \vdots & \vdots & \vdots & & \vdots & \vdots \\ 0 & 0 & 0 & \cdots & 1 & a+b \end{vmatrix}$$

解 按第 1 行展开,得

$$D_n=(a+b)D_{n-1}-abD_{n-2}$$

$$\Rightarrow D_n-aD_{n-1}=b(D_{n-1}-aD_{n-2})$$

按递推关系,得

$$D_n-aD_{n-1}=b^{n-2}(D_2-aD_1)$$

又 $$D_1=a+b,\ D_2=a^2+ab+b^2$$

所以 $$D_n - aD_{n-1} = b^n$$

同理由展开式，得 $$D_n - bD_{n-1} = a(D_{n-1} - bD_{n-2})$$

按递推关系，得 $$D_n - bD_{n-1} = a^n$$

从而解得 $$D_n = \frac{a^{n+1} - b^{n+1}}{a-b}$$

例 1-20 证明

$$\begin{vmatrix} \cos\alpha & 1 & 0 & \cdots & 0 & 0 \\ 1 & 2\cos\alpha & 1 & \cdots & 0 & 0 \\ 0 & 1 & 2\cos\alpha & \cdots & 0 & 0 \\ \vdots & \vdots & \vdots & & \vdots & \vdots \\ 0 & 0 & 0 & \cdots & 1 & 2\cos\alpha \end{vmatrix} = \cos n\alpha$$

解 应用数学归纳法：

当 $n=1$ 时，显然成立.

当 $n=2$ 时，$D_2 = \begin{vmatrix} \cos\alpha & 1 \\ 1 & 2\cos\alpha \end{vmatrix} = 2\cos^2\alpha - 1 = \cos 2\alpha$，等式成立.

假设 $n=k,\ k-1(k=3,4,\cdots)$ 时等式成立；当 $n=k+1$ 时，按最后一行展开有

$$D_{k+1} = 2\cos\alpha \cdot D_k - D_{k-1} \xlongequal[\text{假设}]{\text{归纳}} 2\cos\alpha \cdot \cos k\alpha - \cos(k-1)\alpha$$

$$= 2\cos\alpha \cdot \cos k\alpha - \cos(k\alpha - \alpha)$$

$$= [\cos(k\alpha + \alpha) + \cos(k\alpha - \alpha)] - \cos(k\alpha - \alpha)$$

$$= \cos(k\alpha + \alpha) = \cos(k+1)\alpha$$

命题得证.

六、换元法

例 1-21 利用换元法来计算例 1-14 中的行列式.

解 可将 D 视作行列式

$$D_n' = \begin{vmatrix} x_1 - a & 0 & \cdots & 0 \\ 0 & x_2 - a & \cdots & 0 \\ \vdots & \vdots & & \vdots \\ 0 & 0 & \cdots & x_n - a \end{vmatrix} = \prod_{i=1}^{n}(x_i - a)$$

中每个元素加上 a 所得,因此

$$D_n = \prod_{i=1}^{n}(x_i - a) + a\sum_{j=1}^{n}\frac{\prod\limits_{i=1}^{n}(x_i - a)}{x_j - a}$$

$$= a\prod_{i=1}^{n}(x_i - a)\left(\frac{1}{a} + \sum_{j=1}^{n}\frac{1}{x_j - a}\right)$$

此结果与例 1 - 14 中的结果一致.其计算方法主要是不断地利用性质 1.5 将 D 分解为 D' 与 n 个相同结构的行列式之和,在这里没有写出,读者可试着自行写出.

§1.5 克莱姆(Cramer)法则

对于未知量个数与方程个数相同的线性方程组,在一定条件下它的解可以用 n 阶行列式表示.如对于含有 n 个未知量 x_1, x_2, …, x_n 的 n 个线性方程的方程组

$$\begin{cases} a_{11}x_1 + a_{12}x_2 + \cdots + a_{1n}x_n = b_1 \\ a_{21}x_1 + a_{22}x_2 + \cdots + a_{2n}x_n = b_2 \\ \cdots\cdots\cdots\cdots \\ a_{n1}x_1 + a_{n2}x_2 + \cdots + a_{nn}x_n = b_n \end{cases} \tag{1-7}$$

可用如下**克莱姆法则**求解.

如果线性方程组(1 - 7)的系数行列式不等于零,即

$$D = \begin{vmatrix} a_{11} & a_{12} & \cdots & a_{1n} \\ a_{21} & a_{22} & \cdots & a_{2n} \\ \vdots & \vdots & & \vdots \\ a_{n1} & a_{n2} & \cdots & a_{nn} \end{vmatrix} \neq 0$$

则方程组(1 - 7)有唯一解

$$x_1 = \frac{D_1}{D},\ x_2 = \frac{D_2}{D},\ \cdots,\ x_n = \frac{D_n}{D} \tag{1-8}$$

其中 $D_j(j = 1, 2, \cdots, n)$ 是把系数行列式 D 中第 j 列的元素用方程组右端的常数项代替后所得到的 n 阶行列式.即

$$D_j = \begin{vmatrix} a_{11} & \cdots & a_{1,j-1} & b_1 & a_{1,j+1} & \cdots & a_{1n} \\ a_{21} & \cdots & a_{2,j-1} & b_2 & a_{2,j+1} & \cdots & a_{2n} \\ \vdots & & \vdots & \vdots & \vdots & & \vdots \\ a_{n1} & \cdots & a_{n,j-1} & b_n & a_{n,j+1} & \cdots & a_{nn} \end{vmatrix} \xlongequal[\text{展开}]{\text{按第 } j \text{ 列}} \sum_{k=1}^{n} b_k A_{kj}$$

证明　用 D 中第 j 列元素的代数余子式 A_{1j}，A_{2j}，…，A_{nj} 依次乘方程组(1-7)的 n 个方程，再把它们相加，且合并 x_1，x_2，…，x_j，…，x_n 的系数得

$$\left(\sum_{k=1}^{n}a_{k1}A_{kj}\right)x_1+\left(\sum_{k=1}^{n}a_{k2}A_{kj}\right)x_2+\cdots+\left(\sum_{k=1}^{n}a_{kj}A_{kj}\right)x_j+\cdots+\left(\sum_{k=1}^{n}a_{kn}A_{kj}\right)x_n=\sum_{k=1}^{n}b_kA_{kj}$$

根据代数余子式的重要性质可知，上式中 x_j 的系数等于行列式值 D，而其余 $x_i\,(i\neq j)$ 的系数均为零；又等式的右端就是 D_j，于是

$$Dx_j=D_j,\quad (j=1,2,\cdots,n) \tag{1-9}$$

当 $D\neq 0$ 时，方程组(1-9)有唯一的一个解(1-8).

由于方程组(1-9)是由方程组(1-7)经数乘及加法两种运算而得，故方程组(1-7)与方程组(1-9)同解. 显然，当 $D\neq 0$ 时，方程组(1-9)有唯一解，故它也是方程组(1-7)的唯一解.

例 1-22　解线性方程组

$$\begin{cases}3x_1+2x_2+5x_3=2\\ x_2+x_3+2x_4=7\\ x_1+x_2+x_3+x_4=5\\ -x_1+x_2-x_4=-2\end{cases}$$

解　先求系数行列式 D 的值

$$D=\begin{vmatrix}3&2&5&0\\0&1&1&2\\1&1&1&1\\-1&1&0&-1\end{vmatrix}=13$$

因为 $D\neq 0$，所以再求其他行列式的值.

$$D_1=\begin{vmatrix}2&2&5&0\\7&1&1&2\\5&1&1&1\\-2&1&0&-1\end{vmatrix}=13,\qquad D_2=\begin{vmatrix}3&2&5&0\\0&7&1&2\\1&5&1&1\\-1&-2&0&-1\end{vmatrix}=26$$

$$D_3=\begin{vmatrix}3&2&2&0\\0&1&7&2\\1&1&5&1\\-1&1&-2&-1\end{vmatrix}=-13,\quad D_4=\begin{vmatrix}3&2&5&2\\0&1&1&7\\1&1&1&5\\-1&1&0&-2\end{vmatrix}=39$$

于是得 $x_1=\dfrac{D_1}{D}=1$，$x_2=\dfrac{D_2}{D}=2$，$x_3=\dfrac{D_3}{D}=-1$，$x_4=\dfrac{D_4}{D}=3$.

注意 用克莱姆法则求解线性方程组时，先要判断此方程组的方程个数与未知数的个数是否相等，只有相等才能用此法则. 在相等的条件下，然后再求系数行列式的值；若不为 0，则有(1－8)式表示的唯一解；若为 0，则要学了后面几章后再来判断解的情况.

二*、电路计算实例

例 1－23 求图 1－3 所示电路的各支路电流.

分析与解 此电路有三条支路，根据基尔霍夫电流定律(KCL)可得节点 a 的电流方程

$$I_1=I_2+I_3 \quad \cdots\cdots\cdots\cdots\cdots\cdots ①$$

再根据基尔霍夫电压定律(KVL)可得

对回路 L_1：$2I_1+3I_2+5-14=0$ ………………… ②

对回路 L_2：$4I_3-5-3I_2=0$ ………………… ③

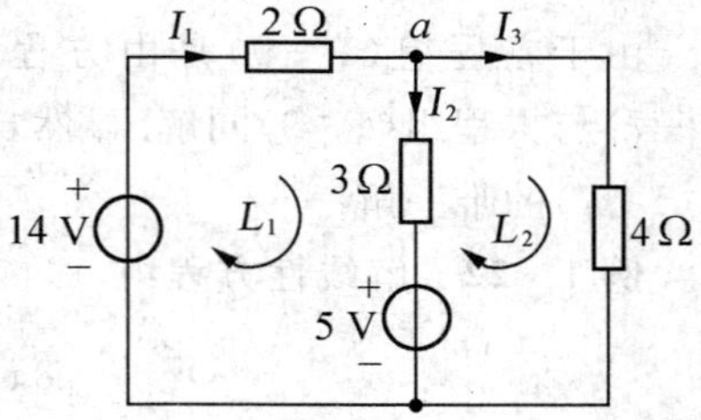

图 1－3

联立求解方程组：

$$\begin{cases} I_1-I_2-I_3=0 \\ 2I_1+3I_2=9 \\ -3I_2+4I_3=5 \end{cases}$$

$$D=\begin{vmatrix} 1 & -1 & -1 \\ 2 & 3 & 0 \\ 0 & -3 & 4 \end{vmatrix}=12+6+8=26,\quad D_1=\begin{vmatrix} 0 & -1 & -1 \\ 9 & 3 & 0 \\ 5 & -3 & 4 \end{vmatrix}=27+15+36=78$$

$$D_2=\begin{vmatrix} 1 & 0 & -1 \\ 2 & 9 & 0 \\ 0 & 5 & 4 \end{vmatrix}=36-10=26,\qquad D_3=\begin{vmatrix} 1 & -1 & 0 \\ 2 & 3 & 9 \\ 0 & -3 & 5 \end{vmatrix}=15+27+10=52$$

得
$$I_1=\frac{D_1}{D}=3\,(\text{A}),\ I_2=\frac{D_2}{D}=1\,(\text{A}),\ I_3=\frac{D_3}{D}=2\,(\text{A})$$

例 1-24 直流电桥电路如图 1-4 所示，图中 $R_1 \sim R_4$ 为桥臂电阻（阻值已知），ab 支路接电流源 $I_S = 1\,\text{A}$. cd 支路接检流计 G，其内阻为 R_G. 试用支路电流法求通过检流计的电流 I_G.

解 电桥电路有支路数 6 条，节点数 4 个，由于电流源电流 I_S 已知，故只需列出 5 个独立方程，具体有

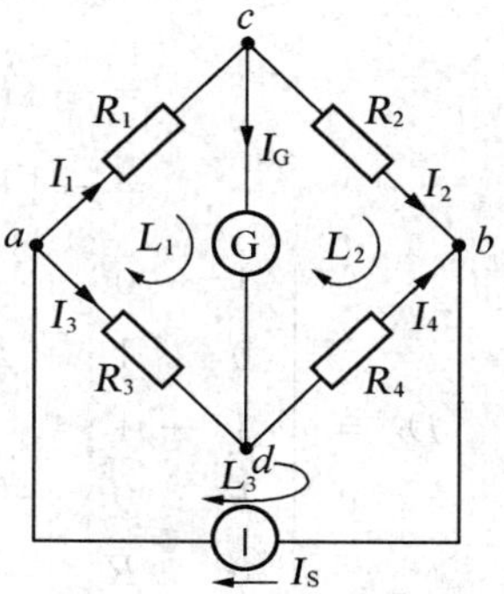

图 1-4

节点 a：　$I_S = I_1 + I_3$

节点 b：　$I_2 + I_4 = I_S$

节点 c：　$I_1 = I_2 + I_G$

网孔 L_1：　$R_1 I_1 + R_G I_G - R_3 I_3 = 0$

网孔 L_2：　$R_2 I_2 - R_4 I_4 - R_G I_G = 0$

联立求解方程组：

$$\begin{cases} I_1 + I_3 = I_S \\ I_2 + I_4 = I_S \\ I_1 - I_2 - I_G = 0 \\ R_1 I_1 - R_3 I_3 + R_G I_G = 0 \\ R_2 I_2 - R_4 I_4 - R_G I_G = 0 \end{cases}$$

$$D = \begin{vmatrix} 1 & 0 & 1 & 0 & 0 \\ 0 & 1 & 0 & 1 & 0 \\ 1 & -1 & 0 & 0 & -1 \\ R_1 & 0 & -R_3 & 0 & R_G \\ 0 & R_2 & 0 & -R_4 & -R_G \end{vmatrix}$$

$$\xlongequal[c_2 - c_4]{c_1 - c_3} \begin{vmatrix} 0 & 0 & 1 & 0 & 0 \\ 0 & 0 & 0 & 1 & 0 \\ 1 & -1 & 0 & 0 & -1 \\ R_1 + R_3 & 0 & -R_3 & 0 & R_G \\ 0 & R_2 + R_4 & 0 & -R_4 & -R_G \end{vmatrix}$$

$$\xlongequal{\text{按第 1 行展开}} (-1)^{1+3} \times 1 \times \begin{vmatrix} 0 & 0 & 1 & 0 \\ 1 & -1 & 0 & -1 \\ R_1 + R_3 & 0 & 0 & R_G \\ 0 & R_2 + R_4 & -R_4 & -R_G \end{vmatrix}$$

$$\xlongequal{\text{按第 1 行展开}} (-1)^{1+3}\times 1\times\begin{vmatrix} 1 & -1 & -1 \\ R_1+R_3 & 0 & R_G \\ 0 & R_2+R_4 & -R_G \end{vmatrix}$$

$$= -(R_1+R_3)(R_2+R_4)-(R_2+R_4)R_G-(R_1+R_3)R_G$$

$$= -[R_G(R_1+R_2+R_3+R_4)+(R_1+R_3)(R_2+R_4)]$$

$$D_G=\begin{vmatrix} 1 & 0 & 1 & 0 & I_S \\ 0 & 1 & 0 & 1 & I_S \\ 1 & -1 & 0 & 0 & 0 \\ R_1 & 0 & -R_3 & 0 & 0 \\ 0 & R_2 & 0 & -R_4 & 0 \end{vmatrix} \xlongequal[c_2-c_4]{c_1-c_3} \begin{vmatrix} 0 & 0 & 1 & 0 & I_S \\ 0 & 0 & 0 & 1 & I_S \\ 1 & -1 & 0 & 0 & 0 \\ R_1+R_3 & 0 & -R_3 & 0 & 0 \\ 0 & R_2+R_4 & 0 & -R_4 & 0 \end{vmatrix}$$

$$\xlongequal{\text{按第 5 列展开}} (-1)^{1+5}\times I_S\times\begin{vmatrix} 0 & 0 & 0 & 1 \\ 1 & -1 & 0 & 0 \\ R_1+R_3 & 0 & -R_3 & 0 \\ 0 & R_2+R_4 & 0 & -R_4 \end{vmatrix}+$$

$$(-1)^{2+5}\times I_S\times\begin{vmatrix} 0 & 0 & 1 & 0 \\ 1 & -1 & 0 & 0 \\ R_1+R_3 & 0 & -R_3 & 0 \\ 0 & R_2+R_4 & 0 & -R_4 \end{vmatrix}$$

$$= I_S\times(-1)^{1+4}\times 1\times\begin{vmatrix} 1 & -1 & 0 \\ R_1+R_3 & 0 & -R_3 \\ 0 & R_2+R_4 & 0 \end{vmatrix}-$$

$$I_S\times(-1)^{1+3}\times 1\times\begin{vmatrix} 1 & -1 & 0 \\ R_1+R_3 & 0 & 0 \\ 0 & R_2+R_4 & -R_4 \end{vmatrix}$$

$$= -I_SR_3(R_2+R_4)-I_S[-R_4(R_1+R_3)]$$

$$= (-R_2R_3+R_1R_4)I_S$$

$$I_G=\frac{D_G}{D}=\frac{(R_2R_3-R_1R_4)I_S}{R_G(R_1+R_2+R_3+R_4)+(R_1+R_3)(R_2+R_4)}$$

小　　结

行列式是一种重要的数学工具，它不仅广泛应用于数学本身，而且在其他学科和工程技术中也要经常用到．本书中，不仅用它来解线性方程组，而且在研究矩阵、向量的线性相关时也要用到它．

应用行列式时，常要计算它的值．计算行列式时一般先利用行列式的性质，直接或经简单变换后，判断行列式是否为0；若不为0，则再用性质，将行列式化为上三角行列式或下三角行列式或将行列式的某一行或某一列的元素尽可能多地化为零，然后再按行或按列展开，最后化为三阶或二阶行列式计算．对有些特殊行列式用§1.4介绍的方法求解较为方便．

应用克莱姆法则解含 n 个未知数、n 个方程的线性方程组时，先计算它的系数行列式，若系数行列式不等于零，则方程组有唯一解；若系数行列式等于零，或未知数个数与方程个数不相等则较复杂，将在第三章中介绍．

习　题　一

1. 写出下列行列式中 a_{12}，a_{23}，a_{31} 的代数余子式 A_{12}，A_{23}，A_{31}：

(1) $\begin{vmatrix} 2 & 1 & 3 \\ 0 & 4 & -1 \\ 1 & -2 & 2 \end{vmatrix}$　　(2) $\begin{vmatrix} 4 & -1 & 3 & 1 \\ 0 & 5 & -1 & 1 \\ 1 & 4 & 2 & 2 \\ -2 & 0 & 2 & 1 \end{vmatrix}$

2. 利用对角线法则计算下列三阶行列式的值：

(1) $\begin{vmatrix} 3 & 1 & 7 \\ 2 & 0 & 1 \\ -1 & 0 & 2 \end{vmatrix}$　　(2) $\begin{vmatrix} a & b & c \\ b & c & a \\ c & a & b \end{vmatrix}$　　(3) $\begin{vmatrix} \sin\alpha & \cos\alpha & 1 \\ \sin\beta & \cos\beta & 1 \\ \sin\gamma & \cos\gamma & 1 \end{vmatrix}$

3. 计算下列行列式的值：

(1) $\begin{vmatrix} 4 & 1 & 2 & 4 \\ 1 & 2 & 0 & 2 \\ 10 & 5 & 2 & 0 \\ 0 & 1 & 1 & 7 \end{vmatrix}$　　(2) $\begin{vmatrix} 1 & 0 & 0 & 1 \\ -1 & 3 & 2 & -1 \\ 2 & 1 & 0 & 2 \\ 0 & 5 & 6 & 2 \end{vmatrix}$

(3) $\begin{vmatrix} 0 & 0 & 2 & 0 & 0 \\ 0 & 0 & 4 & -3 & 0 \\ 0 & 1 & 8 & 10 & 0 \\ 5 & 11 & 12 & 7 & 6 \\ 3 & -9 & 6 & 2 & 4 \end{vmatrix}$　　(4) $\begin{vmatrix} a & 1 & 0 & 0 \\ -1 & b & 1 & 0 \\ 0 & -1 & c & 1 \\ 0 & 0 & -1 & d \end{vmatrix}$

(5) $\begin{vmatrix} -ab & ac & ae \\ bd & -cd & de \\ bf & cf & -ef \end{vmatrix}$　　(6) $\begin{vmatrix} 301 & 1 & 3 \\ 102 & 2 & 1 \\ 199 & 4 & 2 \end{vmatrix}$

4. 计算 n 阶行列式：

(1) $D_n = \begin{vmatrix} x & a & a & \cdots & a & a \\ a & x & a & \cdots & a & a \\ \vdots & \vdots & \vdots & & \vdots & \vdots \\ a & a & a & \cdots & x & a \\ a & a & a & \cdots & a & x \end{vmatrix}$

(2) $D_n = \begin{vmatrix} a & & 1 \\ & \ddots & \\ 1 & & a \end{vmatrix}$，其中主对角线上的元素都是 a，未写出的元素都是 0

(3) $D_n = \begin{vmatrix} 1 & 2 & 2 & \cdots & 2 \\ 2 & 2 & 2 & \cdots & 2 \\ 2 & 2 & 3 & \cdots & 2 \\ \vdots & \vdots & \vdots & & \vdots \\ 2 & 2 & 2 & \cdots & n \end{vmatrix}$　　(4) $D_n = \begin{vmatrix} 0 & 1 & 0 & \cdots & 0 \\ 0 & 0 & 2 & \cdots & 0 \\ \vdots & \vdots & \vdots & & \vdots \\ 0 & 0 & 0 & \cdots & n-1 \\ n & 0 & 0 & \cdots & 0 \end{vmatrix}$

(5) $D_n = \begin{vmatrix} 1+a_1 & 1 & 1 & \cdots & 1 \\ 1 & 1+a_2 & 1 & \cdots & 1 \\ \vdots & \vdots & \vdots & & \vdots \\ 1 & 1 & 1 & \cdots & 1+a_n \end{vmatrix}$，其中 $a_i \neq 0\ (i = 1, 2, \cdots, n)$

5. 证明：

(1) $\begin{vmatrix} a^2 & ab & b^2 \\ 2a & a+b & 2b \\ 1 & 1 & 1 \end{vmatrix} = (a-b)^3$

(2) $\begin{vmatrix} 0 & a & b & a \\ a & 0 & a & b \\ b & a & 0 & a \\ a & b & a & 0 \end{vmatrix} = b^2(b^2-4a^2)$

(3) $\begin{vmatrix} ax+by & ay+bz & az+bx \\ ay+bz & az+bx & ax+by \\ az+bx & ax+by & ay+bz \end{vmatrix} = (a^3+b^3)\begin{vmatrix} x & y & z \\ y & z & x \\ z & x & y \end{vmatrix}$

(4) $\begin{vmatrix} x & -1 & 0 & \cdots & 0 & 0 \\ 0 & x & -1 & \cdots & 0 & 0 \\ \vdots & \vdots & \vdots & & \vdots & \vdots \\ 0 & 0 & 0 & \cdots & x & -1 \\ a_n & a_{n-1} & a_{n-2} & \cdots & a_2 & x+a_1 \end{vmatrix} = x^n + a_1x^{n-1} + \cdots + a_{n-1}x + a_n$

(5) $\begin{vmatrix} 1 & 2 & 3 & \cdots & n \\ 1 & 1+2 & 3 & \cdots & n \\ \vdots & \vdots & \vdots & & \vdots \\ 1 & 2 & 3 & \cdots & (n-1)+n \end{vmatrix} = (n-1)!$

(6) $\begin{vmatrix} 1 & 1 & 1 & 1 \\ a & b & c & d \\ a^2 & b^2 & c^2 & d^2 \\ a^4 & b^4 & c^4 & d^4 \end{vmatrix} = (a-b)(a-c)(a-d)(b-c)(b-d)(c-d)(a+b+c+d)$

6. 解方程：

$$\begin{vmatrix} 1 & 1 & 2 & 3 \\ 1 & 2-x^2 & 2 & 3 \\ 2 & 3 & 1 & 5 \\ 2 & 3 & 1 & 9-x^2 \end{vmatrix} = 0$$

7. 已知 $\begin{vmatrix} x & y & z \\ 3 & 0 & 2 \\ 1 & 1 & 1 \end{vmatrix} = 1$，求 $\begin{vmatrix} x & y & z \\ 3x+3 & 3y & 3z+2 \\ x+2 & y+2 & z+2 \end{vmatrix}$ 的值.

8. 利用克莱姆法则解下列线性方程组：

(1) $\begin{cases} 2x_1 + 3x_2 + x_3 = -1 \\ -x_1 + x_2 + x_3 - 2x_4 = 2 \\ 2x_2 - x_3 + 4x_4 = 4 \\ 2x_1 - x_2 - x_3 + 2x_4 = -4 \end{cases}$

(2) $\begin{cases} 5x_1 + 6x_2 = 1 \\ x_1 + 5x_2 + 6x_3 = 0 \\ x_2 + 5x_3 + 6x_4 = 0 \\ x_3 + 5x_4 + 6x_5 = 0 \\ x_4 + 5x_5 = 1 \end{cases}$

(3) $\begin{cases} x_1 + x_2 + x_3 + x_4 = 5 \\ x_1 + 2x_2 - x_3 + 4x_4 = -2 \\ 2x_1 - 3x_2 - x_3 - 5x_4 = -2 \\ 3x_1 + x_2 + 2x_3 + 11x_4 = 0 \end{cases}$

第二章　矩阵及其运算

§2.1　矩　阵

一、矩阵的概念

引例　某厂向 3 个商店发送 4 种产品的数量列成表格如下：

单位：件

产品 商店	P_1	P_2	P_3	P_4
S_1	100	10	50	200
S_2	5	44	3	500
S_3	37	90	91	2

也可用如下简表

$$\begin{pmatrix} 100 & 10 & 50 & 200 \\ 5 & 44 & 3 & 500 \\ 37 & 90 & 91 & 2 \end{pmatrix}$$

来表示.

如果该厂发送产品每月的数量在变化，可用如下形式：

$$\begin{pmatrix} a_{11} & a_{12} & a_{13} & a_{14} \\ a_{21} & a_{22} & a_{23} & a_{24} \\ a_{31} & a_{32} & a_{33} & a_{34} \end{pmatrix} \tag{2-1}$$

其中 a_{ij} 表示工厂向第 i 店发送第 j 种产品的数量，式(2 - 1)的表示方法在实际中应用极广. 下面给出这种表示形式的数学定义.

定义 2.1　由 $m \times n$ 个数 $a_{ij}(i = 1, 2, \cdots, m;\ j = 1, 2, \cdots, n)$ 排成 m 行 n 列的数表

$$\begin{pmatrix} a_{11} & a_{12} & \cdots & a_{1n} \\ a_{21} & a_{22} & \cdots & a_{2n} \\ \vdots & \vdots & & \vdots \\ a_{m1} & a_{m2} & \cdots & a_{mn} \end{pmatrix} \tag{2-2}$$

称为 m 行 n 列**矩阵**，简称为 $m\times n$ 矩阵，其中 a_{ij} 叫做矩阵的第 i 行第 j 列的元素. 一般用大写黑体字母 $\boldsymbol{A}, \boldsymbol{B}, \cdots$ 表示矩阵，有时也简记为 $\boldsymbol{A}=(a_{ij})_{m\times n}$ 或 $\boldsymbol{A}=(a_{ij})$. 数表左右用圆括号或中括号均可，但不能没有，也不能用与行列式相同的符号.

例 2-1 4 个城市间的单向航线如图 2-1 所示，若令

$$a_{ij}=\begin{cases}1 & \text{从 } i \text{ 市到 } j \text{ 市有 1 条单向航线}\\ 0 & \text{从 } i \text{ 市到 } j \text{ 市没有单向航线}\end{cases}$$

则用矩阵可表示为

$$\boldsymbol{A}=(a_{ij})=\begin{pmatrix}0&0&1&0\\1&0&1&1\\0&1&0&0\\0&0&1&0\end{pmatrix}$$

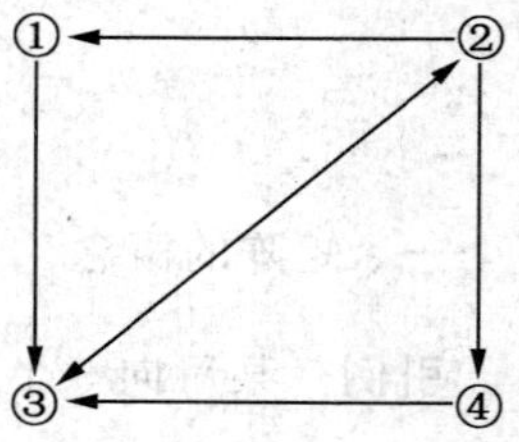

图 2-1

例 2-2 线性方程组

$$\begin{cases}a_{11}x_1+a_{12}x_2+\cdots+a_{1n}x_n=b_1\\ a_{21}x_1+a_{22}x_2+\cdots+a_{2n}x_n=b_2\\ \cdots\cdots\cdots\cdots\\ a_{m1}x_1+a_{m2}x_2+\cdots+a_{mn}x_n=b_m\end{cases}$$

的所有系数可用如下**系数矩阵**表示：

$$\boldsymbol{A}=\begin{pmatrix}a_{11}&a_{12}&\cdots&a_{1n}\\ a_{21}&a_{22}&\cdots&a_{2n}\\ \vdots&\vdots&&\vdots\\ a_{m1}&a_{m2}&\cdots&a_{mn}\end{pmatrix}$$

等式右边常数可用如下矩阵表示：

$$\boldsymbol{b}=\begin{pmatrix}b_1\\ b_2\\ \vdots\\ b_m\end{pmatrix}$$

系数和常数可用如下**增广矩阵**表示：

$$\boldsymbol{B}=\begin{pmatrix}a_{11}&a_{12}&\cdots&a_{1n}&b_1\\ a_{21}&a_{22}&\cdots&a_{2n}&b_2\\ \vdots&\vdots&&\vdots&\vdots\\ a_{m1}&a_{m2}&\cdots&a_{mn}&b_m\end{pmatrix}=(\boldsymbol{A}\quad \boldsymbol{b})$$

二、特殊矩阵

1. 零矩阵 元素都是零的矩阵称为零矩阵，记为 $\mathbf{0}$.

如：$(0\quad 0)$，$\begin{pmatrix} 0 & 0 \\ 0 & 0 \end{pmatrix}$，$\begin{pmatrix} 0 & 0 & 0 \\ 0 & 0 & 0 \end{pmatrix}$ 均为 $\mathbf{0}$ 矩阵.

2. 行矩阵、列矩阵

$1 \times n$ 矩阵 $(a_1, a_2, \cdots, a_n)$ 称为**行矩阵**；

$m \times 1$ 矩阵 $\begin{pmatrix} b_1 \\ b_2 \\ \vdots \\ b_m \end{pmatrix}$ 称为**列矩阵**.

3. 方阵

(1) $m = n$ 时，称 $\boldsymbol{A} = (a_{ij})_{n\times n}$ 为 **n 阶方阵**，有时用 $\boldsymbol{A}_n$ 表示；

(2) **对角阵** 不在主对角线上的元素全是零的方阵称为对角阵，一般形式为

$$\begin{pmatrix} \lambda_1 & & & \mathbf{0} \\ & \lambda_2 & & \\ & & \ddots & \\ \mathbf{0} & & & \lambda_n \end{pmatrix}$$

其中主对角线上的元素是 $\lambda_i (i = 1, 2, \cdots, n)$，未写出的元素都是零.

(3) **单位阵 $\boldsymbol{E}$** 主对角线上的元素全是 1 的对角阵称为单位阵. 即

$$\begin{pmatrix} 1 & & & \mathbf{0} \\ & 1 & & \\ & & \ddots & \\ \mathbf{0} & & & 1 \end{pmatrix}$$

用 $\boldsymbol{E}_n$ 表示（n 为单位阵的阶数），在不引起混淆的情况下，简记为 $\boldsymbol{E}$.

(4) **三角阵** 主对角线以下的元素全为零的方阵称为上三角阵，其一般形式为

$$\begin{pmatrix} a_{11} & a_{12} & \cdots & a_{1n} \\ & a_{22} & \cdots & a_{2n} \\ & & \ddots & \vdots \\ \mathbf{0} & & & a_{nn} \end{pmatrix}$$

主对角线以上的元素全为零的方阵称为下三角阵，其一般形式为

$$\begin{pmatrix} b_{11} & & & \\ b_{21} & b_{22} & & \mathbf{0} \\ \vdots & \vdots & \ddots & \\ b_{n1} & b_{n2} & \cdots & b_{nn} \end{pmatrix}$$

(5) **对称阵** 满足条件 $a_{ij} = a_{ji}(i, j = 1, 2, \cdots, n)$ 的方阵 $(a_{ij})_{n\times n}$ 称为对称阵. 对称阵的特点是：它的元素以主对角线为对称轴对应相等.

例如：矩阵 $\begin{pmatrix} 1 & 2 & 4 \\ 2 & 0 & -7 \\ 4 & -7 & 5 \end{pmatrix}$ 即为对称阵.

三、矩阵的关系

1. 同型矩阵 两矩阵的行数和列数分别相等时，称它们为同型矩阵.

注意 对于零矩阵，不同型的零矩阵是不同的.

2. 矩阵相等 若 $\boldsymbol{A} = (a_{ij})$ 与 $\boldsymbol{B} = (b_{ij})$ 是同型矩阵，且对应元素相等，即 $a_{ij} = b_{ij}$ $(i = 1, 2, \cdots, m; j = 1, 2, \cdots, n)$，则称矩阵 $\boldsymbol{A}$ 与矩阵 $\boldsymbol{B}$ 相等，记作 $\boldsymbol{A} = \boldsymbol{B}$.

注意 矩阵和行列式表示形式似有相似，其实两者是不同的：

(1) 行列式是一个数，可以算出其值，而矩阵是一张数表；

(2) 行列式的行、列个数必须相等，矩阵的行、列个数可不相等.

§2.2 矩阵的运算

一、矩阵的加法

定义 2.2 设有两个 $m \times n$ 矩阵，$\boldsymbol{A} = (a_{ij})$，$\boldsymbol{B} = (b_{ij})$，那么矩阵 $\boldsymbol{A}$ 与 $\boldsymbol{B}$ 的和记作 $\boldsymbol{A}+\boldsymbol{B}$，规定为

$$\boldsymbol{A} + \boldsymbol{B} = \begin{pmatrix} a_{11} + b_{11} & a_{12} + b_{12} & \cdots & a_{1n} + b_{1n} \\ a_{21} + b_{21} & a_{22} + b_{22} & \cdots & a_{2n} + b_{2n} \\ \vdots & \vdots & & \vdots \\ a_{m1} + b_{m1} & a_{m2} + b_{m2} & \cdots & a_{mn} + b_{mn} \end{pmatrix}$$

即
$$\boldsymbol{A} + \boldsymbol{B} = (a_{ij} + b_{ij})_{m\times n}$$

注意 只有当两个矩阵是同型矩阵时，这两个矩阵才能进行加法运算.

矩阵的加法满足下列运算规律(设 $\boldsymbol{A}$, $\boldsymbol{B}$, $\boldsymbol{C}$ 都是 $m\times n$ 矩阵)：

(1) $\boldsymbol{A}+\boldsymbol{B}=\boldsymbol{B}+\boldsymbol{A}$;

(2) $(\boldsymbol{A}+\boldsymbol{B})+\boldsymbol{C}=\boldsymbol{A}+(\boldsymbol{B}+\boldsymbol{C})$;

(3) $\boldsymbol{A}+\boldsymbol{0}=\boldsymbol{A}$($\boldsymbol{0}$ 为 $m\times n$ 阶零矩阵).

设矩阵 $\boldsymbol{A}=(a_{ij})$，记 $-\boldsymbol{A}=(-a_{ij})$，$-\boldsymbol{A}$ 称为矩阵 $\boldsymbol{A}$ 的负矩阵，显然有 $\boldsymbol{A}+(-\boldsymbol{A})=\boldsymbol{0}$，由此规定矩阵的减法为 $\boldsymbol{A}-\boldsymbol{B}=\boldsymbol{A}+(-\boldsymbol{B})$.

二、数乘矩阵

定义 2.3　数 λ 乘矩阵 $\boldsymbol{A}=(a_{ij})$ 的每一个元素所得到的矩阵(λa_{ij})称为数 λ 与矩阵 $\boldsymbol{A}$ 的乘积，记作 $\lambda\boldsymbol{A}$ 或 $\boldsymbol{A}\lambda$. 即

$$\lambda\boldsymbol{A}=\begin{pmatrix}\lambda a_{11} & \lambda a_{12} & \cdots & \lambda a_{1n}\\ \lambda a_{21} & \lambda a_{22} & \cdots & \lambda a_{2n}\\ \vdots & \vdots & & \vdots\\ \lambda a_{m1} & \lambda a_{m2} & \cdots & \lambda a_{mn}\end{pmatrix}$$

数乘矩阵满足下列运算规律(设 $\boldsymbol{A}$, $\boldsymbol{B}$ 为 $m\times n$ 矩阵，λ, μ 为数)：

(1) $(\lambda\mu)\boldsymbol{A}=\lambda(\mu\boldsymbol{A})$;

(2) $(\lambda+\mu)\boldsymbol{A}=\lambda\boldsymbol{A}+\mu\boldsymbol{A}$;

(3) $\lambda(\boldsymbol{A}+\boldsymbol{B})=\lambda\boldsymbol{A}+\lambda\boldsymbol{B}$.

矩阵相加与数乘矩阵结合起来，统称为矩阵的线性运算.

例 2-3　设 $\boldsymbol{A}=\begin{pmatrix}2 & 5\\ -1 & 3\\ 1 & 0\end{pmatrix}$，$\boldsymbol{B}=\begin{pmatrix}-3 & 4\\ -2 & 0\\ 2 & 5\end{pmatrix}$，求 $3\boldsymbol{A}-2\boldsymbol{B}$.

解　$$3\boldsymbol{A}-2\boldsymbol{B}=3\times\begin{pmatrix}2 & 5\\ -1 & 3\\ 1 & 0\end{pmatrix}-2\times\begin{pmatrix}-3 & 4\\ -2 & 0\\ 2 & 5\end{pmatrix}$$

$$=\begin{pmatrix}6 & 15\\ -3 & 9\\ 3 & 0\end{pmatrix}-\begin{pmatrix}-6 & 8\\ -4 & 0\\ 4 & 10\end{pmatrix}=\begin{pmatrix}12 & 7\\ 1 & 9\\ -1 & -10\end{pmatrix}$$

三、矩阵与矩阵相乘

引例　某厂向两个商店发送 3 种产品的数量可用矩阵表示

$$A=\begin{pmatrix}a_{11} & a_{12} & a_{13}\\ a_{21} & a_{22} & a_{23}\end{pmatrix}$$

其中 a_{ij} 为工厂向第 $i(=1,2)$ 店发送第 $j(=1,2,3)$ 种产品的数量，这 3 种产品的单价及单件重量也可列成矩阵

$$B=\begin{pmatrix}b_{11} & b_{12}\\ b_{21} & b_{22}\\ b_{31} & b_{32}\end{pmatrix}$$

其中 b_{j1} 为第 $j(=1,2,3)$ 种产品的单价，b_{j2} 为第 $j(=1,2,3)$ 种产品的单件重量，那么所求得的向两个商店所发产品的总值及总重量也可写成矩阵

$$C=\begin{pmatrix}c_{11} & c_{12}\\ c_{21} & c_{22}\end{pmatrix}=\begin{pmatrix}a_{11}b_{11}+a_{12}b_{21}+a_{13}b_{31} & a_{11}b_{12}+a_{12}b_{22}+a_{13}b_{32}\\ a_{21}b_{11}+a_{22}b_{21}+a_{23}b_{31} & a_{21}b_{12}+a_{22}b_{22}+a_{23}b_{32}\end{pmatrix}$$

其中 c_{i1} 为向第 $i(=1,2)$ 个商店所发产品的总值，c_{i2} 为向第 $i(=1,2)$ 个商店所发产品的总重量.

从引例不难发现 $\boldsymbol{C}$ 中的第 i 行第 j 列的元素等于矩阵 $\boldsymbol{A}$ 第 i 行元素与矩阵 $\boldsymbol{B}$ 第 j 列对应元素乘积之和. 我们把矩阵之间的这种对应关系定义为矩阵 $\boldsymbol{C}$ 是矩阵 $\boldsymbol{A}$ 与矩阵 $\boldsymbol{B}$ 的乘积.

定义 2.4 设有矩阵 $\boldsymbol{A}=(a_{ij})_{m\times s}$，$\boldsymbol{B}=(b_{ij})_{s\times n}$，规定矩阵 $\boldsymbol{A}$ 与 $\boldsymbol{B}$ 的乘积 $\boldsymbol{AB}$ 是一个 $m\times n$ 矩阵

$$\boldsymbol{C}=(c_{ij})_{m\times n}=\begin{pmatrix}c_{11} & c_{12} & \cdots & c_{1n}\\ c_{21} & c_{22} & \cdots & c_{2n}\\ \vdots & \vdots & & \vdots\\ c_{m1} & c_{m2} & \cdots & c_{mn}\end{pmatrix}$$

$\boldsymbol{C}$ 的第 i 行第 j 列元素为

$$c_{ij}=a_{i1}b_{1j}+a_{i2}b_{2j}+\cdots+a_{is}b_{sj}=\sum_{k=1}^{s}a_{ik}b_{kj}\quad(i=1,2,\cdots,m;\ j=1,2,\cdots,n)$$

即乘积矩阵 $\boldsymbol{C}=\boldsymbol{AB}$ 的第 i 行第 j 列元素 c_{ij} 就是矩阵 $\boldsymbol{A}$ 的第 i 行与矩阵 $\boldsymbol{B}$ 的第 j 列的对应元素乘积之和，直观地可用如下形式表示：

$$\boldsymbol{AB}=\begin{pmatrix}\cdots\cdots\cdots\cdots\cdots\cdots\\ a_{i1} & a_{i2} & \cdots & a_{is}\\ \cdots\cdots\cdots\cdots\cdots\cdots\end{pmatrix}_{m\times s}\begin{pmatrix}\cdots & b_{1j} & \cdots\\ \cdots & b_{2j} & \cdots\\ \cdots & \vdots & \cdots\\ \cdots & b_{sj} & \cdots\end{pmatrix}_{s\times n}=\begin{pmatrix}\cdots & \cdots & \cdots\\ \cdots & c_{ij} & \cdots\\ \cdots & \cdots & \cdots\end{pmatrix}_{m\times n}=\boldsymbol{C}$$

必须注意　只有当第一个矩阵(左矩阵)的列数等于第二个矩阵(右矩阵)的行数时,两个矩阵才能相乘.因此,有时乘积运算写出矩阵的下标,如

$$\boldsymbol{A}_{m\times s}\boldsymbol{B}_{s\times n}=\boldsymbol{C}_{m\times n}$$

这样,直接可看出 $\boldsymbol{A}$ 的列数与 $\boldsymbol{B}$ 的行数相等都为 s,结果 $\boldsymbol{C}$ 的行数为 $\boldsymbol{A}$ 的行数,$\boldsymbol{C}$ 的列数为 $\boldsymbol{B}$ 的列数,而且也能发现两矩阵能否相乘.

例 2-4　设矩阵 $\boldsymbol{A}=\begin{pmatrix}1&-1\\-1&1\end{pmatrix}$, $\boldsymbol{B}=\begin{pmatrix}1&1\\-1&-1\end{pmatrix}$,求 $\boldsymbol{AB}$ 与 $\boldsymbol{BA}$.

解　$$\boldsymbol{AB}=\begin{pmatrix}1&-1\\-1&1\end{pmatrix}\begin{pmatrix}1&1\\-1&-1\end{pmatrix}=\begin{pmatrix}1\times1+(-1)\times(-1)&1\times1+(-1)\times(-1)\\(-1)\times1+1\times(-1)&(-1)\times1+1\times(-1)\end{pmatrix}$$

$$=\begin{pmatrix}2&2\\-2&-2\end{pmatrix}$$

$$\boldsymbol{BA}=\begin{pmatrix}1&1\\-1&-1\end{pmatrix}\begin{pmatrix}1&-1\\-1&1\end{pmatrix}=\begin{pmatrix}1\times1+1\times(-1)&1\times(-1)+1\times1\\(-1)\times1+(-1)\times(-1)&(-1)\times(-1)+(-1)\times1\end{pmatrix}$$

$$=\begin{pmatrix}0&0\\0&0\end{pmatrix}=\boldsymbol{0}_{2\times2}$$

此例说明:

① 一般 $\boldsymbol{AB}$ 不一定与 $\boldsymbol{BA}$ 相等.

② 在 $\boldsymbol{A}\neq\boldsymbol{0}$ 且 $\boldsymbol{B}\neq\boldsymbol{0}$ 时,$\boldsymbol{AB}$ 可能为零矩阵.从而当 $\boldsymbol{AB}=\boldsymbol{0}$ 时,一般不能推出 $\boldsymbol{A}=\boldsymbol{0}$ 或 $\boldsymbol{B}=\boldsymbol{0}$;同样,当 $\boldsymbol{AB}=\boldsymbol{AC}$ 时,即使 $\boldsymbol{A}\neq\boldsymbol{0}$,也不一定有 $\boldsymbol{B}=\boldsymbol{C}$.

例 2-5　若 $\boldsymbol{A}=\begin{pmatrix}2&3\\1&-2\\3&1\end{pmatrix}$, $\boldsymbol{B}=\begin{pmatrix}1&-2&-3&-1\\2&-1&0&4\end{pmatrix}$,求 $\boldsymbol{AB}$.

解　$$\boldsymbol{AB}=\begin{pmatrix}2&3\\1&-2\\3&1\end{pmatrix}\begin{pmatrix}1&-2&-3&-1\\2&-1&0&4\end{pmatrix}=\begin{pmatrix}8&-7&-6&10\\-3&0&-3&-9\\5&-7&-9&1\end{pmatrix}$$

但 $\boldsymbol{BA}$ 没有意义.

由上例可知,在矩阵的乘法中必须注意矩阵相乘的顺序,$\boldsymbol{AB}$ 有意义时,$\boldsymbol{BA}$ 可以没有意义.

例 2-6　在一个线性变换

$$\begin{cases} y_1 = a_{11}x_1 + a_{12}x_2 + \cdots + a_{1n}x_n \\ y_2 = a_{21}x_1 + a_{22}x_2 + \cdots + a_{2n}x_n \\ \cdots\cdots\cdots\cdots \\ y_m = a_{m1}x_1 + a_{m2}x_2 + \cdots + a_{mn}x_n \end{cases}$$

中,若令

$$\boldsymbol{A} = \begin{pmatrix} a_{11} & a_{12} & \cdots & a_{1n} \\ a_{21} & a_{22} & \cdots & a_{2n} \\ \vdots & \vdots & & \vdots \\ a_{m1} & a_{m2} & \cdots & a_{mn} \end{pmatrix} = (a_{ij})_{m\times n}, \quad \boldsymbol{X} = \begin{pmatrix} x_1 \\ x_2 \\ \vdots \\ x_n \end{pmatrix}, \quad \boldsymbol{Y} = \begin{pmatrix} y_1 \\ y_2 \\ \vdots \\ y_m \end{pmatrix}$$

则线性变换可以表示为矩阵形式 $\boldsymbol{Y} = \boldsymbol{AX}$.

同样,上一节例 2-2 的线性方程组可表示为 $\boldsymbol{AX} = \boldsymbol{b}$.

基本运算规律:

矩阵的乘法虽不满足交换律,但仍满足下列结合律和分配律(假设运算都可行):

(1) $(\boldsymbol{AB})\boldsymbol{C} = \boldsymbol{A}(\boldsymbol{BC})$;

(2) $\lambda(\boldsymbol{AB}) = (\lambda\boldsymbol{A})\boldsymbol{B} = \boldsymbol{A}(\lambda\boldsymbol{B})$(其中 λ 为数);

(3) $\boldsymbol{A}(\boldsymbol{B}+\boldsymbol{C}) = \boldsymbol{AB}+\boldsymbol{AC}$, $(\boldsymbol{B}+\boldsymbol{C})\boldsymbol{A} = \boldsymbol{BA}+\boldsymbol{CA}$.

例 2-7 设矩阵

$$\boldsymbol{A} = \begin{pmatrix} a_{11} & a_{12} & a_{13} \\ a_{21} & a_{22} & a_{23} \end{pmatrix}, \quad \boldsymbol{E}_3 = \begin{pmatrix} 1 & 0 & 0 \\ 0 & 1 & 0 \\ 0 & 0 & 1 \end{pmatrix}, \quad \boldsymbol{E}_2 = \begin{pmatrix} 1 & 0 \\ 0 & 1 \end{pmatrix}$$

求 $\boldsymbol{AE}_3$ 与 $\boldsymbol{E}_2\boldsymbol{A}$.

解
$$\boldsymbol{AE}_3 = \begin{pmatrix} a_{11} & a_{12} & a_{13} \\ a_{21} & a_{22} & a_{23} \end{pmatrix}\begin{pmatrix} 1 & 0 & 0 \\ 0 & 1 & 0 \\ 0 & 0 & 1 \end{pmatrix} = \begin{pmatrix} a_{11} & a_{12} & a_{13} \\ a_{21} & a_{22} & a_{23} \end{pmatrix} = \boldsymbol{A}$$

$$\boldsymbol{E}_2\boldsymbol{A} = \begin{pmatrix} 1 & 0 \\ 0 & 1 \end{pmatrix}\begin{pmatrix} a_{11} & a_{12} & a_{13} \\ a_{21} & a_{22} & a_{23} \end{pmatrix} = \begin{pmatrix} a_{11} & a_{12} & a_{13} \\ a_{21} & a_{22} & a_{23} \end{pmatrix} = \boldsymbol{A}$$

由此例可知,$\boldsymbol{A}_{m\times n}\boldsymbol{E}_n = \boldsymbol{A}_{m\times n}$, $\boldsymbol{E}_m\boldsymbol{A}_{m\times n} = \boldsymbol{A}_{m\times n}$,或简写成 $\boldsymbol{EA} = \boldsymbol{AE} = \boldsymbol{A}$,读者应记住此结论.

矩阵的幂:

有了矩阵的乘法,就可以定义**矩阵的幂**,设 $\boldsymbol{A}$ 是 n 阶方阵,定义

$$A^1 = A,\ A^2 = AA,\ \cdots,\ A^k = \underbrace{AA\cdots A}_{k个} \quad (k = 1,\ 2,\ \cdots)$$

由于矩阵乘法适合结合律，所以矩阵的幂满足以下运算规律：

$$A^k A^l = A^{k+l},\ (A^k)^l = A^{kl} \quad (k,\ l\ 为正整数)$$

由于矩阵乘法不满足交换律，所以对两个 n 阶方阵 A 与 B，一般说来 $(AB)^k \neq A^k B^k$.

例 2-8　证明 $\begin{pmatrix} \cos\varphi & -\sin\varphi \\ \sin\varphi & \cos\varphi \end{pmatrix}^n = \begin{pmatrix} \cos n\varphi & -\sin n\varphi \\ \sin n\varphi & \cos n\varphi \end{pmatrix}$

证明　用数学归纳法，当 $n = 1$ 时，等式显然成立. 设 $n = k$ 时成立，即

$$\begin{pmatrix} \cos\varphi & -\sin\varphi \\ \sin\varphi & \cos\varphi \end{pmatrix}^k = \begin{pmatrix} \cos k\varphi & -\sin k\varphi \\ \sin k\varphi & \cos k\varphi \end{pmatrix}$$

下面证 $n = k+1$ 时成立，此时有

$$\begin{aligned}
\begin{pmatrix} \cos\varphi & -\sin\varphi \\ \sin\varphi & \cos\varphi \end{pmatrix}^{k+1} &= \begin{pmatrix} \cos\varphi & -\sin\varphi \\ \sin\varphi & \cos\varphi \end{pmatrix}^k \begin{pmatrix} \cos\varphi & -\sin\varphi \\ \sin\varphi & \cos\varphi \end{pmatrix} \\
&= \begin{pmatrix} \cos k\varphi & -\sin k\varphi \\ \sin k\varphi & \cos k\varphi \end{pmatrix} \begin{pmatrix} \cos\varphi & -\sin\varphi \\ \sin\varphi & \cos\varphi \end{pmatrix} \\
&= \begin{pmatrix} \cos k\varphi\cos\varphi - \sin k\varphi\sin\varphi & -\cos k\varphi\sin\varphi - \sin k\varphi\cos\varphi \\ \sin k\varphi\cos\varphi + \cos k\varphi\sin\varphi & -\sin k\varphi\sin\varphi + \cos k\varphi\cos\varphi \end{pmatrix} \\
&= \begin{pmatrix} \cos(k+1)\varphi & -\sin(k+1)\varphi \\ \sin(k+1)\varphi & \cos(k+1)\varphi \end{pmatrix}
\end{aligned}$$

于是等式得证.

四、矩阵的转置

定义 2.5　把 $m \times n$ 矩阵 $A = (a_{ij})$ 的行换成同序数的列，所得的 $n \times m$ 矩阵称为 A 的转置矩阵，记为 $A^{\mathrm{T}} = (a_{ij}')_{n\times m}$，其中 $a_{ij}' = a_{ji}(i = 1,\ 2,\ \cdots,\ n;\ j = 1,\ 2,\ \cdots,\ m)$.

例如：$A = \begin{bmatrix} 1 & 2 & 0 \\ 3 & -1 & 1 \end{bmatrix}$ 的转置矩阵为 $A^{\mathrm{T}} = \begin{bmatrix} 1 & 3 \\ 2 & -1 \\ 0 & 1 \end{bmatrix}$.

基本运算规律：

矩阵的转置也是一种运算，满足下述运算规律(假设运算都是可行的)：

(1) $(\boldsymbol{A}^{\mathrm{T}})^{\mathrm{T}} = \boldsymbol{A}$;

(2) $(\boldsymbol{A}+\boldsymbol{B})^{\mathrm{T}} = \boldsymbol{A}^{\mathrm{T}}+\boldsymbol{B}^{\mathrm{T}}$;

(3) $(\lambda\boldsymbol{A})^{\mathrm{T}} = \lambda\boldsymbol{A}^{\mathrm{T}}$;

(4) $(\boldsymbol{AB})^{\mathrm{T}} = \boldsymbol{B}^{\mathrm{T}}\boldsymbol{A}^{\mathrm{T}}$.

对于(1),(2),(3)读者可自行验证.下面证明(4)式:

证明 设 $\boldsymbol{A} = (a_{ij})_{m\times s}$, $\boldsymbol{B} = (b_{ij})_{s\times n}$

再设 $\boldsymbol{C} = \boldsymbol{AB} = (c_{ij})_{m\times n} = \left(\sum_{k=1}^{s} a_{ik}b_{kj}\right)_{m\times n} \quad (i=1, 2, \cdots, m;\ j=1, 2, \cdots, n)$

则 $(\boldsymbol{AB})^{\mathrm{T}} = \boldsymbol{C}^{\mathrm{T}} = (c_{ij}')_{n\times m}\left(c_{ij}' = c_{ji} = \sum_{k=1}^{s} a_{jk}b_{ki}\right) \ (i=1, 2, \cdots, n;\ j=1, 2, \cdots, m)$

$$\boldsymbol{B}^{\mathrm{T}}\boldsymbol{A}^{\mathrm{T}} = (b_{ik}')_{n\times s}(a_{kj}')_{s\times m} = (d_{ij})_{n\times m}$$

$$d_{ij} = \sum_{k=1}^{s} b_{ik}'a_{kj}' = \sum_{k=1}^{s} b_{ki}a_{jk} = \sum_{k=1}^{s} a_{jk}b_{ki} = c_{ij}' \ (i=1, 2, \cdots, n;\ j=1, 2, \cdots, m)$$

则
$$(\boldsymbol{AB})^{\mathrm{T}} = \boldsymbol{B}^{\mathrm{T}}\boldsymbol{A}^{\mathrm{T}}$$

例 2-9 已知 $\boldsymbol{A} = (1, -1, 2)$, $\boldsymbol{B} = \begin{pmatrix} 2 & 1 & 0 \\ 1 & 1 & 3 \\ 4 & 2 & 1 \end{pmatrix}$,求 $(\boldsymbol{AB})^{\mathrm{T}}$.

解法 1 因为 $\boldsymbol{AB} = (1, -1, 2)\begin{pmatrix} 2 & 1 & 0 \\ 1 & 1 & 3 \\ 4 & 2 & 1 \end{pmatrix} = (9, 4, -1)$,所以 $(\boldsymbol{AB})^{\mathrm{T}} = \begin{pmatrix} 9 \\ 4 \\ -1 \end{pmatrix}$.

解法 2 $(\boldsymbol{AB})^{\mathrm{T}} = \boldsymbol{B}^{\mathrm{T}}\boldsymbol{A}^{\mathrm{T}} = \begin{pmatrix} 2 & 1 & 4 \\ 1 & 1 & 2 \\ 0 & 3 & 1 \end{pmatrix}\begin{pmatrix} 1 \\ -1 \\ 2 \end{pmatrix} = \begin{pmatrix} 9 \\ 4 \\ -1 \end{pmatrix}$

设 $\boldsymbol{A}=(a_{ij})$ 为 n 阶方阵,如果满足 $\boldsymbol{A}^{\mathrm{T}}=\boldsymbol{A}$,即 $a_{ij} = a_{ji}\ (i, j=1, 2, \cdots, n)$,则 $\boldsymbol{A}$ 称为对称矩阵(见§2.1).例如:

$$\boldsymbol{A} = \begin{pmatrix} 1 & -2 & 3 \\ -2 & 0 & 4 \\ 3 & 4 & 5 \end{pmatrix}$$

是对称阵.显然,方阵 $\boldsymbol{A}$ 为对称阵的充要条件是 $\boldsymbol{A} = \boldsymbol{A}^{\mathrm{T}}$;若 $\boldsymbol{A}^{\mathrm{T}} = -\boldsymbol{A}$,即 $a_{ij} = -a_{ji}$,则 $\boldsymbol{A}$ 称为反对称矩阵,这时显然有 $a_{ii} = 0$, $a_{ji} = -a_{ij}$, $i \neq j$.如:

$$A=\begin{pmatrix}0&3&-5\\-3&0&2\\5&-2&0\end{pmatrix}$$

是反对称矩阵.

五、方阵的行列式

定义 2.6 由 n 阶方阵 $\boldsymbol{A}$ 的元素所构成的行列式(各元素的位置不变),称为方阵 $\boldsymbol{A}$ 的行列式,记作 $|\boldsymbol{A}|$ 或 $\det\boldsymbol{A}$. 即

$$\text{若 } \boldsymbol{A}=\begin{pmatrix}a_{11}&a_{12}&\cdots&a_{1n}\\a_{21}&a_{22}&\cdots&a_{2n}\\\vdots&\vdots&&\vdots\\a_{n1}&a_{n2}&\cdots&a_{nn}\end{pmatrix},\text{则 } |\boldsymbol{A}|=\begin{vmatrix}a_{11}&a_{12}&\cdots&a_{1n}\\a_{21}&a_{22}&\cdots&a_{2n}\\\vdots&\vdots&&\vdots\\a_{n1}&a_{n2}&\cdots&a_{nn}\end{vmatrix}.$$

注意 方阵与行列式是两个不同的概念,n 阶方阵是 n^2 个数按一定方式排成的数表,而 n 阶行列式则是这些数按一定的运算法则所确定的一个数.

运算规律:

由 $\boldsymbol{A}$ 确定 $|\boldsymbol{A}|$ 的这个运算满足下述运算规律(设 $\boldsymbol{A}, \boldsymbol{B}$ 为 n 阶方阵,λ 为数):

(1) $|\boldsymbol{A}^{\mathrm{T}}|=|\boldsymbol{A}|$ (即行列式性质 1.1);

(2) $|\lambda\boldsymbol{A}|=\lambda^n|\boldsymbol{A}|$;

(3) $|\boldsymbol{AB}|=|\boldsymbol{A}||\boldsymbol{B}|$.

例 2-10 已知 $\boldsymbol{A}=\begin{pmatrix}3&4\\5&7\end{pmatrix}, \boldsymbol{B}=\begin{pmatrix}2&-4\\-5&3\end{pmatrix}$,验证:$|\boldsymbol{AB}|=|\boldsymbol{A}|\cdot|\boldsymbol{B}|$.

证明 因为 $\boldsymbol{AB}=\begin{pmatrix}3&4\\5&7\end{pmatrix}\begin{pmatrix}2&-4\\-5&3\end{pmatrix}=\begin{pmatrix}-14&0\\-25&1\end{pmatrix}$,所以 $|\boldsymbol{AB}|=\begin{vmatrix}-14&0\\-25&1\end{vmatrix}=-14$.

又 $|\boldsymbol{A}|=\begin{vmatrix}3&4\\5&7\end{vmatrix}=1$, $|\boldsymbol{B}|=\begin{vmatrix}2&-4\\-5&3\end{vmatrix}=-14$,则 $|\boldsymbol{AB}|=|\boldsymbol{A}|\cdot|\boldsymbol{B}|$.

§2.3 逆 矩 阵

对于代数方程 $ax=b$,当数 $a\neq 0$ 时,有解

$$x=\frac{b}{a}=a^{-1}b$$

其中数 $a(a \neq 0)$ 的倒数 a^{-1} 满足 $aa^{-1} = a^{-1}a = 1$. 类似地，对于矩阵方程 $\boldsymbol{AX} = \boldsymbol{B}$，它的解 $\boldsymbol{X}$ 是否也能表示为 $\boldsymbol{A}^{-1}\boldsymbol{B}$，其中矩阵 $\boldsymbol{A}^{-1}$ 满足 $\boldsymbol{AA}^{-1} = \boldsymbol{A}^{-1}\boldsymbol{A} = \boldsymbol{E}$. 这就是本节要讨论的逆矩阵(或逆阵)问题.

一、逆阵的概念

定义 2.7 对于 n 阶方阵 $\boldsymbol{A}$，如果有一个 n 阶方阵 $\boldsymbol{B}$，使 $\boldsymbol{AB} = \boldsymbol{BA} = \boldsymbol{E}$，则称方阵 $\boldsymbol{A}$ 是可逆的，并把矩阵 $\boldsymbol{B}$ 称为 $\boldsymbol{A}$ 的**逆矩阵**，记为 $\boldsymbol{A}^{-1}$，即 $\boldsymbol{B} = \boldsymbol{A}^{-1}$. 显然有

$$\boldsymbol{AA}^{-1} = \boldsymbol{A}^{-1}\boldsymbol{A} = \boldsymbol{E}$$

定理 2.1 如果矩阵 $\boldsymbol{A}$ 有逆矩阵，则逆矩阵是唯一的.

证明 假设不唯一，设 $\boldsymbol{B}$, $\boldsymbol{C}$ 都是 $\boldsymbol{A}$ 的逆矩阵，则有

$$\boldsymbol{B} = \boldsymbol{BE} = \boldsymbol{B}(\boldsymbol{AC}) = (\boldsymbol{BA})\boldsymbol{C} = \boldsymbol{EC} = \boldsymbol{C}$$

证得 $\boldsymbol{A}$ 的逆阵是唯一的.

可验证以下两矩阵互为可逆

$$\boldsymbol{A} = \begin{pmatrix} 4 & 3 & 2 \\ 3 & 2 & 1 \\ 2 & 1 & 1 \end{pmatrix}, \quad \boldsymbol{B} = \begin{pmatrix} -1 & 1 & 1 \\ 1 & 0 & -2 \\ 1 & -2 & 1 \end{pmatrix}$$

因为 $$\boldsymbol{AB} = \boldsymbol{BA} = \boldsymbol{E}$$

二、逆矩阵的存在性及其求法

根据逆矩阵的定义和 $\boldsymbol{EE} = \boldsymbol{E}$，可知 $\boldsymbol{E}$ 是可逆阵，且 $\boldsymbol{E}$ 的逆矩阵是它本身. 又 n 阶零矩阵 $\boldsymbol{0}$ 和同阶方阵 $\boldsymbol{B}$，有 $\boldsymbol{B0} = \boldsymbol{0B} = \boldsymbol{0}$，所以零矩阵不可逆. 从而有必要讨论对于给定方阵是否可逆，且如何求逆阵问题.

下面讨论在什么条件下，矩阵 $\boldsymbol{A}$ 可逆；如果 $\boldsymbol{A}$ 是可逆阵，怎样求 $\boldsymbol{A}^{-1}$？

定理 2.2 若矩阵 $\boldsymbol{A}$ 可逆，则 $|\boldsymbol{A}| \neq 0$.

证明 $\boldsymbol{A}$ 可逆即有 $\boldsymbol{A}^{-1}$，使 $\boldsymbol{AA}^{-1} = \boldsymbol{E}$，故 $|\boldsymbol{A}| \cdot |\boldsymbol{A}^{-1}| = |\boldsymbol{AA}^{-1}| = |\boldsymbol{E}| = 1$，所以 $|\boldsymbol{A}| \neq 0$.

定理 2.3 若 $|\boldsymbol{A}| \neq 0$，则 n 阶矩阵 $\boldsymbol{A}$ 可逆，且 $\boldsymbol{A}^{-1} = \dfrac{1}{|\boldsymbol{A}|}\boldsymbol{A}^*$，其中

$$\boldsymbol{A}^* = \begin{pmatrix} A_{11} & A_{21} & \cdots & A_{n1} \\ A_{12} & A_{22} & \cdots & A_{n2} \\ \vdots & \vdots & & \vdots \\ A_{1n} & A_{2n} & \cdots & A_{nn} \end{pmatrix}$$

为 $\boldsymbol{A}$ 的**伴随矩阵**. $\boldsymbol{A}^*$ 中的元素 A_{ij} 是 $\boldsymbol{A}$ 中的元素 a_{ij} 的代数余子式.

证明　设

$$\boldsymbol{A}=\begin{pmatrix} a_{11} & a_{12} & \cdots & a_{1n} \\ a_{21} & a_{22} & \cdots & a_{2n} \\ \vdots & \vdots & & \vdots \\ a_{n1} & a_{n2} & \cdots & a_{nn} \end{pmatrix}$$

由矩阵乘法和行列式的性质,有

$$\boldsymbol{A}\boldsymbol{A}^*=\begin{pmatrix} a_{11} & a_{12} & \cdots & a_{1n} \\ a_{21} & a_{22} & \cdots & a_{2n} \\ \vdots & \vdots & & \vdots \\ a_{n1} & a_{n2} & \cdots & a_{nn} \end{pmatrix}\begin{pmatrix} A_{11} & A_{21} & \cdots & A_{n1} \\ A_{12} & A_{22} & \cdots & A_{n2} \\ \vdots & \vdots & & \vdots \\ A_{1n} & A_{2n} & \cdots & A_{nn} \end{pmatrix}$$

$$=\begin{pmatrix} |\boldsymbol{A}| & 0 & \cdots & 0 \\ 0 & |\boldsymbol{A}| & \cdots & 0 \\ \vdots & \vdots & & \vdots \\ 0 & 0 & \cdots & |\boldsymbol{A}| \end{pmatrix}=|\boldsymbol{A}|\boldsymbol{E}$$

同样有

$$\boldsymbol{A}^*\boldsymbol{A}=|\boldsymbol{A}|\boldsymbol{E}$$

因为 $|\boldsymbol{A}|\neq 0$, 所以

$$\boldsymbol{A}\frac{1}{|\boldsymbol{A}|}\boldsymbol{A}^*=\frac{1}{|\boldsymbol{A}|}\boldsymbol{A}^*\boldsymbol{A}=\boldsymbol{E}$$

按逆阵定义及唯一性,即有

$$\boldsymbol{A}^{-1}=\frac{1}{|\boldsymbol{A}|}\boldsymbol{A}^*$$

当 $|\boldsymbol{A}|=0$ 时, $\boldsymbol{A}$ 称为**奇异矩阵**,否则称**非奇异矩阵**.

从上面两定理可知, $\boldsymbol{A}$ 是可逆阵的充分必要条件是 $|\boldsymbol{A}|\neq 0$, 即可逆矩阵就是非奇异矩阵.

推论　若 $\boldsymbol{AB}=\boldsymbol{E}$(或 $\boldsymbol{BA}=\boldsymbol{E}$),则 $\boldsymbol{B}=\boldsymbol{A}^{-1}$.

证明　$|\boldsymbol{A}||\boldsymbol{B}|=|\boldsymbol{AB}|=|\boldsymbol{E}|=1$, 故 $|\boldsymbol{A}|\neq 0$, 因而 $\boldsymbol{A}^{-1}$ 存在,于是

$$\boldsymbol{B}=\boldsymbol{EB}=(\boldsymbol{A}^{-1}\boldsymbol{A})\boldsymbol{B}=\boldsymbol{A}^{-1}(\boldsymbol{AB})=\boldsymbol{A}^{-1}\boldsymbol{E}=\boldsymbol{A}^{-1}$$

证毕

例 2-11　设矩阵

$$A=\begin{pmatrix}2&3&-1\\-1&3&-3\\1&15&-11\end{pmatrix},\quad B=\begin{pmatrix}1&2&3\\2&2&1\\3&4&3\end{pmatrix}$$

问 A, B 是否可逆，如果可逆，求 A^{-1}，B^{-1}.

解 $|A|=\begin{vmatrix}2&3&-1\\-1&3&-3\\1&15&-11\end{vmatrix}=-66-9+15+3+90-33=0$，$A$ 无逆阵.

$|B|=\begin{vmatrix}1&2&3\\2&2&1\\3&4&3\end{vmatrix}=6+6+24-18-4-12=2\neq 0$，$B^{-1}$存在. 又

$$B_{11}=(-1)^{1+1}\begin{vmatrix}2&1\\4&3\end{vmatrix}=2,\quad B_{21}=(-1)^{2+1}\begin{vmatrix}2&3\\4&3\end{vmatrix}=6,\quad B_{31}=(-1)^{3+1}\begin{vmatrix}2&3\\2&1\end{vmatrix}=-4$$

同理

$$B_{12}=-3,\ B_{22}=-6,\ B_{32}=5$$

$$B_{13}=2,\ B_{23}=2,\ B_{33}=-2$$

于是得

$$B^*=\begin{pmatrix}B_{11}&B_{21}&B_{31}\\B_{12}&B_{22}&B_{32}\\B_{13}&B_{23}&B_{33}\end{pmatrix}=\begin{pmatrix}2&6&-4\\-3&-6&5\\2&2&-2\end{pmatrix}$$

所以

$$B^{-1}=\frac{1}{|B|}B^*=\begin{pmatrix}1&3&-2\\-\frac{3}{2}&-3&\frac{5}{2}\\1&1&-1\end{pmatrix}$$

注意 计算伴随矩阵 B^* 时，其列元素是 B 阵对应行元素的代数余子式，求得 B^* 后还要除以 $|B|$，才是 B^{-1}.

方阵的逆矩阵的性质：

2.1 若 A 可逆，则 A^{-1} 亦可逆，且 $(A^{-1})^{-1}=A$.

2.2 若 A 可逆，数 $\lambda\neq 0$，则 λA 可逆，且 $(\lambda A)^{-1}=\frac{1}{\lambda}A^{-1}$，显然

$$(\lambda A)(\lambda A)^{-1}=\lambda A\,\frac{1}{\lambda}A^{-1}=\lambda\,\frac{1}{\lambda}AA^{-1}=E$$

2.3 若 A, B 为同阶方阵且均可逆，则 AB 亦可逆，且 $(AB)^{-1}=B^{-1}A^{-1}$.

证明 $(AB)(B^{-1}A^{-1})=A(BB^{-1})A^{-1}=AEA^{-1}=AA^{-1}=E$，即

$$(\boldsymbol{AB})^{-1}=\boldsymbol{B}^{-1}\boldsymbol{A}^{-1}$$

2.4　若 $\boldsymbol{A}$ 可逆，则 $\boldsymbol{A}^{\mathrm{T}}$ 亦可逆，且 $(\boldsymbol{A}^{\mathrm{T}})^{-1}=(\boldsymbol{A}^{-1})^{\mathrm{T}}$.

证明　因为 $\boldsymbol{A}^{\mathrm{T}}(\boldsymbol{A}^{-1})^{\mathrm{T}}=(\boldsymbol{A}^{-1}\boldsymbol{A})^{\mathrm{T}}=\boldsymbol{E}^{\mathrm{T}}=\boldsymbol{E}$，所以 $(\boldsymbol{A}^{\mathrm{T}})^{-1}=(\boldsymbol{A}^{-1})^{\mathrm{T}}$.

2.5　若 $\boldsymbol{A}$ 可逆，则 $\boldsymbol{A}^{*}$ 亦可逆，且

$$(\boldsymbol{A}^{*})^{-1}=\frac{1}{|\boldsymbol{A}|}\boldsymbol{A}$$

证明　因为　$\boldsymbol{A}^{-1}=\dfrac{1}{|\boldsymbol{A}|}\boldsymbol{A}^{*}\Rightarrow\boldsymbol{A}^{*}=|\boldsymbol{A}|\boldsymbol{A}^{-1}$

$$\Rightarrow(\boldsymbol{A}^{*})^{-1}=(|\boldsymbol{A}|\boldsymbol{A}^{-1})^{-1}\xlongequal{\text{性质 2.2}}\frac{1}{|\boldsymbol{A}|}(\boldsymbol{A}^{-1})^{-1}=\frac{1}{|\boldsymbol{A}|}\boldsymbol{A}$$

当 $|\boldsymbol{A}|\neq 0$ 时，还可定义

$$\boldsymbol{A}^{0}=\boldsymbol{E},\ \boldsymbol{A}^{-k}=(\boldsymbol{A}^{-1})^{k}$$

其中 k 为正整数，这样当 $|\boldsymbol{A}|\neq 0$，λ，μ 为整数时，有

$$\boldsymbol{A}^{\lambda}\boldsymbol{A}^{\mu}=\boldsymbol{A}^{\lambda+\mu},\ (\boldsymbol{A}^{\lambda})^{\mu}=\boldsymbol{A}^{\lambda\mu}$$

例 2－12　设 $\boldsymbol{A}=\begin{pmatrix}1&2\\2&3\end{pmatrix}$，$\boldsymbol{B}=\begin{pmatrix}2&2&3\\1&-1&0\\-1&2&1\end{pmatrix}$，$\boldsymbol{C}=\begin{pmatrix}1&0&2\\-1&2&3\end{pmatrix}$，

求矩阵 $\boldsymbol{X}$，使等式 $\boldsymbol{AXB}=\boldsymbol{C}$ 成立.

解　若 $\boldsymbol{A}^{-1}$，$\boldsymbol{B}^{-1}$ 存在，则用 $\boldsymbol{A}^{-1}$ 左乘上式，$\boldsymbol{B}^{-1}$ 右乘上式，有

$$\boldsymbol{A}^{-1}\boldsymbol{AXBB}^{-1}=\boldsymbol{A}^{-1}\boldsymbol{CB}^{-1}$$

即

$$\boldsymbol{X}=\boldsymbol{A}^{-1}\boldsymbol{CB}^{-1}$$

求得

$$\boldsymbol{A}^{-1}=\begin{pmatrix}-3&2\\2&-1\end{pmatrix},\ \boldsymbol{B}^{-1}=\begin{pmatrix}1&-4&-3\\1&-5&-3\\-1&6&4\end{pmatrix}$$

于是

$$\boldsymbol{X}=\boldsymbol{A}^{-1}\boldsymbol{CB}^{-1}=\begin{pmatrix}-3&2\\2&-1\end{pmatrix}\begin{pmatrix}1&0&2\\-1&2&3\end{pmatrix}\begin{pmatrix}1&-4&-3\\1&-5&-3\\-1&6&4\end{pmatrix}$$

$$=\begin{pmatrix}-5&4&0\\3&-2&1\end{pmatrix}\begin{pmatrix}1&-4&-3\\1&-5&-3\\-1&6&4\end{pmatrix}=\begin{pmatrix}-1&0&3\\0&4&1\end{pmatrix}$$

例 2-13 设方阵 $\boldsymbol{A}$ 满足 $\boldsymbol{A}^2-2\boldsymbol{A}-3\boldsymbol{E}=0$,证明:$\boldsymbol{A}$ 及 $2\boldsymbol{A}+3\boldsymbol{E}$ 都可逆,并求 $\boldsymbol{A}^{-1}$ 及 $(2\boldsymbol{A}+3\boldsymbol{E})^{-1}$.

证明 因为
$$\boldsymbol{A}^2-2\boldsymbol{A}-3\boldsymbol{E}=0$$
所以
$$\boldsymbol{A}(\boldsymbol{A}-2\boldsymbol{E})=3\boldsymbol{E}$$
亦即
$$\boldsymbol{A}\frac{\boldsymbol{A}-2\boldsymbol{E}}{3}=\boldsymbol{E}$$
故
$$\boldsymbol{A}^{-1}=\frac{\boldsymbol{A}-2\boldsymbol{E}}{3}$$
又因为
$$\boldsymbol{A}^2=2\boldsymbol{A}+3\boldsymbol{E}$$
所以
$$(2\boldsymbol{A}+3\boldsymbol{E})^{-1}=(\boldsymbol{A}^2)^{-1}=(\boldsymbol{A}^{-1})^2=\frac{\boldsymbol{A}^2-4\boldsymbol{A}+4\boldsymbol{E}}{9}=\frac{7\boldsymbol{E}-2\boldsymbol{A}}{9}$$

例 2-14 已知线性变换
$$\begin{cases}y_1=x_1+2x_2-x_3\\ y_2=3x_1-2x_2+x_3\\ y_3=x_1-x_2-x_3\end{cases}$$
试解出 x_1,x_2,x_3,得到从 y_1,y_2,y_3 到 x_1,x_2,x_3 的线性变换.

解 设
$$\boldsymbol{A}=\begin{pmatrix}1&2&-1\\3&-2&1\\1&-1&-1\end{pmatrix},\boldsymbol{X}=\begin{pmatrix}x_1\\x_2\\x_3\end{pmatrix},\boldsymbol{Y}=\begin{pmatrix}y_1\\y_2\\y_3\end{pmatrix}$$
所给线性变换写成矩阵形式
$$\boldsymbol{Y}=\boldsymbol{A}\boldsymbol{X}$$
由于
$$|\boldsymbol{A}|=\begin{vmatrix}1&2&-1\\3&-2&1\\1&-1&-1\end{vmatrix}=12\neq 0$$
所以
$$\boldsymbol{X}=\boldsymbol{A}^{-1}\boldsymbol{Y}$$
而
$$\boldsymbol{A}^{-1}=\frac{1}{12}\boldsymbol{A}^*=\frac{1}{12}\begin{pmatrix}3&3&0\\4&0&-4\\-1&3&-8\end{pmatrix}=\begin{pmatrix}\frac{1}{4}&\frac{1}{4}&0\\\frac{1}{3}&0&-\frac{1}{3}\\-\frac{1}{12}&\frac{1}{4}&-\frac{2}{3}\end{pmatrix}$$

求得
$$X = A^{-1}Y = \begin{pmatrix} \frac{1}{4} & \frac{1}{4} & 0 \\ \frac{1}{3} & 0 & -\frac{1}{3} \\ -\frac{1}{12} & \frac{1}{4} & -\frac{2}{3} \end{pmatrix}\begin{pmatrix} y_1 \\ y_2 \\ y_3 \end{pmatrix} = \begin{pmatrix} \frac{1}{4}y_1 + \frac{1}{4}y_2 \\ \frac{1}{3}y_1 - \frac{1}{3}y_3 \\ -\frac{1}{12}y_1 + \frac{1}{4}y_2 - \frac{2}{3}y_3 \end{pmatrix}$$

即从 y_1，y_2，y_3 到 x_1，x_2，x_3 的线性变换为
$$\begin{cases} x_1 = \frac{1}{4}y_1 + \frac{1}{4}y_2 \\ x_2 = \frac{1}{3}y_1 - \frac{1}{3}y_3 \\ x_3 = -\frac{1}{12}y_1 + \frac{1}{4}y_2 - \frac{2}{3}y_3 \end{cases}$$

我们称此线性变换为原线性变换的逆变换.

§2.4* 矩阵分块法

一、矩阵分块的概念

对于行数和列数较高的矩阵，为便于运算，有时需把它分成若干个小块，使大矩阵的运算化成小矩阵的运算. 把一个矩阵用若干条横线和纵线分成许多个小矩阵，并看作是由这些小块矩阵为元素的矩阵的方法称为**矩阵分块法**，每个小块矩阵称为**子块**，以子块为元素的形式上的矩阵称为**分块矩阵**.

例如矩阵
$$B = \begin{pmatrix} b_{11} & b_{12} & b_{13} & b_{14} \\ b_{21} & b_{22} & b_{23} & b_{24} \\ b_{31} & b_{32} & b_{33} & b_{34} \end{pmatrix}$$

分成子块的分法很多，下面举出三种分块形式：

(1)
$$B = \left(\begin{array}{cc:cc} b_{11} & b_{12} & b_{13} & b_{14} \\ b_{21} & b_{22} & b_{23} & b_{24} \\ \hdashline b_{31} & b_{32} & b_{33} & b_{34} \end{array}\right)$$

(2)
$$B = \left(\begin{array}{c:cc:c} b_{11} & b_{12} & b_{13} & b_{14} \\ b_{21} & b_{22} & b_{23} & b_{24} \\ \hdashline b_{31} & b_{32} & b_{33} & b_{34} \end{array}\right)$$

(3)
$$B=\left(\begin{array}{c:c:c:c} b_{11} & b_{12} & b_{13} & b_{14} \\ b_{21} & b_{22} & b_{23} & b_{24} \\ b_{31} & b_{32} & b_{33} & b_{34} \end{array}\right)$$

矩阵分块后，采用子块记法，如分法(1)可记为

$$B=\begin{pmatrix} B_{11} & B_{12} \\ B_{21} & B_{22} \end{pmatrix}$$

其中
$$B_{11}=\begin{pmatrix} b_{11} & b_{12} \\ b_{21} & b_{22} \end{pmatrix},\ B_{12}=\begin{pmatrix} b_{13} & b_{14} \\ b_{23} & b_{24} \end{pmatrix}$$

$$B_{21}=(b_{31},\ b_{32}),\ B_{22}=(b_{33},\ b_{34})$$

即 B_{11}，B_{12}，B_{21}，B_{22} 为 B 的子块，而 B 形式上成为以这些子块为元素的分块矩阵. 分法(2)及(3)的分块矩阵请读者自行完成. 又如

$$A=\left(\begin{array}{ccc:c} 1 & 0 & 0 & 2 \\ 0 & 1 & 0 & 5 \\ 0 & 0 & 1 & 8 \\ \hdashline 0 & 0 & 0 & 6 \end{array}\right)$$

被分成四个子块，记作
$$A=\begin{pmatrix} E_3 & A_1 \\ \mathbf{0} & A_2 \end{pmatrix}$$

式中
$$E_3=\begin{pmatrix} 1 & 0 & 0 \\ 0 & 1 & 0 \\ 0 & 0 & 1 \end{pmatrix},\ A_1=\begin{pmatrix} 2 \\ 5 \\ 8 \end{pmatrix},\ \mathbf{0}=(0,\ 0,\ 0),\ A_2=(6)$$

这种记法是将矩阵分成特殊的子块，较为直观.

二、分块矩阵的运算

1. 分块矩阵的加法

设矩阵 A 与 B 的行数相同、列数相同，采用相同的分块法，记

$$A=\begin{pmatrix} A_{11} & A_{12} & \cdots & A_{1r} \\ A_{21} & A_{22} & \cdots & A_{2r} \\ \vdots & \vdots & & \vdots \\ A_{s1} & A_{s2} & \cdots & A_{sr} \end{pmatrix}=(A_{ij})_{s\times r}$$

$$\boldsymbol{B}=\begin{pmatrix}\boldsymbol{B}_{11} & \boldsymbol{B}_{12} & \cdots & \boldsymbol{B}_{1r}\\ \boldsymbol{B}_{21} & \boldsymbol{B}_{22} & \cdots & \boldsymbol{B}_{2r}\\ \vdots & \vdots & & \vdots\\ \boldsymbol{B}_{s1} & \boldsymbol{B}_{s2} & \cdots & \boldsymbol{B}_{sr}\end{pmatrix}=(\boldsymbol{B}_{ij})_{s\times r}$$

其中 $\boldsymbol{A}_{ij}$ 与 $\boldsymbol{B}_{ij}$ 的行数相同、列数相同，则

$$\boldsymbol{A}+\boldsymbol{B}=\begin{pmatrix}\boldsymbol{A}_{11}+\boldsymbol{B}_{11} & \boldsymbol{A}_{12}+\boldsymbol{B}_{12} & \cdots & \boldsymbol{A}_{1r}+\boldsymbol{B}_{1r}\\ \boldsymbol{A}_{21}+\boldsymbol{B}_{21} & \boldsymbol{A}_{22}+\boldsymbol{B}_{22} & \cdots & \boldsymbol{A}_{2r}+\boldsymbol{B}_{2r}\\ \vdots & \vdots & & \vdots\\ \boldsymbol{A}_{s1}+\boldsymbol{B}_{s1} & \boldsymbol{A}_{s2}+\boldsymbol{B}_{s2} & \cdots & \boldsymbol{A}_{sr}+\boldsymbol{B}_{sr}\end{pmatrix}=(\boldsymbol{A}_{ij}+\boldsymbol{B}_{ij})_{s\times r}$$

2. 分块矩阵的数乘

设 λ 为数，则

$$\lambda\boldsymbol{A}=\begin{pmatrix}\lambda\boldsymbol{A}_{11} & \lambda\boldsymbol{A}_{12} & \cdots & \lambda\boldsymbol{A}_{1r}\\ \lambda\boldsymbol{A}_{21} & \lambda\boldsymbol{A}_{22} & \cdots & \lambda\boldsymbol{A}_{2r}\\ \vdots & \vdots & & \vdots\\ \lambda\boldsymbol{A}_{s1} & \lambda\boldsymbol{A}_{s2} & \cdots & \lambda\boldsymbol{A}_{sr}\end{pmatrix}=(\lambda\boldsymbol{A}_{ij})_{s\times r}$$

3. 分块矩阵的乘法

设 $\boldsymbol{A}$ 为 $m\times l$ 矩阵，$\boldsymbol{B}$ 为 $l\times n$ 矩阵，分块成

$$\boldsymbol{A}=\begin{pmatrix}\boldsymbol{A}_{11} & \boldsymbol{A}_{12} & \cdots & \boldsymbol{A}_{1t}\\ \boldsymbol{A}_{21} & \boldsymbol{A}_{22} & \cdots & \boldsymbol{A}_{2t}\\ \vdots & \vdots & & \vdots\\ \boldsymbol{A}_{s1} & \boldsymbol{A}_{s2} & \cdots & \boldsymbol{A}_{st}\end{pmatrix}=(\boldsymbol{A}_{ik})_{s\times t}$$

$$\boldsymbol{B}=\begin{pmatrix}\boldsymbol{B}_{11} & \boldsymbol{B}_{12} & \cdots & \boldsymbol{B}_{1r}\\ \boldsymbol{B}_{21} & \boldsymbol{B}_{22} & \cdots & \boldsymbol{B}_{2r}\\ \vdots & \vdots & & \vdots\\ \boldsymbol{B}_{t1} & \boldsymbol{B}_{t2} & \cdots & \boldsymbol{B}_{tr}\end{pmatrix}=(\boldsymbol{B}_{kj})_{t\times r}$$

其中 $\boldsymbol{A}_{i1}, \boldsymbol{A}_{i2}, \cdots, \boldsymbol{A}_{it}$ 的列数分别等于 $\boldsymbol{B}_{1j}, \boldsymbol{B}_{2j}, \cdots, \boldsymbol{B}_{tj}$ 的行数，则

$$\boldsymbol{C}=\boldsymbol{A}\boldsymbol{B}=\begin{pmatrix}\boldsymbol{C}_{11} & \boldsymbol{C}_{12} & \cdots & \boldsymbol{C}_{1r}\\ \boldsymbol{C}_{21} & \boldsymbol{C}_{22} & \cdots & \boldsymbol{C}_{2r}\\ \vdots & \vdots & & \vdots\\ \boldsymbol{C}_{s1} & \boldsymbol{C}_{s2} & \cdots & \boldsymbol{C}_{sr}\end{pmatrix}=(\boldsymbol{C}_{ij})_{s\times r}$$

其中
$$C_{ij}=\sum_{k=1}^{t}A_{ik}B_{kj}\,(i=1,2,\cdots,s;\ j=1,2,\cdots,r)$$

例 2-15 设 $A=\begin{pmatrix}1&0&-1&2\\0&1&1&1\\-1&0&0&0\\0&1&0&0\end{pmatrix}$，$B=\begin{pmatrix}1&0&1&0\\0&1&0&1\\6&3&1&2\\5&-2&0&2\end{pmatrix}$

求 AB.

解 把 A，B 分块成

$$A=\left(\begin{array}{cc:cc}1&0&-1&2\\0&1&1&1\\ \hdashline -1&0&0&0\\0&1&0&0\end{array}\right)=\begin{pmatrix}E&A_1\\A_2&0\end{pmatrix}$$

$$B=\left(\begin{array}{cc:cc}1&0&1&0\\0&1&0&1\\ \hdashline 6&3&1&2\\5&-2&0&2\end{array}\right)=\begin{pmatrix}E&E\\B_1&B_2\end{pmatrix}$$

则
$$AB=\begin{pmatrix}E&A_1\\A_2&0\end{pmatrix}\begin{pmatrix}E&E\\B_1&B_2\end{pmatrix}=\begin{pmatrix}E+A_1B_1&E+A_1B_2\\A_2&A_2\end{pmatrix}$$

而
$$E+A_1B_1=\begin{pmatrix}1&0\\0&1\end{pmatrix}+\begin{pmatrix}-1&2\\1&1\end{pmatrix}\begin{pmatrix}6&3\\5&-2\end{pmatrix}$$
$$=\begin{pmatrix}1&0\\0&1\end{pmatrix}+\begin{pmatrix}4&-7\\11&1\end{pmatrix}=\begin{pmatrix}5&-7\\11&2\end{pmatrix}$$

$$E+A_1B_2=\begin{pmatrix}1&0\\0&1\end{pmatrix}+\begin{pmatrix}-1&2\\1&1\end{pmatrix}\begin{pmatrix}1&2\\0&2\end{pmatrix}$$
$$=\begin{pmatrix}1&0\\0&1\end{pmatrix}+\begin{pmatrix}-1&2\\1&4\end{pmatrix}=\begin{pmatrix}0&2\\1&5\end{pmatrix}$$

于是
$$AB=\begin{pmatrix}5&-7&0&2\\11&2&1&5\\-1&0&-1&0\\0&1&0&1\end{pmatrix}$$

4. 分块矩阵的转置

设
$$A=\begin{pmatrix} A_{11} & A_{12} & \cdots & A_{1r} \\ A_{21} & A_{22} & \cdots & A_{2r} \\ \vdots & \vdots & & \vdots \\ A_{s1} & A_{s2} & \cdots & A_{sr} \end{pmatrix}=(A_{ij})_{s\times r}$$

则
$$A^{\mathrm{T}}=\begin{pmatrix} A_{11}^{\mathrm{T}} & A_{21}^{\mathrm{T}} & \cdots & A_{s1}^{\mathrm{T}} \\ A_{12}^{\mathrm{T}} & A_{22}^{\mathrm{T}} & \cdots & A_{s2}^{\mathrm{T}} \\ \vdots & \vdots & & \vdots \\ A_{1r}^{\mathrm{T}} & A_{2r}^{\mathrm{T}} & \cdots & A_{sr}^{\mathrm{T}} \end{pmatrix}$$

从上式可以看出，用分块矩阵求转置矩阵时，一方面要将每一小块矩阵作为元素转置，另一方面每一小块矩阵也要转置.

5. 分块对角矩阵

当矩阵可以作对角分块时，分块运算是很方便的. 设 A 为 n 阶方阵，若 A 的分块矩阵只有在主对角线上有非零子块，其余子块都为零矩阵，且非零子块都是方阵. 即

$$A=\begin{pmatrix} A_1 & & & \mathbf{0} \\ & A_2 & & \\ & & \ddots & \\ \mathbf{0} & & & A_s \end{pmatrix}$$

其中 $A_i(i=1,2,\cdots,s)$ 都是方阵，那么称 A 为**分块对角矩阵**.

分块对角矩阵的行列式具有下述性质：

$$|A|=|A_1||A_2|\cdots|A_s|$$

由此性质可知，若 $A_i(i=1,2,\cdots,s)$ 都是可逆的，即 $|A_i|\neq 0\ (i=1,2,\cdots,s)$，则 $|A|\neq 0$，并有

$$A^{-1}=\begin{pmatrix} A_1^{-1} & & & \mathbf{0} \\ & A_2^{-1} & & \\ & & \ddots & \\ \mathbf{0} & & & A_s^{-1} \end{pmatrix}$$

例 2－16 设
$$A=\begin{pmatrix}5&0&0&0&0\\0&2&1&0&0\\0&1&3&0&0\\0&0&0&3&2\\0&0&0&2&1\end{pmatrix}$$
求 $\boldsymbol{A}^{-1}$.

解 把 $\boldsymbol{A}$ 分块成

$$\boldsymbol{A}=\left(\begin{array}{c:cc:cc}5&0&0&0&0\\ \hdashline 0&2&1&0&0\\0&1&3&0&0\\ \hdashline 0&0&0&3&2\\0&0&0&2&1\end{array}\right)=\begin{pmatrix}\boldsymbol{A}_1&\boldsymbol{0}&\boldsymbol{0}\\\boldsymbol{0}&\boldsymbol{A}_2&\boldsymbol{0}\\\boldsymbol{0}&\boldsymbol{0}&\boldsymbol{A}_3\end{pmatrix}$$

$$\boldsymbol{A}_1=(5),\ \boldsymbol{A}_1^{-1}=\left(\frac{1}{5}\right)$$

$$\boldsymbol{A}_2=\begin{pmatrix}2&1\\1&3\end{pmatrix},\ \boldsymbol{A}_2^{-1}=\frac{1}{5}\begin{pmatrix}3&-1\\-1&2\end{pmatrix}=\begin{pmatrix}\frac{3}{5}&-\frac{1}{5}\\-\frac{1}{5}&\frac{2}{5}\end{pmatrix}$$

$$\boldsymbol{A}_3=\begin{pmatrix}3&2\\2&1\end{pmatrix},\ \boldsymbol{A}_3^{-1}=-1\times\begin{pmatrix}1&-2\\-2&3\end{pmatrix}=\begin{pmatrix}-1&2\\2&-3\end{pmatrix}$$

$$\boldsymbol{A}^{-1}=\begin{pmatrix}\boldsymbol{A}_1^{-1}&\boldsymbol{0}&\boldsymbol{0}\\\boldsymbol{0}&\boldsymbol{A}_2^{-1}&\boldsymbol{0}\\\boldsymbol{0}&\boldsymbol{0}&\boldsymbol{A}_3^{-1}\end{pmatrix}=\begin{pmatrix}\frac{1}{5}&0&0&0&0\\0&\frac{3}{5}&-\frac{1}{5}&0&0\\0&-\frac{1}{5}&\frac{2}{5}&0&0\\0&0&0&-1&2\\0&0&0&2&-3\end{pmatrix}$$

经验证，$\boldsymbol{A}\boldsymbol{A}^{-1}=\boldsymbol{A}^{-1}\boldsymbol{A}=\boldsymbol{E}$.

在线性方程组的矩阵表示方式中已经用到了矩阵分块的概念，在讲述方阵对角化时也要用矩阵的分块，请读者注意.

§2.5　矩阵的初等变换

一、矩阵的初等变换

先看用消元法解线性方程组的一个例子.

例 2-17　求解线性方程组

$$\begin{cases} 2x_2 - x_3 = 1 & (1) \\ 2x_1 + 2x_2 + 3x_3 = 5 & (2) \\ x_1 + 2x_2 + 2x_3 = 4 & (3) \end{cases} \qquad (B_0)$$

解

$$(B_0) \xrightarrow{(1)\leftrightarrow(3)} \begin{cases} x_1 + 2x_2 + 2x_3 = 4 & (1) \\ 2x_1 + 2x_2 + 3x_3 = 5 & (2) \\ 2x_2 - x_3 = 1 & (3) \end{cases} \qquad (B_1)$$

$$\xrightarrow[(2)-(3)]{(1)-(3)} \begin{cases} x_1 + 3x_3 = 3 & (1) \\ 2x_1 + 4x_3 = 4 & (2) \\ 2x_2 - x_3 = 1 & (3) \end{cases} \qquad (B_2)$$

$$\xrightarrow[(3)\leftrightarrow(2)]{(2)-2\times(1)} \begin{cases} x_1 + 3x_3 = 3 & (1) \\ 2x_2 - x_3 = 1 & (2) \\ -2x_3 = -2 & (3) \end{cases} \qquad (B_3)$$

$$\xrightarrow[\substack{(1)-3\times(3) \\ (2)+(3)}]{(3)\div(-2)} \begin{cases} x_1 = 0 & (1) \\ 2x_2 = 2 & (2) \\ x_3 = 1 & (3) \end{cases} \qquad (B_4)$$

$$\xrightarrow{(2)\div 2} \begin{cases} x_1 = 0 & (1) \\ x_2 = 1 & (2) \\ x_3 = 1 & (3) \end{cases} \qquad (B_5)$$

B_5 即是线性方程组的解.

上述解线性方程组的方法,称为**消元法**. 从上例可见,消元法实际上是对线性方程组进行如下变换:

(1) 用一个非零的数乘(或除)某个方程的两端, $(i)\times k$ 或 $(i)\div k$;

(2) 用一个数乘某个方程后加到另一方程上, $(i)+k\times(j)$;

(3) 互换两个方程的位置, $(i)\longleftrightarrow(j)$.

由于上述三种变换都是可逆的，因此变换前的方程组与变换后的方程组是同解的.

线性方程组由其增广矩阵唯一确定，所以对线性方程组进行上述变换相当于对其增广矩阵施行相应的初等行变换. 消元法的最终目的是经过上述变换将方程组的增广矩阵化为特殊的阶梯形矩阵，即行最简阶梯形矩阵，如上例 B_5.

把上述三种同解变换移植到矩阵上，就得到矩阵的三种初等变换.

定义 2.8 下面三种变换称为矩阵的初等行变换：

(1) 对调两行(对调 i, j 两行，记作 $r_i \leftrightarrow r_j$)；

(2) 以数 $k \neq 0$ 乘某一行中的所有元素(第 i 行乘 k，记 $r_i \times k$)；

(3) 把某一行所有元素的 k 倍加到另一行对应的元素上去(第 j 行的 k 倍加到第 i 行上，记作 $r_i + kr_j$).

把定义中的“行”换成“列”，即得矩阵的初等列变换的定义(所用记号把“r”换成“c”). 矩阵的初等行变换与初等列变换统称为**初等变换**.

下面用矩阵**初等行变换**来解方程组 B_0，其过程可与方程组 B_0 的消元过程一一对照. 令其增广矩阵为 $\boldsymbol{B}$，则

$$\boldsymbol{B} = \begin{pmatrix} 0 & 2 & -1 & 1 \\ 2 & 2 & 3 & 5 \\ 1 & 2 & 2 & 4 \end{pmatrix} \xrightarrow{r_1 \leftrightarrow r_3} \begin{pmatrix} 1 & 2 & 2 & 4 \\ 2 & 2 & 3 & 5 \\ 0 & 2 & -1 & 1 \end{pmatrix} \qquad (B_1)$$

$$\xrightarrow[r_2 - r_3]{r_1 - r_3} \begin{pmatrix} 1 & 0 & 3 & 3 \\ 2 & 0 & 4 & 4 \\ 0 & 2 & -1 & 1 \end{pmatrix} \qquad (B_2)$$

$$\xrightarrow[r_2 \leftrightarrow r_3]{r_2 - 2r_1} \begin{pmatrix} 1 & 0 & 3 & 3 \\ 0 & 2 & -1 & -1 \\ 0 & 0 & -2 & -2 \end{pmatrix} \qquad (B_3)$$

$$\xrightarrow[\substack{r_1 - 3r_3 \\ r_2 + r_3}]{r_3 \times \left(-\frac{1}{2}\right)} \begin{pmatrix} 1 & 0 & 0 & 0 \\ 0 & 2 & 0 & 2 \\ 0 & 0 & 1 & 1 \end{pmatrix} \qquad (B_4)$$

$$\xrightarrow{r_2 \times \frac{1}{2}} \begin{pmatrix} 1 & 0 & 0 & 0 \\ 0 & 1 & 0 & 1 \\ 0 & 0 & 1 & 1 \end{pmatrix} \qquad (B_5)$$

B_5 对应的方程组为

$$\begin{cases} x_1 = 0 \\ x_2 = 1 \\ x_3 = 1 \end{cases}$$

此即方程组的解.

矩阵 B_3，B_4，B_5 都称为**行阶梯形矩阵**，其特点是：

可画出一条阶梯线，线下方全为 0；每个台阶只有一行，台阶数即是非零行的行数；阶梯线的竖线后面的第一个元素为非零元，也就是非零行的第一个非零元.

行阶梯形矩阵 B_5 还称为**行最简形矩阵**，除了具有行阶梯形矩阵的特点外还具有如下特点：非零行的第一个非零元为 1，且这些非零元所在的列的其他元素都为 0.

注：对于任何矩阵 $\boldsymbol{A}_{m\times n}$，总可经过有限次初等行变换把它变为行阶梯形矩阵和行最简形矩阵.

例 2-18　求解线性方程组

$$\begin{cases}2x_1-x_2-x_3+x_4=2\\x_1+x_2-2x_3+x_4=4\\4x_1-6x_2+2x_3-2x_4=4\\3x_1+6x_2-9x_3+7x_4=9\end{cases}$$

解　增广矩阵

$$\boldsymbol{B}=\begin{pmatrix}2&-1&-1&1&2\\1&1&-2&1&4\\4&-6&2&-2&4\\3&6&-9&7&9\end{pmatrix}\xrightarrow[r_3\times\frac{1}{2}]{r_1\leftrightarrow r_2}\begin{pmatrix}1&1&-2&1&4\\2&-1&-1&1&2\\2&-3&1&-1&2\\3&6&-9&7&9\end{pmatrix}$$

$$\xrightarrow[r_4-3r_1]{\substack{r_2-r_3\\r_3-2r_1}}\begin{pmatrix}1&1&-2&1&4\\0&2&-2&2&0\\0&-5&5&-3&-6\\0&3&-3&4&-3\end{pmatrix}\xrightarrow[r_4-3r_2]{\substack{r_2\div 2\\r_3+5r_2}}\begin{pmatrix}1&1&-2&1&4\\0&1&-1&1&0\\0&0&0&2&-6\\0&0&0&1&-3\end{pmatrix}$$

$$\xrightarrow[r_4-2r_3]{r_3\leftrightarrow r_4}\begin{pmatrix}1&1&-2&1&4\\0&1&-1&1&0\\0&0&0&1&-3\\0&0&0&0&0\end{pmatrix}\xrightarrow[r_2-r_3]{r_1-r_2}\begin{pmatrix}1&0&-1&0&4\\0&1&-1&0&3\\0&0&0&1&-3\\0&0&0&0&0\end{pmatrix}$$

最后一矩阵为行最简形矩阵，对应原方程组的同解方程组的增广矩阵，即原方程组的同解方程组为

$$\begin{cases}x_1-x_3=4\\x_2-x_3=3\\x_4=-3\end{cases}$$

四个未知量三个方程，其中有一个变量为自由变量，可取 x_3 为自由未知量(不能取 x_4，此未知量的值已经求出)，并令 $x_3 = C$，得

$$\begin{cases} x_1 = 4 + x_3 = 4 + C \\ x_2 = 3 + x_3 = 3 + C \\ x_4 = -3 \end{cases}$$

即

$$\boldsymbol{X} = \begin{pmatrix} x_1 \\ x_2 \\ x_3 \\ x_4 \end{pmatrix} = \begin{pmatrix} 4+C \\ 3+C \\ C \\ -3 \end{pmatrix} = \begin{pmatrix} 4 \\ 3 \\ 0 \\ -3 \end{pmatrix} + C\begin{pmatrix} 1 \\ 1 \\ 1 \\ 0 \end{pmatrix}$$

其中 C 为任意常数.

二、矩阵的秩

对行最简形矩阵再施以**初等列变换**，可变成一种形状更简单的矩阵，称为**标准形**，如

$$\begin{pmatrix} 1 & 0 & -1 & 0 & 4 \\ 0 & 1 & -1 & 0 & 3 \\ 0 & 0 & 0 & 1 & -3 \\ 0 & 0 & 0 & 0 & 0 \end{pmatrix} \xrightarrow[c_5 - 4c_1 - 3c_2 + 3c_3]{\substack{c_3 + c_1 + c_2 \\ c_3 \leftrightarrow c_4}} \begin{pmatrix} 1 & 0 & 0 & 0 & 0 \\ 0 & 1 & 0 & 0 & 0 \\ 0 & 0 & 1 & 0 & 0 \\ 0 & 0 & 0 & 0 & 0 \end{pmatrix} \qquad (\boldsymbol{F})$$

矩阵 $\boldsymbol{F}$ 称为矩阵 $\boldsymbol{B}$ 的标准形. 其特点是：$\boldsymbol{F}$ 的左上角是一个单位矩阵，其余元素全为 0.

对于任一 $m \times n$ 矩阵总可经过初等变换(行变换和列变换)把它化为标准形

$$\boldsymbol{F} = \begin{pmatrix} \boldsymbol{E}_r & \boldsymbol{0} \\ \boldsymbol{0} & \boldsymbol{0} \end{pmatrix}_{m \times n}$$

此标准形由 m, n, r 三个数完全确定，其中 r 就是行阶梯形矩阵中非零行的行数，这个数就是矩阵的秩. 下面给出矩阵秩的定义.

定义 2.9 在 $m \times n$ 矩阵 $\boldsymbol{A}$ 中任取 k 行与 k 列 ($k \leqslant \min(m, n)$)，位于这些行列交叉处的 k^2 个元素，不改变它们在 $\boldsymbol{A}$ 中所处的位置次序而得的 k 阶行列式，称为矩阵 $\boldsymbol{A}$ 的 **k 阶子式**. 如果子式不为零，就称为**非零子式**. $m \times n$ 矩阵 $\boldsymbol{A}$ 的 k 阶子式共有 $C_m^k \cdot C_n^k$ 个.

譬如矩阵

$$A=\begin{pmatrix}1&2&3&4&5&6\\0&1&2&3&4&5\\0&0&1&2&3&4\\0&0&0&1&2&3\\0&0&0&0&1&2\end{pmatrix}$$

在第1、4行与第2、5列交点上的4个元素按原次序组成的二阶行列式

$$\begin{vmatrix}2&5\\0&2\end{vmatrix}$$

称为$\boldsymbol{A}$的一个二阶子式且其值为4,不为零,所以它是$\boldsymbol{A}$的一个非零的二阶子式.

定义 2.10　矩阵$\boldsymbol{A}$的非零子式的最高阶数r称为矩阵$\boldsymbol{A}$的**秩**,记为$\mathrm{R}(\boldsymbol{A})$.即

$$\mathrm{R}(\boldsymbol{A})=r$$

当$\boldsymbol{A}=\boldsymbol{0}$时,规定$\mathrm{R}(\boldsymbol{A})=0$.

若n阶方阵$\boldsymbol{A}$的行列式$|\boldsymbol{A}|\neq 0$,从而$\mathrm{R}(\boldsymbol{A})=n$,则称$\boldsymbol{A}$为**满秩方阵**;若$|\boldsymbol{A}|=0$,则称$\boldsymbol{A}$为**降秩方阵**.

$\boldsymbol{A}$的转置矩阵$\boldsymbol{A}^{\mathrm{T}}$的秩$\mathrm{R}(\boldsymbol{A}^{\mathrm{T}})=\mathrm{R}(\boldsymbol{A})$.

例 2-19　求如下矩阵的秩

$$A=\begin{pmatrix}2&3&1&1\\4&4&-2&3\\2&1&-3&2\end{pmatrix}$$

解　因为$\boldsymbol{A}$的一个二阶子式$\begin{vmatrix}2&3\\4&4\end{vmatrix}=-4\neq 0$,而$\boldsymbol{A}$的所有三阶子式,共4个,其值都为零.即

$$\begin{vmatrix}2&3&1\\4&4&-2\\2&1&-3\end{vmatrix}=0,\quad\begin{vmatrix}2&3&1\\4&4&3\\2&1&2\end{vmatrix}=0,\quad\begin{vmatrix}2&1&1\\4&-2&3\\2&-3&2\end{vmatrix}=0,\quad\begin{vmatrix}3&1&1\\4&-2&3\\1&-3&2\end{vmatrix}=0$$

所以由定义2.10知$\mathrm{R}(\boldsymbol{A})=2$.

定理 2.4　设矩阵$\boldsymbol{A}$中有一个r阶子式$D\neq 0$,且所有含D的$r+1$阶子式(如果存在)都等于0,则$\boldsymbol{A}$的秩$\mathrm{R}(\boldsymbol{A})=r$.

定理 2.5　矩阵经初等变换后,其秩不变.

定理 2.6　阶梯形矩阵的秩就是它的非零行的行数.

定理2.6告诉我们一个求矩阵秩的办法:将矩阵进行初等变换变成阶梯形矩阵即

可求得秩.

三、用矩阵的初等行变换求逆阵

设 $\boldsymbol{A}$ 为 n 阶方阵，$|\boldsymbol{A}|\neq 0$，那么 $\boldsymbol{A}^{-1}=\frac{1}{|\boldsymbol{A}|}\boldsymbol{A}^{*}$.

这里为求 $\boldsymbol{A}^{-1}$，要计算 n^2 个 $n-1$ 阶行列式和一个 n 阶行列式，当行列式的阶数较高时，计算行列式的工作量就很大，为此介绍用矩阵的初等行变换求逆阵的方法. 方法是：

$$(\boldsymbol{A}\quad \boldsymbol{E})\xrightarrow{\text{初等行变换}}(\boldsymbol{E}\quad \boldsymbol{A}^{-1})$$

$\boldsymbol{E}$ 与 $\boldsymbol{A}$ 同阶，即对 $n\times 2n$ 矩阵$(\boldsymbol{A}\quad \boldsymbol{E})$施行**初等行变换**，当把 $\boldsymbol{A}$ 变成 $\boldsymbol{E}$ 时，原来的 $\boldsymbol{E}$ 就变成了 $\boldsymbol{A}^{-1}$（证明请参阅相关参考书）.

例 2-20 设 $\boldsymbol{A}=\begin{pmatrix}2&2&3\\1&-1&0\\-1&2&1\end{pmatrix}$，求 $\boldsymbol{A}^{-1}$.

解
$$(\boldsymbol{A}\quad \boldsymbol{E})=\left(\begin{array}{ccc:ccc}2&2&3&1&0&0\\1&-1&0&0&1&0\\-1&2&1&0&0&1\end{array}\right)\xrightarrow[r_3+r_2]{r_1-2r_2}\left(\begin{array}{ccc:ccc}0&4&3&1&-2&0\\1&-1&0&0&1&0\\0&1&1&0&1&1\end{array}\right)$$

$$\xrightarrow[r_1+r_3]{r_1\leftrightarrow r_2}\left(\begin{array}{ccc:ccc}1&0&1&0&2&1\\0&4&3&1&-2&0\\0&1&1&0&1&1\end{array}\right)\xrightarrow[r_3-4r_2]{r_2\leftrightarrow r_3}\left(\begin{array}{ccc:ccc}1&0&1&0&2&1\\0&1&1&0&1&1\\0&0&-1&1&-6&-4\end{array}\right)$$

$$\xrightarrow[r_3\times(-1)]{\substack{r_1+r_3\\ r_2+r_3}}\left(\begin{array}{ccc:ccc}1&0&0&1&-4&-3\\0&1&0&1&-5&-3\\0&0&1&-1&6&4\end{array}\right)$$

所以
$$\boldsymbol{A}^{-1}=\begin{pmatrix}1&-4&-3\\1&-5&-3\\-1&6&4\end{pmatrix}$$

利用初等变换求逆矩阵的方法，还可用于求矩阵 $\boldsymbol{A}^{-1}\boldsymbol{B}$. 方法是：

$$(\boldsymbol{A}\quad \boldsymbol{B})\xrightarrow{\text{初等行变换}}(\boldsymbol{E}\quad (\boldsymbol{A}^{-1}\boldsymbol{B}))$$

即若对矩阵$(\boldsymbol{A}\quad \boldsymbol{B})$施行初等行变换，当把 $\boldsymbol{A}$ 变为 $\boldsymbol{E}$ 时，$\boldsymbol{B}$ 就变为 $\boldsymbol{A}^{-1}\boldsymbol{B}$.

例 2-21 求矩阵 $\boldsymbol{X}$,使 $\boldsymbol{BX}=\boldsymbol{A}$,其中 $\boldsymbol{B}=\begin{pmatrix}2 & 2 & 3\\ 1 & -1 & 0\\ -1 & 2 & 1\end{pmatrix}$,$\boldsymbol{A}=\begin{pmatrix}1 & 2\\ 0 & 1\\ -1 & 3\end{pmatrix}$.

解 $|\boldsymbol{B}|\neq 0$,所以 $\boldsymbol{B}$ 可逆,且 $\boldsymbol{X}=\boldsymbol{B}^{-1}\boldsymbol{A}$.

$$(\boldsymbol{B}\quad\boldsymbol{A})=\left(\begin{array}{ccc:cc}2 & 2 & 3 & 1 & 2\\ 1 & -1 & 0 & 0 & 1\\ -1 & 2 & 1 & -1 & 3\end{array}\right)\xrightarrow[r_3+r_2]{r_1-2r_2}\left(\begin{array}{ccc:cc}0 & 4 & 3 & 1 & 0\\ 1 & -1 & 0 & 0 & 1\\ 0 & 1 & 1 & -1 & 4\end{array}\right)$$

$$\xrightarrow[r_1+r_3]{r_1\leftrightarrow r_2}\left(\begin{array}{ccc:cc}1 & 0 & 1 & -1 & 5\\ 0 & 4 & 3 & 1 & 0\\ 0 & 1 & 1 & -1 & 4\end{array}\right)\xrightarrow[r_3-4r_2]{r_2\leftrightarrow r_3}\left(\begin{array}{ccc:cc}1 & 0 & 1 & -1 & 5\\ 0 & 1 & 1 & -1 & 4\\ 0 & 0 & -1 & 5 & -16\end{array}\right)$$

$$\xrightarrow[r_3\times(-1)]{\substack{r_1+r_3\\ r_2+r_3}}\left(\begin{array}{ccc:cc}1 & 0 & 0 & 4 & -11\\ 0 & 1 & 0 & 4 & -12\\ 0 & 0 & 1 & -5 & 16\end{array}\right)$$

所以
$$\boldsymbol{X}=\begin{pmatrix}4 & -11\\ 4 & -12\\ -5 & 16\end{pmatrix}$$

例 2-22 利用矩阵的初等变换,求解以下矩阵方程:

$$\boldsymbol{X}\begin{pmatrix}1 & 1 & -1\\ 2 & 1 & 0\\ 1 & -1 & 1\end{pmatrix}=\begin{pmatrix}1 & -1 & 3\\ 4 & 3 & 2\end{pmatrix}$$

解法 1 $\boldsymbol{X}=\begin{pmatrix}1 & -1 & 3\\ 4 & 3 & 2\end{pmatrix}\begin{pmatrix}1 & 1 & -1\\ 2 & 1 & 0\\ 1 & -1 & 1\end{pmatrix}^{-1}$,由于

$$\left(\begin{array}{ccc:ccc}1 & 1 & -1 & 1 & 0 & 0\\ 2 & 1 & 0 & 0 & 1 & 0\\ 1 & -1 & 1 & 0 & 0 & 1\end{array}\right)\rightarrow\left(\begin{array}{ccc:ccc}1 & 1 & -1 & 1 & 0 & 0\\ 0 & 1 & 0 & -1 & 1 & -1\\ 0 & -2 & 2 & -1 & 0 & 1\end{array}\right)$$

$$\rightarrow\left(\begin{array}{ccc:ccc}1 & 1 & -1 & 1 & 0 & 0\\ 0 & 1 & 0 & -1 & 1 & -1\\ 0 & 0 & 2 & -3 & 2 & -1\end{array}\right)\rightarrow\left(\begin{array}{ccc:ccc}1 & 0 & -1 & 2 & -1 & 1\\ 0 & 1 & 0 & -1 & 1 & -1\\ 0 & 0 & 1 & -\frac{3}{2} & 1 & -\frac{1}{2}\end{array}\right)$$

$$\rightarrow\left(\begin{array}{ccc:ccc}1&0&0&\frac{1}{2}&0&\frac{1}{2}\\0&1&0&-1&1&-1\\0&0&1&-\frac{3}{2}&1&-\frac{1}{2}\end{array}\right),\text{所以}$$

$$X=\begin{pmatrix}1&-1&3\\4&3&2\end{pmatrix}\begin{pmatrix}\frac{1}{2}&0&\frac{1}{2}\\-1&1&-1\\-\frac{3}{2}&1&-\frac{1}{2}\end{pmatrix}=\begin{pmatrix}-3&2&0\\-4&5&-2\end{pmatrix}$$

解法 2 利用 $\begin{pmatrix}A\\B\end{pmatrix}\xrightarrow{\text{列变换}}\begin{pmatrix}E\\(BA^{-1})\end{pmatrix}$

注意这里是列变换，要区别 $\boldsymbol{A}^{-1}\boldsymbol{B}$ 与 $\boldsymbol{BA}^{-1}$. 以下是 $\boldsymbol{BA}^{-1}$ 的求解过程：

$$\left(\begin{array}{ccc}1&1&-1\\2&1&0\\1&-1&1\\\hdashline 1&-1&3\\4&3&2\end{array}\right)\xrightarrow{c_1\leftrightarrow c_3}\left(\begin{array}{ccc}-1&1&1\\0&1&2\\1&-1&1\\\hdashline 3&-1&1\\2&3&4\end{array}\right)\xrightarrow[c_3+c_1]{c_2+c_1}\left(\begin{array}{ccc}-1&0&0\\0&1&2\\1&0&2\\\hdashline 3&2&4\\2&5&6\end{array}\right)$$

$$\xrightarrow{c_3-2c_2}\left(\begin{array}{ccc}-1&0&0\\0&1&0\\1&0&2\\\hdashline 3&2&0\\2&5&-4\end{array}\right)\xrightarrow[c_3\div 2]{c_1\times(-1)}\left(\begin{array}{ccc}1&0&0\\0&1&0\\-1&0&1\\\hdashline -3&2&0\\-2&5&-2\end{array}\right)$$

$$\xrightarrow{c_1+c_3}\left(\begin{array}{ccc}1&0&0\\0&1&0\\0&0&1\\\hdashline -3&2&0\\-4&5&-2\end{array}\right)$$

所以
$$X=\begin{pmatrix}-3&2&0\\-4&5&-2\end{pmatrix}$$

在利用矩阵的初等变换求解矩阵方程时，首先要保证逆阵存在，否则不能使用.

小　　结

矩阵是线性代数的重要概念之一,也是重要的数学工具.它不仅在数学中有许多应用,而且在物理、化学等其他学科和工程技术中也有广泛的应用.

因此我们不仅要掌握矩阵的有关概念,而且要掌握矩阵的运算以及有关的方法.

在矩阵概念中,要弄清 $m\times n$ 阶矩阵、零矩阵、n 阶方阵、非奇异矩阵及分块矩阵等的意义;矩阵的转置、逆矩阵的求法;对角矩阵、对称矩阵以及单位矩阵的关系.

在矩阵运算中要注意求和差的矩阵必须是同阶矩阵;数乘矩阵时,矩阵中每一个元素同乘该数;两个矩阵相乘必须是左矩阵的列数等于右矩阵的行数,且矩阵乘法不符合交换律,两个非零矩阵相乘其积可能是零矩阵等等.

应熟练掌握矩阵的初等变换的三种形式,能辨别行阶梯形矩阵及行最简形矩阵.理解矩阵秩的概念,掌握矩阵的初等变换求解 n 个未知量 m 个方程的线性方程组及矩阵的秩.

习　题　二

1. 计算:

(1) $\begin{pmatrix} 2 & 5 & 8 \\ -3 & 7 & 9 \end{pmatrix}+\begin{pmatrix} 0 & -2 & 1 \\ -3 & 2 & 4 \end{pmatrix}$

(2) $5\begin{pmatrix} 1 & 0 \\ 0 & 0 \end{pmatrix}-3\begin{pmatrix} 0 & 1 \\ 0 & 0 \end{pmatrix}+2\begin{pmatrix} 1 & 1 \\ 1 & 1 \end{pmatrix}$

2. 设 $\boldsymbol{A}=\begin{pmatrix} 1 & -2 & 3 \\ 4 & 3 & -1 \end{pmatrix}$, $\boldsymbol{B}=\begin{pmatrix} 2 & 0 & 2 \\ 3 & 1 & 4 \end{pmatrix}$.

(1) 若矩阵 $\boldsymbol{X}$ 满足 $\boldsymbol{A}+\boldsymbol{X}-2\boldsymbol{B}=\boldsymbol{0}$, 求矩阵 $\boldsymbol{X}$;

(2) 若矩阵 $\boldsymbol{Y}$ 满足 $2(\boldsymbol{A}-\boldsymbol{Y})=4(\boldsymbol{B}-\boldsymbol{Y})$, 求矩阵 $\boldsymbol{Y}$;

(3) 若矩阵 $\boldsymbol{X}, \boldsymbol{Y}$ 满足 $\begin{cases}\boldsymbol{X}+\boldsymbol{Y}=\boldsymbol{A}\\ 2\boldsymbol{X}-\boldsymbol{Y}=\boldsymbol{B}\end{cases}$

求矩阵 $\boldsymbol{X}, \boldsymbol{Y}$.

3. 计算下列矩阵的乘积:

(1) $(2, 4, 6, 8)\begin{pmatrix} 1 \\ 3 \\ 5 \\ 7 \end{pmatrix}$　　(2) $\begin{pmatrix} 1 \\ 2 \\ 3 \end{pmatrix}(3, 2, 1)$

(3) $\begin{pmatrix}2\\3\\1\end{pmatrix}(1,\ 2)$　　　　(4) $\begin{pmatrix}4 & 3 & 1\\5 & 7 & 0\\1 & -2 & 3\end{pmatrix}\begin{pmatrix}5\\1\\2\end{pmatrix}$

(5) $(x_1,\ x_2,\ x_3)\begin{pmatrix}a_{11} & a_{12} & a_{13}\\a_{21} & a_{22} & a_{23}\\a_{31} & a_{32} & a_{33}\end{pmatrix}\begin{pmatrix}x_1\\x_2\\x_3\end{pmatrix}$

(6) $\begin{pmatrix}2 & 1 & 4 & 0\\1 & -1 & 3 & 4\end{pmatrix}\begin{pmatrix}1 & 3 & 1\\0 & -1 & 2\\1 & -2 & 1\\4 & 0 & -2\end{pmatrix}$

4. 设
$$\boldsymbol{A}=\begin{pmatrix}1 & 2\\1 & 3\end{pmatrix},\ \boldsymbol{B}=\begin{pmatrix}1 & 0\\1 & 2\end{pmatrix}$$

问：

(1) $\boldsymbol{AB}=\boldsymbol{BA}$ 吗？

(2) $(\boldsymbol{A}+\boldsymbol{B})^2=\boldsymbol{A}^2+2\boldsymbol{AB}+\boldsymbol{B}^2$ 吗？

(3) $(\boldsymbol{A}+\boldsymbol{B})(\boldsymbol{A}-\boldsymbol{B})=\boldsymbol{A}^2-\boldsymbol{B}^2$ 吗？

5. 判断以下各式(或命题)是否成立：

(1) $3\begin{vmatrix}2 & 4\\1 & 3\end{vmatrix}=\begin{vmatrix}6 & 12\\1 & 3\end{vmatrix}$；　　　　(2) $3\begin{pmatrix}2 & 4\\1 & 3\end{pmatrix}=\begin{pmatrix}6 & 12\\1 & 3\end{pmatrix}$；

(3) 若矩阵 $\boldsymbol{A}$，$\boldsymbol{B}$，$\boldsymbol{C}$ 满足 $\boldsymbol{AB}=\boldsymbol{AC}$，且 $\boldsymbol{A}\neq\boldsymbol{0}$，则 $\boldsymbol{B}=\boldsymbol{C}$；

(4) 若矩阵 $\boldsymbol{A}\neq\boldsymbol{0}$，$\boldsymbol{AB}=\boldsymbol{0}$，则 $\boldsymbol{B}=\boldsymbol{0}$；

(5) 若 $\boldsymbol{A}^2=\boldsymbol{0}$，则 $\boldsymbol{A}=\boldsymbol{0}$；

(6) 若 $\boldsymbol{A}$，$\boldsymbol{B}$ 是满足 $\boldsymbol{AB}=\boldsymbol{BA}$ 的 n 阶方阵，则 $(\boldsymbol{A}+\boldsymbol{B})^2=\boldsymbol{A}^2+2\boldsymbol{AB}+\boldsymbol{B}^2$.

6. 设
$$\boldsymbol{A}=\begin{pmatrix}1 & 2 & 3\\0 & 3 & 4\\-1 & -2 & 2\end{pmatrix},\ \boldsymbol{B}=\begin{pmatrix}1 & -1 & 1\\-1 & 1 & 1\\1 & 1 & 1\end{pmatrix}$$

求 $3\boldsymbol{AB}-2\boldsymbol{A}$ 及 $\boldsymbol{A}^{\mathrm{T}}\boldsymbol{B}$.

7. 计算
$$D=\begin{vmatrix}a & b & c & d\\-b & a & -d & c\\-c & d & a & -b\\-d & -c & b & a\end{vmatrix}$$

提示：利用公式 $|\boldsymbol{AB}|=|\boldsymbol{A}||\boldsymbol{B}|$，则 $D^2=DD^{\mathrm{T}}$.

8. (1) 设

$$\boldsymbol{A}=\begin{pmatrix}1&0\\\lambda&1\end{pmatrix}$$

求 $\boldsymbol{A}^2,\boldsymbol{A}^3,\cdots,\boldsymbol{A}^k$；

(2) 设

$$\boldsymbol{A}=\begin{pmatrix}\lambda_1&&&\boldsymbol{0}\\&\lambda_2&&\\&&\ddots&\\\boldsymbol{0}&&&\lambda_n\end{pmatrix}$$

求 $\boldsymbol{A}^k$.

9. 设

$$\boldsymbol{A}=\begin{pmatrix}4&2&3\\-1&2&3\\1&1&0\end{pmatrix}$$

且 $\boldsymbol{AB}=\boldsymbol{A}+2\boldsymbol{B}$，求 $\boldsymbol{B}$.

10. 设 $\boldsymbol{A}^k=\boldsymbol{0}$（$k$ 为正整数），证明：

$$(\boldsymbol{E}-\boldsymbol{A})^{-1}=\boldsymbol{E}+\boldsymbol{A}+\boldsymbol{A}^2+\cdots+\boldsymbol{A}^{k-1}$$

11. 设 n 阶方阵 $\boldsymbol{A}$ 的伴随矩阵为 $\boldsymbol{A}^*$，证明：

(1) 若 $|\boldsymbol{A}|=0$，则 $|\boldsymbol{A}^*|=0$；

(2) $|\boldsymbol{A}^*|=|\boldsymbol{A}|^{n-1}$.

12. 设 $f(x)$ 为一实数范围内的多项式

$$f(x)=a_nx^n+a_{n-1}x^{n-1}+\cdots+a_1x+a_0$$

$\boldsymbol{A}$ 为一个 n 阶方阵，称

$$f(\boldsymbol{A})=a_n\boldsymbol{A}^n+a_{n-1}\boldsymbol{A}^{n-1}+\cdots+a_1\boldsymbol{A}+a_0\boldsymbol{E}$$

为矩阵 $\boldsymbol{A}$ 的多项式，若 $\boldsymbol{A}=\begin{pmatrix}1&1&0\\0&1&1\\0&0&1\end{pmatrix}$，$f(x)=x^3-3x^2+3x-1$，求 $f(\boldsymbol{A})$.

13. 判断下列矩阵是否可逆. 如果可逆，求其逆矩阵.

(1) $\begin{pmatrix}2&3\\3&4\end{pmatrix}$　　(2) $\begin{pmatrix}\cos\theta&-\sin\theta\\\sin\theta&\cos\theta\end{pmatrix}$

(3) $\begin{pmatrix}1&0&0\\1&2&0\\1&2&3\end{pmatrix}$　　(4) $\begin{pmatrix}1&2&-1\\3&4&-2\\5&-4&1\end{pmatrix}$

(5) $\begin{pmatrix}5&2&0&0\\2&1&0&0\\0&0&8&3\\0&0&5&2\end{pmatrix}$　　(6) $\begin{pmatrix}a_1&&&\mathbf{0}\\&a_2&&\\&&\ddots&\\\mathbf{0}&&&a_n\end{pmatrix}$ $(a_1a_2\cdots a_n\neq 0)$

14. 设 $\begin{pmatrix}1&1\\0&2\\1&-1\end{pmatrix}\boldsymbol{X}=\begin{pmatrix}2\\8\\-6\end{pmatrix}$，求 $\boldsymbol{X}$.

15. 解下列矩阵方程：

(1) $\begin{pmatrix}2&5\\1&3\end{pmatrix}\boldsymbol{X}=\begin{pmatrix}3&-5\\0&1\end{pmatrix}$　　(2) $\boldsymbol{X}\begin{pmatrix}2&1&-1\\2&1&0\\1&-1&1\end{pmatrix}=\begin{pmatrix}1&-1&3\\4&3&2\end{pmatrix}$

(3) $\begin{pmatrix}1&4\\-1&2\end{pmatrix}\boldsymbol{X}\begin{pmatrix}2&0\\-1&1\end{pmatrix}=\begin{pmatrix}3&1\\0&-1\end{pmatrix}$

(4) $\begin{pmatrix}0&1&0\\1&0&0\\0&0&1\end{pmatrix}\boldsymbol{X}\begin{pmatrix}1&0&0\\0&0&1\\0&1&0\end{pmatrix}=\begin{pmatrix}1&-4&3\\2&0&-1\\1&-1&0\end{pmatrix}$

16. 利用逆阵解下列线性方程组：

(1) $\begin{cases}2x_1-5x_2=4\\3x_1-8x_2=-5\end{cases}$　　(2) $\begin{cases}x_1+x_3=2\\2x_1+x_2=0\\-3x_1+2x_2-5x_3=4\end{cases}$

17. 求下列线性变换的逆变换：

$$\begin{cases}y_1=3x_1-x_3\\y_2=x_1-x_2+2x_3\\y_3=2x_1+x_2-x_3\end{cases}$$

18. 设 $\boldsymbol{P}^{-1}\boldsymbol{AP}=\boldsymbol{\Lambda}$，其中 $\boldsymbol{P}=\begin{pmatrix}-1&-4\\1&1\end{pmatrix}$，$\boldsymbol{\Lambda}=\begin{pmatrix}-1&0\\0&2\end{pmatrix}$，求 $\boldsymbol{A}^{11}$.

19. 设

$$A=\begin{pmatrix} 3 & 4 & & \\ 4 & -3 & & \mathbf{0} \\ & \mathbf{0} & 2 & 0 \\ & & 2 & 2 \end{pmatrix}$$

求 $|A^8|$ 及 A^4.

20. 化下列矩阵为行最简形矩阵：

(1) $\begin{pmatrix} 1 & 0 & 2 & -1 \\ 2 & 0 & 3 & 1 \\ 3 & 0 & 4 & -3 \end{pmatrix}$　　(2) $\begin{pmatrix} 0 & 2 & -3 & 1 \\ 0 & 3 & -4 & 3 \\ 0 & 4 & -7 & -1 \end{pmatrix}$

(3) $\begin{pmatrix} 1 & -1 & 3 & -4 & 3 \\ 3 & -3 & 5 & -4 & 1 \\ 2 & -2 & 3 & -2 & 0 \\ 3 & -3 & 4 & -2 & 1 \end{pmatrix}$　　(4) $\begin{pmatrix} 2 & 3 & 1 & -3 & -7 \\ 1 & 2 & 0 & -2 & -4 \\ 3 & -2 & 8 & 3 & 0 \\ 2 & -3 & 7 & 4 & 3 \end{pmatrix}$

21. 求下列矩阵的秩，并求一个最高阶非零子式：

(1) $\begin{pmatrix} 3 & 1 & 0 & 2 \\ 1 & -1 & 2 & -1 \\ 1 & 3 & -4 & 4 \end{pmatrix}$　　(2) $\begin{pmatrix} 3 & 2 & -1 & -3 & -1 \\ 2 & -1 & 3 & 1 & -3 \\ 7 & 0 & 5 & -1 & -8 \end{pmatrix}$

(3) $\begin{pmatrix} 1 & \lambda & -1 & 2 \\ 2 & -1 & \lambda & 5 \\ 1 & 10 & -6 & 1 \end{pmatrix}$　　(4) $\begin{pmatrix} 0 & 16 & -7 & -5 & 5 \\ 1 & -5 & 2 & 1 & -1 \\ -1 & -11 & 5 & 4 & -4 \\ 2 & 6 & -3 & -3 & 7 \end{pmatrix}$

22. 利用矩阵的初等行变换求解下列线性方程组：

(1) $\begin{cases} 2x_1-3x_2+5x_3+7x_4=1 \\ 4x_1-6x_2+11x_3+16x_4=2 \\ 2x_1-3x_2+6x_3+9x_4=1 \end{cases}$　　(2) $\begin{cases} x_1+x_2+2x_3-x_4=0 \\ 2x_1+x_2+x_3-x_4=0 \\ 2x_1+2x_2+x_3+2x_4=0 \end{cases}$

23. 应用矩阵的初等行变换，求下列矩阵的逆阵：

(1) $\begin{pmatrix} 3 & 2 & 1 \\ 3 & 1 & 5 \\ 3 & 2 & 3 \end{pmatrix}$　　(2) $\begin{pmatrix} 3 & -2 & 0 & -1 \\ 0 & 2 & 2 & 1 \\ 1 & -2 & -3 & -2 \\ 0 & 1 & 2 & 1 \end{pmatrix}$

24. 利用矩阵的初等行变换,求解下列矩阵方程:

(1) $\begin{pmatrix} 4 & 1 & -2 \\ 2 & 2 & 1 \\ 3 & 1 & -1 \end{pmatrix} \boldsymbol{X} = \begin{pmatrix} 1 & -3 \\ 2 & 2 \\ 3 & -1 \end{pmatrix}$

(2) $\boldsymbol{X} \begin{pmatrix} 1 & 1 & -1 \\ 2 & 1 & 0 \\ 1 & -1 & 1 \end{pmatrix} = \begin{pmatrix} 1 & -1 & 3 \\ 4 & 3 & 2 \end{pmatrix}$

25. 已知 $\boldsymbol{X}[\boldsymbol{E} - \boldsymbol{C}^{-1}\boldsymbol{B}]^{\mathrm{T}}\boldsymbol{C}^{\mathrm{T}} = \boldsymbol{E}$, 其中

$$\boldsymbol{B} = \begin{pmatrix} 1 & -1 & 0 & 0 \\ 0 & 1 & -1 & 0 \\ 0 & 0 & 1 & -1 \\ 0 & 0 & 0 & 1 \end{pmatrix}, \boldsymbol{C} = \begin{pmatrix} 2 & 1 & 3 & 4 \\ 0 & 2 & 1 & 3 \\ 0 & 0 & 2 & 1 \\ 0 & 0 & 0 & 2 \end{pmatrix}$$

求 $\boldsymbol{X}$.

26. 若三阶方阵 $\boldsymbol{A}$、$\boldsymbol{B}$ 满足 $\boldsymbol{A}^{-1}\boldsymbol{B}\boldsymbol{A} = 6\boldsymbol{A} + \boldsymbol{B}\boldsymbol{A}$, 且

$$\boldsymbol{A} = \begin{pmatrix} \frac{1}{2} & 0 & 0 \\ 0 & \frac{1}{4} & 0 \\ 0 & 0 & \frac{1}{7} \end{pmatrix}$$

求 $\boldsymbol{B}$.

第三章　向量组的线性相关性与线性方程组

为了建立一般的线性方程组的理论，本章先讲述 n 维向量的定义以及它们的运算. 在此基础上再讨论 n 维向量的线性相关性，引入 n 维向量组秩的概念，最后讨论线性方程组的解的结构问题.

§3.1　n 维向量及其线性运算

实际问题中，常遇到需要用由多个数构成的有序数组来确定的量，数学上把它归结为向量.

1. 定义 3.1　n 个有次序的数所组成的数组称为 n 维**向量**.

一般用黑体字母 $\boldsymbol{a}$, $\boldsymbol{b}$,…或黑体希腊字母 $\boldsymbol{\alpha}$, $\boldsymbol{\beta}$, $\boldsymbol{\gamma}$, …表示向量，如：

$$\boldsymbol{a} = (a_1, a_2, \cdots, a_n)$$

称为 n 维行向量，其中 a_i 称为向量 $\boldsymbol{a}$ 的第 i 个分量. 又如：

$$\boldsymbol{b} = \begin{pmatrix} b_1 \\ b_2 \\ \vdots \\ b_n \end{pmatrix}$$

称为 n 维列向量，b_i 为 $\boldsymbol{b}$ 的第 i 个分量. $\boldsymbol{b}$ 也可以写成 $\boldsymbol{b} = (b_1, b_2, \cdots, b_n)^{\mathrm{T}}$. 所有分量为零的向量称为零向量，记为 $\mathbf{0} = (0, 0, \cdots, 0)$.

向量可以看作是矩阵的特例，例如把向量$(a_1, a_2, \cdots, a_n)$看成是行矩阵

$$\boldsymbol{A}_{1\times n} = (a_1, a_2, \cdots, a_n),$$

反之，也可以把一个行矩阵看成为一个行向量，将列矩阵看作列向量.

2. 向量的运算　由于向量可以看作矩阵，因此向量的运算与矩阵的运算相似，对于向量 $\boldsymbol{a} = (a_1, a_2, \cdots, a_n)$, $\boldsymbol{b} = (b_1, b_2, \cdots, b_n)$，当且仅当 $a_i = b_i (i = 1, 2, \cdots, n)$ 时称两向量相等，记作 $\boldsymbol{a} = \boldsymbol{b}$.

(1) 向量加法.

$$\boldsymbol{a}+\boldsymbol{b}=(a_1, a_2, \cdots, a_n)+(b_1, b_2, \cdots, b_n)=(a_1+b_1, a_2+b_2, \cdots, a_n+b_n)$$

定义负向量：$-\boldsymbol{a}=(-a_1,-a_2,\cdots,-a_n)$，则向量减法为 $\boldsymbol{a}-\boldsymbol{b}=\boldsymbol{a}+(-\boldsymbol{b})$

（2）向量的数乘. 向量的数乘定义为

$$k\boldsymbol{a}=k(a_1, a_2, \cdots, a_n)=(ka_1, ka_2, \cdots, ka_n) \quad (k \text{ 为任一实数})$$

向量的数乘及加法运算统称为向量的线性运算，它满足下述运算规律：设 $\boldsymbol{\alpha}, \boldsymbol{\beta}, \boldsymbol{\gamma}$ 都是 n 维向量，k, l 是实数，则

① $\boldsymbol{\alpha}+\boldsymbol{\beta}=\boldsymbol{\beta}+\boldsymbol{\alpha}$　　② $(\boldsymbol{\alpha}+\boldsymbol{\beta})+\boldsymbol{\gamma}=\boldsymbol{\alpha}+(\boldsymbol{\beta}+\boldsymbol{\gamma})$

③ $\boldsymbol{\alpha}+\boldsymbol{0}=\boldsymbol{\alpha}$　　④ $\boldsymbol{\alpha}+(-\boldsymbol{\alpha})=\boldsymbol{0}$

⑤ $1\cdot\boldsymbol{\alpha}=\boldsymbol{\alpha}$　　⑥ $k(l\boldsymbol{\alpha})=(kl)\boldsymbol{\alpha}$

⑦ $k(\boldsymbol{\alpha}+\boldsymbol{\beta})=k\boldsymbol{\alpha}+k\boldsymbol{\beta}$　　⑧ $(k+l)\boldsymbol{\alpha}=k\boldsymbol{\alpha}+l\boldsymbol{\alpha}$

例 3-1　已知向量 $\boldsymbol{\alpha}_1=(3,2,3,-2)$，$\boldsymbol{\alpha}_2=(1,9,3,1)$，$\boldsymbol{\alpha}_3=(5,1,0,0)$，求满足 $2(\boldsymbol{\alpha}_1-\boldsymbol{\beta})+3(\boldsymbol{\alpha}_2+\boldsymbol{\beta})=4(\boldsymbol{\alpha}_3+\boldsymbol{\alpha}_1)$ 的向量 $\boldsymbol{\beta}$.

解　左边 $=2(\boldsymbol{\alpha}_1-\boldsymbol{\beta})+3(\boldsymbol{\alpha}_2+\boldsymbol{\beta})=2\boldsymbol{\alpha}_1+3\boldsymbol{\alpha}_2+\boldsymbol{\beta}$

右边 $=4(\boldsymbol{\alpha}_3+\boldsymbol{\alpha}_1)$

所以 $\boldsymbol{\beta}=2\boldsymbol{\alpha}_1-3\boldsymbol{\alpha}_2+4\boldsymbol{\alpha}_3=(6,4,6,-4)-(3,27,9,3)+(20,4,0,0)$
$=(23,-19,-3,-7)$

现在我们从向量的角度观察线性方程组，例如线性方程组

$$\begin{cases} x_1+2x_2-x_3+x_4=5 \\ 2x_1-x_2+x_3+3x_4=4 \\ 3x_1+x_2+4x_4=9 \end{cases}$$

它的矩阵形式为

$$\begin{pmatrix} 1 & 2 & -1 & 1 \\ 2 & -1 & 1 & 3 \\ 3 & 1 & 0 & 4 \end{pmatrix}\begin{pmatrix} x_1 \\ x_2 \\ x_3 \\ x_4 \end{pmatrix}=\begin{pmatrix} 5 \\ 4 \\ 9 \end{pmatrix}$$

设 $\boldsymbol{\alpha}_1=\begin{pmatrix} 1 \\ 2 \\ 3 \end{pmatrix}, \boldsymbol{\alpha}_2=\begin{pmatrix} 2 \\ -1 \\ 1 \end{pmatrix}, \boldsymbol{\alpha}_3=\begin{pmatrix} -1 \\ 1 \\ 0 \end{pmatrix}, \boldsymbol{\alpha}_4=\begin{pmatrix} 1 \\ 3 \\ 4 \end{pmatrix}, \boldsymbol{\beta}=\begin{pmatrix} 5 \\ 4 \\ 9 \end{pmatrix}$

也可把上述线性方程组写成

$$x_1\begin{pmatrix}1\\2\\3\end{pmatrix}+x_2\begin{pmatrix}2\\-1\\1\end{pmatrix}+x_3\begin{pmatrix}-1\\1\\0\end{pmatrix}+x_4\begin{pmatrix}1\\3\\4\end{pmatrix}=\begin{pmatrix}5\\4\\9\end{pmatrix}$$

或　$$x_1\boldsymbol{\alpha}_1+x_2\boldsymbol{\alpha}_2+x_3\boldsymbol{\alpha}_3+x_4\boldsymbol{\alpha}_4=\boldsymbol{\beta}$$ （称为线性方程组的向量形式）

§3.2　向量组的线性相关性

一、线性相关和线性无关

对于向量 $\boldsymbol{\alpha}_1=(2,2,3)$，$\boldsymbol{\alpha}_2=(1,-2,5)$，$\boldsymbol{\alpha}_3=(2,8,-4)$ 有关系式 $2\boldsymbol{\alpha}_1+(-2)\boldsymbol{\alpha}_2+(-1)\boldsymbol{\alpha}_3=\mathbf{0}$. 也就是说，对于 $\boldsymbol{\alpha}_1$，$\boldsymbol{\alpha}_2$，$\boldsymbol{\alpha}_3$，存在不全为零的三个数 $2,-2,-1$，使前述关于 $\boldsymbol{\alpha}_1$，$\boldsymbol{\alpha}_2$，$\boldsymbol{\alpha}_3$ 的线性等式成立，但对于向量 $\boldsymbol{\alpha}_1$，$\boldsymbol{\alpha}_2$ 由于它们不存在不同时为零的数 k_1 与 k_2，使 $k_1\boldsymbol{\alpha}_1+k_2\boldsymbol{\alpha}_2=\mathbf{0}$ 成立. 这里所述两种截然不同的性质，正是向量间的线性相关与线性无关的属性.

定义 3.2　设向量 $\boldsymbol{\alpha}_1$，$\boldsymbol{\alpha}_2$，…，$\boldsymbol{\alpha}_m$ 是 m 个 n 维向量，如果存在不全为 0 的 m 个数 k_1，k_2，…，k_m，使 $k_1\boldsymbol{\alpha}_1+k_2\boldsymbol{\alpha}_2+\cdots+k_m\boldsymbol{\alpha}_m=\mathbf{0}$ 成立，则向量组 $\boldsymbol{\alpha}_1$，$\boldsymbol{\alpha}_2$，…，$\boldsymbol{\alpha}_m$ 称为**线性相关**. 如果这样的数不存在，即只有当 $k_1=k_2=\cdots=k_m=0$ 时，式 $k_1\boldsymbol{\alpha}_1+k_2\boldsymbol{\alpha}_2+\cdots+k_m\boldsymbol{\alpha}_m=\mathbf{0}$ 成立，则这 m 个向量称为**线性无关**.

因此前面的向量组 $\boldsymbol{\alpha}_1$，$\boldsymbol{\alpha}_2$ 线性无关，而向量组 $\boldsymbol{\alpha}_1$，$\boldsymbol{\alpha}_2$，$\boldsymbol{\alpha}_3$ 线性相关.

由定义知：一个零向量线性相关；一个非零向量线性无关；含有零向量的向量组必线性相关.

事实上，对任意 $k\neq 0$，恒有 $k\mathbf{0}=\mathbf{0}$，$k\mathbf{0}+0\boldsymbol{\alpha}_1+\cdots+0\boldsymbol{\alpha}_n=\mathbf{0}$；若 $k\neq 0$，$\boldsymbol{\alpha}\neq\mathbf{0}$，则 $k\boldsymbol{\alpha}\neq\mathbf{0}$.

例 3-2　证明 n 维向量

$$\begin{aligned}\boldsymbol{\varepsilon}_1&=(1,0,\cdots,0)\\\boldsymbol{\varepsilon}_2&=(0,1,\cdots,0)\\&\cdots\cdots\\\boldsymbol{\varepsilon}_n&=(0,0,\cdots,1)\end{aligned}$$

线性无关.

证明　设 $k_1\boldsymbol{\varepsilon}_1+k_2\boldsymbol{\varepsilon}_2+\cdots+k_n\boldsymbol{\varepsilon}_n=\mathbf{0}$，由于

$$\begin{aligned}k_1\boldsymbol{\varepsilon}_1+k_2\boldsymbol{\varepsilon}_2+\cdots+k_n\boldsymbol{\varepsilon}_n&=k_1(1,0,\cdots,0)+k_2(0,1,\cdots,0)+\cdots+k_n(0,0,\cdots,1)\\&=(k_1,k_2,\cdots,k_n)\end{aligned}$$

所以　$$(k_1,k_2,\cdots,k_n)=(0,0,\cdots,0)$$

因此 $$k_1 = k_2 = k_3 = \cdots = k_n = 0$$

故由线性无关定义知,向量组 $\boldsymbol{\varepsilon}_1, \boldsymbol{\varepsilon}_2, \cdots, \boldsymbol{\varepsilon}_n$ 线性无关.

例 3-3 设 $\boldsymbol{A}$ 是 $m\times n$ 矩阵,$\boldsymbol{B}$ 是 $n\times m$ 矩阵,$\boldsymbol{E}$ 是 n 阶单位矩阵,$m>n$,已知 $\boldsymbol{BA}=\boldsymbol{E}$,试判断 $\boldsymbol{A}$ 的列向量组是否线性相关?为什么?

解 设 $\boldsymbol{A}=(\boldsymbol{\alpha}_1, \boldsymbol{\alpha}_2, \cdots, \boldsymbol{\alpha}_n)$,其中 $\boldsymbol{\alpha}_1, \boldsymbol{\alpha}_2, \cdots, \boldsymbol{\alpha}_n$ 为 m 维列向量,即 $\boldsymbol{A}$ 看作是由 n 个 m 维列向量组成的,再设存在数 $k_1, k_2, \cdots, k_n$,使得

$$k_1\boldsymbol{\alpha}_1 + k_2\boldsymbol{\alpha}_2 + \cdots + k_n\boldsymbol{\alpha}_n = \mathbf{0}$$

即

$$(\boldsymbol{\alpha}_1, \boldsymbol{\alpha}_2, \cdots, \boldsymbol{\alpha}_n)\begin{pmatrix}k_1\\k_2\\\vdots\\k_n\end{pmatrix}=\mathbf{0}, \text{或 } \boldsymbol{A}\begin{pmatrix}k_1\\k_2\\\vdots\\k_n\end{pmatrix}=\mathbf{0}$$

因为 $\boldsymbol{BA}=\boldsymbol{E}$,故上式两端同时左乘矩阵 $\boldsymbol{B}$ 有

$$\begin{pmatrix}k_1\\k_2\\\vdots\\k_n\end{pmatrix}=\mathbf{0}$$

即 $k_1 = k_2 = \cdots = k_n = 0$,因此矩阵 $\boldsymbol{A}$ 的列向量组线性无关.

例 3-4 向量组 $\boldsymbol{\alpha}_1=(2,1,-1)$,$\boldsymbol{\alpha}_2=(-1,0,3)$,$\boldsymbol{\alpha}_3=(4,3,3)$ 是否线性相关?

解 只要能找到不全为零的数 k_1, k_2, k_3 使 $k_1\boldsymbol{\alpha}_1+k_2\boldsymbol{\alpha}_2+k_3\boldsymbol{\alpha}_3=\mathbf{0}$ 成立,向量组就线性相关,否则线性无关.不妨设 $k_1\boldsymbol{\alpha}_1+k_2\boldsymbol{\alpha}_2+k_3\boldsymbol{\alpha}_3=\mathbf{0}$

即 $$k_1(2,1,-1)+k_2(-1,0,3)+k_3(4,3,3)=\mathbf{0}$$

由向量加法及相等得方程组

$$\begin{cases}2k_1 - k_2 + 4k_3 = 0\\ k_1 \qquad + 3k_3 = 0\\ -k_1 + 3k_2 + 3k_3 = 0\end{cases}$$

求得 $$k_1 = -3k_3,\ k_2 = -2k_3$$

令 $k_3 = 1$,则 $$k_1 = -3,\ k_2 = -2$$

即找到了一组不全为零的数:$k_1=-3$,$k_2=-2$,$k_3=1$,使 $k_1\boldsymbol{\alpha}_1+k_2\boldsymbol{\alpha}_2+k_3\boldsymbol{\alpha}_3=0$(成立).

即 $-3\boldsymbol{\alpha}_1-2\boldsymbol{\alpha}_2+\boldsymbol{\alpha}_3=\mathbf{0}$,故 $\boldsymbol{\alpha}_1, \boldsymbol{\alpha}_2, \boldsymbol{\alpha}_3$ 线性相关.

从上例可见,讨论向量组 $\boldsymbol{\alpha}_1, \boldsymbol{\alpha}_2, \cdots, \boldsymbol{\alpha}_m$ 是否线性相关,相当于考虑由

$$k_1\boldsymbol{\alpha}_1 + k_2\boldsymbol{\alpha}_2 + \cdots + k_m\boldsymbol{\alpha}_m = \mathbf{0}$$

所得的方程组是否有非零解. 若有非零解,则向量组 $\boldsymbol{\alpha}_1, \boldsymbol{\alpha}_2, \cdots, \boldsymbol{\alpha}_m$ 线性相关;若只有零解,那么向量组线性无关. 下面给出用求矩阵秩的方法来讨论向量组 $\boldsymbol{\alpha}_1, \boldsymbol{\alpha}_2, \cdots, \boldsymbol{\alpha}_m$ 是否线性相关. 其步骤如下:

(1) 由向量组构作矩阵 $\boldsymbol{A}$,使矩阵 $\boldsymbol{A}$ 的第 i 列元素依次为 $\boldsymbol{\alpha}_i$ 的分量;

(2) 求 $\boldsymbol{A}$ 的秩 $\mathrm{R}(\boldsymbol{A})$. 若 $\mathrm{R}(\boldsymbol{A}) = m$, 则向量组 $\boldsymbol{\alpha}_1, \boldsymbol{\alpha}_2, \cdots, \boldsymbol{\alpha}_m$ 线性无关;若 $\mathrm{R}(\boldsymbol{A}) < m$, 则向量组线性相关. 如例 3-4:

$$\begin{matrix} & \boldsymbol{\alpha}_1^{\mathrm{T}} \ \ \boldsymbol{\alpha}_2^{\mathrm{T}} \ \ \boldsymbol{\alpha}_3^{\mathrm{T}} \\ \boldsymbol{A} = & \begin{pmatrix} 2 & -1 & 4 \\ 1 & 0 & 3 \\ -1 & 3 & 3 \end{pmatrix} \end{matrix} \xrightarrow[r_2 + r_3]{r_1 - r_2} \begin{pmatrix} 1 & -1 & 1 \\ 0 & 3 & 6 \\ -1 & 3 & 3 \end{pmatrix} \xrightarrow[r_2 \div 3]{r_3 + r_1} \begin{pmatrix} 1 & -1 & 1 \\ 0 & 1 & 2 \\ 0 & 2 & 4 \end{pmatrix} \xrightarrow{r_3 - 2r_2} \begin{pmatrix} 1 & -1 & 1 \\ 0 & 1 & 2 \\ 0 & 0 & 0 \end{pmatrix}$$

得 $\mathrm{R}(\boldsymbol{A}) = 2 < 3$, 所以向量组 $\boldsymbol{\alpha}_1, \boldsymbol{\alpha}_2, \boldsymbol{\alpha}_3$ 线性相关.

二、线性组合

定义 3.3　设 $\boldsymbol{\alpha}_1, \boldsymbol{\alpha}_2, \cdots, \boldsymbol{\alpha}_m$ 和 $\boldsymbol{\beta}$ 都是 n 维向量,若存在一组数 $k_1, k_2, \cdots, k_m$ 使

$$\boldsymbol{\beta} = k_1\boldsymbol{\alpha}_1 + k_2\boldsymbol{\alpha}_2 + \cdots + k_m\boldsymbol{\alpha}_m$$

则称 $\boldsymbol{\beta}$ 是 $\boldsymbol{\alpha}_1, \boldsymbol{\alpha}_2, \cdots, \boldsymbol{\alpha}_m$ 的**线性组合**,或称 $\boldsymbol{\beta}$ 可由 $\boldsymbol{\alpha}_1, \boldsymbol{\alpha}_2, \cdots, \boldsymbol{\alpha}_m$ 线性表示. 如:

$$\boldsymbol{\alpha}_1 = \begin{pmatrix} 1 \\ 2 \end{pmatrix}, \boldsymbol{\alpha}_2 = \begin{pmatrix} 3 \\ 5 \end{pmatrix}, \boldsymbol{\beta} = \begin{pmatrix} 0 \\ 1 \end{pmatrix}$$

显然, $\boldsymbol{\beta} = 3\boldsymbol{\alpha}_1 - \boldsymbol{\alpha}_2$, 即 $\boldsymbol{\beta}$ 可由 $\boldsymbol{\alpha}_1, \boldsymbol{\alpha}_2$ 线性表示,是 $\boldsymbol{\alpha}_1, \boldsymbol{\alpha}_2$ 的线性组合.

这样,线性方程组

$$\begin{cases} a_{11}x_1 + a_{12}x_2 + \cdots + a_{1n}x_n = b_1 \\ a_{21}x_1 + a_{22}x_2 + \cdots + a_{2n}x_n = b_2 \\ \cdots\cdots\cdots\cdots\cdots\cdots\cdots\cdots \\ a_{m1}x_1 + a_{m2}x_2 + \cdots + a_{mn}x_n = b_m \end{cases}$$

也可用线性组合写出(即向量形式)

$$x_1\boldsymbol{\alpha}_1 + x_2\boldsymbol{\alpha}_2 + \cdots + x_n\boldsymbol{\alpha}_n = \boldsymbol{\beta}$$

式中

$$\boldsymbol{\alpha}_j = \begin{pmatrix} a_{1j} \\ a_{2j} \\ \vdots \\ a_{mj} \end{pmatrix} \quad (j = 1, 2, \cdots, n), \ \boldsymbol{\beta} = \begin{pmatrix} b_1 \\ b_2 \\ \vdots \\ b_m \end{pmatrix}$$

§3.3 向量组的秩

如果向量组线性相关,可证得其中有某个(某些)向量可由其余向量线性表示.那么是否能从向量组里找出尽可能少的向量去线性表示向量组里的向量呢? 为此引入向量组的**秩**的概念.

定义 3.4 设有向量组 $\boldsymbol{A}$,如果在 $\boldsymbol{A}$ 中能选出 r 个向量 $\boldsymbol{\alpha}_1, \boldsymbol{\alpha}_2, \cdots, \boldsymbol{\alpha}_r$,满足

(1) $\boldsymbol{\alpha}_1, \boldsymbol{\alpha}_2, \cdots, \boldsymbol{\alpha}_r$ 组成的向量组 $\boldsymbol{A}_0$ 线性无关.

(2) 向量组 $\boldsymbol{A}$ 中任意 $r+1$ 个向量(如果 $\boldsymbol{A}$ 中有 $r+1$ 个向量)都线性相关,则称向量组 $\boldsymbol{\alpha}_1, \boldsymbol{\alpha}_2, \cdots, \boldsymbol{\alpha}_r$ 是向量组 $\boldsymbol{A}$ 的一个**最大线性无关向量组**(简称为**最大无关组**).

定义 3.4 的另一描述:

设 $\boldsymbol{A}$ 是 n 维向量所组成的向量组,在 $\boldsymbol{A}$ 中选取 r 个向量 $\boldsymbol{\alpha}_1, \boldsymbol{\alpha}_2, \cdots, \boldsymbol{\alpha}_r$,如果满足

(1) $\boldsymbol{\alpha}_1, \boldsymbol{\alpha}_2, \cdots, \boldsymbol{\alpha}_r$ 线性无关.

(2) 对于任意 $\boldsymbol{\alpha}\in\boldsymbol{A}$,$\boldsymbol{\alpha}$ 可由 $\boldsymbol{\alpha}_1, \boldsymbol{\alpha}_2, \cdots, \boldsymbol{\alpha}_r$ 线性表示,则称向量组 $\boldsymbol{\alpha}_1, \boldsymbol{\alpha}_2, \cdots, \boldsymbol{\alpha}_r$ 为向量组 $\boldsymbol{A}$ 的一个**最大线性无关向量组**(简称为**最大无关组**).

如:$\boldsymbol{\alpha}_1=(2,-1,3,1)$,$\boldsymbol{\alpha}_2=(4,-2,5,4)$,$\boldsymbol{\alpha}_3=(2,-1,4,-1)$,由于

$$3\boldsymbol{\alpha}_1+(-1)\boldsymbol{\alpha}_2+(-1)\boldsymbol{\alpha}_3=\boldsymbol{0}$$

所以 $\boldsymbol{\alpha}_1, \boldsymbol{\alpha}_2, \boldsymbol{\alpha}_3$ 线性相关,而 $\boldsymbol{\alpha}_1, \boldsymbol{\alpha}_2$ 线性无关.因此 $\boldsymbol{\alpha}_1, \boldsymbol{\alpha}_2$ 是向量组 $\boldsymbol{\alpha}_1, \boldsymbol{\alpha}_2, \boldsymbol{\alpha}_3$ 的最大线性无关向量组.

容易验证 $\boldsymbol{\alpha}_1, \boldsymbol{\alpha}_3$ 及 $\boldsymbol{\alpha}_2, \boldsymbol{\alpha}_3$ 也是向量组 $\boldsymbol{\alpha}_1, \boldsymbol{\alpha}_2, \boldsymbol{\alpha}_3$ 的最大无关组.因此该向量组的最大无关组不是唯一的.但是,从例中可见向量组的最大无关组所含向量个数却是相等的.一般地,有如下定理:

定理 3.1 一个向量组中,不论存在多少个最大无关向量组,它的任意两个最大无关组所含的向量个数必定相等.

由此可见,向量组 $\boldsymbol{A}$ 的最大无关组所含向量个数是向量组 $\boldsymbol{A}$ 的一个不变量,由向量组 $\boldsymbol{A}$ 确定.因此,有如下定义:

定义 3.5 向量组的最大无关组所含的向量个数称为该向量组的**秩**.

没有最大无关组的向量组规定它的秩为 0.

上节判断向量组的线性相关性时已用到矩阵秩的概念.其实向量组秩也一样,可将向量组写成矩阵形式,该矩阵的秩,即为向量组的秩.下面引进矩阵行秩、列秩的概念:

有 $m\times n$ 矩阵
$$\boldsymbol{A}=\begin{pmatrix} a_{11} & a_{12} & \cdots & a_{1n} \\ a_{21} & a_{22} & \cdots & a_{2n} \\ \vdots & \vdots & & \vdots \\ a_{m1} & a_{m2} & \cdots & a_{mn} \end{pmatrix}$$

它的 m 个行对应于 m 个 n 维行向量

$$\boldsymbol{\alpha}_i = (a_{i1}, a_{i2}, \cdots, a_{in})\ (i = 1, 2, \cdots, m)$$

它的 n 个列对应于 n 个 m 维列向量

$$\boldsymbol{\beta}_j = \begin{pmatrix} a_{1j} \\ a_{2j} \\ \vdots \\ a_{mj} \end{pmatrix}\ (j = 1, 2, \cdots, n)$$

向量组 $\boldsymbol{\alpha}_1, \boldsymbol{\alpha}_2, \cdots, \boldsymbol{\alpha}_m$ 及向量组 $\boldsymbol{\beta}_1, \boldsymbol{\beta}_2, \cdots, \boldsymbol{\beta}_n$ 分别称为矩阵 $\boldsymbol{A}$ 的**行向量组**、**列向量组**.

由此可见,对于含有有限维数的行(列)向量的向量组,可以构作一个矩阵,使其行(列)向量组为已知向量组.

定义 3.6　矩阵 $\boldsymbol{A}$ 的行向量组、列向量组的秩,分别称为矩阵 $\boldsymbol{A}$ 的**行秩**、**列秩**.

例 3-5　求矩阵 $\boldsymbol{A}$ 的行秩、列秩:

$$\boldsymbol{A} = \begin{pmatrix} 1 & 0 & 1 & 2 \\ 0 & 1 & 1 & 2 \\ 0 & 0 & 0 & 0 \end{pmatrix}$$

解　考虑矩阵 $\boldsymbol{A}$ 的行向量组

$$\boldsymbol{\alpha}_1 = (1, 0, 1, 2),\quad \boldsymbol{\alpha}_2 = (0, 1, 1, 2),\quad \boldsymbol{\alpha}_3 = (0, 0, 0, 0)$$

由于 $\boldsymbol{\alpha}_1, \boldsymbol{\alpha}_2$ 是向量组 $\boldsymbol{\alpha}_1, \boldsymbol{\alpha}_2, \boldsymbol{\alpha}_3$ 的一个最大无关组,因此矩阵 $\boldsymbol{A}$ 的行秩等于 2.

考虑矩阵 $\boldsymbol{A}$ 的列向量组

$$\boldsymbol{\beta}_1 = \begin{pmatrix} 1 \\ 0 \\ 0 \end{pmatrix},\quad \boldsymbol{\beta}_2 = \begin{pmatrix} 0 \\ 1 \\ 0 \end{pmatrix},\quad \boldsymbol{\beta}_3 = \begin{pmatrix} 1 \\ 1 \\ 0 \end{pmatrix},\quad \boldsymbol{\beta}_4 = \begin{pmatrix} 2 \\ 2 \\ 0 \end{pmatrix}$$

由于 $\boldsymbol{\beta}_1, \boldsymbol{\beta}_2$ 是向量组 $\boldsymbol{\beta}_1, \boldsymbol{\beta}_2, \boldsymbol{\beta}_3, \boldsymbol{\beta}_4$ 的一个最大无关组,因此矩阵 $\boldsymbol{A}$ 的列秩等于 2.

由于上例矩阵的秩 $\mathrm{R}(\boldsymbol{A}) = 2$. 因此,例 3-5 中矩阵 $\boldsymbol{A}$ 的行秩等于矩阵 $\boldsymbol{A}$ 的列秩等于 $\mathrm{R}(\boldsymbol{A}) = 2$. 这个结论对于任意 $m \times n$ 矩阵都成立. 有如下定理:

定理 3.2　矩阵 $\boldsymbol{A}$ 的行秩等于矩阵 $\boldsymbol{A}$ 的列秩,也等于矩阵 $\boldsymbol{A}$ 的秩 $\mathrm{R}(\boldsymbol{A})$.

综上所述,我们得到求向量组 $\boldsymbol{\alpha}_1, \boldsymbol{\alpha}_2, \cdots, \boldsymbol{\alpha}_m$ 的秩及最大无关组的方法和步骤:

(1) 将向量 $\boldsymbol{\alpha}_1, \boldsymbol{\alpha}_2, \cdots, \boldsymbol{\alpha}_m$ 构成一个矩阵 $\boldsymbol{A}$,使矩阵 $\boldsymbol{A}$ 的第 i 列元素依次为向量 $\boldsymbol{\alpha}_i$ 的分量.

(2) 用矩阵初等行变换将 $\boldsymbol{A}$ 化为行阶梯形矩阵 $\boldsymbol{B}$,于是向量组的秩等于 $\mathrm{R}(\boldsymbol{B})$.

(3) 找出行阶梯形矩阵 $\boldsymbol{B}$ 中所有非零行第一个非零元素所在的列,然后在矩阵 $\boldsymbol{A}$ 中找到同序数的列，将这些列向量组成向量组，此即为原向量组的一个最大无关组.

(4) 若将 $\boldsymbol{B}$ 继续化为行最简形矩阵，还可直接写出用最大无关组线性表示的其余向量.

例 3－6 求向量组

$$\boldsymbol{\alpha}_1=(1,2,3,0),\ \boldsymbol{\alpha}_2=(-1,-2,0,3),\ \boldsymbol{\alpha}_3=(2,4,6,0),$$

$$\boldsymbol{\alpha}_4=(1,-2,-1,0),\ \boldsymbol{\alpha}_5=(0,0,1,1)$$

的秩. 并且写出其一个最大无关组，并将各向量用此最大无关组线性表示.

解 由向量组构成矩阵 $\boldsymbol{A}$，并作初等行变换

$$\boldsymbol{A}=\begin{pmatrix}1&-1&2&1&0\\2&-2&4&-2&0\\3&0&6&-1&1\\0&3&0&0&1\end{pmatrix}\xrightarrow[r_3-3r_1]{r_2-2r_1}\begin{pmatrix}1&-1&2&1&0\\0&0&0&-4&0\\0&3&0&-4&1\\0&3&0&0&1\end{pmatrix}$$

$$\xrightarrow[r_4-r_3]{r_3-r_2}\begin{pmatrix}1&-1&2&1&0\\0&0&0&-4&0\\0&3&0&0&1\\0&0&0&0&0\end{pmatrix}\xrightarrow{r_2\leftrightarrow r_3}\begin{pmatrix}1&-1&2&1&0\\0&3&0&0&1\\0&0&0&-4&0\\0&0&0&0&0\end{pmatrix}$$

因为初等变换不改变矩阵的秩，求得 $R(\boldsymbol{A})=3$. 由最后一个矩阵可看出行阶梯形矩阵的三个非零行的第一个非零元所在列为第一、二、四列，从而原向量组中的 $\boldsymbol{\alpha}_1$，$\boldsymbol{\alpha}_2$，$\boldsymbol{\alpha}_4$ 是一个最大无关组. 将最后一个矩阵化为行最简型矩阵

$$\begin{pmatrix}1&0&2&0&\frac{1}{3}\\0&1&0&0&\frac{1}{3}\\0&0&0&1&0\\0&0&0&0&0\end{pmatrix}$$

从此矩阵可看出：

$$\boldsymbol{\alpha}_1=\boldsymbol{\alpha}_1+0\boldsymbol{\alpha}_2+0\boldsymbol{\alpha}_4$$

$$\boldsymbol{\alpha}_2=0\boldsymbol{\alpha}_1+\boldsymbol{\alpha}_2+0\boldsymbol{\alpha}_4$$

$$\boldsymbol{\alpha}_3=2\boldsymbol{\alpha}_1+0\boldsymbol{\alpha}_2+0\boldsymbol{\alpha}_4$$

$$\boldsymbol{\alpha}_4=0\boldsymbol{\alpha}_1+0\boldsymbol{\alpha}_2+\boldsymbol{\alpha}_4$$

$$\boldsymbol{\alpha}_5=\frac{1}{3}\boldsymbol{\alpha}_1+\frac{1}{3}\boldsymbol{\alpha}_2+0\boldsymbol{\alpha}_4$$

§3.4 线性方程组

对于线性方程组

$$\begin{cases} a_{11}x_1 + a_{12}x_2 + \cdots + a_{1n}x_n = b_1 \\ a_{21}x_1 + a_{22}x_2 + \cdots + a_{2n}x_n = b_2 \\ \cdots\cdots\cdots\cdots \\ a_{m1}x_1 + a_{m2}x_2 + \cdots + a_{mn}x_n = b_m \end{cases} \tag{3-1}$$

记
$$\boldsymbol{A} = \begin{pmatrix} a_{11} & a_{12} & \cdots & a_{1n} \\ a_{21} & a_{22} & \cdots & a_{2n} \\ \vdots & \vdots & & \vdots \\ a_{m1} & a_{m2} & \cdots & a_{mn} \end{pmatrix},\ \boldsymbol{X} = \begin{pmatrix} x_1 \\ x_2 \\ \vdots \\ x_n \end{pmatrix},\ \boldsymbol{b} = \begin{pmatrix} b_1 \\ b_2 \\ \vdots \\ b_m \end{pmatrix}$$

方程组可写成矩阵形式 $\boldsymbol{AX} = \boldsymbol{b}$.

当线性方程组(3-1)的右端各项 $b_1, b_2, \cdots, b_m$ 不全为零,即 $\boldsymbol{b} \neq \boldsymbol{0}$ 时,称方程组为**非齐次线性方程组**.

当 $b_1, b_2, \cdots, b_m$ 全为零,即

$$\boldsymbol{b} = \begin{pmatrix} 0 \\ 0 \\ \vdots \\ 0 \end{pmatrix} = \boldsymbol{0}$$

时称方程组为**齐次线性方程组**.

根据向量的定义还可将方程组写为

$$x_1\boldsymbol{\beta}_1 + x_2\boldsymbol{\beta}_2 + \cdots + x_n\boldsymbol{\beta}_n = \boldsymbol{b}$$

式中　$\boldsymbol{\beta}_j = \begin{pmatrix} a_{1j} \\ a_{2j} \\ \vdots \\ a_{mj} \end{pmatrix}\ (j = 1, 2, \cdots, n),\ \boldsymbol{b} = \begin{pmatrix} b_1 \\ b_2 \\ \vdots \\ b_m \end{pmatrix}$.

讨论线性方程组是否有解,可以用矩阵秩来判断,也可以用向量组 $\boldsymbol{\beta}_j (j = 1, 2, \cdots, n)$ 是否能线性表示 $\boldsymbol{b}$ 来判断,其实质是一样的.

一、线性方程组有解的条件

1. 非齐次线性方程组,其矩阵形式为 $\boldsymbol{AX} = \boldsymbol{b}$ ($\boldsymbol{b} \neq \boldsymbol{0}$)

若 $m=n$，由克莱姆法则知非齐次线性方程组有唯一解的条件是 $|\boldsymbol{A}|\neq 0$. 但对 $m\neq n$，$\boldsymbol{A}$ 不能求行列式，或 $m=n$，但 $|\boldsymbol{A}|=0$ 就不能用克莱姆法则判断解的情况. 下面详细讨论其各种条件下解的情况.

定理 3.3　非齐次线性方程组 $\boldsymbol{AX}=\boldsymbol{b}$ 有解的充分必要条件是方程组的系数矩阵 $\boldsymbol{A}$ 与增广矩阵 $\boldsymbol{B}=(\boldsymbol{A}\quad \boldsymbol{b})$ 的秩相等.

证明　设 $\mathrm{R}(\boldsymbol{A})=r$，因为线性方程组 $\boldsymbol{AX}=\boldsymbol{b}$ 的增广矩阵 $\boldsymbol{B}$ 仅比系数矩阵 $\boldsymbol{A}$ 多一列，所以增广矩阵 $\boldsymbol{B}$ 的秩 $\mathrm{R}(\boldsymbol{B})=r$ 或 $\mathrm{R}(\boldsymbol{B})=r+1$. 故当用矩阵初等行变换将 $\boldsymbol{B}$ 化为行最简形阶梯矩阵 $\boldsymbol{P}$ 时，不妨设矩阵 $\boldsymbol{P}$ 为

$$\boldsymbol{P}=\begin{pmatrix} 1 & 0 & \cdots & 0 & p_{1,r+1} & \cdots & p_{1n} & d_1 \\ 0 & 1 & \cdots & 0 & p_{2,r+1} & \cdots & p_{2n} & d_2 \\ \vdots & \vdots & & \vdots & \vdots & & \vdots & \vdots \\ 0 & 0 & \cdots & 1 & p_{r,r+1} & \cdots & p_{rn} & d_r \\ 0 & 0 & \cdots & 0 & 0 & \cdots & 0 & d_{r+1} \\ 0 & 0 & \cdots & 0 & 0 & \cdots & 0 & 0 \\ \vdots & \vdots & & \vdots & \vdots & & \vdots & \vdots \\ 0 & 0 & \cdots & 0 & 0 & \cdots & 0 & 0 \end{pmatrix}$$

矩阵 $\boldsymbol{P}$ 所确定的线性方程组是

$$\begin{cases} x_1 + \qquad\qquad p_{1,r+1}x_{r+1}+\cdots+p_{1n}x_n=d_1 \\ \qquad x_2 + \qquad p_{2,r+1}x_{r+1}+\cdots+p_{2n}x_n=d_2 \\ \qquad\qquad \cdots\cdots\cdots\cdots\cdots\cdots \\ \qquad\qquad x_r+p_{r,r+1}x_{r+1}+\cdots+p_{rn}x_n=d_r \\ \qquad\qquad\qquad\qquad 0=d_{r+1} \\ \qquad\qquad\qquad\qquad 0=0 \\ \qquad\qquad\qquad\qquad \cdots\cdots \\ \qquad\qquad\qquad\qquad 0=0 \end{cases} \tag{3-2}$$

该方程组是非齐次线性方程组 $\boldsymbol{AX}=\boldsymbol{b}$ 的同解方程组，它是否有解取决于等式 $0=d_{r+1}$ 是否成立. 从而推得方程组(3-2)有解的充分必要条件是 $d_{r+1}=0$.

因为矩阵经初等变换后其秩不变，所以当 $d_{r+1}=0$(即有解)时，$\mathrm{R}(\boldsymbol{B})=r=\mathrm{R}(\boldsymbol{A})$；当 $d_{r+1}\neq 0$(即无解)时，$\mathrm{R}(\boldsymbol{B})=r+1\neq\mathrm{R}(\boldsymbol{A})$. **证毕**

定理的证明其实隐含着求解方程组的方法，请看下例：

例 3-7　求解线性方程组

$$\begin{cases} 2x+y-z+w=1 \\ 4x+2y-2z+w=2 \\ 2x+y-z-w=1 \end{cases}$$

解　增广矩阵

$$B=\begin{pmatrix}2&1&-1&1&1\\4&2&-2&1&2\\2&1&-1&-1&1\end{pmatrix}\xrightarrow[r_3-r_1]{r_2-2r_1}\begin{pmatrix}2&1&-1&1&1\\0&0&0&-1&0\\0&0&0&-2&0\end{pmatrix}$$

$$\xrightarrow[\substack{r_3+2r_2\\r_1-r_2}]{r_2\times(-1)}\begin{pmatrix}2&1&-1&0&1\\0&0&0&1&0\\0&0&0&0&0\end{pmatrix}$$

因为 $\mathrm{R}(\boldsymbol{A})=\mathrm{R}(\boldsymbol{B})=r=2$，所以方程组有解.

写出同解方程组为 $\begin{cases}2x+y-z=1\\ \qquad\qquad w=0\end{cases}$

可以看出有两个未知量可作为自由量，将含 x，z 的项移到等式右边得

$$\begin{cases}y=1-2x+z\\w=0\end{cases}$$

令 $x=c_1$，$z=c_2$ 得原方程组的解为

$$\begin{cases}x=c_1\\y=-2c_1+c_2+1\\z=c_2\\w=0\end{cases}\quad(c_1,\ c_2\ \text{取任意常数})$$

或

$$\begin{pmatrix}x\\y\\z\\w\end{pmatrix}=c_1\begin{pmatrix}1\\-2\\0\\0\end{pmatrix}+c_2\begin{pmatrix}0\\1\\1\\0\end{pmatrix}+\begin{pmatrix}0\\1\\0\\0\end{pmatrix}$$

从上例可见，当非齐次线性方程组有解且 $r<n$（n 为未知数的个数），非齐次线性方程组 $\boldsymbol{AX}=\boldsymbol{b}$ 有无穷多个解. 一般有如下定理：

定理 3.4　若非齐次线性方程组 $\boldsymbol{A}_{m\times n}\boldsymbol{X}_{n\times 1}=\boldsymbol{b}_{m\times 1}$ 有解，即 $\mathrm{R}(\boldsymbol{A})=\mathrm{R}(\boldsymbol{B})=r$.

(1) 若 $r=n$，则方程组有唯一解；

(2) 若 $r<n$，则方程组有无穷多个解.

例 3-8　α 为何值时线性方程组

$$\begin{cases}\alpha x_1+x_2+x_3=1\\x_1+\alpha x_2+x_3=\alpha\\x_1+x_2+\alpha x_3=\alpha^2\end{cases}$$

(1) 有唯一解；(2) 有无穷多解；(3) 无解.

解 (1) 当 $R(\boldsymbol{B})=R(\boldsymbol{A})=3$ 时,方程组有唯一解. 即 $|\boldsymbol{A}|\neq 0$ 时有唯一解，由

$$|\boldsymbol{A}|=\begin{vmatrix}\alpha&1&1\\1&\alpha&1\\1&1&\alpha\end{vmatrix}=(\alpha-1)^2(\alpha+2)\neq 0$$

求得当 $\alpha\neq 1$ 且 $\alpha\neq -2$ 时方程组有唯一解.

(2) 增广矩阵

$$\boldsymbol{B}=\begin{pmatrix}\alpha&1&1&1\\1&\alpha&1&\alpha\\1&1&\alpha&\alpha^2\end{pmatrix}\xrightarrow{r_3\leftrightarrow r_1}\begin{pmatrix}1&1&\alpha&\alpha^2\\1&\alpha&1&\alpha\\\alpha&1&1&1\end{pmatrix}$$

$$\xrightarrow[r_3-\alpha r_1]{r_2-r_1}\begin{pmatrix}1&1&\alpha&\alpha^2\\0&\alpha-1&1-\alpha&\alpha(1-\alpha)\\0&1-\alpha&(1-\alpha)(1+\alpha)&(1-\alpha)(1+\alpha+\alpha^2)\end{pmatrix}$$

$$\xrightarrow{r_3+r_2}\begin{pmatrix}1&1&\alpha&\alpha^2\\0&\alpha-1&1-\alpha&\alpha(1-\alpha)\\0&0&(1-\alpha)(2+\alpha)&(1-\alpha)(1+\alpha)^2\end{pmatrix}$$

当 $\alpha=1$ 时,$R(\boldsymbol{B})=R(\boldsymbol{A})=1$，所以方程组有无穷多个解.

(3) 由(2)知 $\alpha=-2$ 时,$R(\boldsymbol{A})=2$,$R(\boldsymbol{B})=3$，所以方程组无解.

2. 对齐次线性方程组

$$\begin{cases}a_{11}x_1+a_{12}x_2+\cdots+a_{1n}x_n=0\\a_{21}x_1+a_{22}x_2+\cdots+a_{2n}x_n=0\\\cdots\cdots\cdots\cdots\cdots\cdots\\a_{m1}x_1+a_{m2}x_2+\cdots+a_{mn}x_n=0\end{cases}\tag{3-3}$$

显然 $x_1=x_2=\cdots=x_n=0$ 是该方程组的解，这个解称为齐次线性方程组的**零解**. 如果一组不全为零的数是齐次线性方程组的解,则这个解称为齐次线性方程组的**非零解**. **齐次线性方程组一定有零解,但不一定有非零解**. 根据对非齐次线性方程组的讨论,对齐次线性方程组有如下推论：

推论　对于齐次线性方程组 $\boldsymbol{A}_{m\times n}\boldsymbol{X}_{n\times 1}=\boldsymbol{0}_{m\times 1}$

(1) 若 $\mathrm{R}(\boldsymbol{A})=n$，则方程组有唯一的零解；

(2) 若 $\mathrm{R}(\boldsymbol{A})=r<n$，则方程组有无穷多个解.

由(2)知，当 $m=n$ 时，齐次线性方程组有非零解的充分必要条件是其系数行列式 $|\boldsymbol{A}|=0$.

二、线性方程组的解结构

1. 齐次线性方程组的解结构

齐次线性方程组(3-3)的矩阵方程形式为 $\boldsymbol{AX}=\boldsymbol{0}$，有如下性质：

性质 3.1　若 $\boldsymbol{\xi}_1,\boldsymbol{\xi}_2$ 是方程组(3-3)的解，则 $\boldsymbol{\xi}_1+\boldsymbol{\xi}_2$ 也是方程组(3-3)的解.

证明　因为 $\boldsymbol{\xi}_1,\boldsymbol{\xi}_2$ 是方程组的解，所以 $\boldsymbol{A\xi}_1=\boldsymbol{0}$，$\boldsymbol{A\xi}_2=\boldsymbol{0}$，于是

$$\boldsymbol{A}(\boldsymbol{\xi}_1+\boldsymbol{\xi}_2)=\boldsymbol{A\xi}_1+\boldsymbol{A\xi}_2=\boldsymbol{0}+\boldsymbol{0}=\boldsymbol{0}$$

即 $\boldsymbol{\xi}_1+\boldsymbol{\xi}_2$ 满足方程组(3-3)，因此它是方程组(3-3)的解.

性质 3.2　若 $\boldsymbol{X}=\boldsymbol{\xi}$ 是(3-3)的解，k 是实数，则 $\boldsymbol{X}=k\boldsymbol{\xi}$ 也是方程组(3-3)的解.

证明　$\boldsymbol{\xi}$ 是方程组(3-3)的解，所以有 $\boldsymbol{A\xi}=\boldsymbol{0}$，于是

$$\boldsymbol{A}(k\boldsymbol{\xi})=k(\boldsymbol{A\xi})=k\boldsymbol{0}=\boldsymbol{0}$$

即 $\boldsymbol{X}=k\boldsymbol{\xi}$ 满足方程组(3-3)，因此它是方程组(3-3)的解.

由这两个性质很容易推出如下的结论：

若 $\boldsymbol{\xi}_1,\boldsymbol{\xi}_2,\cdots,\boldsymbol{\xi}_s$ 是方程组(3-3)的解，则它们的任意一个线性组合

$$k_1\boldsymbol{\xi}_1+k_2\boldsymbol{\xi}_2+\cdots+k_s\boldsymbol{\xi}_s\quad(k_1,k_2,\cdots,k_s\text{ 为任意实数})$$

也是方程组(3-3)的解.

为了讨论齐次线性方程组的解结构，我们先引进基础解系概念.

定义 3.7　如果 $\boldsymbol{\xi}_1,\boldsymbol{\xi}_2,\cdots,\boldsymbol{\xi}_s$ 是齐次方程组(3-3)的解向量组的一个最大无关组，则 $\boldsymbol{\xi}_1,\boldsymbol{\xi}_2,\cdots,\boldsymbol{\xi}_s$ 称为方程组(3-3)的一个**基础解系**.

由定义知，若向量组 $\boldsymbol{\xi}_1,\boldsymbol{\xi}_2,\cdots,\boldsymbol{\xi}_s$ 是方程组(3-3)的一个基础解系，则它的线性组合 $C_1\boldsymbol{\xi}_1+C_2\boldsymbol{\xi}_2+\cdots+C_s\boldsymbol{\xi}_s$ 即为方程组(3-3)的所有解，其中 $C_1,C_2,\cdots,C_s$ 为任意常数.

下面我们证明当 $\mathrm{R}(\boldsymbol{A})=r<n$ 时，齐次线性方程组(3-3)的基础解系一定存在，同时给出求基础解系的一种方法.

因为 $\mathrm{R}(\boldsymbol{A})=r<n$，不妨设线性方程组(3-3)的系数矩阵 $\boldsymbol{A}$ 通过初等行变换后化为如下行最简形阶梯矩阵

$$\begin{pmatrix} 1 & 0 & \cdots & 0 & p_{1,r+1} & p_{1,r+2} & \cdots & p_{1n} \\ 0 & 1 & \cdots & 0 & p_{2,r+1} & p_{2,r+2} & \cdots & p_{2n} \\ \vdots & \vdots & & \vdots & \vdots & \vdots & & \vdots \\ 0 & 0 & \cdots & 1 & p_{r,r+1} & p_{r,r+2} & \cdots & p_{rn} \\ 0 & 0 & \cdots & 0 & 0 & 0 & \cdots & 0 \\ \vdots & \vdots & & \vdots & \vdots & \vdots & & \vdots \\ 0 & 0 & \cdots & 0 & 0 & 0 & \cdots & 0 \end{pmatrix}$$

对应有同解方程组

$$\begin{cases} x_1 = -p_{1,r+1}x_{r+1} - p_{1,r+2}x_{r+2} - \cdots - p_{1n}x_n \\ x_2 = -p_{2,r+1}x_{r+1} - p_{2,r+2}x_{r+2} - \cdots - p_{2n}x_n \\ \cdots\cdots\cdots\cdots\cdots\cdots\cdots\cdots\cdots\cdots \\ x_r = -p_{r,r+1}x_{r+1} - p_{r,r+2}x_{r+2} - \cdots - p_{rn}x_n \end{cases}$$

上式中任给一组 $x_{r+1}, x_{r+2}, \cdots, x_n$ 的值，即唯一确定 $x_1, x_2, \cdots, x_r$ 的值，就得一个解，也就是原方程组的解. 现在令 $x_{r+1}, x_{r+2}, \cdots, x_n$ 取下列 $n-r$ 组数

$$\begin{pmatrix} x_{r+1} \\ x_{r+2} \\ \vdots \\ x_n \end{pmatrix} = \begin{pmatrix} 1 \\ 0 \\ \vdots \\ 0 \end{pmatrix}, \begin{pmatrix} 0 \\ 1 \\ \vdots \\ 0 \end{pmatrix}, \cdots, \begin{pmatrix} 0 \\ 0 \\ \vdots \\ 1 \end{pmatrix}$$

对应有

$$\begin{pmatrix} x_1 \\ x_2 \\ \vdots \\ x_r \end{pmatrix} = \begin{pmatrix} -p_{1,r+1} \\ -p_{2,r+1} \\ \vdots \\ -p_{r,r+1} \end{pmatrix}, \begin{pmatrix} -p_{1,r+2} \\ -p_{2,r+2} \\ \vdots \\ -p_{r,r+2} \end{pmatrix}, \cdots, \begin{pmatrix} -p_{1n} \\ -p_{2n} \\ \vdots \\ -p_{rn} \end{pmatrix}$$

记

$$\boldsymbol{X} = \begin{pmatrix} x_1 \\ x_2 \\ \vdots \\ x_r \\ x_{r+1} \\ \vdots \\ x_n \end{pmatrix}$$

则可得 $n-r$ 组 $\boldsymbol{X}$ 的解：

$$\boldsymbol{\xi}_1=\begin{pmatrix}-p_{1,r+1}\\-p_{2,r+1}\\\vdots\\-p_{r,r+1}\\1\\0\\\vdots\\0\end{pmatrix},\boldsymbol{\xi}_2=\begin{pmatrix}-p_{1,r+2}\\-p_{2,r+2}\\\vdots\\-p_{r,r+2}\\0\\1\\\vdots\\0\end{pmatrix},\cdots,\boldsymbol{\xi}_{n-r}=\begin{pmatrix}-p_{1n}\\-p_{2n}\\\vdots\\-p_{rn}\\0\\0\\\vdots\\1\end{pmatrix}$$

从而方程组(3-3)的全部解可表示为 $\boldsymbol{X}=C_1\boldsymbol{\xi}_1+C_2\boldsymbol{\xi}_2+\cdots+C_{n-r}\boldsymbol{\xi}_{n-r}$，其中 C_1，C_2，…，C_{n-r} 为任意常数. 上式称为齐次线性方程组(3-3)的**通解**.

显然 $\boldsymbol{\xi}_1$，$\boldsymbol{\xi}_2$，…，$\boldsymbol{\xi}_{n-r}$ 是齐次线性方程组(3-3)的解，且方程组的任意一个解向量都可用 $\boldsymbol{\xi}_1$，$\boldsymbol{\xi}_2$，…，$\boldsymbol{\xi}_{n-r}$ 线性表示.

另一方面，由向量组 $\boldsymbol{\xi}_1$，$\boldsymbol{\xi}_2$，…，$\boldsymbol{\xi}_{n-r}$ 构作 $n\times(n-r)$ 矩阵 $\boldsymbol{B}$.

$$\boldsymbol{B}=\begin{pmatrix}-p_{1,r+1}&-p_{1,r+2}&\cdots&-p_{1n}\\-p_{2,r+1}&-p_{2,r+2}&\cdots&-p_{2n}\\\vdots&\vdots&&\vdots\\-p_{r,r+1}&-p_{r,r+2}&\cdots&-p_{rn}\\1&0&\cdots&0\\0&1&\cdots&0\\\vdots&\vdots&&\vdots\\0&0&\cdots&1\end{pmatrix}$$

显然 $\boldsymbol{B}$ 的最下方一个 $n-r$ 阶子式不等于零，又矩阵 $\boldsymbol{B}$ 无更高阶子式，故

$$\mathrm{R}(\boldsymbol{B})=n-r$$

因此向量组 $\boldsymbol{\xi}_1$，$\boldsymbol{\xi}_2$，…，$\boldsymbol{\xi}_{n-r}$ 线性无关. 这就证明了 $\boldsymbol{\xi}_1$，$\boldsymbol{\xi}_2$，…，$\boldsymbol{\xi}_{n-r}$ 是方程组(3-3)的一个基础解系.

当 $\mathrm{R}(\boldsymbol{A})=n$ 时，方程组(3-3)只有零解，没有基础解系.

例 3-9　求齐次线性方程组

$$\begin{cases}2x_1-7x_2-4x_3-3x_4+2x_5=0\\x_1+3x_2+2x_3-x_4+x_5=0\\-x_1+3x_2-x_3+2x_4-x_5=0\end{cases}$$

的一个基础解系及通解.

解 对系数矩阵施行初等行变换

$$A=\begin{pmatrix}2&-7&-4&-3&2\\1&3&2&-1&1\\-1&3&-1&2&-1\end{pmatrix}\xrightarrow{r_1\leftrightarrow r_2}\begin{pmatrix}1&3&2&-1&1\\2&-7&-4&-3&2\\-1&3&-1&2&-1\end{pmatrix}$$

$$\xrightarrow[r_3+r_1]{r_2-2r_1}\begin{pmatrix}1&3&2&-1&1\\0&-13&-8&-1&0\\0&6&1&1&0\end{pmatrix}\xrightarrow[r_3\div(-7)]{r_3+r_2}\begin{pmatrix}1&3&2&-1&1\\0&-13&-8&-1&0\\0&1&1&0&0\end{pmatrix}$$

$$\xrightarrow[r_3\times(-1)]{\substack{r_2\leftrightarrow r_3\\ r_3+13r_2}}\begin{pmatrix}1&3&2&-1&1\\0&1&1&0&0\\0&0&-5&1&0\end{pmatrix}\xrightarrow{\substack{r_1-3r_2\\ r_1+r_3}}\begin{pmatrix}1&0&-6&0&1\\0&1&1&0&0\\0&0&-5&1&0\end{pmatrix}$$

求得 $R(A)=3<5$，原方程组的同解方程组为

$$\begin{cases}x_1-6x_3+x_5=0\\ x_2+x_3=0\\ -5x_3+x_4=0\end{cases}$$

即

$$\begin{cases}x_1=6x_3-x_5\\ x_2=-x_3\\ x_4=5x_3\end{cases}$$

令

$$\begin{pmatrix}x_3\\x_5\end{pmatrix}=\begin{pmatrix}1\\0\end{pmatrix}\text{及}\begin{pmatrix}0\\1\end{pmatrix}$$

则对应有

$$\begin{pmatrix}x_1\\x_2\\x_4\end{pmatrix}=\begin{pmatrix}6\\-1\\5\end{pmatrix}\text{及}\begin{pmatrix}-1\\0\\0\end{pmatrix}$$

即得方程组的一个基础解系为

$$\boldsymbol{\xi}_1=\begin{pmatrix}6\\-1\\1\\5\\0\end{pmatrix},\ \boldsymbol{\xi}_2=\begin{pmatrix}-1\\0\\0\\0\\1\end{pmatrix}$$

方程组的通解为

$$\boldsymbol{X}=\begin{pmatrix}x_1\\x_2\\x_3\\x_4\\x_5\end{pmatrix}=C_1\boldsymbol{\xi}_1+C_2\boldsymbol{\xi}_2\quad(C_1,\ C_2\in\mathbf{R})$$

对于上例，若令 $\begin{pmatrix}x_3\\x_5\end{pmatrix}=\begin{pmatrix}1\\1\end{pmatrix}$ 及 $\begin{pmatrix}1\\-1\end{pmatrix}$（一定要线性无关组）

对应得 $\begin{pmatrix}x_1\\x_2\\x_4\end{pmatrix}=\begin{pmatrix}5\\-1\\5\end{pmatrix}$ 及 $\begin{pmatrix}7\\-1\\5\end{pmatrix}$

即得另一基础解系 $\boldsymbol{\eta}_1=\begin{pmatrix}5\\-1\\1\\5\\1\end{pmatrix}$，$\boldsymbol{\eta}_2=\begin{pmatrix}7\\-1\\1\\5\\-1\end{pmatrix}$

从而得通解 $\boldsymbol{X}=\begin{pmatrix}x_1\\x_2\\x_3\\x_4\\x_5\end{pmatrix}=k_1\boldsymbol{\eta}_1+k_2\boldsymbol{\eta}_2\quad(k_1,\ k_2\in\mathbf{R})$

显然，$\boldsymbol{\xi}_1$，$\boldsymbol{\xi}_2$ 与 $\boldsymbol{\eta}_1$，$\boldsymbol{\eta}_2$ 是等价的，两个通解形式虽然不一样，但都含两个任意常数，且都可表示方程组的任一解.

上例中，未知量个数 $n=5$，秩 $r=3$，因而有 $n-r=2$ 个自由变量. 为了求得基础解系，自由变量的取值应满足最大无关组. 上述第一种取值法的思路清晰，且不易找错，读者应领悟其中奥妙，并能灵活运用.

2. 非齐次线性方程组的解结构

设有非齐次线性方程组

$$\boldsymbol{A}_{m\times n}\boldsymbol{X}_{n\times 1}=\boldsymbol{b}_{m\times 1}\tag{3-4}$$

其中 $\boldsymbol{b}_{m\times 1}\neq\mathbf{0}$，它具有如下一些性质：

性质 3.3　设 $\boldsymbol{\eta}_1$ 及 $\boldsymbol{\eta}_2$ 都是方程组(3-4)的解，则 $\boldsymbol{\eta}_1-\boldsymbol{\eta}_2$ 为对应的齐次线性方程组 $\boldsymbol{AX}=\mathbf{0}$ 的解.

证明 $\boldsymbol{A}(\boldsymbol{\eta}_1-\boldsymbol{\eta}_2)=\boldsymbol{A\eta}_1-\boldsymbol{A\eta}_2=\boldsymbol{b}-\boldsymbol{b}=\boldsymbol{0}$，即 $\boldsymbol{\eta}_1-\boldsymbol{\eta}_2$ 满足方程 $\boldsymbol{AX}=\boldsymbol{0}$.

性质 3.4 **设 $\boldsymbol{\eta}$ 是方程组(3-4)的解，$\boldsymbol{\xi}$ 是方程组 $\boldsymbol{AX}=\boldsymbol{0}$ 的解，则 $\boldsymbol{\xi}+\boldsymbol{\eta}$ 仍是方程组(3-4)的解.**

证明 $\boldsymbol{A}(\boldsymbol{\xi}+\boldsymbol{\eta})=\boldsymbol{A\xi}+\boldsymbol{A\eta}=\boldsymbol{0}+\boldsymbol{b}=\boldsymbol{b}$，即 $\boldsymbol{\xi}+\boldsymbol{\eta}$ 满足方程组(3-4).

由以上两性质可知，若求得方程组(3-4)的一个解 $\boldsymbol{\eta}^*$，则方程组(3-4)的任一解总可表示为 $\boldsymbol{X}=\boldsymbol{\xi}+\boldsymbol{\eta}^*$，其中 $\boldsymbol{\xi}$ 为方程组 $\boldsymbol{AX}=\boldsymbol{0}$ 的解. 又若方程组 $\boldsymbol{AX}=\boldsymbol{0}$ 的通解为

$$\boldsymbol{X}=k_1\boldsymbol{\xi}_1+k_2\boldsymbol{\xi}_2+\cdots+k_{n-r}\boldsymbol{\xi}_{n-r}$$

则方程组(3-4)的任一解总可表示为

$$\boldsymbol{X}=k_1\boldsymbol{\xi}_1+k_2\boldsymbol{\xi}_2+\cdots+k_{n-r}\boldsymbol{\xi}_{n-r}+\boldsymbol{\eta}^*\ (k_1,\ k_2,\ \cdots,\ k_{n-r}\ \text{为任意实数})$$

此即方程组(3-4)的**通解**，其中 $\boldsymbol{\xi}_1,\ \boldsymbol{\xi}_2,\ \cdots,\ \boldsymbol{\xi}_{n-r}$ 是方程组 $\boldsymbol{AX}=\boldsymbol{0}$ 的**基础解系**，称 $\boldsymbol{\eta}^*$ 为方程组(3-4)的**特解**.

例 3-10 求解线性方程组

$$\begin{cases}x_1+x_2-3x_3-x_4=1\\3x_1-x_2-3x_3+4x_4=4\\x_1+5x_2-9x_3-8x_4=0\end{cases}$$

解 对增广矩阵 $\boldsymbol{B}$ 施行初等行变换

$$\boldsymbol{B}=\begin{pmatrix}1&1&-3&-1&1\\3&-1&-3&4&4\\1&5&-9&-8&0\end{pmatrix}\xrightarrow[r_3-r_1]{r_2-3r_1}\begin{pmatrix}1&1&-3&-1&1\\0&-4&6&7&1\\0&4&-6&-7&-1\end{pmatrix}$$

$$\xrightarrow[r_2\div(-4)]{r_3+r_2}\begin{pmatrix}1&1&-3&-1&1\\0&1&-\frac{3}{2}&-\frac{7}{4}&-\frac{1}{4}\\0&0&0&0&0\end{pmatrix}\xrightarrow{r_1-r_2}\begin{pmatrix}1&0&-\frac{3}{2}&\frac{3}{4}&\frac{5}{4}\\0&1&-\frac{3}{2}&-\frac{7}{4}&-\frac{1}{4}\\0&0&0&0&0\end{pmatrix}$$

可见 $\mathrm{R}(\boldsymbol{A})=\mathrm{R}(\boldsymbol{B})=2<4$，方程组的同解方程组为

$$\begin{cases}x_1=\dfrac{3}{2}x_3-\dfrac{3}{4}x_4+\dfrac{5}{4}\\[2ex]x_2=\dfrac{3}{2}x_3+\dfrac{7}{4}x_4-\dfrac{1}{4}\end{cases}$$

取

$$\begin{pmatrix}x_3\\x_4\end{pmatrix}=\begin{pmatrix}0\\0\end{pmatrix}$$

则
$$\begin{pmatrix} x_1 \\ x_2 \end{pmatrix} = \begin{pmatrix} \frac{5}{4} \\ -\frac{1}{4} \end{pmatrix}$$

即得原方程组的一个特解
$$\boldsymbol{\eta}^* = \begin{pmatrix} \frac{5}{4} \\ -\frac{1}{4} \\ 0 \\ 0 \end{pmatrix}$$

在对应的齐次线性方程组
$$\begin{cases} x_1 = \frac{3}{2}x_3 - \frac{3}{4}x_4 \\ x_2 = \frac{3}{2}x_3 + \frac{7}{4}x_4 \end{cases}$$

中，取
$$\begin{pmatrix} x_3 \\ x_4 \end{pmatrix} = \begin{pmatrix} 1 \\ 0 \end{pmatrix} \text{及} \begin{pmatrix} 0 \\ 1 \end{pmatrix}$$

则
$$\begin{pmatrix} x_1 \\ x_2 \end{pmatrix} = \begin{pmatrix} \frac{3}{2} \\ \frac{3}{2} \end{pmatrix} \text{及} \begin{pmatrix} -\frac{3}{4} \\ \frac{7}{4} \end{pmatrix}$$

即得对应的齐次线性方程组的基础解系
$$\boldsymbol{\xi}_1 = \begin{pmatrix} \frac{3}{2} \\ \frac{3}{2} \\ 1 \\ 0 \end{pmatrix}, \boldsymbol{\xi}_2 = \begin{pmatrix} -\frac{3}{4} \\ \frac{7}{4} \\ 0 \\ 1 \end{pmatrix}$$

于是所求通解为

$$\begin{pmatrix} x_1 \\ x_2 \\ x_3 \\ x_4 \end{pmatrix} = k_1 \begin{pmatrix} \frac{3}{2} \\ \frac{3}{2} \\ 1 \\ 0 \end{pmatrix} + k_2 \begin{pmatrix} -\frac{3}{4} \\ \frac{7}{4} \\ 0 \\ 1 \end{pmatrix} + \begin{pmatrix} \frac{5}{4} \\ -\frac{1}{4} \\ 0 \\ 0 \end{pmatrix} \quad (k_1, k_2 \in \mathbf{R})$$

小　　结

本章首先介绍向量组的线性相关性的概念，然后从此概念出发介绍线性方程组的解结构.

判别向量组的线性相关性，可归纳为如下方法：

(1) 若向量组中含有零向量，则向量组必线性相关；

(2) 若向量组中向量的个数大于向量的维数，则向量组线性相关；

(3) 若向量组中有两个向量对应分量成比例，则向量组线性相关.

对于 n 维向量的任意组合，可以用矩阵的方法来判别向量组的线性相关性，当矩阵的秩小于向量的个数时，则向量组线性相关.

对于 n 个 n 维向量组也可用 n 维向量组构成的 n 阶行列式的值是否为零来判别. 当该行列式的值等于零时，此向量组线性相关.

如何找出向量组的任意一个最大无关组？可先将向量组构成矩阵，然后用矩阵的初等变换办法求出矩阵的秩(也即向量组的秩)，然后求出向量组的一个最大线性无关组.

线性方程组可分为非齐次线性方程组与齐次线性方程组.

本章用矩阵方程形式讨论了它们有唯一解、无解、有无穷解的条件.

对于非齐次线性方程组有解的条件是 $\mathrm{R}(\boldsymbol{A}) = \mathrm{R}(\boldsymbol{B}) = r$，当 $r = n$ 时有唯一解；当 $r < n$ 时，有无穷多解. 有无穷多解时，通解(或一般解)可用一个特解与对应的齐次线性方程组通解之和表示.

对于齐次线性方程组必有零解，当 $\mathrm{R}(\boldsymbol{A}) = r < n$ 时，则方程组有无穷多解. 有无穷多解时，通解用它的一个基础解系来表示，它可由齐次线性方程组的系数矩阵通过矩阵的初等行变换得到.

非齐次线性方程组的通解也可由非齐次线性方程组的系数矩阵的增广矩阵通过初等行变换得到. 由初等变换结果还可判断非齐次线性方程组是否有解.

习 题 三

1. 设 $\boldsymbol{\alpha}_1=(1,1,0)$，$\boldsymbol{\alpha}_2=(0,1,1)$，$\boldsymbol{\alpha}_3=(3,4,0)$，求 $\boldsymbol{\alpha}_1-\boldsymbol{\alpha}_2$ 及 $3\boldsymbol{\alpha}_1+2\boldsymbol{\alpha}_2-\boldsymbol{\alpha}_3$.
2. 设 $-5(\boldsymbol{\beta}_1+\boldsymbol{\beta})+4(\boldsymbol{\beta}_2-\boldsymbol{\beta})=3(\boldsymbol{\beta}_3-\boldsymbol{\beta})$，其中

   $\boldsymbol{\beta}_1=(2,3,0,1)^{\mathrm{T}}$，$\boldsymbol{\beta}_2=(1,0,-1,0)^{\mathrm{T}}$，$\boldsymbol{\beta}_3=(-3,1,-2,1)^{\mathrm{T}}$

   求向量 $\boldsymbol{\beta}$.
3. 将 $\boldsymbol{\beta}$ 表示为向量 $\boldsymbol{\alpha}_1$，$\boldsymbol{\alpha}_2$，$\boldsymbol{\alpha}_3$ 的线性组合：

   (1) $\boldsymbol{\beta}=(4,4,5)$，$\boldsymbol{\alpha}_1=(1,1,0)$，$\boldsymbol{\alpha}_2=(2,1,3)$，$\boldsymbol{\alpha}_3=(0,1,2)$；

   (2) $\boldsymbol{\beta}=(2,-1,5)$，$\boldsymbol{\alpha}_1=(1,0,0)$，$\boldsymbol{\alpha}_2=(0,1,0)$，$\boldsymbol{\alpha}_3=(0,0,1)$.
4. 试判断下列向量组是否线性相关：

   (1) $\boldsymbol{\alpha}_1=(1,1,1)$，$\boldsymbol{\alpha}_2=(1,2,3)$，$\boldsymbol{\alpha}_3=(1,6,3)$

   (2) $\boldsymbol{a}=\begin{pmatrix}1\\2\\3\end{pmatrix}$，$\boldsymbol{b}=\begin{pmatrix}1\\-4\\1\end{pmatrix}$，$\boldsymbol{c}=\begin{pmatrix}1\\14\\7\end{pmatrix}$

   (3) $\boldsymbol{\varepsilon}_1=(4,-5,2,6)$，$\boldsymbol{\varepsilon}_2=(2,-2,1,3)$

   $\boldsymbol{\varepsilon}_3=(6,-3,3,9)$，$\boldsymbol{\varepsilon}_4=(4,-1,5,6)$
5. 证明下列命题：

   (1) 若向量组 $\boldsymbol{\alpha}_1$，$\boldsymbol{\alpha}_2$，…，$\boldsymbol{\alpha}_m(m\geqslant2)$线性相关，那么此向量组中至少有一个向量能由其余 $m-1$ 个向量线性表示.

   (2) 若向量组 $\boldsymbol{\alpha}_1$，$\boldsymbol{\alpha}_2$，$\boldsymbol{\alpha}_3$ 线性相关，则向量组 $\boldsymbol{\alpha}_1$，$\boldsymbol{\alpha}_2$，$\boldsymbol{\alpha}_3$，$\boldsymbol{\alpha}_4$ 也线性相关.

   (3) 设 $\boldsymbol{\beta}_1=\boldsymbol{\alpha}_1+\boldsymbol{\alpha}_2$，$\boldsymbol{\beta}_2=\boldsymbol{\alpha}_2+\boldsymbol{\alpha}_3$，$\boldsymbol{\beta}_3=\boldsymbol{\alpha}_3+\boldsymbol{\alpha}_4$，$\boldsymbol{\beta}_4=\boldsymbol{\alpha}_4+\boldsymbol{\alpha}_1$，证明向量组 $\boldsymbol{\beta}_1$，$\boldsymbol{\beta}_2$，$\boldsymbol{\beta}_3$，$\boldsymbol{\beta}_4$ 线性相关.

   (4) 若向量组 $\boldsymbol{\alpha}_1$，$\boldsymbol{\alpha}_2$，$\boldsymbol{\alpha}_3$，$\boldsymbol{\alpha}_4$ 线性无关，那么向量组 $\boldsymbol{\alpha}_1$，$\boldsymbol{\alpha}_2$，$\boldsymbol{\alpha}_3$ 也线性无关.
6. 设向量组 $\boldsymbol{\alpha}_1$，$\boldsymbol{\alpha}_2$，…，$\boldsymbol{\alpha}_m$ 线性无关，问常数 m，t 满足什么条件时，向量组 $t\boldsymbol{\alpha}_2-\boldsymbol{\alpha}_1$，$m\boldsymbol{\alpha}_3-\boldsymbol{\alpha}_2$，$\boldsymbol{\alpha}_1-\boldsymbol{\alpha}_3$ 线性无关？线性相关？
7. 求下列向量组的秩和一个最大无关组：

   (1) $\boldsymbol{\alpha}_1=(1,2,-1,4)$，$\boldsymbol{\alpha}_2=(-2,0,4,1)$，$\boldsymbol{\alpha}_3=(-7,1,2,4)$

   (2) $\boldsymbol{\alpha}_1=(5,6,7,7)$，$\boldsymbol{\alpha}_2=(2,0,0,0)$，$\boldsymbol{\alpha}_3=(0,1,0,0)$，$\boldsymbol{\alpha}_4=(0,-1,-1,0)$

   (3) $\boldsymbol{\alpha}_1=\begin{pmatrix}1\\2\\-1\\4\end{pmatrix}$，$\boldsymbol{\alpha}_2=\begin{pmatrix}9\\100\\10\\4\end{pmatrix}$，$\boldsymbol{\alpha}_3=\begin{pmatrix}-2\\-4\\2\\-8\end{pmatrix}$

8. 利用初等变换求下列矩阵的行向量组的一个最大无关组：

(1) $\begin{pmatrix} 25 & 31 & 17 & 43 \\ 75 & 94 & 53 & 132 \\ 75 & 94 & 54 & 134 \\ 25 & 32 & 20 & 48 \end{pmatrix}$　　(2) $\begin{pmatrix} 1 & 1 & 2 & 2 & 1 \\ 0 & 2 & 1 & 5 & -1 \\ 2 & 0 & 3 & -1 & 3 \\ 1 & 1 & 0 & 4 & -1 \end{pmatrix}$

9. 求下列齐次线性方程组的基础解系及通解：

(1) $\begin{cases} 2x_1 + x_2 - x_3 + x_4 = 0 \\ 4x_1 + 2x_2 - 2x_3 + x_4 = 0 \\ 2x_1 + x_2 - x_3 - x_4 = 0 \end{cases}$　　(2) $\begin{cases} 4x_1 + 3x_2 - 5x_3 = 0 \\ x_1 - 2x_3 + 3x_4 = 0 \\ x_2 - 3x_3 + 4x_4 = 0 \\ 3x_1 + 2x_2 - 5x_4 = 0 \end{cases}$

(3) $\begin{cases} x_1 - 8x_2 + 10x_3 + 2x_4 = 0 \\ 2x_1 + 4x_2 + 5x_3 - x_4 = 0 \\ 3x_1 + 8x_2 + 6x_3 - 2x_4 = 0 \end{cases}$

(4) $nx_1 + (n-1)x_2 + \cdots + 2x_{n-1} + x_n = 0$

10. 问 λ, μ 取何值时，齐次线性方程组

$$\begin{cases} \lambda x_1 + x_2 + x_3 = 0 \\ x_1 + \mu x_2 + x_3 = 0 \\ x_1 + 2\mu x_2 + x_3 = 0 \end{cases}$$

有非零解？

11. 非齐次线性方程组

$$\begin{cases} -2x_1 + x_2 + x_3 = -2 \\ x_1 - 2x_2 + x_3 = \lambda \\ x_1 + x_2 - 2x_3 = \lambda^2 \end{cases}$$

当 λ 取何值时有解？并求出它的解.

12. 确定 a, b 的值，使方程组

$$\begin{cases} x_1 + 2x_2 - 2x_3 + 2x_4 = 2 \\ x_2 - x_3 - x_4 = 1 \\ x_1 + x_2 - x_3 + 3x_4 = a \\ x_1 - x_2 + x_3 + 5x_4 = b \end{cases}$$

有解，并求其解.

13. 求下列非齐次线性方程组的一个特解及对应的齐次线性方程组的基础解系，并写出其通解：

(1) $\begin{cases} x_1 + x_2 = 5 \\ 2x_1 + x_2 + x_3 + 2x_4 = 1 \\ 5x_1 + 3x_2 + 2x_3 + 2x_4 = 3 \end{cases}$　　(2) $\begin{cases} x_1 - 5x_2 + 2x_3 - 3x_4 = 11 \\ 5x_1 + 3x_2 + 6x_3 - x_4 = -1 \\ 2x_1 + 4x_2 + 2x_3 + x_4 = -6 \end{cases}$

(3) $\begin{cases} x_1 + 3x_2 - x_3 + 2x_4 = -4 \\ -3x_1 + x_2 + 2x_3 - 5x_4 = -1 \\ 2x_1 - 3x_2 - x_3 - x_4 = 4 \\ -4x_1 + 16x_2 + x_3 + 3x_4 = -21 \end{cases}$　　(4) $\begin{cases} 2x_1 - 3x_2 + 5x_3 + 7x_4 = 1 \\ 4x_1 - 6x_2 + 2x_3 + 3x_4 = 2 \\ 2x_1 - 3x_2 - 11x_3 - 15x_4 = 1 \end{cases}$

14. 试求通过点 $M_1(0, 0)$, $M_2(1, 0)$, $M_3(-1, 0)$, $M_4(1, 1)$, $M_5(-1, 1)$的二次曲线方程.

15. 设四元非齐次线性方程组的系数矩阵的秩为 3，已知 $\boldsymbol{\eta}_1$, $\boldsymbol{\eta}_2$, $\boldsymbol{\eta}_3$ 是它的三个解向量，且

$$\boldsymbol{\eta}_1 = \begin{pmatrix} 2 \\ 3 \\ 4 \\ 5 \end{pmatrix}, \boldsymbol{\eta}_2 + \boldsymbol{\eta}_3 = \begin{pmatrix} 1 \\ 2 \\ 3 \\ 4 \end{pmatrix}$$

求该方程组的通解.

第四章　方阵的特征值及二次型

本章先讨论相似矩阵问题，即寻找一个可逆矩阵 $\boldsymbol{P}$，将方阵 $\boldsymbol{A}$ 进行相似变换为对角阵：

$$\boldsymbol{P}^{-1}\boldsymbol{A}\boldsymbol{P}=\begin{pmatrix}\lambda_1 & & & \boldsymbol{0}\\ & \lambda_2 & & \\ & & \ddots & \\ \boldsymbol{0} & & & \lambda_n\end{pmatrix}$$

为此我们引入特征值、特征向量及内积的概念. 这些概念不仅是解决上述问题所必需的，而且在工程技术（如振动问题和稳定性问题、现代控制论、管理科学）中得到应用. 最后讨论二次型化为标准型的问题.

§4.1　方阵的特征值和特征向量

引例　有一个二阶方阵 $\boldsymbol{A}=\begin{pmatrix}3 & 4\\5 & 2\end{pmatrix}$，

当 $\boldsymbol{X}=\begin{pmatrix}1\\1\end{pmatrix}$ 时，$\boldsymbol{Y}=\boldsymbol{A}\boldsymbol{X}=\begin{pmatrix}3 & 4\\5 & 2\end{pmatrix}\begin{pmatrix}1\\1\end{pmatrix}=\begin{pmatrix}7\\7\end{pmatrix}=7\begin{pmatrix}1\\1\end{pmatrix}=7\boldsymbol{X}$

当 $\boldsymbol{X}=\begin{pmatrix}2\\5\end{pmatrix}$ 时，$\boldsymbol{Y}=\boldsymbol{A}\boldsymbol{X}=\begin{pmatrix}3 & 4\\5 & 2\end{pmatrix}\begin{pmatrix}2\\5\end{pmatrix}=\begin{pmatrix}26\\20\end{pmatrix}\neq\lambda\boldsymbol{X}$　（即找不到使等式成立的数 λ）

从上例可看出，对于给定的方阵 $\boldsymbol{A}$，只有某些列向量 $\boldsymbol{X}$ 能找到数 λ，使得

$$\boldsymbol{A}\boldsymbol{X}=\lambda\boldsymbol{X}\ (\lambda\text{ 为某一个数}) \tag{4-1}$$

那么如何找到这样的列向量 $\boldsymbol{X}$ 及数 λ 呢？下面就来讨论这个问题.

定义 4.1　设 $\boldsymbol{A}$ 是 n 阶矩阵（即方阵），如果数 λ 和 n 维非零列向量 $\boldsymbol{X}$ 使关系式 $\boldsymbol{A}\boldsymbol{X}=\lambda\boldsymbol{X}$ 成立，那么这样的数 λ 称为方阵 $\boldsymbol{A}$ 的**特征值**，非零向量 $\boldsymbol{X}$ 称为 $\boldsymbol{A}$ 的对应于特征值 λ 的**特征向量**.

(4－1)式也可写成

$$(\boldsymbol{A}-\lambda\boldsymbol{E})\boldsymbol{X}=\boldsymbol{0} \tag{4-2}$$

这是 n 个未知数 n 个方程的齐次线性方程组，它有非零解的充分必要条件是系数行列

式
$$|\boldsymbol{A}-\lambda\boldsymbol{E}|=0 \tag{4-3}$$

即
$$\begin{vmatrix} a_{11}-\lambda & a_{12} & \cdots & a_{1n} \\ a_{21} & a_{22}-\lambda & \cdots & a_{2n} \\ \vdots & \vdots & & \vdots \\ a_{n1} & a_{n2} & \cdots & a_{nn}-\lambda \end{vmatrix}=0$$

上式是以 λ 为未知数的一元 n 次方程，称为方阵 $\boldsymbol{A}$ 的**特征方程**，其左端 $|\boldsymbol{A}-\lambda\boldsymbol{E}|$ 是 λ 的 n 次多项式，记作 $f(\lambda)$，称为方阵 $\boldsymbol{A}$ 的**特征多项式**.(4－3)式可写为

$$f(\lambda)=(-1)^n\lambda^n+(-1)^{n-1}(a_{11}+a_{22}+\cdots+a_{nn})\lambda^{n-1}+\cdots+|\boldsymbol{A}|=0$$

显然，$\boldsymbol{A}$ 的特征值就是特征方程的解. 特征方程式在复数范围内恒有解，其个数为方程中 λ 的最高次数(重根按重数计算)，因此，n 阶矩阵 $\boldsymbol{A}$ 有 n 个特征值. 设 n 阶矩阵 $\boldsymbol{A}=(a_{ij})$ 的特征值为 $\lambda_1, \lambda_2, \cdots, \lambda_n$，由多项式的根与系数之间的关系，有如下结论：

(1) $\lambda_1+\lambda_2+\cdots+\lambda_n=a_{11}+a_{22}+\cdots+a_{nn}$；

(2) $\lambda_1\lambda_2\cdots\lambda_n=|\boldsymbol{A}|$.

设 $\lambda=\lambda_i$ 为方阵 $\boldsymbol{A}$ 的一个特征值，为求出对应于特征值 λ_i 的特征向量，解齐次线性方程组

$$(\boldsymbol{A}-\lambda_i\boldsymbol{E})\boldsymbol{X}=0 \tag{4-4}$$

若设 $\boldsymbol{p}_1, \boldsymbol{p}_2, \cdots, \boldsymbol{p}_r$ 为它的一组基础解系，则

$$C_1\boldsymbol{p}_1+C_2\boldsymbol{p}_2+\cdots+C_r\boldsymbol{p}_r (C_1, C_2, \cdots, C_r \text{ 取任意常数})$$

为式(4－4)的所有解. 从而对应于 λ_i 的特征向量为

$$C_1\boldsymbol{p}_1+C_2\boldsymbol{p}_2+\cdots+C_r\boldsymbol{p}_r$$

其中 $C_1, C_2, \cdots, C_r$ 为不同时为零的任意实数.

例 4－1　求 $A=\begin{pmatrix} 3 & -1 \\ -1 & 3 \end{pmatrix}$ 的特征值和特征向量.

解　$\boldsymbol{A}$ 的特征多项式为

$$|\boldsymbol{A}-\lambda\boldsymbol{E}|=\begin{vmatrix} 3-\lambda & -1 \\ -1 & 3-\lambda \end{vmatrix}=(3-\lambda)^2-1=8-6\lambda+\lambda^2=(\lambda-2)(\lambda-4)$$

求得 $\boldsymbol{A}$ 的特征值为 $\lambda_1=2, \lambda_2=4$.

当 $\lambda_1=2$ 时，对应的特征向量应满足

$$(\boldsymbol{A}-\lambda_1\boldsymbol{E})\boldsymbol{X}=\begin{pmatrix}3-2 & -1\\ -1 & 3-2\end{pmatrix}\begin{pmatrix}x_1\\ x_2\end{pmatrix}=\begin{pmatrix}0\\ 0\end{pmatrix}$$

即
$$\begin{cases}x_1-x_2=0\\ -x_1+x_2=0\end{cases}$$

解得 $x_1=x_2$，对应的基础解系可取为

$$\boldsymbol{p}_1=\begin{pmatrix}1\\ 1\end{pmatrix}$$

所以 $C_1\boldsymbol{p}_1(C_1\neq 0)$ 是方阵 **A** 对应于 $\lambda_1=2$ 的全部特征向量.

当 $\lambda_2=4$ 时，

$$(\boldsymbol{A}-\lambda_2\boldsymbol{E})\boldsymbol{X}=\begin{pmatrix}3-4 & -1\\ -1 & 3-4\end{pmatrix}\begin{pmatrix}x_1\\ x_2\end{pmatrix}=\begin{pmatrix}0\\ 0\end{pmatrix}$$

即
$$\begin{pmatrix}-1 & -1\\ -1 & -1\end{pmatrix}\begin{pmatrix}x_1\\ x_2\end{pmatrix}=\begin{pmatrix}0\\ 0\end{pmatrix}$$

解得 $x_1=-x_2$，对应的基础解系可取为

$$\boldsymbol{p}_2=\begin{pmatrix}-1\\ 1\end{pmatrix}$$

所以 $C_2\boldsymbol{p}_2(C_2\neq 0)$ 是方阵 **A** 对应于 $\lambda_2=4$ 的全部特征向量.

例 4-2 求矩阵
$$\boldsymbol{A}=\begin{pmatrix}3 & 1 & 0\\ -4 & -1 & 0\\ 4 & -8 & -2\end{pmatrix}$$
的特征值和特征向量.

解 **A** 的特征方程为

$$|\boldsymbol{A}-\lambda\boldsymbol{E}|=\begin{vmatrix}3-\lambda & 1 & 0\\ -4 & -1-\lambda & 0\\ 4 & -8 & -2-\lambda\end{vmatrix}=-(\lambda+2)(\lambda-1)^2=0$$

求得 **A** 的特征值为 $\lambda_1=-2$，$\lambda_2=\lambda_3=1$.

当 $\lambda_1=-2$ 时，解方程 $(\boldsymbol{A}+2\boldsymbol{E})\boldsymbol{X}=\boldsymbol{0}$，系数矩阵经初等行变换后结果如下：

$$A+2E=\begin{pmatrix}5&1&0\\-4&1&0\\4&-8&0\end{pmatrix}\rightarrow\begin{pmatrix}1&0&0\\0&1&0\\0&0&0\end{pmatrix}$$

从而求得基础解系
$$p_1=\begin{pmatrix}0\\0\\1\end{pmatrix}$$

所以 $C_1p_1(C_1\neq 0)$ 是对应于 $\lambda_1=-2$ 的全部特征向量.

当 $\lambda_2=\lambda_3=1$ 时,解方程 $(A-E)X=\mathbf{0}$,系数矩阵经初等行变换后结果如下:

$$A-E=\begin{pmatrix}2&1&0\\-4&-2&0\\4&-8&-3\end{pmatrix}\rightarrow\begin{pmatrix}1&0&-\frac{3}{20}\\0&1&\frac{3}{10}\\0&0&0\end{pmatrix}$$

得基础解系
$$p_2=\begin{pmatrix}\frac{3}{20}\\-\frac{3}{10}\\1\end{pmatrix}$$

所以 $C_2p_2(C_2\neq 0)$ 是对应于 $\lambda_2=\lambda_3=1$ 的全部特征向量.

例 4-3　求矩阵
$$A=\begin{pmatrix}0&1&1\\1&0&1\\1&1&0\end{pmatrix}$$
的特征值和特征向量.

解　A 的特征方程为

$$|A-\lambda E|=\begin{vmatrix}-\lambda&1&1\\1&-\lambda&1\\1&1&-\lambda\end{vmatrix}=-(\lambda-2)(\lambda+1)^2=0$$

故 A 的特征值为 $\lambda_1=2$, $\lambda_2=\lambda_3=-1$.

当 $\lambda_1=2$ 时,解方程 $(A-2E)X=\mathbf{0}$,由

$$A-2E=\begin{pmatrix}-2&1&1\\1&-2&1\\1&1&-2\end{pmatrix}\rightarrow\begin{pmatrix}1&0&-1\\0&1&-1\\0&0&0\end{pmatrix}$$

得基础解系
$$\boldsymbol{p}_1=\begin{pmatrix}1\\1\\1\end{pmatrix}$$

所以 $C_1\boldsymbol{p}_1(C_1\neq 0)$ 是对应于 $\lambda_1=2$ 的全部特征向量.

当 $\lambda_2=\lambda_3=-1$ 时,解方程 $(\boldsymbol{A}+\boldsymbol{E})\boldsymbol{X}=\boldsymbol{0}$, 由

$$\boldsymbol{A}+\boldsymbol{E}=\begin{pmatrix}1&1&1\\1&1&1\\1&1&1\end{pmatrix}\rightarrow\begin{pmatrix}1&1&1\\0&0&0\\0&0&0\end{pmatrix}$$

得基础解系
$$\boldsymbol{p}_2=\begin{pmatrix}-1\\1\\0\end{pmatrix},\ \boldsymbol{p}_3=\begin{pmatrix}-1\\0\\1\end{pmatrix}$$

所以 $C_2\boldsymbol{p}_2+C_3\boldsymbol{p}_3$ (C_2,C_3 不同时为零)是对应于 $\lambda_2=\lambda_3=-1$ 的全部特征向量.

从上面三例可见,不同特征值所对应的特征向量线性无关.

一般有如下定理:

定理 4.1 设 $\boldsymbol{A}$ 是 n 阶方阵,$\lambda_1,\lambda_2,\cdots,\lambda_m$ 是 $\boldsymbol{A}$ 的互不相等的特征值,$\boldsymbol{p}_1,\boldsymbol{p}_2,\cdots,\boldsymbol{p}_m$ 依次是与之对应的特征向量,则特征向量 $\boldsymbol{p}_1,\boldsymbol{p}_2,\cdots,\boldsymbol{p}_m$ 线性无关.**

§4.2 相似矩阵

一、相似矩阵及其性质

定义 4.2 设 $\boldsymbol{A}$ 和 $\boldsymbol{B}$ 都是 n 阶方阵,若存在一个可逆的 n 阶方阵 $\boldsymbol{P}$,使 $\boldsymbol{P}^{-1}\boldsymbol{A}\boldsymbol{P}=\boldsymbol{B}$,则称 $\boldsymbol{A}$ 与 $\boldsymbol{B}$ 相似,记为 $\boldsymbol{A}\sim\boldsymbol{B}$;或说 $\boldsymbol{B}$ 是 $\boldsymbol{A}$ 的**相似矩阵**. 对 $\boldsymbol{A}$ 进行运算,$\boldsymbol{P}^{-1}\boldsymbol{A}\boldsymbol{P}$ 称为对 $\boldsymbol{A}$ 进行**相似变换**.

对于矩阵
$$\boldsymbol{A}=\begin{pmatrix}1&2\\3&4\end{pmatrix},\ \boldsymbol{B}=\begin{pmatrix}-38&-102\\16&43\end{pmatrix}$$

存在可逆矩阵
$$\boldsymbol{P}=\begin{pmatrix}2&5\\1&3\end{pmatrix}$$

满足 $\boldsymbol{P}^{-1}\boldsymbol{A}\boldsymbol{P}=\boldsymbol{B}$, 因此 $\boldsymbol{A}\sim\boldsymbol{B}$,且 $\boldsymbol{P}$ 是将 $\boldsymbol{A}$ 变为 $\boldsymbol{B}$ 的相似变换矩阵.

定理 4.2 若 n 阶矩阵 $\boldsymbol{A}$ 与 $\boldsymbol{B}$ 相似,则 $\boldsymbol{A}$ 与 $\boldsymbol{B}$ 的特征多项式相同,从而 $\boldsymbol{A}$ 与 $\boldsymbol{B}$ 的特征值亦相同.**

证明　因 $\boldsymbol{A}$ 与 $\boldsymbol{B}$ 相似，即有可逆矩阵 $\boldsymbol{P}$，使 $\boldsymbol{P}^{-1}\boldsymbol{A}\boldsymbol{P}=\boldsymbol{B}$. 故

$$\begin{aligned}|\boldsymbol{B}-\lambda\boldsymbol{E}|&=|\boldsymbol{P}^{-1}\boldsymbol{A}\boldsymbol{P}-\lambda\boldsymbol{E}|=|\boldsymbol{P}^{-1}\boldsymbol{A}\boldsymbol{P}-\boldsymbol{P}^{-1}(\lambda\boldsymbol{E})\boldsymbol{P}|=|\boldsymbol{P}^{-1}||\boldsymbol{A}-\lambda\boldsymbol{E}||\boldsymbol{P}|\\&=|\boldsymbol{P}^{-1}||\boldsymbol{P}||\boldsymbol{A}-\lambda\boldsymbol{E}|=|\boldsymbol{P}^{-1}\boldsymbol{P}||\boldsymbol{A}-\lambda\boldsymbol{E}|=|\boldsymbol{E}||\boldsymbol{A}-\lambda\boldsymbol{E}|=|\boldsymbol{A}-\lambda\boldsymbol{E}|\end{aligned}$$

推论　若 $\boldsymbol{n}$ 阶矩阵 $\boldsymbol{A}$ 与对角形矩阵

$$\boldsymbol{\Lambda}=\begin{pmatrix}\lambda_1 & & & \boldsymbol{0}\\ & \lambda_2 & & \\ & & \ddots & \\ \boldsymbol{0} & & & \lambda_n\end{pmatrix}$$

相似，则 $\boldsymbol{\lambda_1}, \boldsymbol{\lambda_2}, \cdots, \boldsymbol{\lambda_n}$ 即是 $\boldsymbol{A}$ 的 $\boldsymbol{n}$ 个特征值.

证明　因为 $|\boldsymbol{\Lambda}-\lambda\boldsymbol{E}|=(\lambda_1-\lambda)(\lambda_2-\lambda)\cdots(\lambda_n-\lambda)$，所以 $\lambda_1, \lambda_2, \cdots, \lambda_n$ 即是 $\boldsymbol{\Lambda}$ 的 n 个特征值，由定理 2 知 $\lambda_1, \lambda_2, \cdots, \lambda_n$ 也是 $\boldsymbol{A}$ 的 n 个特征值.

二、对角化方阵 A

对 n 阶矩阵 $\boldsymbol{A}$，寻求相似变换矩阵 $\boldsymbol{P}$，使 $\boldsymbol{P}^{-1}\boldsymbol{A}\boldsymbol{P}=\boldsymbol{\Lambda}$ 为对角阵，这就称为把方阵 $\boldsymbol{A}$ 对角化.

假设已经找到可逆矩阵 $\boldsymbol{P}$，使 $\boldsymbol{P}^{-1}\boldsymbol{A}\boldsymbol{P}=\boldsymbol{\Lambda}$ 为对角矩阵，我们来讨论 $\boldsymbol{P}$ 应满足什么关系？令

$$\boldsymbol{P}=\begin{pmatrix}p_{11} & p_{12} & \cdots & p_{1n}\\ p_{21} & p_{22} & \cdots & p_{2n}\\ \vdots & \vdots & & \vdots\\ p_{n1} & p_{n2} & \cdots & p_{nn}\end{pmatrix},\ \boldsymbol{A}=\begin{pmatrix}a_{11} & a_{12} & \cdots & a_{1n}\\ a_{21} & a_{22} & \cdots & a_{2n}\\ \vdots & \vdots & & \vdots\\ a_{n1} & a_{n2} & \cdots & a_{nn}\end{pmatrix},\ \boldsymbol{\Lambda}=\begin{pmatrix}\lambda_1 & & & \boldsymbol{0}\\ & \lambda_2 & & \\ & & \ddots & \\ \boldsymbol{0} & & & \lambda_n\end{pmatrix}$$

把 $\boldsymbol{P}$ 用其列向量表示为

$$\boldsymbol{P}=(\boldsymbol{p}_1, \boldsymbol{p}_2, \cdots, \boldsymbol{p}_n)，其中\ \boldsymbol{p}_i=\begin{pmatrix}p_{1i}\\ p_{2i}\\ \vdots\\ p_{ni}\end{pmatrix}\quad (i=1, 2, \cdots, n)$$

由 $\boldsymbol{P}^{-1}\boldsymbol{A}\boldsymbol{P}=\boldsymbol{\Lambda}$ 得 $\boldsymbol{A}\boldsymbol{P}=\boldsymbol{P}\boldsymbol{\Lambda}$，即

$$\boldsymbol{A}(\boldsymbol{p}_1, \boldsymbol{p}_2, \cdots, \boldsymbol{p}_n)=(\boldsymbol{p}_1, \boldsymbol{p}_2, \cdots, \boldsymbol{p}_n)\begin{pmatrix}\lambda_1 & & & \boldsymbol{0}\\ & \lambda_2 & & \\ & & \ddots & \\ \boldsymbol{0} & & & \lambda_n\end{pmatrix}$$

$$=(\lambda_1 \boldsymbol{p}_1, \lambda_2 \boldsymbol{p}_2, \cdots, \lambda_n \boldsymbol{p}_n)$$

于是有
$$\boldsymbol{A}\boldsymbol{p}_i = \lambda_i \boldsymbol{p}_i (i = 1, 2, \cdots, n)$$

可见 λ_i 是 $\boldsymbol{A}$ 的特征值,而 $\boldsymbol{P}$ 的列向量 $\boldsymbol{p}_i$ 是 $\boldsymbol{A}$ 的对应于特征值 λ_i 的特征向量. 因为 $\boldsymbol{P}$ 可逆,而 $\boldsymbol{p}_1, \boldsymbol{p}_2, \cdots, \boldsymbol{p}_n$ 是方阵 $\boldsymbol{P}$ 的列向量组,所以 $\boldsymbol{p}_1, \boldsymbol{p}_2, \cdots, \boldsymbol{p}_n$ 线性无关.

反之,如果求得矩阵 $\boldsymbol{A}$ 的 n 个特征值 $\lambda_1, \lambda_2, \cdots, \lambda_n$ 及 $\boldsymbol{A}$ 对应于特征值 λ_i 的特征向量 $\boldsymbol{p}_i (i = 1, 2, \cdots, n)$, 以 $\boldsymbol{p}_1, \boldsymbol{p}_2, \cdots, \boldsymbol{p}_n$ 为矩阵列向量组构造矩阵 $\boldsymbol{P}$,则满足

$$\boldsymbol{AP} = \boldsymbol{P\Lambda} = \boldsymbol{P}\begin{pmatrix} \lambda_1 & & & \boldsymbol{0} \\ & \lambda_2 & & \\ & & \ddots & \\ \boldsymbol{0} & & & \lambda_n \end{pmatrix}$$

(因特征向量不是唯一的,所以矩阵 $\boldsymbol{P}$ 也不是唯一的,并且 $\boldsymbol{P}$ 可能是复矩阵.)余下的问题是: $\boldsymbol{P}$ 是否可逆? 即 $\boldsymbol{p}_1, \boldsymbol{p}_2, \cdots, \boldsymbol{p}_n$ 是否线性无关? 如果 $\boldsymbol{P}$ 可逆,那么便有 $\boldsymbol{P}^{-1}\boldsymbol{AP} = \boldsymbol{\Lambda}$, 即 $\boldsymbol{A}$ 与对角矩阵相似.

综上所述,得到以下定理:

定理 4.3　n 阶矩阵 $\boldsymbol{A}$ 与某一对角矩阵相似(即 $\boldsymbol{A}$ 能对角化)的充分必要条件是 $\boldsymbol{A}$ 有 n 个线性无关的特征向量.

注意　矩阵 $\boldsymbol{A}$ 的特征多项式 $|\boldsymbol{A}-\lambda \boldsymbol{E}|$ 是关于 λ 的 n 次多项式,所以在复数范围内有 n 个根. 重根按重数计算,即若 λ_0 为特征方程的 k 重根,则认为 $\boldsymbol{A}$ 有 k 个特征值 λ_0.

当 $\boldsymbol{A}$ 的特征方程有重根时,就不一定有 n 个线性无关的特征向量,从而不一定能对角化. 例如本章例 4-2 中 $\boldsymbol{A}$ 有重根,但找不到三个线性无关的特征向量,所以不能对角化;而例 4-3 中 $\boldsymbol{A}$ 也有重根,但却能找到三个线性无关的特征向量,因此能对角化.

已经求得
$$\boldsymbol{A} = \begin{pmatrix} 0 & 1 & 1 \\ 1 & 0 & 1 \\ 1 & 1 & 0 \end{pmatrix}$$
的特征值为 $\lambda_1 = 2, \lambda_2 = \lambda_3 = -1$, 对于 $\boldsymbol{A}$ 的特征向量可取为

$$\boldsymbol{p}_1 = \begin{pmatrix} 1 \\ 1 \\ 1 \end{pmatrix}, \boldsymbol{p}_2 = \begin{pmatrix} -1 \\ 1 \\ 0 \end{pmatrix}, \boldsymbol{p}_3 = \begin{pmatrix} -1 \\ 0 \\ 1 \end{pmatrix}$$

即相似变换矩阵 $\boldsymbol{P}$ 可取为

$$\boldsymbol{P} = (\boldsymbol{p}_1, \boldsymbol{p}_2, \boldsymbol{p}_3) = \begin{pmatrix} 1 & -1 & -1 \\ 1 & 1 & 0 \\ 1 & 0 & 1 \end{pmatrix}.$$

从而
$$P^{-1}AP=\begin{pmatrix}2&0&0\\0&-1&0\\0&0&-1\end{pmatrix}$$

由定理 4.3 可得：

推论　如果 n 阶矩阵 A 的 n 个特征值互不相等，则 A 与对角矩阵相似.

一个 n 阶矩阵具备什么条件才能对角化，是一个较为复杂的问题. 我们对此不进行一般性讨论，而仅讨论 $\boldsymbol{A}$ 为实对称矩阵的情形.

§4.3　实对称矩阵的相似矩阵

一、向量的内积与向量组的施密特(Schimidt)正交化法

定义 4.3　$\boldsymbol{\alpha}, \boldsymbol{\beta}$ 同为 n 维行(或列)向量. 其对应分量乘积 $\alpha_i\beta_i(i=1, 2, 3, \cdots, n)$ 之和称为向量 $\boldsymbol{\alpha}$ 与 $\boldsymbol{\beta}$ 的内积. 记为 $[\boldsymbol{\alpha}, \boldsymbol{\beta}]$，即
$$[\boldsymbol{\alpha}, \boldsymbol{\beta}]=\alpha_1\beta_1+\alpha_2\beta_2+\cdots+\alpha_n\beta_n$$

内积是向量的一种运算. 当 $\boldsymbol{\alpha}$ 与 $\boldsymbol{\beta}$ 都是列向量时，用矩阵记号表示有
$$[\boldsymbol{\alpha}, \boldsymbol{\beta}]=\boldsymbol{\alpha}^{\mathrm{T}}\boldsymbol{\beta}$$

由内积的定义，容易验证内积具有下列运算规律($\boldsymbol{\alpha}, \boldsymbol{\beta}, \boldsymbol{\gamma}$ 为 n 维向量，λ 为实数)：

(1) $[\boldsymbol{\alpha}, \boldsymbol{\beta}]=[\boldsymbol{\beta}, \boldsymbol{\alpha}]$；

(2) $[\lambda\boldsymbol{\alpha}, \boldsymbol{\beta}]=\lambda[\boldsymbol{\alpha}, \boldsymbol{\beta}]$；

(3) $[\boldsymbol{\alpha}+\boldsymbol{\beta}, \boldsymbol{\gamma}]=[\boldsymbol{\alpha}, \boldsymbol{\gamma}]+[\boldsymbol{\beta}, \boldsymbol{\gamma}]$；

(4) $[\boldsymbol{\alpha}, \boldsymbol{\alpha}]\geqslant 0$，且当 $\boldsymbol{\alpha}\neq 0$ 时有 $[\boldsymbol{\alpha}, \boldsymbol{\alpha}]>0$.

当 $[\boldsymbol{\alpha}, \boldsymbol{\beta}]=0$ 时，称向量 $\boldsymbol{\alpha}$ 与 $\boldsymbol{\beta}$ **正交**.

由定义可知，零向量与任意向量正交.

定义 4.4　对于向量 $\boldsymbol{\alpha}$，称 $\sqrt{[\boldsymbol{\alpha}, \boldsymbol{\alpha}]}$ 为向量 $\boldsymbol{\alpha}$ 的**长度或模**，记为 $|\boldsymbol{\alpha}|$，即
$$|\boldsymbol{\alpha}|=\sqrt{[\boldsymbol{\alpha}, \boldsymbol{\alpha}]}$$

当 $\alpha_1, \alpha_2, \cdots, \alpha_n$ 为 n 维向量 $\boldsymbol{\alpha}$ 的分量时，$|\boldsymbol{\alpha}|=\sqrt{[\boldsymbol{\alpha}, \boldsymbol{\alpha}]}=\sqrt{\alpha_1^2+\alpha_2^2+\cdots+\alpha_n^2}$. 如 $\boldsymbol{\alpha}=(1, 2)$，$|\boldsymbol{\alpha}|=\sqrt{1^2+2^2}=\sqrt{5}$.

模为 1 的向量称为**单位向量**.

当 $\boldsymbol{\alpha}\neq 0$ 时，$\boldsymbol{e}=\dfrac{\boldsymbol{\alpha}}{|\boldsymbol{\alpha}|}$ 显然是单位向量.

由定义知,$\boldsymbol{\alpha}$ 是单位向量的充要条件是 $[\boldsymbol{\alpha}, \boldsymbol{\alpha}] = 1$.

定义 4.5 一组两两正交的非零向量称为**正交向量组**.

例 4-4 证明 n 个 n 维单位坐标向量组:

$$\boldsymbol{\varepsilon}_1 = (1, 0, \cdots, 0)$$
$$\boldsymbol{\varepsilon}_2 = (0, 1, \cdots, 0)$$
$$\cdots\cdots\cdots\cdots$$
$$\boldsymbol{\varepsilon}_n = (0, 0, \cdots, 1)$$

是两两正交的单位向量组.

证明 设 $\boldsymbol{\varepsilon}_i$, $\boldsymbol{\varepsilon}_j$ 是向量组中的任意两个向量,显然有

$$[\boldsymbol{\varepsilon}_i, \boldsymbol{\varepsilon}_j] = 0 \quad (i \neq j, \ i, j = 1, 2, \cdots, n)$$

即 $\boldsymbol{\varepsilon}_i$ 和 $\boldsymbol{\varepsilon}_j$ 正交,所以 $\boldsymbol{\varepsilon}_1, \boldsymbol{\varepsilon}_2, \cdots, \boldsymbol{\varepsilon}_n$ 是正交向量组;又 $|\boldsymbol{\varepsilon}_i| = \sqrt{[\boldsymbol{\varepsilon}_i, \boldsymbol{\varepsilon}_i]} = 1$,因此 $\boldsymbol{\varepsilon}_i (i = 1, 2, \cdots, n)$ 都是单位向量,故 $\boldsymbol{\varepsilon}_1, \boldsymbol{\varepsilon}_2, \cdots, \boldsymbol{\varepsilon}_n$ 是两两正交的单位向量组.

两两正交的单位向量组又被称为**标准正交向量组**.

定理 4.4 ***n* 维正交向量组 $\boldsymbol{\alpha}_1, \boldsymbol{\alpha}_2, \cdots, \boldsymbol{\alpha}_r$ 必线性无关.**

证明 设有 $\lambda_1, \lambda_2, \cdots, \lambda_r$ 使

$$\lambda_1\boldsymbol{\alpha}_1 + \lambda_2\boldsymbol{\alpha}_2 + \cdots + \lambda_r\boldsymbol{\alpha}_r = \mathbf{0}$$

用 $\boldsymbol{\alpha}_i (i = 1, 2, \cdots, r)$ 与上式两端作内积,得

$$[\lambda_1\boldsymbol{\alpha}_1 + \lambda_2\boldsymbol{\alpha}_2 + \cdots + \lambda_r\boldsymbol{\alpha}_r, \boldsymbol{\alpha}_i] = 0$$

由正交性,化简得 $\lambda_i[\boldsymbol{\alpha}_i, \boldsymbol{\alpha}_i] = 0$,因为 $\boldsymbol{\alpha}_i \neq 0$,所以 $[\boldsymbol{\alpha}_i, \boldsymbol{\alpha}_i] \neq 0$,从而 $\lambda_i = 0$ $(i = 1, 2, \cdots, r)$,于是向量组 $\boldsymbol{\alpha}_1, \boldsymbol{\alpha}_2, \cdots, \boldsymbol{\alpha}_r$ 线性无关.

例 4-5 已知三维向量

$$\boldsymbol{\alpha}_1 = \begin{pmatrix} 1 \\ 1 \\ 1 \end{pmatrix}, \boldsymbol{\alpha}_2 = \begin{pmatrix} 1 \\ -2 \\ 1 \end{pmatrix}$$

正交,试求一个非零向量 $\boldsymbol{\alpha}_3$,使 $\boldsymbol{\alpha}_1, \boldsymbol{\alpha}_2, \boldsymbol{\alpha}_3$ 两两正交.

解 $\boldsymbol{\alpha}_1$ 与 $\boldsymbol{\alpha}_2$ 已正交,只要求出 $\boldsymbol{\alpha}_3$ 使 $\boldsymbol{\alpha}_1$ 与 $\boldsymbol{\alpha}_3$, $\boldsymbol{\alpha}_2$ 与 $\boldsymbol{\alpha}_3$ 都正交即可.

令
$$\boldsymbol{\alpha}_3 = \begin{pmatrix} x_1 \\ x_2 \\ x_3 \end{pmatrix}$$

由
$$\begin{cases}[\boldsymbol{\alpha}_1, \boldsymbol{\alpha}_3]=0 \\ [\boldsymbol{\alpha}_2, \boldsymbol{\alpha}_3]=0\end{cases} \Rightarrow \begin{cases}\boldsymbol{\alpha}_1^{\mathrm{T}}\boldsymbol{\alpha}_3=0 \\ \boldsymbol{\alpha}_2^{\mathrm{T}}\boldsymbol{\alpha}_3=0\end{cases}$$

可得
$$\begin{pmatrix}\boldsymbol{\alpha}_1^{\mathrm{T}} \\ \boldsymbol{\alpha}_2^{\mathrm{T}}\end{pmatrix}\begin{pmatrix}x_1 \\ x_2 \\ x_3\end{pmatrix}=\mathbf{0}$$

即
$$\begin{pmatrix}1 & 1 & 1 \\ 1 & -2 & 1\end{pmatrix}\begin{pmatrix}x_1 \\ x_2 \\ x_3\end{pmatrix}=\mathbf{0}$$

令
$$\boldsymbol{A}=\begin{pmatrix}1 & 1 & 1 \\ 1 & -2 & 1\end{pmatrix}$$

求 $\boldsymbol{\alpha}_3$，即求 $\boldsymbol{AX}=\mathbf{0}$ 的解. 由
$$\boldsymbol{A}=\begin{pmatrix}1 & 1 & 1 \\ 1 & -2 & 1\end{pmatrix} \rightarrow \begin{pmatrix}1 & 1 & 1 \\ 0 & -3 & 0\end{pmatrix} \rightarrow \begin{pmatrix}1 & 0 & 1 \\ 0 & 1 & 0\end{pmatrix}$$

求得同解方程组为
$$\begin{cases}x_1=-x_3 \\ x_2=0\end{cases}$$

得基础解系
$$\begin{pmatrix}-1 \\ 0 \\ 1\end{pmatrix}$$

取
$$\boldsymbol{\alpha}_3=\begin{pmatrix}-1 \\ 0 \\ 1\end{pmatrix}$$

即为所求.

设 $\boldsymbol{\alpha}_1, \boldsymbol{\alpha}_2, \cdots, \boldsymbol{\alpha}_r$ 是一组线性无关的 n 维向量. 一般地，它们不一定构成一个正交向量组. 下面介绍如何从 $\boldsymbol{\alpha}_1, \boldsymbol{\alpha}_2, \cdots, \boldsymbol{\alpha}_r$ 的线性组合中构作出正交向量组 $\boldsymbol{\beta}_1, \boldsymbol{\beta}_2, \cdots, \boldsymbol{\beta}_r$，即构作的前提是 $\boldsymbol{\beta}_1, \boldsymbol{\beta}_2, \cdots, \boldsymbol{\beta}_r$ 必须与 $\boldsymbol{\alpha}_1, \boldsymbol{\alpha}_2, \cdots, \boldsymbol{\alpha}_r$ 等价.

我们用具体例子来说明这一方法.

例 4-6　已知线性无关向量组

$$\boldsymbol{\alpha}_1=\begin{pmatrix}1 \\ 1 \\ 1\end{pmatrix}, \boldsymbol{\alpha}_2=\begin{pmatrix}0 \\ 1 \\ 2\end{pmatrix}, \boldsymbol{\alpha}_3=\begin{pmatrix}2 \\ 0 \\ 3\end{pmatrix}$$

(1) 取 $\boldsymbol{\beta}_1 = \boldsymbol{\alpha}_1$.

(2) 在 $\boldsymbol{\beta}_1, \boldsymbol{\alpha}_2$ 的线性组合中找出一个向量 $\boldsymbol{\beta}_2$，使 $\boldsymbol{\beta}_1$ 与 $\boldsymbol{\beta}_2$ 正交.

不妨设

$\boldsymbol{\beta}_2 = \boldsymbol{\alpha}_2 + k\boldsymbol{\beta}_1$，由 $[\boldsymbol{\beta}_1, \boldsymbol{\beta}_2] = [\boldsymbol{\beta}_1, \boldsymbol{\alpha}_2] + k[\boldsymbol{\beta}_1, \boldsymbol{\beta}_1] = [\boldsymbol{\beta}_1, \boldsymbol{\alpha}_2] + k[\boldsymbol{\beta}_1, \boldsymbol{\beta}_1] = 0$,

求得
$$k = -\frac{[\boldsymbol{\beta}_1, \boldsymbol{\alpha}_2]}{[\boldsymbol{\beta}_1, \boldsymbol{\beta}_1]} = -1$$

所以
$$\boldsymbol{\beta}_2 = \boldsymbol{\alpha}_2 - \frac{[\boldsymbol{\beta}_1, \boldsymbol{\alpha}_2]}{[\boldsymbol{\beta}_1, \boldsymbol{\beta}_1]} \cdot \boldsymbol{\beta}_1 = \begin{pmatrix} -1 \\ 0 \\ 1 \end{pmatrix}$$

(3) 在 $\boldsymbol{\alpha}_3, \boldsymbol{\beta}_1, \boldsymbol{\beta}_2$ 的线性组合中找出一个向量 $\boldsymbol{\beta}_3$ 与 $\boldsymbol{\beta}_1, \boldsymbol{\beta}_2$ 都正交的向量.

设 $\boldsymbol{\beta}_3 = \boldsymbol{\alpha}_3 + l_1\boldsymbol{\beta}_1 + l_2\boldsymbol{\beta}_2$，由

$[\boldsymbol{\beta}_1, \boldsymbol{\beta}_3] = [\boldsymbol{\beta}_1, \boldsymbol{\alpha}_3] + l_1[\boldsymbol{\beta}_1, \boldsymbol{\beta}_1] = 0$ 和 $[\boldsymbol{\beta}_2, \boldsymbol{\beta}_3] = [\boldsymbol{\beta}_2, \boldsymbol{\alpha}_3] + l_2[\boldsymbol{\beta}_2, \boldsymbol{\beta}_2] = 0$

得
$$l_1 = -\frac{[\boldsymbol{\beta}_1, \boldsymbol{\alpha}_3]}{[\boldsymbol{\beta}_1, \boldsymbol{\beta}_1]} = -\frac{5}{3},\ l_2 = -\frac{[\boldsymbol{\beta}_2, \boldsymbol{\alpha}_3]}{[\boldsymbol{\beta}_2, \boldsymbol{\beta}_2]} = -\frac{1}{2}$$

所以
$$\boldsymbol{\beta}_3 = \boldsymbol{\alpha}_3 - \frac{5}{3}\boldsymbol{\beta}_1 - \frac{1}{2}\boldsymbol{\beta}_2 = \begin{pmatrix} 2 \\ 0 \\ 3 \end{pmatrix} - \frac{5}{3}\begin{pmatrix} 1 \\ 1 \\ 1 \end{pmatrix} - \frac{1}{2}\begin{pmatrix} -1 \\ 0 \\ 1 \end{pmatrix} = \frac{5}{6}\begin{pmatrix} 1 \\ -2 \\ 1 \end{pmatrix}$$

用上述方法所得到的向量组 $\boldsymbol{\beta}_1, \boldsymbol{\beta}_2, \boldsymbol{\beta}_3$ 是正交向量组.

下面再把 $\boldsymbol{\beta}_1, \boldsymbol{\beta}_2, \boldsymbol{\beta}_3$ 单位化，即得

$$\boldsymbol{e}_1 = \frac{\boldsymbol{\beta}_1}{|\boldsymbol{\beta}_1|} = \begin{pmatrix} \frac{1}{\sqrt{3}} \\ \frac{1}{\sqrt{3}} \\ \frac{1}{\sqrt{3}} \end{pmatrix},\ \boldsymbol{e}_2 = \frac{\boldsymbol{\beta}_2}{|\boldsymbol{\beta}_2|} = \begin{pmatrix} -\frac{1}{\sqrt{2}} \\ 0 \\ \frac{1}{\sqrt{2}} \end{pmatrix},\ \boldsymbol{e}_3 = \frac{\boldsymbol{\beta}_3}{|\boldsymbol{\beta}_3|} = \begin{pmatrix} \frac{1}{\sqrt{6}} \\ -\frac{2}{\sqrt{6}} \\ \frac{1}{\sqrt{6}} \end{pmatrix}$$

这样得到的向量组 $\boldsymbol{e}_1, \boldsymbol{e}_2, \boldsymbol{e}_3$ 是标准正交向量组.

一般而言，设 $\boldsymbol{\alpha}_1, \boldsymbol{\alpha}_2, \cdots, \boldsymbol{\alpha}_r$ 是线性无关向量组，不相互正交，为得到正交向量组，取

$$\boldsymbol{\beta}_1 = \boldsymbol{\alpha}_1$$

$$\boldsymbol{\beta}_2 = \boldsymbol{\alpha}_2 - \frac{[\boldsymbol{\beta}_1, \boldsymbol{\alpha}_2]}{[\boldsymbol{\beta}_1, \boldsymbol{\beta}_1]}\boldsymbol{\beta}_1$$

…………

$$\boldsymbol{\beta}_r = \boldsymbol{\alpha}_r - \frac{[\boldsymbol{\beta}_1, \boldsymbol{\alpha}_r]}{[\boldsymbol{\beta}_1, \boldsymbol{\beta}_1]}\boldsymbol{\beta}_1 - \frac{[\boldsymbol{\beta}_2, \boldsymbol{\alpha}_r]}{[\boldsymbol{\beta}_2, \boldsymbol{\beta}_2]}\boldsymbol{\beta}_2 - \cdots - \frac{[\boldsymbol{\beta}_{r-1}, \boldsymbol{\alpha}_r]}{[\boldsymbol{\beta}_{r-1}, \boldsymbol{\beta}_{r-1}]}\boldsymbol{\beta}_{r-1}$$

那么 $\boldsymbol{\beta}_1, \boldsymbol{\beta}_2, \cdots, \boldsymbol{\beta}_r$ 为正交向量组.

然后将 $\boldsymbol{\beta}_1, \boldsymbol{\beta}_2, \cdots, \boldsymbol{\beta}_r$ 单位化,取

$$\boldsymbol{e}_1 = \frac{\boldsymbol{\beta}_1}{|\boldsymbol{\beta}_1|}, \boldsymbol{e}_2 = \frac{\boldsymbol{\beta}_2}{|\boldsymbol{\beta}_2|}, \cdots, \boldsymbol{e}_r = \frac{\boldsymbol{\beta}_r}{|\boldsymbol{\beta}_r|}$$

则 $\boldsymbol{e}_1, \boldsymbol{e}_2, \cdots, \boldsymbol{e}_r$ 为标准正交向量组.

上面把一组线性无关的向量变成一组两两正交的向量的方法叫**施密特正交化法**.

二、正交矩阵的充分必要条件

定义 4.6　如果 n 阶方阵 $\boldsymbol{A}$ 满足 $\boldsymbol{A}^{\mathrm{T}}\boldsymbol{A} = \boldsymbol{E}$(即 $\boldsymbol{A}^{\mathrm{T}} = \boldsymbol{A}^{-1}$),则称 $\boldsymbol{A}$ 为**正交矩阵**.

由定义知,方阵 $\boldsymbol{A}$ 为正交矩阵的充分必要条件为 $\boldsymbol{A}^{\mathrm{T}} = \boldsymbol{A}^{-1}$.

定理 4.5　**方阵 $\boldsymbol{A}$ 为正交矩阵的充分必要条件是 $\boldsymbol{A}$ 的列(或行)向量组是标准正交向量组.**

证明　必要性

设
$$\boldsymbol{A} = \begin{pmatrix} a_{11} & a_{12} & \cdots & a_{1n} \\ a_{21} & a_{22} & \cdots & a_{2n} \\ \vdots & \vdots & & \vdots \\ a_{n1} & a_{n2} & \cdots & a_{nn} \end{pmatrix} = (\boldsymbol{a}_1, \boldsymbol{a}_2, \cdots, \boldsymbol{a}_n)$$

因为 $\boldsymbol{A}$ 是正交矩阵,所以 $\boldsymbol{A}^{\mathrm{T}}\boldsymbol{A} = \boldsymbol{E}$,用 $\boldsymbol{A}$ 的列向量表示有

$$\boldsymbol{A}^{\mathrm{T}}\boldsymbol{A} = \begin{pmatrix} a_{11} & a_{21} & \cdots & a_{n1} \\ a_{12} & a_{22} & \cdots & a_{n2} \\ \vdots & \vdots & & \vdots \\ a_{1n} & a_{2n} & \cdots & a_{nn} \end{pmatrix} \begin{pmatrix} a_{11} & a_{12} & \cdots & a_{1n} \\ a_{21} & a_{22} & \cdots & a_{2n} \\ \vdots & \vdots & & \vdots \\ a_{n1} & a_{n2} & \cdots & a_{nn} \end{pmatrix}$$

$$= \begin{pmatrix} \boldsymbol{a}_1^{\mathrm{T}}\boldsymbol{a}_1 & \boldsymbol{a}_1^{\mathrm{T}}\boldsymbol{a}_2 & \cdots & \boldsymbol{a}_1^{\mathrm{T}}\boldsymbol{a}_n \\ \boldsymbol{a}_2^{\mathrm{T}}\boldsymbol{a}_1 & \boldsymbol{a}_2^{\mathrm{T}}\boldsymbol{a}_2 & \cdots & \boldsymbol{a}_2^{\mathrm{T}}\boldsymbol{a}_n \\ \vdots & \vdots & & \vdots \\ \boldsymbol{a}_n^{\mathrm{T}}\boldsymbol{a}_1 & \boldsymbol{a}_n^{\mathrm{T}}\boldsymbol{a}_2 & \cdots & \boldsymbol{a}_n^{\mathrm{T}}\boldsymbol{a}_n \end{pmatrix} = \begin{pmatrix} 1 & 0 & \cdots & 0 \\ 0 & 1 & \cdots & 0 \\ \vdots & \vdots & & \vdots \\ 0 & 0 & \cdots & 1 \end{pmatrix}$$

得
$$\boldsymbol{a}_i^{\mathrm{T}}\boldsymbol{a}_j = [\boldsymbol{a}_i, \boldsymbol{a}_j] = \begin{cases} 1, & i = j \\ 0, & i \neq j \end{cases} \quad (i, j = 1, 2, \cdots, n)$$

这就说明 $\boldsymbol{A}$ 的列向量组是标准正交向量组. 同理可证行向量组也是标准正交向量组.

充分性　留给读者自证.

例 4－7　验证下面矩阵是正交矩阵：

$$\boldsymbol{P}=\begin{pmatrix}\frac{1}{2} & -\frac{1}{2} & \frac{1}{2} & -\frac{1}{2}\\ \frac{1}{2} & -\frac{1}{2} & -\frac{1}{2} & \frac{1}{2}\\ \frac{1}{\sqrt{2}} & \frac{1}{\sqrt{2}} & 0 & 0\\ 0 & 0 & \frac{1}{\sqrt{2}} & \frac{1}{\sqrt{2}}\end{pmatrix}$$

证明　$\boldsymbol{P}$ 的四个列向量依次为

$$\boldsymbol{p}_1=\begin{pmatrix}\frac{1}{2}\\ \frac{1}{2}\\ \frac{1}{\sqrt{2}}\\ 0\end{pmatrix},\ \boldsymbol{p}_2=\begin{pmatrix}-\frac{1}{2}\\ -\frac{1}{2}\\ \frac{1}{\sqrt{2}}\\ 0\end{pmatrix},\ \boldsymbol{p}_3=\begin{pmatrix}\frac{1}{2}\\ -\frac{1}{2}\\ 0\\ \frac{1}{\sqrt{2}}\end{pmatrix},\ \boldsymbol{p}_4=\begin{pmatrix}-\frac{1}{2}\\ \frac{1}{2}\\ 0\\ \frac{1}{\sqrt{2}}\end{pmatrix}$$

因为 $|\boldsymbol{p}_1|=|\boldsymbol{p}_2|=|\boldsymbol{p}_3|=|\boldsymbol{p}_4|=1$, $[\boldsymbol{p}_i, \boldsymbol{p}_j]=0\ (i\neq j, i, j=1, 2, 3, 4)$, 所以 $\boldsymbol{P}$ 是一个正交矩阵.

三、实对称矩阵的相似矩阵

1. 实对称矩阵的性质

若对称矩阵 $\boldsymbol{A}$ 满足 $\boldsymbol{A}^{\mathrm{T}}=\boldsymbol{A}$, 即 $a_{ij}=a_{ji}\ (i, j=1, 2, \cdots, n)$, 当 a_{ij} 为实数时, 称 $\boldsymbol{A}$ 为**实对称矩阵**. 如

$$\boldsymbol{A}=\begin{pmatrix}3 & 2 & 0\\ 2 & 3 & 0\\ 0 & 0 & 2\end{pmatrix}$$

为实对称矩阵.

实对称矩阵有如下一些性质：

性质 4.1　**实对称矩阵的特征值为实数.**

性质 4.2　**设 λ_1, λ_2 是实对称矩阵 $\boldsymbol{A}$ 的两个特征值, $\boldsymbol{p}_1$, $\boldsymbol{p}_2$ 是对应的特征向量, 若**

$\lambda_1 \neq \lambda_2$，则 p_1 与 p_2 正交，即$[p_1, p_2]=0$.

性质 4.3　设 A 为 n 阶实对称矩阵，λ 是 A 的特征方程的 r 重根，则矩阵 $A-\lambda E$ 的秩 $R(A-\lambda E)=n-r$，从而对应特征值 λ 恰有 r 个线性无关的特征向量(即其特征向量组的秩为 r).

上述性质，对于非实对称矩阵不一定成立.

2. 实对称矩阵化为对角阵

定理 4.6　设 A 为 n 阶实对称矩阵，则必存在一个正交矩阵 P，使

$$P^{-1}AP=\begin{pmatrix}\lambda_1 & & & \mathbf{0}\\ & \lambda_2 & & \\ & & \ddots & \\ \mathbf{0} & & & \lambda_n\end{pmatrix}=\Lambda$$

其中 $\lambda_1, \lambda_2, \cdots, \lambda_n$ 为 A 的所有特征值.

证明　设 A 的互不相等的特征值为 $\lambda_1, \lambda_2, \cdots, \lambda_s$，它们的重数依次为 $r_1, r_2, \cdots, r_s(r_1+r_2+\cdots+r_s=n)$. 根据性质 4.1 及性质 4.3 知，对应特征值 $\lambda_i(i=1, 2, \cdots, s)$，恰有 r_i 个线性无关的实特征向量，把它们正交化并单位化，即得 r_i 个单位正交的特征向量，由 $r_1+r_2+\cdots+r_s=n$ 知这样的特征向量共可得 n 个.

按性质 4.2 知对应于不同特征值的特征向量正交，故这 n 个单位特征向量两两正交，于是以它们为列向量构成正交矩阵 P，并有 $P^{-1}AP=P^{-1}P\Lambda=\Lambda$，其中对角矩阵 Λ 的对角元素含 r_1 个 λ_1，r_2 个 λ_2，$\cdots$，r_s 个 λ_s，恰是 A 的 n 个特征值.

上面定理的证明过程，不但给出了如何将实对称矩阵 A 经过相似变换变成对角矩阵的方法，也给出了求正交的相似变换矩阵 P 的方法.

例 4-8　设

$$A=\begin{pmatrix}4 & 0 & 0\\ 0 & 3 & 1\\ 0 & 1 & 3\end{pmatrix}$$

求一个正交矩阵 P，使 $P^{-1}AP=\Lambda$ 为对角矩阵.

解
$$|A-\lambda E|=\begin{vmatrix}4-\lambda & 0 & 0\\ 0 & 3-\lambda & 1\\ 0 & 1 & 3-\lambda\end{vmatrix}$$

$$=(4-\lambda)[(3-\lambda)^2-1]=(4-\lambda)(2-\lambda)(4-\lambda)$$

令 $|A-\lambda E|=0$，求得特征值 $\lambda_1=2$，$\lambda_2=\lambda_3=4$.

当 $\lambda_1 = 2$ 时,解方程 $(\boldsymbol{A} - 2\boldsymbol{E})\boldsymbol{X} = \boldsymbol{0}$. 由

$$\begin{pmatrix} 2 & 0 & 0 \\ 0 & 1 & 1 \\ 0 & 1 & 1 \end{pmatrix}\begin{pmatrix} x_1 \\ x_2 \\ x_3 \end{pmatrix} = \begin{pmatrix} 0 \\ 0 \\ 0 \end{pmatrix}$$

得基础解系 $\boldsymbol{p}_1 = \begin{pmatrix} 0 \\ 1 \\ -1 \end{pmatrix}$

单位特征向量取 $\boldsymbol{e}_1 = \begin{pmatrix} 0 \\ \dfrac{1}{\sqrt{2}} \\ -\dfrac{1}{\sqrt{2}} \end{pmatrix}$

当 $\lambda_2 = \lambda_3 = 4$ 时,解方程 $(\boldsymbol{A} - 4\boldsymbol{E})\boldsymbol{X} = \boldsymbol{0}$. 由

$$\boldsymbol{A} - 4\boldsymbol{E} = \begin{pmatrix} 0 & 0 & 0 \\ 0 & -1 & 1 \\ 0 & 1 & -1 \end{pmatrix} \to \begin{pmatrix} 0 & 1 & -1 \\ 0 & 0 & 0 \\ 0 & 0 & 0 \end{pmatrix}$$

得基础解系 $\boldsymbol{p}_2 = \begin{pmatrix} 1 \\ 0 \\ 0 \end{pmatrix}, \ \boldsymbol{p}_3 = \begin{pmatrix} 0 \\ 1 \\ 1 \end{pmatrix}$

基础解系中两个向量恰好正交,单位化即得两个单位正交的特征向量

$$\boldsymbol{e}_2 = \begin{pmatrix} 1 \\ 0 \\ 0 \end{pmatrix}, \ \boldsymbol{e}_3 = \begin{pmatrix} 0 \\ \dfrac{1}{\sqrt{2}} \\ \dfrac{1}{\sqrt{2}} \end{pmatrix}$$

于是得正交矩阵 $\boldsymbol{P} = (\boldsymbol{e}_1, \boldsymbol{e}_2, \boldsymbol{e}_3) = \begin{pmatrix} 0 & 1 & 0 \\ \dfrac{1}{\sqrt{2}} & 0 & \dfrac{1}{\sqrt{2}} \\ -\dfrac{1}{\sqrt{2}} & 0 & \dfrac{1}{\sqrt{2}} \end{pmatrix}$

可以验知确有 $$\boldsymbol{P}^{-1}\boldsymbol{A}\boldsymbol{P}=\boldsymbol{P}^{\mathrm{T}}\boldsymbol{A}\boldsymbol{P}=\begin{pmatrix}2&0&0\\0&4&0\\0&0&4\end{pmatrix}$$

此例中对应于 $\lambda=4$，也可求得方程 $(\boldsymbol{A}-4\boldsymbol{E})\boldsymbol{X}=\boldsymbol{0}$ 的基础解系为

$$\boldsymbol{p}_2=\begin{pmatrix}1\\1\\1\end{pmatrix},\ \boldsymbol{p}_3=\begin{pmatrix}-1\\1\\1\end{pmatrix}$$

但这两个解向量不正交，需先把 $\boldsymbol{p}_2$，$\boldsymbol{p}_3$ 正交化，得

$$\boldsymbol{\beta}_2=\boldsymbol{p}_2=\begin{pmatrix}1\\1\\1\end{pmatrix}$$

$$\boldsymbol{\beta}_3=\boldsymbol{p}_3-\frac{[\boldsymbol{\beta}_2,\ \boldsymbol{p}_3]}{[\boldsymbol{\beta}_2,\ \boldsymbol{\beta}_2]}\boldsymbol{\beta}_2=\begin{pmatrix}-1\\1\\1\end{pmatrix}-\frac{1}{3}\begin{pmatrix}1\\1\\1\end{pmatrix}=\begin{pmatrix}-\frac{4}{3}\\\frac{2}{3}\\\frac{2}{3}\end{pmatrix}$$

再把 $\boldsymbol{\beta}_2$，$\boldsymbol{\beta}_3$ 单位化，得 $$\boldsymbol{e}_2=\begin{pmatrix}\frac{1}{\sqrt{3}}\\\frac{1}{\sqrt{3}}\\\frac{1}{\sqrt{3}}\end{pmatrix},\ \boldsymbol{e}_3=\begin{pmatrix}\frac{-2}{\sqrt{6}}\\\frac{1}{\sqrt{6}}\\\frac{1}{\sqrt{6}}\end{pmatrix}$$

于是得正交矩阵 $$\boldsymbol{P}=\begin{pmatrix}0&\frac{1}{\sqrt{3}}&-\frac{2}{\sqrt{6}}\\\frac{1}{\sqrt{2}}&\frac{1}{\sqrt{3}}&\frac{1}{\sqrt{6}}\\-\frac{1}{\sqrt{2}}&\frac{1}{\sqrt{3}}&\frac{1}{\sqrt{6}}\end{pmatrix}$$

可以验知仍有 $$\boldsymbol{P}^{-1}\boldsymbol{A}\boldsymbol{P}=\boldsymbol{P}^{\mathrm{T}}\boldsymbol{A}\boldsymbol{P}=\boldsymbol{\Lambda}=\begin{pmatrix}2&0&0\\0&4&0\\0&0&4\end{pmatrix}$$

例 4-9 设矩阵
$$A=\begin{pmatrix}3 & 2 & -2\\ -k & -1 & k\\ 4 & 2 & -3\end{pmatrix}$$

问当 k 为何值时，存在可逆矩阵 $\boldsymbol{P}$ 使得 $\boldsymbol{P}^{-1}\boldsymbol{AP}$ 为对角矩阵？并求出 $\boldsymbol{P}$ 和相应的对角阵.

解 由

$$|A-\lambda E|=\begin{vmatrix}3-\lambda & 2 & -2\\ -k & -1-\lambda & k\\ 4 & 2 & -3-\lambda\end{vmatrix}\xlongequal{c_1+c_3}\begin{vmatrix}1-\lambda & 2 & -2\\ 0 & -1-\lambda & k\\ 1-\lambda & 2 & -3-\lambda\end{vmatrix}$$

$$\xlongequal{r_3-r_1}\begin{vmatrix}1-\lambda & 2 & -2\\ 0 & -1-\lambda & k\\ 0 & 0 & -1-\lambda\end{vmatrix}=(1-\lambda)(1+\lambda)^2$$

求得 $\boldsymbol{A}$ 的特征值为：$\lambda_1=\lambda_2=-1$，$\lambda_3=1$.

对于 $\lambda_1=\lambda_2=-1$，解方程 $(\boldsymbol{A}+\boldsymbol{E})\boldsymbol{X}=\boldsymbol{0}$. 由

$$A+E=\begin{pmatrix}4 & 2 & -2\\ -k & 0 & k\\ 4 & 2 & -2\end{pmatrix}\xrightarrow{\text{初等行变换}}\begin{pmatrix}2 & 1 & -1\\ -k & 0 & k\\ 0 & 0 & 0\end{pmatrix}$$

当 $k=0$ 时，得
$$A+E\to\begin{pmatrix}2 & 1 & -1\\ 0 & 0 & 0\\ 0 & 0 & 0\end{pmatrix}$$

对应基础解系可取为 $\boldsymbol{p}_1=(-1,2,0)^{\mathrm{T}}$，$\boldsymbol{p}_2=(1,0,2)^{\mathrm{T}}$

若 $k\neq 0$，得
$$A+E\to\begin{pmatrix}2 & 1 & -1\\ -1 & 0 & 1\\ 0 & 0 & 0\end{pmatrix}$$

对应的基础解系只有一个特征向量，得不到所求的 $\boldsymbol{P}$.

对于 $\lambda_3=1$，解方程 $(\boldsymbol{A}-\boldsymbol{E})\boldsymbol{X}=\boldsymbol{0}$. 由

$$A-E=\begin{pmatrix}2 & 2 & -2\\ -k & -2 & k\\ 4 & 2 & -4\end{pmatrix}\xrightarrow[\text{并将 }k=0\text{ 代入}]{\text{初等行变换}}\begin{pmatrix}1 & 0 & -1\\ 0 & 1 & 0\\ 0 & 0 & 0\end{pmatrix}$$

对应的基础解系为 $\boldsymbol{p}_3=(1,0,1)^{\mathrm{T}}$

因此求得 $k=0$ 时，取

$$P=\begin{pmatrix}-1&1&1\\2&0&0\\0&2&1\end{pmatrix}$$

则

$$P^{-1}AP=\begin{pmatrix}-1&0&0\\0&-1&0\\0&0&1\end{pmatrix}$$

§4.4* 二次型及其标准型

在平面解析几何中，为了研究二次曲线

$$ax^2+bxy+cy^2=1$$

的几何性质，选择适当的坐标变换，将它化为仅含有平方项的标准形式

$$mx'^2+ny'^2=1$$

$ax^2+bxy+cy^2$ 是一个关于两个变量的二次齐次多项式，称它为**两个变量的二次型**. 从代数学的观点看，化标准型的过程就是选择适当的线性变换. 将它化简为一个仅含平方项的二次齐次多项式. 这样一个问题，在许多理论问题，如数学、力学、现代控制理论及其他实际问题中经常遇到. 下面我们把这类问题一般化，讨论 n 个变量的二次齐次多项式的化简问题.

一、二次型的概念

定义 4.7　含有 n 个变量 $x_1, x_2, \cdots, x_n$ 的二次齐次函数

$$\begin{aligned}f(x_1, x_2, \cdots, x_n)=&a_{11}x_1^2+2a_{12}x_1x_2+2a_{13}x_1x_3+\cdots+2a_{1n}x_1x_n\\&+a_{22}x_2^2+2a_{23}x_2x_3+\cdots+2a_{2n}x_2x_n\\&+\cdots\cdots\cdots\cdots+a_{nn}x_n^2\end{aligned}\tag{4-5}$$

称为**二次型**. 在不混淆的情况下，有时简记 $f(x_1, x_2, \cdots, x_n)$ 为 f.

若 $a_{ij}(i, j=1, 2, \cdots, n, i\leqslant j)$ 都是实数，则称(4-5)式为**实二次型**，本节讨论实二次型.

取 $a_{ij}=a_{ji}$，于是 $2a_{ij}x_ix_j=a_{ij}x_ix_j+a_{ji}x_jx_i$，则(4-5)式可写成

$$\begin{aligned}f=&a_{11}x_1^2+a_{12}x_1x_2+\cdots+a_{1n}x_1x_n\\&+a_{21}x_2x_1+a_{22}x_2^2+\cdots+a_{2n}x_2x_n\end{aligned}\tag{4-6}$$

$$
\begin{aligned}
&+\cdots\cdots\cdots\cdots \\
&\quad + a_{n1}x_nx_1 + a_{n2}x_nx_2 + \cdots + a_{nn}x_n^2
\end{aligned}
$$

利用矩阵,(4-6)式可表示为

$$
\begin{aligned}
f &= x_1(a_{11}x_1 + a_{12}x_2 + \cdots + a_{1n}x_n) \\
&\quad + x_2(a_{21}x_1 + a_{22}x_2 + \cdots + a_{2n}x_n) \\
&\quad + \cdots\cdots\cdots\cdots \\
&\quad + x_n(a_{n1}x_1 + a_{n2}x_2 + \cdots + a_{nn}x_n) \\
&= (x_1, x_2, \cdots, x_n)\begin{pmatrix} a_{11}x_1 + a_{12}x_2 + \cdots + a_{1n}x_n \\ a_{21}x_1 + a_{22}x_2 + \cdots + a_{2n}x_n \\ \vdots \qquad \vdots \qquad \vdots \\ a_{n1}x_1 + a_{n2}x_2 + \cdots + a_{nn}x_n \end{pmatrix} \\
&= (x_1, x_2, \cdots, x_n)\begin{pmatrix} a_{11} & a_{12} & \cdots & a_{1n} \\ a_{21} & a_{22} & \cdots & a_{2n} \\ \vdots & \vdots & & \vdots \\ a_{n1} & a_{n2} & \cdots & a_{nn} \end{pmatrix}\begin{pmatrix} x_1 \\ x_2 \\ \vdots \\ x_n \end{pmatrix}
\end{aligned}
$$

记
$$
\boldsymbol{A} = \begin{pmatrix} a_{11} & a_{12} & \cdots & a_{1n} \\ a_{21} & a_{22} & \cdots & a_{2n} \\ \vdots & \vdots & & \vdots \\ a_{n1} & a_{n2} & \cdots & a_{nn} \end{pmatrix}, \boldsymbol{X} = \begin{pmatrix} x_1 \\ x_2 \\ \vdots \\ x_n \end{pmatrix}
$$

则二次型可记作 $f = \boldsymbol{X}^{\mathrm{T}}\boldsymbol{A}\boldsymbol{X}$，其中 $\boldsymbol{A}$ 为对称矩阵.

任给一个二次型,就唯一地确定一个对称矩阵;反之,任给一个对称矩阵,也可唯一地确定一个二次型.这样,二次型与对称矩阵之间存在一一对应的关系.因此,我们把对称矩阵 $\boldsymbol{A}$ 叫作**二次型 f 的矩阵**,也把 f 叫做**对称矩阵 $\boldsymbol{A}$ 的二次型**.对称矩阵 $\boldsymbol{A}$ 的秩就叫作**二次型 f 的秩**.

例如:二次型 $f = x^2 - 3z^2 - 4xy + yz$ 用矩阵记号写出来就是

$$
f = (x, y, z)\begin{pmatrix} 1 & -2 & 0 \\ -2 & 0 & \frac{1}{2} \\ 0 & \frac{1}{2} & -3 \end{pmatrix}\begin{pmatrix} x \\ y \\ z \end{pmatrix}
$$

又如:$f(x_1, x_2, x_3) = x_1x_2 + x_2x_3$ 可表示为

$$f=(x_1,x_2,x_3)\begin{pmatrix}0&\frac{1}{2}&0\\\frac{1}{2}&0&\frac{1}{2}\\0&\frac{1}{2}&0\end{pmatrix}\begin{pmatrix}x_1\\x_2\\x_3\end{pmatrix}$$

反之,若二次型 $f(x_1,x_2,x_3)$ 的矩阵为

$$\begin{pmatrix}1&-1&1\\-1&0&0\\1&0&2\end{pmatrix}$$

则二次型为

$$f=(x_1,x_2,x_3)\begin{pmatrix}1&-1&1\\-1&0&0\\1&0&2\end{pmatrix}\begin{pmatrix}x_1\\x_2\\x_3\end{pmatrix}=x_1^2-2x_1x_2+2x_1x_3+2x_3^2$$

对于二次型,我们讨论的主要问题是寻求如下可逆的线性变换

$$\begin{cases}x_1=c_{11}y_1+c_{12}y_2+\cdots+c_{1n}y_n\\x_2=c_{21}y_1+c_{22}y_2+\cdots+c_{2n}y_n\\\cdots\cdots\cdots\cdots\cdots\cdots\\x_n=c_{n1}y_1+c_{n2}y_2+\cdots+c_{nn}y_n\end{cases}\tag{4-7}$$

使二次型只含平方项,也就是用(4－7)式代入(4－5)式得

$$f=\lambda_1y_1^2+\lambda_2y_2^2+\cdots+\lambda_ny_n^2$$

这种只含平方项的二次型,称为**二次型的标准型**(**或法式**).

若把可逆变换(4－7)式写成矩阵形式为 $\boldsymbol{X}=\boldsymbol{CY}$,其中

$$\boldsymbol{C}=\begin{pmatrix}c_{11}&c_{12}&\cdots&c_{1n}\\c_{21}&c_{22}&\cdots&c_{2n}\\\vdots&\vdots&&\vdots\\c_{n1}&c_{n2}&\cdots&c_{nn}\end{pmatrix},\ |\boldsymbol{C}|\neq0$$

称 $\boldsymbol{C}$ 为变换式(4－7)的矩阵. 于是二次型通过线性变换式(4－7)化为标准型. 用矩阵表示即为

$$f=\boldsymbol{X}^{\mathrm T}\boldsymbol{A}\boldsymbol{X}=(\boldsymbol{CY})^{\mathrm T}\boldsymbol{A}(\boldsymbol{CY})=\boldsymbol{Y}^{\mathrm T}\boldsymbol{C}^{\mathrm T}\boldsymbol{ACY}=\boldsymbol{Y}^{\mathrm T}(\boldsymbol{C}^{\mathrm T}\boldsymbol{AC})\boldsymbol{Y}$$

$$=(y_1, y_2, \cdots, y_n)\begin{pmatrix}\lambda_1 & & & \mathbf{0} \\ & \lambda_2 & & \\ & & \ddots & \\ \mathbf{0} & & & \lambda_n\end{pmatrix}\begin{pmatrix}y_1 \\ y_2 \\ \vdots \\ y_n\end{pmatrix}$$

根据实对称矩阵与二次型之间的一一对应关系，我们也可以将二次型所要讨论的主要问题用矩阵的语言来表达，就是对于 n 阶实对称矩阵 $\boldsymbol{A}$，找一个可逆矩阵 $\boldsymbol{C}$，使

$$\boldsymbol{C}^{\mathrm{T}}\boldsymbol{A}\boldsymbol{C}=\begin{pmatrix}\lambda_1 & & & \mathbf{0} \\ & \lambda_2 & & \\ & & \ddots & \\ \mathbf{0} & & & \lambda_n\end{pmatrix}$$

二、用配方法化实二次型为标准型

把实二次型化为标准型有多种方法. 这里先介绍用拉格朗日配方法化二次型为标准型. 下面举例来说明这种方法.

例 4－10 化二次型

$$f=x_1^2+x_2^2+x_3^2-2x_1x_2+6x_1x_3+10x_2x_3$$

成标准型，并求所用的可逆线性变换矩阵.

解 由于 f 中含变量 x_1 的平方项，故把含 x_1 的项归并起来，配方可得

$$\begin{aligned}f&=(x_1^2-2x_1x_2+6x_1x_3)+x_2^2+x_3^2+10x_2x_3\\&=(x_1-x_2+3x_3)^2-x_2^2-9x_3^2+6x_2x_3+x_2^2+x_3^2+10x_2x_3\\&=(x_1-x_2+3x_3)^2-8x_3^2+16x_2x_3\end{aligned}$$

上式右端除第一项外已不再含 x_1. 继续配方，可得

$$f=(x_1-x_2+3x_3)^2+8x_2^2-8(x_2-x_3)^2$$

令
$$\begin{cases}y_1=x_1-x_2+3x_3\\y_2=x_2\\y_3=x_2-x_3\end{cases}$$

即
$$\begin{cases}x_1=y_1-2y_2+3y_3\\x_2=y_2\\x_3=y_2-y_3\end{cases}$$

就把 f 化为标准型 $$f = y_1^2 + 8y_2^2 - 8y_3^2$$

所用变换矩阵为

$$C = \begin{pmatrix} 1 & -2 & 3 \\ 0 & 1 & 0 \\ 0 & 1 & -1 \end{pmatrix} \quad (|C| = -1 \neq 0)$$

例 4-11　化二次型

$$f = 2x_1x_2 + 2x_1x_3$$

成标准型，并求所用的变换矩阵.

解　虽然 f 中不含平方项，但含有 x_1x_2 乘积项，可以令

$$\begin{cases} x_1 = y_1 + y_2 \\ x_2 = y_1 - y_2 \\ x_3 = y_3 \end{cases}$$

代入可得 $$f = 2y_1^2 - 2y_2^2 + 2y_1y_3 + 2y_2y_3$$

经两次配方得 $$f = 2\left(y_1 + \frac{1}{2}y_3\right)^2 - 2\left(y_2 - \frac{1}{2}y_3\right)^2$$

令 $$\begin{cases} z_1 = y_1 + \frac{1}{2}y_3 \\ z_2 = y_2 - \frac{1}{2}y_3 \\ z_3 = y_3 \end{cases}$$

即 $$\begin{cases} y_1 = z_1 - \frac{1}{2}z_3 \\ y_2 = z_2 + \frac{1}{2}z_3 \\ y_3 = z_3 \end{cases}$$

从而可得 $f = 2z_1^2 - 2z_2^2$，所用变换矩阵为

$$C = \begin{pmatrix} 1 & 1 & 0 \\ 1 & -1 & 0 \\ 0 & 0 & 1 \end{pmatrix} \begin{pmatrix} 1 & 0 & -\frac{1}{2} \\ 0 & 1 & \frac{1}{2} \\ 0 & 0 & 1 \end{pmatrix} = \begin{pmatrix} 1 & 1 & 0 \\ 1 & -1 & -1 \\ 0 & 0 & 1 \end{pmatrix} \quad (|C| = -2 \neq 0)$$

一般地，任何二次型都可用上面两例的方法找到可逆变换，把二次型化成标准型.

三、用正交变换将实二次型化为标准型

由于实二次型 f 的矩阵 $\boldsymbol{A}$ 是实对称矩阵，根据定理 4.6 存在正交矩阵 $\boldsymbol{P}$，使

$$\boldsymbol{P}^{-1}\boldsymbol{AP}=\begin{pmatrix}\lambda_1 & & & \boldsymbol{0}\\ & \lambda_2 & & \\ & & \ddots & \\ \boldsymbol{0} & & & \lambda_n\end{pmatrix}$$

其中，$\lambda_1,\lambda_2,\cdots,\lambda_n$ 是 $\boldsymbol{A}$ 的所有特征值.

由于 $\boldsymbol{P}$ 是正交矩阵，所以 $\boldsymbol{P}^{\mathrm{T}}=\boldsymbol{P}^{-1}$，上式可改写成

$$\boldsymbol{P}^{\mathrm{T}}\boldsymbol{AP}=\begin{pmatrix}\lambda_1 & & & \boldsymbol{0}\\ & \lambda_2 & & \\ & & \ddots & \\ \boldsymbol{0} & & & \lambda_n\end{pmatrix}$$

从而对二次型 $f=\boldsymbol{X}^{\mathrm{T}}\boldsymbol{AX}$，我们找到线性变换 $\boldsymbol{X}=\boldsymbol{P}Y$，使

$$f=\lambda_1 y_1^2+\lambda_2 y_2^2+\cdots+\lambda_n y_n^2$$

因为 $\boldsymbol{P}$ 为正交矩阵，所以称 $\boldsymbol{X}=\boldsymbol{PY}$ 为正交变换，于是有下面定理：

定理 4.7　任意实二次型 $f=\sum\limits_{i,\,j=1}^{n}a_{ij}x_ix_j\,(a_{ij}=a_{ji})$，总有正交变换 $\boldsymbol{X}=\boldsymbol{PY}$，使 f 化为标准型

$$f=\lambda_1 y_1^2+\lambda_2 y_2^2+\cdots+\lambda_n y_n^2$$

其中 $\lambda_1,\lambda_2,\cdots,\lambda_n$ 是 f 的矩阵 $\boldsymbol{A}=(a_{ij})$ 的特征值.

例 4-12　求一个正交变换 $\boldsymbol{X}=\boldsymbol{PY}$，把二次型

$$f=x_1^2+4x_2^2+4x_3^2-4x_1x_2+4x_1x_3-8x_2x_3$$

化为标准型.

解　二次型的矩阵为

$$\boldsymbol{A}=\begin{pmatrix}1 & -2 & 2\\ -2 & 4 & -4\\ 2 & -4 & 4\end{pmatrix}$$

它的特征多项式为

$$|A-\lambda E|=\begin{vmatrix}1-\lambda & -2 & 2\\ -2 & 4-\lambda & -4\\ 2 & -4 & 4-\lambda\end{vmatrix}\xlongequal{r_3+r_2}\begin{vmatrix}1-\lambda & -2 & 2\\ -2 & 4-\lambda & -4\\ 0 & -\lambda & -\lambda\end{vmatrix}$$

$$=-\lambda\begin{vmatrix}1-\lambda & -2 & 2\\ -2 & 4-\lambda & -4\\ 0 & 1 & 1\end{vmatrix}\xlongequal{c_2-c_3}-\lambda\begin{vmatrix}1-\lambda & -4 & 2\\ -2 & 8-\lambda & -4\\ 0 & 0 & 1\end{vmatrix}$$

$$=-\lambda\begin{vmatrix}1-\lambda & -4\\ -2 & 8-\lambda\end{vmatrix}=-\lambda^2(\lambda-9)$$

根据
$$|A-\lambda E|=0$$
求得 A 的特征值为 $\lambda_1=\lambda_2=0$，$\lambda_3=9$.

当 $\lambda_1=\lambda_2=0$ 时，解方程 $AX=\mathbf{0}$. 从

$$A=\begin{pmatrix}1 & -2 & 2\\ -2 & 4 & -4\\ 2 & -4 & 4\end{pmatrix}\xrightarrow[r_2+2r_1]{r_3+r_2}\begin{pmatrix}1 & -2 & 2\\ 0 & 0 & 0\\ 0 & 0 & 0\end{pmatrix}$$

得基础解系
$$p_1=\begin{pmatrix}-2\\ 0\\ 1\end{pmatrix},\ p_2=\begin{pmatrix}2\\ 1\\ 0\end{pmatrix}$$

正交化得
$$\eta_1=\begin{pmatrix}-2\\ 0\\ 1\end{pmatrix},\ \eta_2=\begin{pmatrix}2\\ 1\\ 0\end{pmatrix}-\frac{-4}{5}\begin{pmatrix}-2\\ 0\\ 1\end{pmatrix}=\frac{1}{5}\begin{pmatrix}2\\ 5\\ 4\end{pmatrix}$$

单位化即得
$$e_1=\frac{1}{\sqrt{5}}\begin{pmatrix}-2\\ 0\\ 1\end{pmatrix},\ e_2=\frac{1}{3\sqrt{5}}\begin{pmatrix}2\\ 5\\ 4\end{pmatrix}$$

当 $\lambda_3=9$ 时，解方程 $(A-9E)X=\mathbf{0}$. 从

$$A-9E=\begin{pmatrix}-8 & -2 & 2\\ -2 & -5 & -4\\ 2 & -4 & -5\end{pmatrix}\xrightarrow[\substack{r_3\div(-9)\\ r_2+5r_3}]{r_3+r_2}\begin{pmatrix}-8 & -2 & 2\\ -2 & 0 & 1\\ 0 & 1 & 1\end{pmatrix}\xrightarrow[\substack{r_1-4r_2\\ r_2\div(-1)}]{r_1+2r_3}\begin{pmatrix}0 & 0 & 0\\ 2 & 0 & -1\\ 0 & 1 & 1\end{pmatrix}$$

得基础解系
$$p_3=\begin{pmatrix}1\\ -2\\ 2\end{pmatrix}$$

单位化即得
$$e_3=\frac{1}{3}\begin{pmatrix}1\\-2\\2\end{pmatrix}$$

于是正交变换为

$$\begin{pmatrix}x_1\\x_2\\x_3\end{pmatrix}=\begin{pmatrix}\frac{-2}{\sqrt{5}} & \frac{2}{3\sqrt{5}} & \frac{1}{3}\\ 0 & \frac{5}{3\sqrt{5}} & -\frac{2}{3}\\ \frac{1}{\sqrt{5}} & \frac{4}{3\sqrt{5}} & \frac{2}{3}\end{pmatrix}\begin{pmatrix}y_1\\y_2\\y_3\end{pmatrix}=\boldsymbol{PY}$$

且有
$$f=\boldsymbol{X}^{\mathrm{T}}\boldsymbol{AX}=\boldsymbol{Y}^{\mathrm{T}}\boldsymbol{P}^{\mathrm{T}}\boldsymbol{APY}=\boldsymbol{Y}^{\mathrm{T}}\begin{pmatrix}0&0&0\\0&0&0\\0&0&9\end{pmatrix}\boldsymbol{Y}=9y_3^2$$

四、正定二次型

用正交变换化二次型成标准型，具有保持几何形状不变的优点. 如果不限于用正交变换，如用配方法，那么，标准型就不是唯一的. 当然标准型中所含项数是确定的(即是二次型的秩). 不仅如此，在限定变换为实变换时，标准型中正系数的个数是不变的(从而负系数的个数也不变)，这是由定理 4.8 所确定的.

定理 4.8　对于秩为 r 的实二次型 $f=\boldsymbol{X}^{\mathrm{T}}\boldsymbol{AX}$，它的任意两个实可逆变换

$$\boldsymbol{X}=\boldsymbol{CY}\ \text{及}\ \boldsymbol{X}=\boldsymbol{PZ}$$

使 $f=k_1y_1^2+k_2y_2^2+\cdots+k_ry_r^2\ (k_i\neq 0)$ 及 $f=\lambda_1z_1^2+\lambda_2z_2^2+\cdots+\lambda_rz_r^2\ (\lambda_i\neq 0)$，则 k_1，k_2，…，k_r 中正数的个数与 λ_1，λ_2，…，λ_r 中正数的个数相等. 这个定理称为惯性定理.

比较常用的二次型是标准型的系数全为正或全为负的情形，即正定二次型与负定二次型. 定义 4.8 先给出它们的定义，定理 4.9 与定理 4.10 给出如何判断正定与负定的方法.

定义 4.8　设有实二次型 $f=\boldsymbol{X}^{\mathrm{T}}\boldsymbol{AX}$，如果对任何 $\boldsymbol{X}\neq\boldsymbol{0}$，都有 $f>0$(显然 $\boldsymbol{X}=\boldsymbol{0}$ 时，$f=0$)，则称 f 为**正定二次型**，并称对称矩阵 $\boldsymbol{A}$ 是正定的；如果对任何 $\boldsymbol{X}\neq\boldsymbol{0}$，都有 $f<0$，则称 f 为**负定二次型**，并称对称矩阵 $\boldsymbol{A}$ 是负定的.

定理 4.9　实二次型 $f=\boldsymbol{X}^{\mathrm{T}}\boldsymbol{AX}$ 为正定的充分必要条件是：它的标准型的 n 个系数全为正.

推论　对称矩阵 $\boldsymbol{A}$ 为正定的充分必要条件是：$\boldsymbol{A}$ 的特征值全为正.

定理 4.10　对称矩阵 $\boldsymbol{A}$ 为正定的充分必要条件是：$\boldsymbol{A}$ 的各阶主子式都为正，即

$$a_{11}>0,\ \begin{vmatrix} a_{11} & a_{12} \\ a_{21} & a_{22} \end{vmatrix}>0,\ \cdots,\ \begin{vmatrix} a_{11} & \cdots & a_{1n} \\ \vdots & & \vdots \\ a_{n1} & \cdots & a_{nn} \end{vmatrix}>0$$

对称矩阵 $\boldsymbol{A}$ 负定的充分必要条件是：奇数阶主子式为负，而偶数阶主子式为正，即

$$(-1)^r\begin{vmatrix} a_{11} & \cdots & a_{1r} \\ \vdots & & \vdots \\ a_{r1} & \cdots & a_{rr} \end{vmatrix}>0\ (r=1,2,\cdots,n)$$

这个定理称为霍尔维茨定理.

例 4-13　试判别 $f=2x_1^2+2x_1x_2+x_2^2$ 是否正定.

解　f 的矩阵 $\boldsymbol{A}=\begin{pmatrix} 2 & 1 \\ 1 & 1 \end{pmatrix}$ 的特征方程是

$$|\boldsymbol{A}-\lambda\boldsymbol{E}|=\begin{vmatrix} 2-\lambda & 1 \\ 1 & 1-\lambda \end{vmatrix}=\lambda^2-3\lambda+1=0$$

于是 $\boldsymbol{A}$ 的特征值为 $\lambda_1=\dfrac{3+\sqrt{5}}{2}>0$，$\lambda_2=\dfrac{3-\sqrt{5}}{2}>0$，从而可知 f 是正定的.

例 4-14　判别二次型 $f=-5x_1^2-x_2^2-5x_3^2+2x_1x_2-2x_1x_3-2x_2x_3$ 的正定性.

解　f 的矩阵为

$$\boldsymbol{A}=\begin{pmatrix} -5 & 1 & -1 \\ 1 & -1 & -1 \\ -1 & -1 & -5 \end{pmatrix}$$

其各阶主子式分别为

$$a_{11}=-5<0,\ \begin{vmatrix} a_{11} & a_{12} \\ a_{21} & a_{22} \end{vmatrix}=\begin{vmatrix} -5 & 1 \\ 1 & -1 \end{vmatrix}=4>0$$

$$\begin{vmatrix} -5 & 1 & -1 \\ 1 & -1 & -1 \\ -1 & -1 & -5 \end{vmatrix}=-12<0$$

根据霍尔维茨定理知 f 为负定.

小　　结

本章首先介绍了方阵的特征值及特征向量，要求掌握求特征值及特征向量的方法。再根据相似矩阵的概念，将方阵 $\boldsymbol{A}$ 经过正交变换化为对角阵。最后介绍了实对称矩阵的相似矩阵，为二次型化标准型作基础。二次型化标准型不但可以用正交变换而且还可以利用配方法化为标准型。实二次型可分为正定、负定，以及既非正定也非负定。

习　题　四

1. 求下列矩阵的特征值和特征向量：

(1) $\begin{pmatrix} 1 & 2 \\ 2 & 1 \end{pmatrix}$　　(2) $\begin{pmatrix} 1 & 2 & 3 \\ 2 & 1 & 3 \\ 3 & 3 & 6 \end{pmatrix}$

(3) $\begin{pmatrix} 2 & -1 & 2 \\ 5 & -3 & 3 \\ -1 & 0 & -2 \end{pmatrix}$　　(4) $\begin{pmatrix} 3 & 4 & 0 & 0 \\ 5 & 2 & 0 & 0 \\ 0 & 0 & 5 & 2 \\ 0 & 0 & 1 & 4 \end{pmatrix}$

(5) $\begin{pmatrix} 4 & 6 & 0 \\ -3 & -5 & 0 \\ -3 & -6 & 1 \end{pmatrix}$　　(6) $\begin{pmatrix} 1 & 1 & 1 & 1 \\ 1 & 1 & -1 & -1 \\ 1 & -1 & 1 & -1 \\ 1 & -1 & -1 & 1 \end{pmatrix}$

2. 求 n 阶矩阵

$$\boldsymbol{A} = \begin{pmatrix} 0 & 1 & 0 & 0 & \cdots & 0 \\ 0 & 0 & 1 & 0 & \cdots & 0 \\ \vdots & \vdots & \vdots & \vdots & & \vdots \\ 0 & 0 & 0 & 0 & \cdots & 1 \\ 0 & 0 & 0 & 0 & \cdots & 0 \end{pmatrix}$$

的特征值与特征向量.

3. 设矩阵

$$\boldsymbol{A} = \begin{pmatrix} 1 & -2 & -4 \\ -2 & x & -2 \\ -4 & -2 & 1 \end{pmatrix} \text{与} \boldsymbol{\Lambda} = \begin{pmatrix} 5 & 0 & 0 \\ 0 & y & 0 \\ 0 & 0 & -4 \end{pmatrix}$$

相似，求 x，y.

4. 已知 $\boldsymbol{A}=\begin{pmatrix}1&2\\4&3\end{pmatrix}$，求 $\boldsymbol{A}^{100}$.

5. 设

$$\boldsymbol{A}=\begin{pmatrix}-1&2&2\\2&-1&-2\\2&-2&-1\end{pmatrix}$$

求 $\boldsymbol{A}$ 的特征值及 $\boldsymbol{E}+\boldsymbol{A}^{-1}$ 的特征值.

6. 下列矩阵是否相似于对角阵，如相似，求出这个对角阵和变换矩阵 $\boldsymbol{P}$：

(1) $\begin{pmatrix}1&-1\\2&4\end{pmatrix}$　　(2) $\begin{pmatrix}-1&1&0\\-4&3&0\\1&0&2\end{pmatrix}$

(3) $\begin{pmatrix}0&0&1\\0&1&0\\1&0&0\end{pmatrix}$　　(4) $\begin{pmatrix}3&2&-1\\-2&-2&2\\3&6&-1\end{pmatrix}$

7. 分别求满足以下条件的矩阵 $\boldsymbol{A}$：

(1) 设三阶矩阵 $\boldsymbol{A}$ 的特征值为 $\lambda_1=1$，$\lambda_2=0$，$\lambda_3=-1$ 对应的特征向量依次为

$$\boldsymbol{p}_1=\begin{pmatrix}1\\2\\2\end{pmatrix},\ \boldsymbol{p}_2=\begin{pmatrix}2\\-2\\1\end{pmatrix},\ \boldsymbol{p}_3=\begin{pmatrix}-2\\-1\\2\end{pmatrix}$$

(2) 设三阶实对称矩阵 $\boldsymbol{A}$ 的特征值为 6、3、3，与特征值 6 对应的特征向量为

$$\boldsymbol{p}_1=(1,1,1)^{\mathrm{T}}$$

8. 设 $\boldsymbol{\alpha}=(1,2,3,0,5)$，$\boldsymbol{\beta}=(-1,2,0,3,5)$，求内积 $[\boldsymbol{\alpha},\boldsymbol{\beta}]$.

9. 已知线性无关向量组

$$\boldsymbol{p}_1=\begin{pmatrix}1\\1\\1\end{pmatrix},\ \boldsymbol{p}_2=\begin{pmatrix}1\\2\\3\end{pmatrix},\ \boldsymbol{p}_3=\begin{pmatrix}1\\4\\9\end{pmatrix}$$

用施密特正交化方法把它化为标准正交向量组.

10. 问下列矩阵是不是正交矩阵：

(1) $\begin{pmatrix} \frac{1}{2} & \frac{\sqrt{3}}{2} \\ \frac{\sqrt{3}}{2} & \frac{1}{2} \end{pmatrix}$　　(2) $\begin{pmatrix} 1 & -\frac{1}{2} & \frac{1}{3} \\ -\frac{1}{2} & 1 & \frac{1}{2} \\ \frac{1}{3} & \frac{1}{2} & -1 \end{pmatrix}$

11. 试求一个正交的相似变换矩阵，将下列对称矩阵化为对角矩阵：

(1) $\begin{pmatrix} 2 & -2 & 0 \\ -2 & 1 & -2 \\ 0 & -2 & 0 \end{pmatrix}$　　(2) $\begin{pmatrix} 2 & 2 & -2 \\ 2 & 5 & -4 \\ -2 & -4 & 5 \end{pmatrix}$

(3) $\begin{pmatrix} 2 & -1 & -1 \\ -1 & 2 & -1 \\ -1 & -1 & 2 \end{pmatrix}$　　(4) $\begin{pmatrix} 0 & 1 & 1 & -1 \\ 1 & 0 & -1 & 1 \\ 1 & -1 & 0 & 1 \\ -1 & 1 & 1 & 0 \end{pmatrix}$

12. 设 $\boldsymbol{x}$ 为 $\boldsymbol{n}$ 维列向量，$\boldsymbol{x}^{\mathrm{T}}\boldsymbol{x} = 1$，令 $\boldsymbol{H} = \boldsymbol{E} - 2\boldsymbol{x}\boldsymbol{x}^{\mathrm{T}}$，求证：$\boldsymbol{H}$ 是对称的正交阵.

13. 设 $\boldsymbol{A}$ 与 $\boldsymbol{B}$ 都是 n 阶正交阵，证明：$\boldsymbol{AB}$ 也是正交阵.

14. 用矩阵记号表示下列二次型：

(1) $f = x_1^2 + x_1x_2 + x_1x_3$

(2) $f = x_1x_2 + x_1x_3 + x_2x_3 + x_3x_4$

(3) $f = x^2 + 4xy + 4y^2 + 2xz + z^2 + 4yz$

15. 用配方法化下列二次型为标准型，并求所用的变换矩阵：

(1) $f = 2x_1^2 + 2x_2^2 + x_3^2 + 8x_1x_3 - x_2x_3$

(2) $f = x_1x_2 + x_1x_3 + x_2x_3$

16. 用正交变换化下列二次型为标准型，并求出正交变换矩阵：

(1) $f = 2x_1x_2 - 2x_3x_4$

(2) $f = x_1^2 + x_2^2 + x_3^2 + x_4^2 + 2x_1x_2 - 2x_1x_4 - 2x_2x_3 + 2x_3x_4$

(3) $f = 2x_1^2 + 3x_2^2 + 4x_2x_3 + 3x_3^2$

(4) $f = 2x_1^2 + 3x_2^2 + x_3^2 + 2\sqrt{2}x_1x_2$

17. 判别下列二次型的正定性：

(1) $f = x_1^2 + 2x_1x_2 + 2x_2^2$

(2) $f = 5x_1^2 + x_2^2 + x_3^2 + 4x_1x_2 - 8x_1x_3 - 4x_2x_3$

(3) $f = -x_1^2 - 2x_2^2 + 3x_3^2 + 2x_1x_2 + 2x_1x_3 + 4x_2x_3$

(4) $f = 2x_1^2 + 3x_2^2 - x_3^2 + 2x_1x_2$

18. 设 $\boldsymbol{U}$ 为可逆矩阵，$\boldsymbol{A} = \boldsymbol{U}^{\mathrm{T}}\boldsymbol{U}$，证明：$f = \boldsymbol{X}^{\mathrm{T}}\boldsymbol{A}\boldsymbol{X}$ 为正定二次型.

19. 设 $\boldsymbol{A}$ 为 n 阶实对称矩阵，且 $\boldsymbol{A}^3 - 6\boldsymbol{A}^2 + 11\boldsymbol{A} - 6\boldsymbol{E} = \boldsymbol{0}$，证明：$\boldsymbol{A}$ 是正定矩阵.

第五章　傅里叶变换

变换是人们在处理与分析问题时常常采取的某种手段，即将问题进行转换，从另一个角度进行处理与分析．变换的目的无非有两个：一是使问题的性质更清楚，更便于分析；二是使问题的求解更方便．但变换与化简又有所不同，变换必须是可逆的，即必须有与之匹配的逆变换．本章介绍的傅里叶变换是一种对连续时间函数的积分变换，它既能简化计算（如求解微分方程、化卷积为乘积等），又具有非常特殊的物理意义，因而在许多领域被广泛地应用．而在此基础上发展起来的离散傅里叶变换在当今数字时代更是显得特别重要．

本章先从周期函数的傅里叶级数出发，引入非周期函数的傅氏积分定理，然后讲述傅里叶变换（傅氏变换）的概念和性质，最后介绍卷积定理与相关函数的概念．

预备知识　三角函数系的正交性及欧拉公式

在第四章，我们已经接触到向量的正交性，对于三角函数系的正交性，有如下的定义：

可以验证对于定义在$[-\pi, \pi]$上的三角函数系

$$1, \cos x, \sin x, \cos 2x, \sin 2x, \cdots, \cos nx, \sin nx, \cdots$$

中任意两个不同函数的乘积在$[-\pi, \pi]$上的积分等于零，此即三角函数系的**正交性**．

即
$$\int_{-\pi}^{\pi} 1 \cdot \cos nx \, dx = 0, \int_{-\pi}^{\pi} 1 \cdot \sin nx \, dx = 0 \quad (n = 1, 2, \cdots)$$

$$\int_{-\pi}^{\pi} \sin kx \cdot \cos nx \, dx = 0 \quad (k, n = 1, 2, 3, \cdots)$$

$$\int_{-\pi}^{\pi} \cos kx \cdot \cos nx \, dx = 0 \quad (k, n = 1, 2, 3, \cdots, k \neq n)$$

$$\int_{-\pi}^{\pi} \sin kx \cdot \sin nx \, dx = 0 \quad (k, n = 1, 2, 3, \cdots, k \neq n)$$

如验证
$$\int_{-\pi}^{\pi} \cos kx \cdot \cos nx \, dx = 0 \quad (k \neq n)$$

由于
$$\cos kx \cdot \cos nx = \frac{1}{2}[\cos(k+n)x + \cos(k-n)x]$$

当 $k \neq n$ 时，有

$$\int_{-\pi}^{\pi}\cos kx\cdot\cos nx\,\mathrm{d}x=\frac{1}{2}\int_{-\pi}^{\pi}[\cos(k+n)x+\cos(k-n)x]\mathrm{d}x$$

$$=\frac{1}{2}\left[\frac{\sin(k+n)x}{k+n}+\frac{\sin(k-n)x}{k-n}\right]\Bigg|_{-\pi}^{\pi}=0$$

在将三角函数形式与复数形式相互转化时，经常要用到如下**欧拉公式(Euler)**：

$$\begin{cases}\mathrm{e}^{\mathrm{j}\varphi}=\cos\varphi+\mathrm{j}\sin\varphi\\ \mathrm{e}^{-\mathrm{j}\varphi}=\cos\varphi-\mathrm{j}\sin\varphi\end{cases}\text{或}\begin{cases}\cos\varphi=\dfrac{\mathrm{e}^{\mathrm{j}\varphi}+\mathrm{e}^{-\mathrm{j}\varphi}}{2}\\ \sin\varphi=\dfrac{\mathrm{e}^{\mathrm{j}\varphi}-\mathrm{e}^{-\mathrm{j}\varphi}}{2\mathrm{j}}=-\mathrm{j}\,\dfrac{\mathrm{e}^{\mathrm{j}\varphi}-\mathrm{e}^{-\mathrm{j}\varphi}}{2}\end{cases}$$

其中“j”为在电工学中惯用的虚数单位，一般数学上常用“i”.

三角函数系的正交性及欧拉公式在傅氏变换与拉氏变换中经常要用到，希望读者能牢记心中.

§5.1* 傅氏积分

一、傅里叶(Fourier)级数的三角形式

在学习傅里叶级数的时候，我们已经知道，一个以 T 为周期的函数 $f_T(t)$，如果在 $\left[-\frac{T}{2},\frac{T}{2}\right]$上满足狄利克雷(Dirichlet)条件(简称狄氏条件)，即函数在$\left[-\frac{T}{2},\frac{T}{2}\right]$上满足：① 连续或只有有限个第一类间断点；② 只有有限个极值点，那么在$\left[-\frac{T}{2},\frac{T}{2}\right]$上就可以展开成傅氏级数. 在 $f_T(t)$的连续点处，级数的三角形式为

$$f_T(t)=\frac{a_0}{2}+\sum_{n=1}^{\infty}(a_n\cos n\omega t+b_n\sin n\omega t)\tag{5-1}$$

其中

$$\omega=\frac{2\pi}{T}$$

$$a_0=\frac{2}{T}\int_{-\frac{T}{2}}^{\frac{T}{2}}f_T(t)\mathrm{d}t$$

$$a_n=\frac{2}{T}\int_{-\frac{T}{2}}^{\frac{T}{2}}f_T(t)\cos n\omega t\,\mathrm{d}t\ (n=1,2,3,\cdots)$$

$$b_n=\frac{2}{T}\int_{-\frac{T}{2}}^{\frac{T}{2}}f_T(t)\sin n\omega t\,\mathrm{d}t\ (n=1,2,3,\cdots)$$

二、傅里叶级数的复指数形式

利用欧拉(Euler)公式可以把傅氏级数的三角形式转换为复指数形式.

$$f_T(t)=\frac{a_0}{2}+\sum_{n=1}^{\infty}\left(a_n\frac{e^{jn\omega t}+e^{-jn\omega t}}{2}+b_n\frac{e^{jn\omega t}-e^{-jn\omega t}}{2j}\right)$$

$$=\frac{a_0}{2}+\sum_{n=1}^{\infty}\left(\frac{a_n-jb_n}{2}e^{jn\omega t}+\frac{a_n+jb_n}{2}e^{-jn\omega t}\right)$$

如果令

$$c_0=\frac{a_0}{2}=\frac{1}{T}\int_{-\frac{T}{2}}^{\frac{T}{2}}f_T(t)\,dt$$

$$c_n=\frac{a_n-jb_n}{2}=\frac{1}{T}\left[\int_{-\frac{T}{2}}^{\frac{T}{2}}f_T(t)\cos n\omega t\,dt-j\int_{-\frac{T}{2}}^{\frac{T}{2}}f_T(t)\sin n\omega t\,dt\right]$$

$$=\frac{1}{T}\int_{-\frac{T}{2}}^{\frac{T}{2}}f_T(t)[\cos n\omega t-j\sin n\omega t]dt$$

$$=\frac{1}{T}\int_{-\frac{T}{2}}^{\frac{T}{2}}f_T(t)e^{-jn\omega t}\,dt\ (n=1,2,3,\cdots)$$

$$c_{-n}=\frac{a_n+jb_n}{2}=\frac{1}{T}\int_{-\frac{T}{2}}^{\frac{T}{2}}f_T(t)e^{jn\omega t}\,dt\ (n=1,2,3,\cdots)$$

再令 $n'=-n$，则

$$c_{-n}=c_{n'}=\frac{1}{T}\int_{-\frac{T}{2}}^{\frac{T}{2}}f_T(t)e^{-jn'\omega t}\,dt\quad (n'=-1,-2,-3,\cdots)$$

从而它们可合写成一个式子

$$c_n=\frac{1}{T}\int_{-\frac{T}{2}}^{\frac{T}{2}}f_T(t)e^{-jn\omega t}\,dt\quad (n=0,\pm1,\pm2,\pm3,\cdots)$$

若令 $\omega_n=n\omega\quad (n=0,\pm1,\pm2,\pm3,\cdots)$

则(5-1)式可写为

$$f_T(t)=c_0+\sum_{n=1}^{\infty}(c_ne^{j\omega_nt}+c_{-n}e^{-j\omega_nt})=\sum_{n=-\infty}^{+\infty}c_ne^{j\omega_nt}$$

$$= \frac{1}{T}\sum_{n=-\infty}^{+\infty}\left[\int_{-\frac{T}{2}}^{\frac{T}{2}} f_T(\tau)e^{-j\omega_n\tau}d\tau\right]e^{j\omega_n t} \tag{5-2}$$

这就是傅氏级数的复指数形式.

三、傅氏积分定理——非周期函数的展开

在一定条件下，一个周期函数可以展开成傅氏级数形式，我们自然会想到一个非周期函数是否也可以用某一种形式来展开呢？答案是肯定的，而且可以从周期函数的展开形式中得到结果. 因为任何一个非周期函数 $f(t)$ 都可以看成是由某个周期函数 $f_T(t)$ 当 $T\to+\infty$ 时转化而来的. 如图 5-1 所示，函数 $f_{T_1}(t)$ 与函数 $f_{T_2}(t)$ 是分别为在 $\left[-\frac{T_1}{2},\ \frac{T_1}{2}\right]$ 与 $\left[-\frac{T_2}{2},\ \frac{T_2}{2}\right]$ 之内等于相同区间的 $f(t)$，区间之外按周期 T_1 与 T_2 延拓的周期函数，这里 $T_1<T_2$. 显然，假如我们按同样方式构作一个周期函数 $f_T(t)$，而使 $T\to+\infty$，这时，此周期函数 $f_T(t)$ 便可转化为 $f(t)$，即有

$$\lim_{T\to+\infty} f_T(t) = f(t)$$

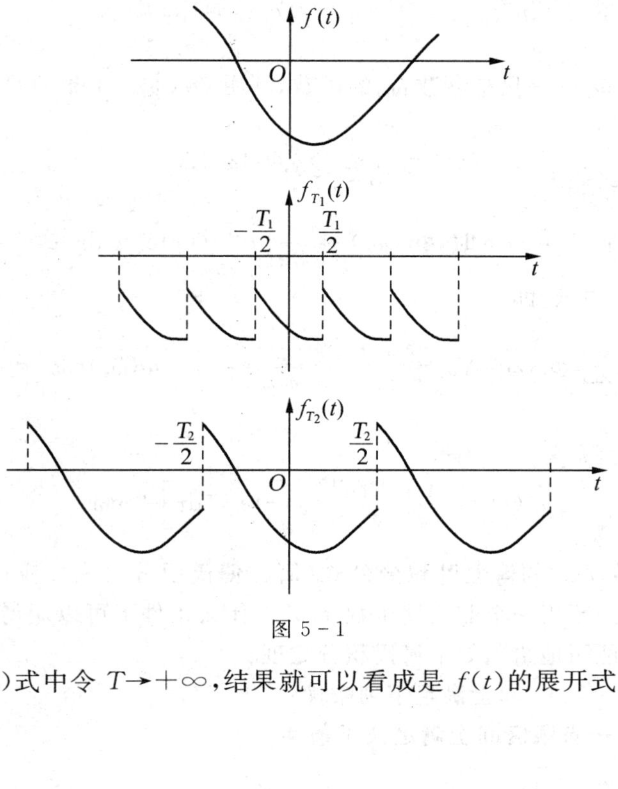

图 5-1

因此我们在(5-2)式中令 $T\to+\infty$，结果就可以看成是 $f(t)$ 的展开式，即

$$f(t)=\lim_{T\to+\infty}\frac{1}{T}\sum_{n=-\infty}^{+\infty}\left[\int_{-\frac{T}{2}}^{\frac{T}{2}}f_T(\tau)\mathrm{e}^{-\mathrm{j}\omega_n\tau}\mathrm{d}\tau\right]\mathrm{e}^{\mathrm{j}\omega_n t}$$

当 n 取遍一切整数时，ω_n 所对应的点便均匀地分布在整个数轴上，如图 5-2 所示. 设 $\Delta\omega_n$ 为两个相邻点的距离，则

$$\Delta\omega_n=\omega_n-\omega_{n-1}=\frac{2\pi}{T},\ T=\frac{2\pi}{\Delta\omega_n}$$

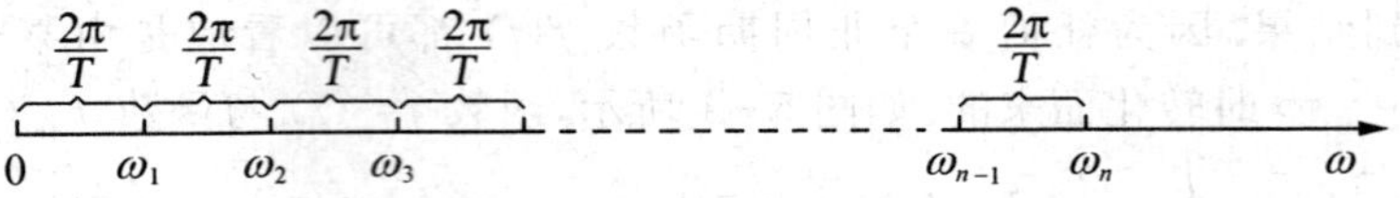

图 5-2

所以当 $T\to+\infty$ 时，有 $\Delta\omega_n\to0$，从而上式又可以写为

$$f(t)=\lim_{\Delta\omega_n\to0}\frac{1}{2\pi}\sum_{n=-\infty}^{+\infty}\left[\int_{-\frac{T}{2}}^{\frac{T}{2}}f_T(\tau)\mathrm{e}^{-\mathrm{j}\omega_n\tau}\mathrm{d}\tau\right]\mathrm{e}^{\mathrm{j}\omega_n t}\Delta\omega_n$$

令
$$\Phi_T(\omega_n)=\frac{1}{2\pi}\left[\int_{-\frac{T}{2}}^{\frac{T}{2}}f_T(\tau)\mathrm{e}^{-\mathrm{j}\omega_n\tau}\mathrm{d}\tau\right]\mathrm{e}^{\mathrm{j}\omega_n t}$$

显然，当 t 固定时，$\Phi_T(\omega_n)$只是参数 ω_n 的函数，利用 $\Phi_T(\omega_n)$ 可将 $f(t)$ 写成

$$f(t)=\lim_{\Delta\omega_n\to0}\sum_{n=-\infty}^{+\infty}\Phi_T(\omega_n)\Delta\omega_n$$

当 $\Delta\omega_n\to0$，即 $T\to+\infty$ 时，$\Phi_T(\omega_n)\to\dfrac{1}{2\pi}\left[\int_{-\infty}^{+\infty}f(\tau)\mathrm{e}^{-\mathrm{j}\omega_n\tau}\mathrm{d}\tau\right]\mathrm{e}^{\mathrm{j}\omega_n t}=\Phi(\omega_n)$，这样可以把求和用积分来表示，即

$$f(t)=\lim_{\Delta\omega_n\to0}\sum_{n=-\infty}^{+\infty}\Phi_T(\omega_n)\Delta\omega_n\ \xlongequal[\Phi_T(\omega_n)\to\Phi(\omega_n)]{\Delta\omega_n\to0\text{ 即 }T\to+\infty}\ \int_{-\infty}^{+\infty}\Phi(\omega_n)\mathrm{d}\omega_n=\int_{-\infty}^{+\infty}\Phi(\omega)\mathrm{d}\omega$$

亦即

$$f(t)=\frac{1}{2\pi}\int_{-\infty}^{+\infty}\left[\int_{-\infty}^{+\infty}f(\tau)\mathrm{e}^{-\mathrm{j}\omega\tau}\mathrm{d}\tau\right]\mathrm{e}^{\mathrm{j}\omega t}\mathrm{d}\omega$$

这个公式称为函数 $f(t)$的**傅里叶积分公式**（简称**傅氏积分公式**）. 应该指出，上式的推导过程是不严格的. 至于一个非周期函数 $f(t)$在什么条件下可以用傅氏积分公式来表示，在此我们不作证明地给出如下**傅氏积分定理**：

若 $f(t)$在$(-\infty,+\infty)$上满足下列条件：

(1) **$f(t)$在任一有限区间上满足狄氏条件；**

(2) $f(t)$**在无限区间**$(-\infty, +\infty)$**上绝对可积(即积分**$\int_{-\infty}^{+\infty}|f(t)|\mathrm{d}t$ **收敛).**

则在 $f(t)$**的连续点处有**

$$f(t)=\frac{1}{2\pi}\int_{-\infty}^{+\infty}\left[\int_{-\infty}^{+\infty}f(\tau)\mathrm{e}^{-\mathrm{j}\omega\tau}\mathrm{d}\tau\right]\mathrm{e}^{\mathrm{j}\omega t}\mathrm{d}\omega \tag{5-3}$$

成立,而左端的 $f(t)$在它的间断点处应以$\dfrac{f(t+0)+f(t-0)}{2}$来代替.

我们称(5-3)式为 $f(t)$的**傅里叶积分公式**(简称**傅氏积分公式**),这是其复指数形式.利用欧拉公式还可将其转化为如下三角形式:

$$f(t)=\frac{1}{2\pi}\int_{-\infty}^{+\infty}\left[\int_{-\infty}^{+\infty}f(\tau)\cos\omega(t-\tau)\mathrm{d}\tau\right]\mathrm{d}\omega \tag{5-4}$$

或
$$f(t)=\frac{1}{\pi}\int_{0}^{+\infty}\left[\int_{-\infty}^{+\infty}f(\tau)\cos\omega(t-\tau)\mathrm{d}\tau\right]\mathrm{d}\omega \tag{5-5}$$

读者可从(5-3)式出发自行证明.当 $f(t)$为奇函数时,可以表示成如下形式:

$$f(t)=\int_{0}^{+\infty}b(\omega)\sin\omega t\,\mathrm{d}\omega \tag{5-6}$$

其中 $b(\omega)=\dfrac{2}{\pi}\displaystyle\int_{0}^{+\infty}f(\tau)\sin\omega\tau\,d\tau$;当 $f(t)$为偶函数时,可以表示成如下形式:

$$f(t)=\int_{0}^{+\infty}a(\omega)\cos\omega t\,\mathrm{d}\omega \tag{5-7}$$

其中 $a(\omega)=\dfrac{2}{\pi}\displaystyle\int_{0}^{+\infty}f(\tau)\cos\omega\tau\,\mathrm{d}\tau$.

§5.2 傅氏变换

一、傅氏变换的概念

在(5-3)式中,令

$$F(\omega)=\int_{-\infty}^{+\infty}f(t)\mathrm{e}^{-\mathrm{j}\omega t}\mathrm{d}t \tag{5-8}$$

则(5-3)式可写成

$$f(t)=\frac{1}{2\pi}\int_{-\infty}^{+\infty}F(\omega)\mathrm{e}^{\mathrm{j}\omega t}\mathrm{d}\omega \tag{5-9}$$

(5-8)式称为 $f(t)$ 的**傅氏变换式**,记为

$$F(\omega)=\mathscr{F}[f(t)]$$

称 $F(\omega)$ 为 $f(t)$ 的**象函数**,右端的积分运算,叫做取 $f(t)$ 的傅氏变换.(5-9)式称为 $F(\omega)$ 的**傅氏逆变换式**,记为

$$f(t)=\mathscr{F}^{-1}[F(\omega)]$$

称 $f(t)$ 为 $F(\omega)$ 的**象原函数**,右端的积分运算,叫做取 $F(\omega)$ 的傅氏逆变换.可以说象函数 $F(\omega)$ 和象原函数 $f(t)$ 构成了一个傅氏变换对.

例 5-1 求信号函数

$$f(t)=\begin{cases}0, & t<-1\\ -1, & -1\leqslant t<0\\ 1, & 0\leqslant t<1\\ 0, & t\geqslant 1\end{cases}$$

的傅氏积分式.

解 先求 $f(t)$ 的傅氏变换式 $F(\omega)$,由(5-8)式得

$$\begin{aligned}F(\omega)&=\int_{-\infty}^{+\infty}f(t)\mathrm{e}^{-\mathrm{j}\omega t}\,\mathrm{d}t=\int_{-1}^{0}-1\cdot\mathrm{e}^{-\mathrm{j}\omega t}\,\mathrm{d}t+\int_{0}^{1}1\cdot\mathrm{e}^{-\mathrm{j}\omega t}\,\mathrm{d}t\\&=-\frac{1}{-\mathrm{j}\omega}\mathrm{e}^{-\mathrm{j}\omega t}\Big|_{-1}^{0}+\frac{1}{-\mathrm{j}\omega}\mathrm{e}^{-\mathrm{j}\omega t}\Big|_{0}^{1}\\&=\frac{\mathrm{e}^{0}-\mathrm{e}^{\mathrm{j}\omega}-\mathrm{e}^{-\mathrm{j}\omega}+\mathrm{e}^{0}}{\mathrm{j}\omega}=\frac{2(1-\cos\omega)}{\mathrm{j}\omega}\end{aligned}$$

然后由(5-9)式写出傅氏积分式为

$$\begin{aligned}f(t)&=\frac{1}{2\pi}\int_{-\infty}^{+\infty}F(\omega)\mathrm{e}^{\mathrm{j}\omega t}\,\mathrm{d}\omega=\frac{1}{2\pi}\int_{-\infty}^{+\infty}\frac{2(1-\cos\omega)}{\mathrm{j}\omega}\mathrm{e}^{\mathrm{j}\omega t}\,\mathrm{d}\omega\\&=\frac{1}{\pi}\int_{-\infty}^{+\infty}\frac{(1-\cos\omega)}{\mathrm{j}\omega}(\cos\omega t+\mathrm{j}\sin\omega t)\,\mathrm{d}\omega\\&=\frac{1}{\pi}\int_{-\infty}^{+\infty}\frac{(1-\cos\omega)}{\omega}\sin\omega t\,\mathrm{d}\omega\\&=\frac{2}{\pi}\int_{0}^{+\infty}\frac{(1-\cos\omega)}{\omega}\sin\omega t\,\mathrm{d}\omega,\ |t|\neq 0,\ 1\end{aligned}$$

上式的计算用到了上一节提到的奇偶函数的积分性质.在这里还需注意一个问题,在

$f(t)$的间断点 $t=-1$、$t=0$、$t=1$ 处，积分值应取 $\dfrac{f(t+0)+f(t-0)}{2}$，即

$$|t|=0\text{ 时},\qquad f(t)=\frac{-1+1}{2}=0$$

$$t=-1\text{ 时},\qquad f(t)=\frac{0+(-1)}{2}=-\frac{1}{2}$$

$$t=1\text{ 时},\qquad f(t)=\frac{1+0}{2}=\frac{1}{2}$$

从而可以得到一个含参变量广义积分的结果：

$$\frac{2}{\pi}\int_0^{+\infty}\frac{(1-\cos\omega)}{\omega}\sin\omega t\,\mathrm{d}\omega=\begin{cases}0, & -\infty<t<-1\\ -\dfrac{1}{2}, & t=-1\\ -1, & -1<t<0\\ 0, & t=0\\ 1, & 0<t<1\\ \dfrac{1}{2}, & t=1\\ 0, & 1<t<+\infty\end{cases}$$

例 5-2　求指数衰减函数

$$f(t)=\begin{cases}0, & t<0\\ \mathrm{e}^{-\beta t}, & t\geqslant 0\end{cases}$$

的傅氏变换，其中 $\beta>0$.

解　由(5-8)式得傅氏变换

$$\begin{aligned}F(\omega)&=\mathscr{F}[f(t)]=\int_{-\infty}^{+\infty}f(t)\mathrm{e}^{-\mathrm{j}\omega t}\,\mathrm{d}t=\int_0^{+\infty}\mathrm{e}^{-\beta t}\mathrm{e}^{-\mathrm{j}\omega t}\,\mathrm{d}t\\&=\int_0^{+\infty}\mathrm{e}^{-(\beta+\mathrm{j}\omega)t}\,\mathrm{d}t=\frac{1}{-(\beta+\mathrm{j}\omega)}\mathrm{e}^{-(\beta+\mathrm{j}\omega)t}\Big|_0^{+\infty}\\&=\frac{1}{\beta+\mathrm{j}\omega}=\frac{\beta-\mathrm{j}\omega}{\beta^2+\omega^2}\end{aligned}$$

同样由(5-9)式及奇偶函数的积分性质可写出其傅氏积分表达式

$$f(t)=\mathscr{F}^{-1}[F(\omega)]=\frac{1}{2\pi}\int_{-\infty}^{+\infty}F(\omega)\mathrm{e}^{\mathrm{j}\omega t}\,\mathrm{d}\omega$$

$$= \frac{1}{2\pi}\int_{-\infty}^{+\infty} \frac{\beta - \mathrm{j}\omega}{\beta^2+\omega^2}\mathrm{e}^{\mathrm{j}\omega t}\mathrm{d}\omega$$

$$= \frac{1}{2\pi}\int_{-\infty}^{+\infty} \frac{\beta - \mathrm{j}\omega}{\beta^2+\omega^2}(\cos\omega t + \mathrm{j}\sin\omega t)\mathrm{d}\omega$$

$$= \frac{1}{2\pi}\int_{-\infty}^{+\infty} \frac{1}{\beta^2+\omega^2}[(\beta\cos\omega t + \omega\sin\omega t) + \mathrm{j}(\beta\sin\omega t - \omega\cos\omega t)]\mathrm{d}\omega$$

$$= \frac{1}{2\pi}\int_{-\infty}^{+\infty} \frac{1}{\beta^2+\omega^2}(\beta\cos\omega t + \omega\sin\omega t)\mathrm{d}\omega$$

$$= \frac{1}{\pi}\int_{0}^{+\infty} \frac{\beta\cos\omega t + \omega\sin\omega t}{\beta^2+\omega^2}\mathrm{d}\omega$$

由此我们顺便得到一个含参量广义积分的结果：

$$\int_0^{+\infty} \frac{\beta\cos\omega t + \omega\sin\omega t}{\beta^2+\omega^2}\mathrm{d}\omega = \begin{cases} 0, & t < 0 \\ \dfrac{\pi}{2}, & t = 0 \\ \pi\mathrm{e}^{-\beta t}, & t > 0 \end{cases}$$

这里要注意 $t = 0$ 时的结果是如何求得的.

例 5－3 求函数 $f(t) = \mathrm{e}^{-|t|}\cos t$ 的傅氏变换，并证明：

$$\int_0^{+\infty} \frac{\omega^2+2}{\omega^4+4}\cos\omega t\,\mathrm{d}\omega = \frac{\pi}{2}\mathrm{e}^{-|t|}\cos t$$

分析 由上面两例可知，利用傅氏变换写出傅氏积分式，可以得到一个含参量广义积分的结果. 本例的证明式是要等写出积分式后才能得到.

解 求 $f(t) = \mathrm{e}^{-|t|}\cos t$ 的傅氏变换.

$$F(\omega) = \mathscr{F}[f(t)] = \int_{-\infty}^{+\infty} \mathrm{e}^{-|t|}\cos t\,\mathrm{e}^{-\mathrm{j}\omega t}\mathrm{d}t = \int_{-\infty}^{+\infty} \frac{\mathrm{e}^{\mathrm{j}t}+\mathrm{e}^{-\mathrm{j}t}}{2}\mathrm{e}^{-|t|}\mathrm{e}^{-\mathrm{j}\omega t}\mathrm{d}t$$

$$= \frac{1}{2}\left\{\int_{-\infty}^{0} \mathrm{e}^{[1+\mathrm{j}(1-\omega)]t}\mathrm{d}t + \int_{-\infty}^{0} \mathrm{e}^{[1-\mathrm{j}(1+\omega)t]}\mathrm{d}t + \int_{0}^{+\infty} \mathrm{e}^{[-1+\mathrm{j}(1-\omega)]t}\mathrm{d}t + \int_{0}^{+\infty} \mathrm{e}^{-[1+\mathrm{j}(1+\omega)]t}\mathrm{d}t\right\}$$

$$= \frac{1}{2}\left\{\frac{1}{1+\mathrm{j}(1-\omega)} + \frac{1}{1-\mathrm{j}(1+\omega)} + \frac{-1}{-1+\mathrm{j}(1-\omega)} + \frac{-1}{-[1+\mathrm{j}(1+\omega)]}\right\}$$

$$= \frac{1}{1+(1-\omega)^2} + \frac{1}{1+(1+\omega)^2} = \frac{2(\omega^2+2)}{\omega^4+4}$$

写出傅氏积分式为

$$f(t)=\mathscr{F}^{-1}[F(\omega)]=\frac{1}{2\pi}\int_{-\infty}^{+\infty}F(\omega)e^{j\omega t}d\omega$$

$$=\frac{1}{2\pi}\int_{-\infty}^{+\infty}\frac{2(\omega^2+2)}{\omega^4+4}e^{j\omega t}d\omega$$

$$=\frac{1}{2\pi}\int_{-\infty}^{+\infty}\frac{2(\omega^2+2)}{\omega^4+4}(\cos\omega t+j\sin\omega t)d\omega$$

$$=\frac{2}{\pi}\int_{0}^{+\infty}\frac{\omega^2+2}{\omega^4+4}\cos\omega t\,d\omega$$

得到含参变量广义积分式

$$\int_{0}^{+\infty}\frac{\omega^2+2}{\omega^4+4}\cos\omega t\,d\omega=\frac{\pi}{2}e^{-|t|}\cos t$$

例 5-4*　求积分方程

$$\int_{0}^{+\infty}f(x)\cos\omega x\,dx=\begin{cases}1-\omega, & 0\leqslant\omega\leqslant 1\\ 0, & \omega>1\end{cases}$$

的解 $f(x)$.

解　容易看出所求函数 $f(x)$定义在区间$(0,+\infty)$上,将 $f(x)$作偶式延拓(其图形关于纵轴对称)便可得到$(-\infty,+\infty)$上的偶函数 $f(x)$,此时 $f(x)$的傅氏变换具有积分方程左边的形式,因为当 $f(x)$为偶函数时

$$F(\omega)=\mathscr{F}[f(x)]=\int_{-\infty}^{+\infty}f(x)e^{-j\omega x}dx$$

$$=2\int_{0}^{+\infty}f(x)\cos\omega x\,dx$$

而且 $F(\omega)$也是偶函数. 所以在 $\omega>0$ 上有

$$F(\omega)=2\int_{0}^{+\infty}f(x)\cos\omega x\,dx=\begin{cases}2(1-\omega), & 0\leqslant\omega\leqslant 1\\ 0, & \omega>1\end{cases}$$

从而解积分方程的问题,就转化为求傅氏逆变换的问题. 由傅氏逆变换公式得

$$f(x)=\mathscr{F}^{-1}[F(\omega)]=\frac{1}{2\pi}\int_{-\infty}^{+\infty}F(\omega)e^{j\omega x}d\omega$$

$$\xlongequal{F(\omega)\text{为偶函数}}\frac{1}{\pi}\int_{0}^{+\infty}F(\omega)\cos\omega x\,d\omega$$

$$= \frac{1}{\pi}\int_0^1 2(1-\omega)\cos\omega x\,\mathrm{d}\omega$$

$$= \frac{2(1-\cos x)}{\pi x^2}$$

故所给积分方程的解为

$$f(x) = \frac{2(1-\cos x)}{\pi x^2}\ (x>0)$$

二、函数的频谱

1. 周期函数的频谱

对于以 T 为周期的非正弦函数 $f_T(t)$ 的傅氏级数为

$$f_T(t) = \frac{a_0}{2} + \sum_{n=1}^{\infty}(a_n\cos\omega_n t + b_n\sin\omega_n t)$$

它的第 n 次谐波 $\left(\omega_n = n\omega = \frac{2n\pi}{T}\right)$ 为

$$a_n\cos\omega_n t + b_n\sin\omega_n t = A_n\sin(\omega_n t+\varphi_n)$$

其中

$$A_n = \sqrt{a_n^2+b_n^2}$$

写成复指数形式为

$$c_n\mathrm{e}^{\mathrm{j}\omega_n t} + c_{-n}\mathrm{e}^{-\mathrm{j}\omega_n t}$$

其中

$$c_n = \frac{a_n - \mathrm{j}b_n}{2},\ c_{-n} = \frac{a_n+\mathrm{j}b_n}{2}$$

$$|c_n| = |c_{-n}| = \frac{1}{2}\sqrt{a_n^2+b_n^2} = \frac{1}{2}A_n$$

即以 T 为周期的非正弦函数 $f_T(t)$ 的第 n 次谐波的振幅为

$$A_n = 2|c_n|\ (n=0,1,2,\cdots)$$

A_n 称为 $f_T(t)$ 的**振幅频谱**(简称为**频谱**),它描述了各次谐波的振幅随频率变化的分布情况.将频率和振幅之间的关系用图画出,即可得到**频谱图**,由于 $n=0,1,2,\cdots$,所以频谱 A_n 的图形是不连续的,称之为**离散频谱**.频谱图能清楚地表明一个非正弦周期函数包含了哪些频率分量及各分量所占的比重(如振幅的大小),因此频谱图在工程技术中应用比较广泛.

例 5 - 5 图 5 - 3 所示的周期性矩形脉冲，在一个周期 T 内的表达式为

$$f_T(t)=\begin{cases}0 & -\frac{T}{2}\le t<-\frac{\tau}{2}\\ E & -\frac{\tau}{2}\le t<\frac{\tau}{2}\\ 0 & \frac{\tau}{2}\le t\le\frac{T}{2}\end{cases}$$

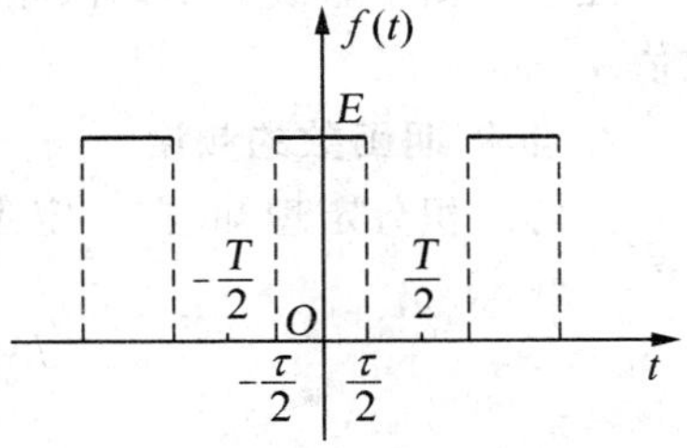

图 5 - 3

试作出该脉冲在 $T=4\tau$ 时的频谱图.

解 $f_T(t)$的傅氏级数的复指数形式为

$$f_T(t)=c_0+\sum_{\substack{n=-\infty\\(n\neq0)}}^{+\infty}c_n\mathrm{e}^{\mathrm{j}n\omega t}=\frac{E\tau}{T}+\sum_{\substack{n=-\infty\\(n\neq0)}}^{+\infty}\frac{E}{n\pi}\sin\frac{n\pi\tau}{T}\mathrm{e}^{\mathrm{j}n\omega t}$$

$$\text{其中}c_0=\frac{1}{T}\int_{-\frac{T}{2}}^{\frac{T}{2}}f_T(t)\mathrm{d}t=\frac{1}{T}\int_{-\frac{\tau}{2}}^{\frac{\tau}{2}}E\mathrm{d}t=\frac{E\tau}{T}$$

$$c_n=\frac{1}{T}\int_{-\frac{T}{2}}^{\frac{T}{2}}f_T(t)\mathrm{e}^{-\mathrm{j}n\omega t}\,\mathrm{d}t=\frac{1}{T}\int_{-\frac{\tau}{2}}^{\frac{\tau}{2}}E\mathrm{e}^{-\mathrm{j}n\omega t}\,\mathrm{d}t$$

$$=\frac{E}{T}\cdot\frac{1}{-\mathrm{j}n\omega}\mathrm{e}^{-\mathrm{j}n\omega t}\Big|_{-\frac{\tau}{2}}^{\frac{\tau}{2}}\xlongequal{\omega=\frac{2\pi}{T}}\frac{E}{n\pi}\sin\frac{n\pi\tau}{T}\quad(n=\pm1,\pm2,\cdots)$$

它的频谱为

$$A_0=2\mid c_0\mid=\frac{2E\tau}{T},\ A_n=2\mid c_n\mid=\frac{2E}{n\pi}\left|\sin\frac{n\pi\tau}{T}\right|,\ (n=1,2,\cdots)$$

当 $T=4\tau$ 时，$A_0=\frac{E}{2}$，$A_n=\frac{2E}{n\pi}\left|\sin\frac{n\pi}{4}\right|$，$\omega_n=n\omega=\frac{n\pi}{2\tau}$，$(n=1,2,\cdots)$. 如图 5 - 4 所示为其频谱图.

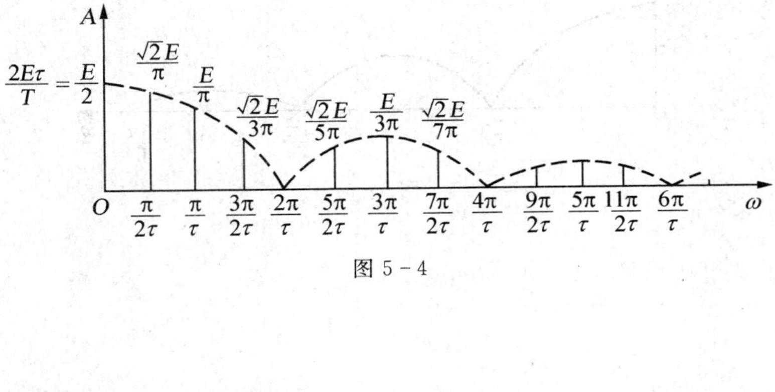

图 5 - 4

注意 图中虚线表示离散频谱的包络，虚线上方所标值即为对应频率分量的振幅数值.

2. 非周期函数的频谱

由傅氏积分定理知，在一定条件下，非周期函数 $f(t)$ 在连续点处可表示为

$$f(t)=\frac{1}{2\pi}\int_{-\infty}^{+\infty}F(\omega)\mathrm{e}^{\mathrm{j}\omega t}\,\mathrm{d}\omega$$

其中

$$F(\omega)=\int_{-\infty}^{+\infty}f(t)\mathrm{e}^{-\mathrm{j}\omega t}\,\mathrm{d}t$$

为它的傅氏变换. 在频谱分析中，傅氏变换 $F(\omega)$ 又称为 $f(t)$ 的**频谱函数**，频谱函数的模 $|F(\omega)|$ 称为 $f(t)$ 的**振幅频谱**（亦简称为**频谱**）. 由于 ω 是连续变化的，所以非周期函数的频谱为**连续频谱**.

例 5-6 作如图 5-5 所示的单个矩形脉冲的频谱图.

解 单个矩形脉冲的频谱函数为

$$F(\omega)=\int_{-\infty}^{+\infty}f(t)\mathrm{e}^{-\mathrm{j}\omega t}\,\mathrm{d}t=\int_{-\frac{\tau}{2}}^{\frac{\tau}{2}}E\mathrm{e}^{-\mathrm{j}\omega t}\,\mathrm{d}t=\frac{2E}{\omega}\sin\frac{\omega\tau}{2}$$

$$=E\tau Sa\left(\frac{\omega\tau}{2}\right)$$

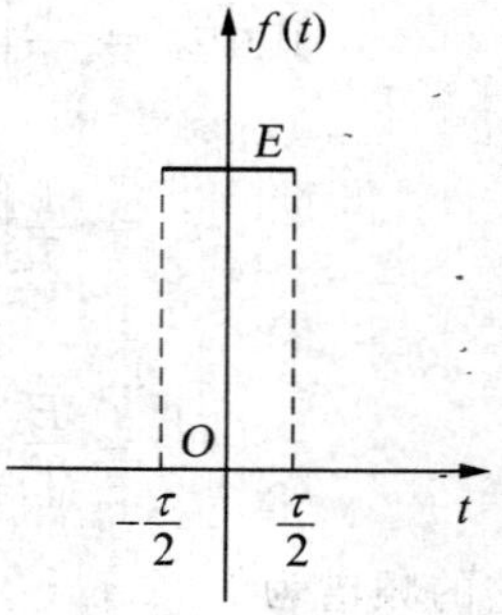

图 5-5

称 $Sa(t)=\dfrac{\sin t}{t}$ 为 t 的抽样脉冲或抽样信号.

振幅频谱 $\quad |F(\omega)|=E\tau\left|Sa\left(\frac{\omega\tau}{2}\right)\right|$

频谱图如图 5-6 所示（其中只画出 $\omega\geqslant 0$ 这一半）.

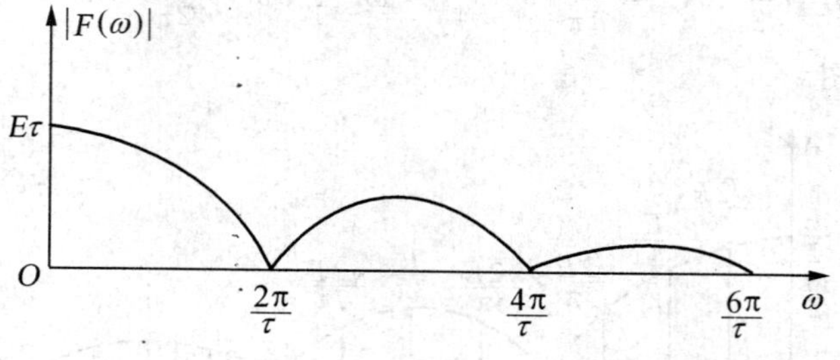

图 5-6

同理可画出指数衰减函数 $f(t)=\begin{cases}0, & t<0\\ e^{-\beta t}, & t\geqslant 0\end{cases}(\beta>0)$ 的频谱图,如图 5-7 所示.

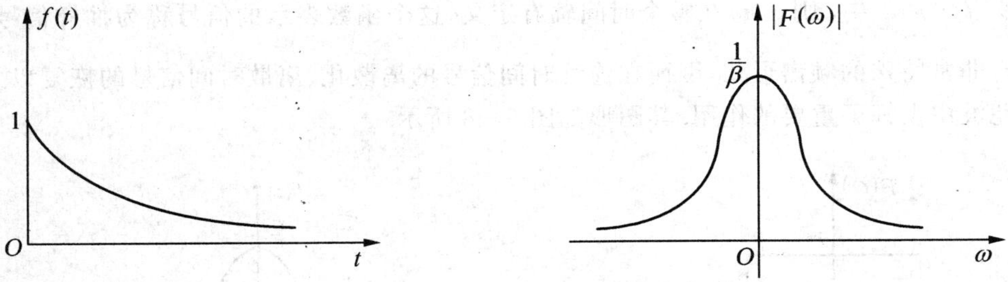

图 5-7

现在我们利用欧拉公式将频谱函数写成如下形式:

$$F(\omega)=\mathscr{F}[f(t)]=\int_{-\infty}^{+\infty}f(t)e^{-j\omega t}\,dt=\int_{-\infty}^{+\infty}f(t)\cos\omega t\,dt-j\int_{-\infty}^{+\infty}f(t)\sin\omega t\,dt$$

可得

$$|F(\omega)|=\sqrt{\left(\int_{-\infty}^{+\infty}f(t)\cos\omega t\,dt\right)^2+\left(\int_{-\infty}^{+\infty}f(t)\sin\omega t\,dt\right)^2},$$

从而有

$$|F(\omega)|=|F(-\omega)|$$

所以振幅频谱 $|F(\omega)|$ 是频率 ω 的偶函数.

我们还可以定义

$$\varphi(\omega)=\arctan\frac{\int_{-\infty}^{+\infty}f(t)\sin\omega t\,dt}{\int_{-\infty}^{+\infty}f(t)\cos\omega t\,dt}$$

为 $f(t)$ 的**相角频谱**.显然,相角频谱 $\varphi(\omega)$ 是 ω 的奇函数,即 $\varphi(-\omega)=-\varphi(\omega)$.

例 5-7 已知 $f(t)$ 的频谱为 $F(\omega)=\begin{cases}0, & |\omega|>a\\ 1, & |\omega|\leqslant a\end{cases}$,其中 $a>0$,求 $f(t)$.

解 根据(5-9)式可得

$$f(t)=\mathscr{F}^{-1}[F(\omega)]=\frac{1}{2\pi}\int_{-\infty}^{+\infty}F(\omega)e^{j\omega t}\,d\omega$$

$$=\frac{1}{2\pi}\int_{-a}^{a}e^{j\omega t}\,d\omega=\frac{\sin at}{\pi t}$$

$$= \frac{a}{\pi} \cdot \left(\frac{\sin at}{at} \right)$$

定义 $f(0) = \frac{a}{\pi}$，则 $f(t)$ 在整个时间轴有定义，这个函数表示的信号称为抽样信号. 它具有非常特殊的频谱形式，因而在连续时间信号的离散化、离散时间信号的恢复以及信号滤波中发挥了重要的作用. 其图形如图 5－8 所示.

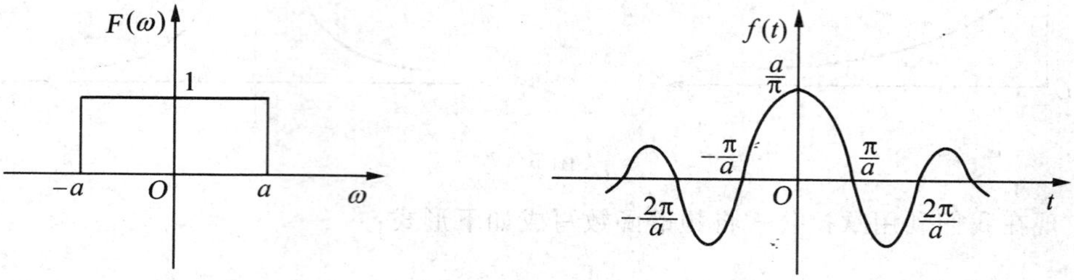

图 5－8

§5.3 单位脉冲函数及其傅氏变换

一、单位脉冲函数的概念及其性质

在物理和工程技术中，除了用到指数衰减函数以外，还要用到单位脉冲函数. 此函数能反映出许多物理和工程上集中的量，如点质量、点电荷、脉冲电流、冲击力等.

δ 函数概念的提出其实是很自然的事，不过要从数学上严谨叙述或证明却不是一件容易的事. 在此我们用一个简单的例子来引入此函数.

在原来电流为零的电路中，某一瞬时(设为 $t = 0$)进入一单位电量的脉冲，试确定电路上的电流 $i(t)$. 由已知条件可设电路中的电荷函数为

$$q(t) = \begin{cases} 0, & t \neq 0 \\ 1, & t = 0 \end{cases}$$

此函数对时间求导即可得电流 $i(t)$，即

$$i(t) = \frac{\mathrm{d}q(t)}{\mathrm{d}t} = \lim_{\Delta t \to 0} \frac{q(t + \Delta t) - q(t)}{\Delta t}$$

从上式可以看出当 $t \neq 0$ 时，$i(t) = 0$；当 $t = 0$ 时，由于 $q(t)$ 是不连续的从而在普通导数的意义下，$q(t)$ 在这一点是不能求导数的. 如果我们形式地计算这个导数，则得

$$i(0)=\lim_{\Delta t\to 0}\frac{q(0+\Delta t)-q(0)}{\Delta t}=\lim_{\Delta t\to 0}\left(-\frac{1}{\Delta t}\right)=\infty$$

显然电路中的电流强度不能用通常意义下的函数来表示. 为了确定这种电路上的电流强度,必须引进一个新的函数,即所谓的单位脉冲函数,又名**狄拉克(Dirac)函数**,简单地记成 δ 函数. 通俗的说,若 δ 函数是时间 t 的函数即 $\delta(t)$,则在 $t=0$ 时刻为∞,在 $t\neq 0$ 时刻为 0,所以上述 $i(t)$即可用 $\delta(t)$来表示. δ 函数是一个广义函数,它没有普通意义下的"函数值",所以,它不能用通常意义下"值的对应关系"来定义. 要讲清楚 δ 函数定义,需要应用一些超出工科院校工程数学教学大纲范围的知识. 为了方便起见,我们仅把 δ 函数看作是函数

$$\delta_\varepsilon(t)=\begin{cases}0, & t<0\\ \dfrac{1}{\varepsilon}, & 0\leqslant t\leqslant \varepsilon\\ 0, & t>\varepsilon\end{cases}$$

在 $\varepsilon\to 0$ 时的弱极限.

图 5-9 所示为 $\delta_\varepsilon(t)$的图像,可以看出它是宽度为 ε,高度为$\dfrac{1}{\varepsilon}$的矩形脉冲函数. 对任何 $\varepsilon>0$, 显然有 $\int_{-\infty}^{+\infty}\delta_\varepsilon(t)\,\mathrm{d}t=\int_0^\varepsilon\frac{1}{\varepsilon}\mathrm{d}t=1$.

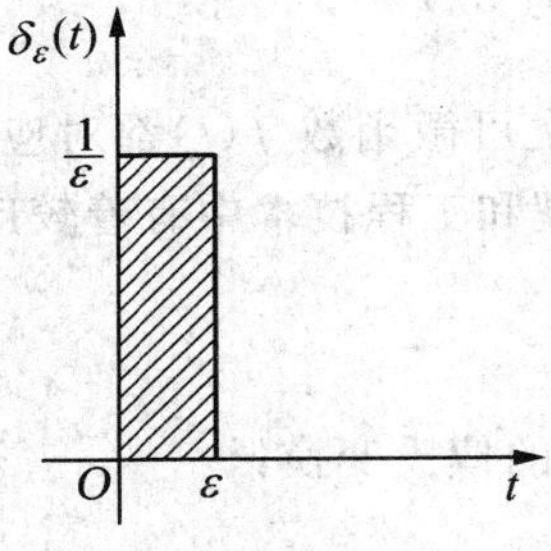

图 5-9

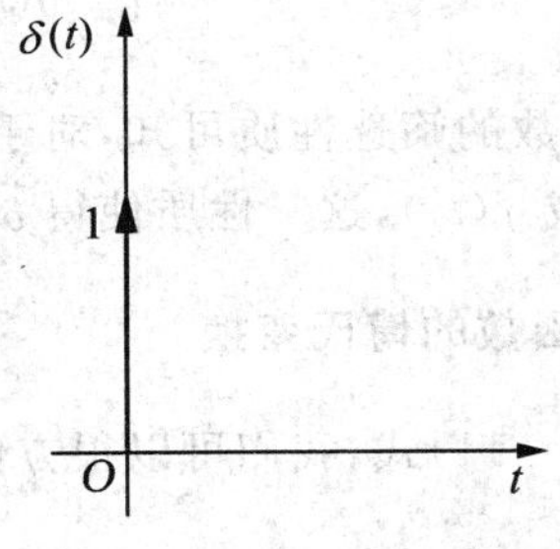

图 5-10

记

$$\lim_{\varepsilon\to 0}\delta_\varepsilon(t)=\delta(t) \qquad (5-10)$$

即定义 δ 函数为一个普通函数序列的弱极限 $\delta(t)$.

工程上常将 δ 函数称为**单位脉冲函数**. 该函数具有如下几个基本性质:

(1) **归一性**

$$\int_{-\infty}^{+\infty}\delta(t)\,\mathrm{d}t=1$$

证明 $\int_{-\infty}^{+\infty}\delta(t)\mathrm{d}t=\int_{-\infty}^{+\infty}\lim\limits_{\varepsilon\to 0}\delta_{\varepsilon}(t)\mathrm{d}t=\lim\limits_{\varepsilon\to 0}\int_{-\infty}^{+\infty}\delta_{\varepsilon}(t)\mathrm{d}t=\lim\limits_{\varepsilon\to 0}\int_{0}^{\varepsilon}\frac{1}{\varepsilon}\mathrm{d}t=1$

根据此性质,有一些工程书上将 δ 函数用一个长度等于 1 的有向线段来表示(见图 5-10),这个线段的长度表示 δ 函数的积分值,称为 **δ 函数的强度**.

(2) **筛选性**

$$\int_{-\infty}^{+\infty}\delta(t)f(t)\mathrm{d}t=f(0) \tag{5-11}$$

证明 $\int_{-\infty}^{+\infty}\delta(t)f(t)\mathrm{d}t=\lim\limits_{\varepsilon\to 0}\int_{-\infty}^{+\infty}\delta_{\varepsilon}(t)f(t)\mathrm{d}t=\lim\limits_{\varepsilon\to 0}\int_{0}^{\varepsilon}\frac{1}{\varepsilon}f(t)\mathrm{d}t$

$$\overset{\text{积分中值定理}}{=\!=\!=\!=\!=}\lim_{\varepsilon\to 0}\frac{1}{\varepsilon}f(\xi)(\varepsilon-0)\ (0\leqslant\xi\leqslant\varepsilon)$$

$$=\lim_{\varepsilon\to 0}f(\xi)=f(0)$$

上述证明用到了积分中值定理:$\int_{a}^{b}f(x)\mathrm{d}x=f(\xi)(b-a)$,$f(x)$连续,$\xi\in[a,b]$.

如果将 δ 函数沿 t 轴右移 t_0,则变为另一函数 $\delta(t-t_0)$,因此更一般的 δ 函数的筛选性可写成如下关系:

$$\int_{-\infty}^{+\infty}\delta(t-t_0)f(t)\mathrm{d}t=f(t_0) \tag{5-12}$$

由 δ 函数的筛选性质可知,对于任何一个无穷次可微函数 $f(t)$都对应着一个确定的数 $f(0)$或 $f(t_0)$,这一性质使得 δ 函数在近代物理和工程技术中有着较广泛的应用.

二、δ 函数的傅氏变换

根据(5-11)式,我们可以很方便地求出 δ 函数的傅氏变换:

$$F(\omega)=\mathscr{F}[\delta(t)]=\int_{-\infty}^{+\infty}\delta(t)\mathrm{e}^{-\mathrm{j}\omega t}\mathrm{d}t=\mathrm{e}^{-\mathrm{j}\omega t}\Big|_{t=0}=1$$

可见,单位脉冲函数 $\delta(t)$与常数 1 构成了一个傅氏变换对. 同理,$\delta(t-t_0)$ 和 $\mathrm{e}^{-\mathrm{j}\omega t_0}$ 亦构成了一个傅氏变换对.

按傅氏逆变换公式有

$$\mathscr{F}^{-1}[1]=\frac{1}{2\pi}\int_{-\infty}^{+\infty}\mathrm{e}^{\mathrm{j}\omega t}\mathrm{d}\omega=\delta(t) \tag{5-13}$$

上式是一个关于 δ 函数的重要公式,它不同于普通意义下的积分值. 这里为了方便起见,我们将 $\delta(t)$的傅氏变换仍旧写成古典定义的形式. 所以,$\delta(t)$的傅氏变换是一种广

义傅氏变换. 运用这一概念，我们可以对一些常用的函数，如常数、单位阶跃函数以及正、余弦函数进行傅氏变换，尽管它们并不满足绝对可积条件.

例 5－8 分别求函数 1 与 $e^{j\omega_0 t}$ 的傅氏变换.

解 由傅氏变换定义(5－8)式及(5－13)式有

$$\mathscr{F}[1]=\int_{-\infty}^{+\infty}e^{-j\omega t}\,dt\xlongequal{t=-\tau}\int_{-\infty}^{+\infty}e^{j\omega\tau}\,d\tau=2\pi\delta(\omega)$$

$$\mathscr{F}[e^{j\omega_0 t}]=\int_{-\infty}^{+\infty}e^{j\omega_0 t}e^{-j\omega t}\,dt=\int_{-\infty}^{+\infty}e^{-j(\omega-\omega_0)t}\,dt=2\pi\delta(\omega-\omega_0)$$

由本例可知 1 和 $2\pi\delta(\omega)$ 也构成了一个傅氏变换对. 同理，$e^{j\omega_0 t}$ 和 $2\pi\delta(\omega-\omega_0)$ 也构成了一个傅氏变换对. 由此可得

$$\int_{-\infty}^{+\infty}e^{-j\omega t}\,dt=2\pi\delta(\omega)$$

$$\int_{-\infty}^{+\infty}e^{-j(\omega-\omega_0)t}\,dt=2\pi\delta(\omega-\omega_0)$$

显然，这两个积分在普通意义下都是不存在的，读者应会用此两式.

例 5－9 证明单位阶跃函数 $u(t)=\begin{cases}0, & t<0\\ 1, & t>0\end{cases}$ (图 5－11)的傅氏变换为

$$\frac{1}{j\omega}+\pi\delta(\omega)$$

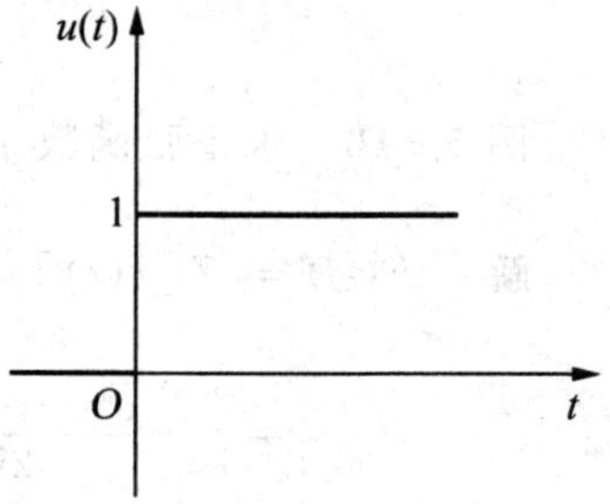

图 5－11

证明 设 $F(\omega)=\frac{1}{j\omega}+\pi\delta(\omega)$，由傅氏变换公式得

$$\begin{aligned}
f(t)=\mathscr{F}^{-1}[F(\omega)]&=\frac{1}{2\pi}\int_{-\infty}^{+\infty}F(\omega)e^{j\omega t}\,d\omega\\
&=\frac{1}{2\pi}\int_{-\infty}^{+\infty}\left[\frac{1}{j\omega}+\pi\delta(\omega)\right]e^{j\omega t}\,d\omega\\
&=\frac{1}{2\pi}\int_{-\infty}^{+\infty}\pi\delta(\omega)e^{j\omega t}\,d\omega+\frac{1}{2\pi}\int_{-\infty}^{+\infty}\frac{e^{j\omega t}}{j\omega}\,d\omega\\
&=\frac{1}{2}\int_{-\infty}^{+\infty}\delta(\omega)e^{j\omega t}\,d\omega+\frac{1}{2\pi}\int_{-\infty}^{+\infty}\frac{\cos\omega t+j\sin\omega t}{j\omega}\,d\omega\\
&=\frac{1}{2}+\frac{1}{2\pi}\int_{-\infty}^{+\infty}\frac{\sin\omega t}{\omega}\,d\omega\\
&=\frac{1}{2}+\frac{1}{\pi}\int_{0}^{+\infty}\frac{\sin\omega t}{\omega}\,d\omega
\end{aligned}$$

由狄利克雷积分 $\int_0^{+\infty}\frac{\sin\omega}{\omega}\mathrm{d}\omega=\frac{\pi}{2}$ 知

$$\int_0^{+\infty}\frac{\sin\omega t}{\omega}\mathrm{d}\omega=\begin{cases}-\frac{\pi}{2}, & t<0\\ 0, & t=0\\ \frac{\pi}{2}, & t>0\end{cases}$$

上式中当 $t=0$ 时,结果是显然的;当 $t<0$ 时,可令 $u=-t\omega$,则 $\int_0^{+\infty}\frac{\sin\omega t}{\omega}\mathrm{d}\omega=\int_0^{+\infty}\frac{\sin(-u)}{u}\mathrm{d}u=-\frac{\pi}{2}$;当 $t>0$ 时读者自行计算.所以

$$f(t)=\frac{1}{2}+\frac{1}{\pi}\int_0^{+\infty}\frac{\sin\omega t}{\omega}\mathrm{d}\omega=\begin{cases}\frac{1}{2}+\frac{1}{\pi}\left(-\frac{\pi}{2}\right)=0, & t<0\\ \frac{1}{2}+\frac{1}{\pi}\times\frac{\pi}{2}=1, & t>0\end{cases}$$

这就表明 $\frac{1}{\mathrm{j}\omega}+\pi\delta(\omega)$ 的傅氏逆变换为 $f(t)=u(t)$.因此,$u(t)$和 $\frac{1}{\mathrm{j}\omega}+\pi\delta(\omega)$ 构成了一个傅氏变换对,所以,单位阶跃函数 $u(t)$的积分表达式可写为

$$u(t)=\frac{1}{2}+\frac{1}{\pi}\int_0^{+\infty}\frac{\sin\omega t}{\omega}\mathrm{d}\omega\quad(t\neq 0)$$

例 5-10 求正弦函数 $f(t)=\sin\omega_0 t$ 的傅氏变换.

解 $F(\omega)=\mathscr{F}[f(t)]=\int_{-\infty}^{+\infty}f(t)\mathrm{e}^{-\mathrm{j}\omega t}\mathrm{d}t=\int_{-\infty}^{+\infty}\sin\omega_0 t\mathrm{e}^{-\mathrm{j}\omega t}\mathrm{d}t$

$$=\int_{-\infty}^{+\infty}\frac{\mathrm{e}^{\mathrm{j}\omega_0 t}-\mathrm{e}^{-\mathrm{j}\omega_0 t}}{2\mathrm{j}}\mathrm{e}^{-\mathrm{j}\omega t}\mathrm{d}t=\frac{1}{2\mathrm{j}}\int_{-\infty}^{+\infty}[\mathrm{e}^{-\mathrm{j}(\omega-\omega_0)t}-\mathrm{e}^{-\mathrm{j}(\omega+\omega_0)t}]\mathrm{d}t$$

$$=\frac{1}{2\mathrm{j}}[2\pi\delta(\omega-\omega_0)-2\pi\delta(\omega+\omega_0)]=\mathrm{j}\pi[\delta(\omega+\omega_0)-\delta(\omega-\omega_0)]$$

用同样的方法可求出余弦函数 $\cos\omega_0 t$ 的傅氏变换为 $\pi[\delta(\omega+\omega_0)+\delta(\omega-\omega_0)]$.

通过上述讨论,我们可以看出引进 δ 函数的重要性.它使得在普通意义下的一些不存在的积分,有了确定的数值;而且利用 δ 函数及其傅氏变换可以很方便地得到工程技术上许多重要函数的傅氏变换;并且使得许多变换的推导大大地简化.因此,本书介绍 δ 函数的目的主要是为了提供一个有用的数学工具,而不是去追求它在数学上的严谨叙述或证明.对 δ 函数理论的详尽内容感兴趣的读者可阅读有关的参考书.

例 5-11　作单位脉冲函数 $\delta(t)$、$\delta(t-t_0)$和 1 的频谱图.

解　由于 $\delta(t)$的傅氏变换为

$$F(\omega)=\int_{-\infty}^{+\infty}\delta(t)\mathrm{e}^{-\mathrm{j}\omega t}\mathrm{d}t=\mathrm{e}^{-\mathrm{j}\omega 0}=1\Rightarrow|F(\omega)|=1$$

$\delta(t)$和它的频谱图如图 5-12 所示.

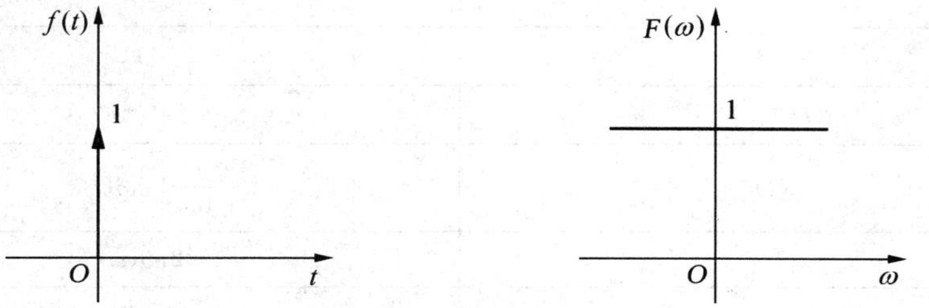

图 5-12

同样由 $\delta(t-t_0)$ 的傅氏变换可求得其频谱函数

$$F(\omega)=\int_{-\infty}^{+\infty}\delta(t-t_0)\mathrm{e}^{-\mathrm{j}\omega t}\mathrm{d}t=\mathrm{e}^{-\mathrm{j}\omega t_0}\Rightarrow|F(\omega)|=1$$

所以 $\delta(t-t_0)$ 和它的频谱图如图 5-13 所示.

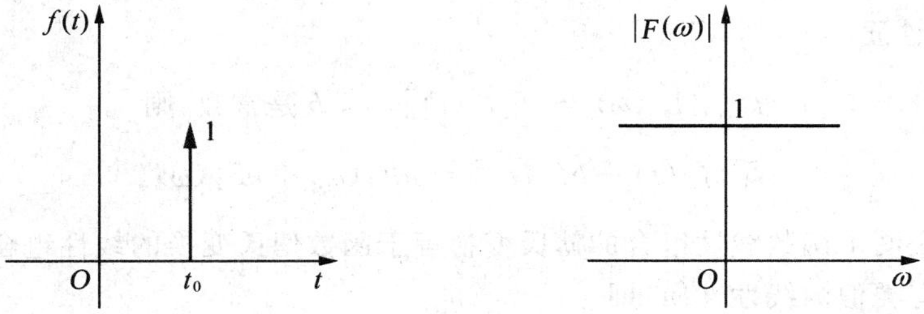

图 5-13

当 $f(t)=1$ 时，$F(\omega)=2\pi\delta(\omega)$，其图像与其频谱图如图 5-14 所示.

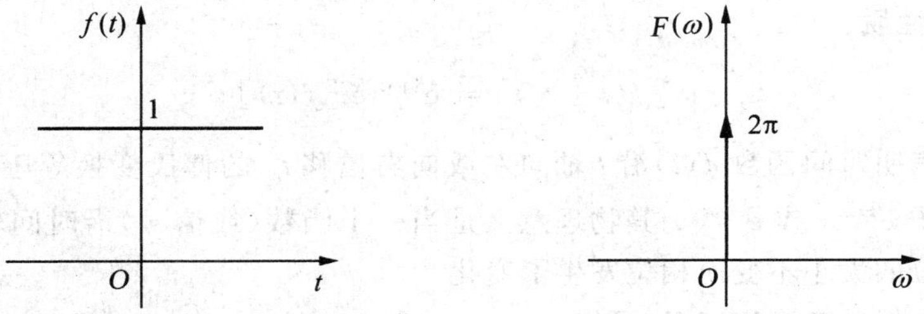

图 5-14

为便于记忆和查找，把几个较为典型的傅氏变换列在表 5 - 1 中. 在物理学和工程技术中，将会出现很多非周期函数，它们的频谱求法，这里不可能一一列举. 我们将经常遇到的一些函数及其傅氏变换(或频谱)列于附录 I 中，以备读者查用.

表 5 - 1

象原函数 $f(t)$	象函数 $F(\omega)$
$\delta(t)$	1
$\delta(t-t_0)$	$e^{-j\omega t_0}$
$u(t)$	$\dfrac{1}{j\omega}+\pi\delta(\omega)$
1	$2\pi\delta(\omega)$
$e^{j\omega_0 t}$	$2\pi\delta(\omega-\omega_0)$

§ 5.4 傅氏变换的性质

首先我们假定在后面介绍的性质中凡是需要求傅氏变换的函数都满足傅氏积分定理中的条件，在证明这些性质时，也不再重述这些条件.

1. 线性性质

设 $F_1(\omega)=\mathscr{F}[f_1(t)]$, $F_2(\omega)=\mathscr{F}[f_2(t)]$, a, b 是常数，则

$$\mathscr{F}[af_1(t)+bf_2(t)]=aF_1(\omega)+bF_2(\omega) \tag{5-14}$$

此性质表明了函数线性组合的傅氏变换等于函数傅氏变换的线性组合. 同样，傅氏逆变换亦具有类似的线性性质，即

$$\mathscr{F}^{-1}[aF_1(\omega)+bF_2(\omega)]=af_1(t)+bf_2(t) \tag{5-15}$$

它们的证明只需根据定义就可推出.

2. 位移性质

$$\mathscr{F}[f(t\pm t_0)]=e^{\pm j\omega t_0}\mathscr{F}[f(t)] \tag{5-16}$$

此性质表明时间函数 $f(t)$ 沿 t 轴向左或向右位移 t_0 的傅氏变换等于 $f(t)$ 的傅氏变换乘以因子 $e^{+j\omega t_0}$ 或 $e^{-j\omega t_0}$. 其物理意义是当一个函数(或信号)沿时间轴移动后，它的各频率成分的大小不变而相位发生了变化.

证明 由傅氏变换的定义，可知

$$\mathscr{F}[f(t\pm t_0)]=\int_{-\infty}^{+\infty}f(t\pm t_0)\mathrm{e}^{-\mathrm{j}\omega t}\mathrm{d}t\xlongequal{令 u=t\pm t_0}\int_{-\infty}^{+\infty}f(u)\mathrm{e}^{-\mathrm{j}\omega(u\mp t_0)}\mathrm{d}u$$

$$=\mathrm{e}^{\pm\mathrm{j}\omega t_0}\int_{-\infty}^{+\infty}f(u)\mathrm{e}^{-\mathrm{j}\omega u}\mathrm{d}u$$

$$=\mathrm{e}^{\pm\mathrm{j}\omega t_0}\mathscr{F}[f(t)]$$

同样,傅氏逆变换亦具有类似的位移性质,即

$$\mathscr{F}^{-1}[F(\omega\pm\omega_0)]=f(t)\mathrm{e}^{\mp\mathrm{j}\omega_0 t} \tag{5-17}$$

它表明频谱函数 $F(\omega)$ 沿 ω 轴向右或向左位移 ω_0 的傅氏逆变换等于原来的函数 $f(t)$ 乘以因子 $\mathrm{e}^{+\mathrm{j}\omega_0 t}$ 或 $\mathrm{e}^{-\mathrm{j}\omega_0 t}$. 此性质在通信系统的频谱搬移技术中得到了应用.

例 5-12　求矩形单脉冲 $f(t)=\begin{cases}E, & 0<t<\tau \\ 0, & 其他\end{cases}$ 的频谱函数.

解　方法一:根据傅氏变换的定义,有

$$F(\omega)=\int_{-\infty}^{+\infty}f(t)\mathrm{e}^{-\mathrm{j}\omega t}\mathrm{d}t=\int_0^{\tau}E\mathrm{e}^{-\mathrm{j}\omega t}\mathrm{d}t=-\frac{E}{\mathrm{j}\omega}\mathrm{e}^{-\mathrm{j}\omega t}\Big|_0^{\tau}$$

$$=\frac{E}{\mathrm{j}\omega}(1-\cos\omega\tau+\mathrm{j}\sin\omega\tau)$$

$$=\frac{E}{\mathrm{j}\omega}\left(2\sin^2\frac{\omega\tau}{2}+\mathrm{j}2\sin\frac{\omega\tau}{2}\cos\frac{\omega\tau}{2}\right)$$

$$=\frac{2E}{\omega}\mathrm{e}^{-\mathrm{j}\frac{\omega\tau}{2}}\sin\frac{\omega\tau}{2}$$

方法二:根据例 5-6 介绍的矩形单脉冲函数

$$f_1(t)=\begin{cases}E, & -\dfrac{\tau}{2}<t<\dfrac{\tau}{2}, \\ 0, & 其他\end{cases}$$

的频谱函数

$$F_1(\omega)=\frac{2E}{\omega}\sin\frac{\omega\tau}{2}$$

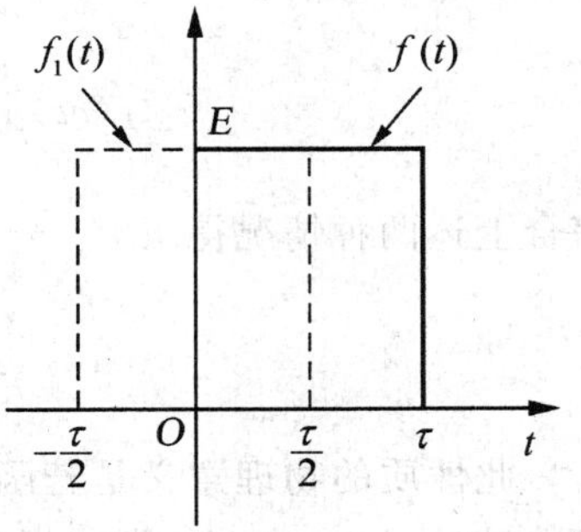

图 5-15

再由位移性质(图 5-15),得

$$F(\omega)=\mathscr{F}[f(t)]=\mathscr{F}\left[f_1\left(t-\frac{\tau}{2}\right)\right]=\mathrm{e}^{-\mathrm{j}\omega\frac{\tau}{2}}F_1(\omega)=\frac{2E}{\omega}\mathrm{e}^{-\mathrm{j}\frac{\omega\tau}{2}}\sin\frac{\omega\tau}{2}$$

且 $$|F(\omega)| = |F_1(\omega)| = 2E\left|\frac{\sin\frac{\omega\tau}{2}}{\omega}\right|$$

两种解法的结果一致，它们的频谱如图 5－6 所示.

例 5－13 已知 $F(\omega)=\dfrac{1}{\beta+\mathrm{j}(\omega+\omega_0)}$ $(\beta>0,\ \omega_0$ 为常数$)$，求其傅氏逆变换 $f(t)$.

解 由位移性质(5－17)式及例 2 结果得

$$f(t)=\mathscr{F}^{-1}[F(\omega)]=\mathrm{e}^{-\mathrm{j}\omega_0 t}\cdot\mathscr{F}^{-1}\left[\frac{1}{\beta+\mathrm{j}\omega}\right]$$

$$=\begin{cases}0, & t<0\\ \mathrm{e}^{-(\beta+\mathrm{j}\omega_0)t}, & t\geqslant 0\end{cases}$$

3. 相似性质（又称**尺度变换性质**）

设 $F(\omega)=\mathscr{F}[f(t)]$，$a$ 为非零常数，则

$$\mathscr{F}[f(at)]=\frac{1}{|a|}F\left(\frac{\omega}{a}\right) \tag{5-18}$$

证明 $\mathscr{F}[f(at)]=\int_{-\infty}^{+\infty}f(at)\mathrm{e}^{-\mathrm{j}\omega t}\mathrm{d}t$，令 $x=at$，则

当 $a>0$ 时，

$$\mathscr{F}[f(at)]=\frac{1}{a}\int_{-\infty}^{+\infty}f(x)\mathrm{e}^{-\mathrm{j}\frac{\omega}{a}x}\mathrm{d}x=\frac{1}{a}F\left(\frac{\omega}{a}\right)$$

当 $a<0$ 时，

$$\mathscr{F}[f(at)]=\frac{1}{a}\int_{+\infty}^{-\infty}f(x)\mathrm{e}^{-\mathrm{j}\frac{\omega}{a}x}\mathrm{d}x=-\frac{1}{a}F\left(\frac{\omega}{a}\right)$$

综合上述两种情况得

$$\mathscr{F}[f(at)]=\frac{1}{|a|}F\left(\frac{\omega}{a}\right)$$

此性质的物理意义是若函数(或信号)被压缩($a>1$)，则其频谱被扩展；反之，若函数被扩展($a<1$)，则其频谱被压缩.

例 5－14 已知抽样信号 $f(t)=\dfrac{\sin 2t}{t}$ 的频谱为

$$F(\omega)=\begin{cases}\pi, & |\omega|\leqslant 2\\ 0, & |\omega|>2\end{cases}$$

求 $f\left(\frac{t}{2}\right)$ 的频谱 $H(\omega)$.

解　由相似性质(5－18)式可得

$$H(\omega)=\mathscr{F}\left[f\left(\frac{t}{2}\right)\right]=2F(2\omega)=\begin{cases}2\pi, & |\omega|\leqslant 1\\ 0, & |\omega|>1\end{cases}$$

从图 5－16 可以看出,由 $f(t)$ 扩展后的信号 $f\left(\frac{t}{2}\right)$ 变得平缓,频率变低,即频率范围由原来的 $|\omega|<2$ 变为 $|\omega|<1$.

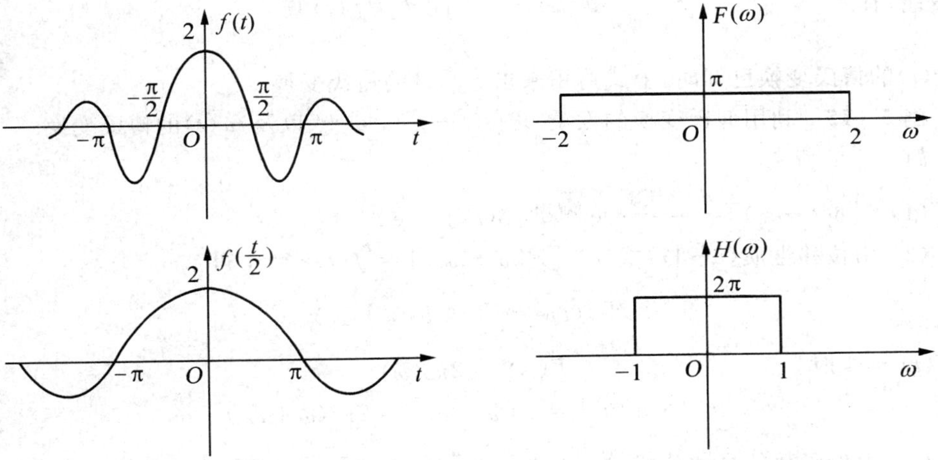

图 5－16

4. 微分性质

如果 $f(t)$ 在 $(-\infty,+\infty)$ 连续或只有有限个可去间断点,且当 $|t|\to+\infty$ 时,$f(t)\to 0$,即 $\lim\limits_{|t|\to+\infty} f(t)=0$,则

$$\mathscr{F}[f'(t)]=\mathrm{j}\omega\mathscr{F}[f(t)] \tag{5-19}$$

证明　由傅氏变换的定义,并利用分部积分可得

$$\begin{aligned}\mathscr{F}[f'(t)]&=\int_{-\infty}^{+\infty}f'(t)\mathrm{e}^{-\mathrm{j}\omega t}\mathrm{d}t\\&=f(t)\mathrm{e}^{-\mathrm{j}\omega t}\Big|_{-\infty}^{+\infty}+\mathrm{j}\omega\int_{-\infty}^{+\infty}f(t)\mathrm{e}^{-\mathrm{j}\omega t}\mathrm{d}t\\&=\mathrm{j}\omega\mathscr{F}[f(t)]\end{aligned}$$

它表明了一个函数的导数的傅氏变换等于这个函数的傅氏变换乘以因子 $\mathrm{j}\omega$.

推论　若 $f^{(k)}(t)$ $(k=1,2,\cdots,n)$ 在 $(-\infty,+\infty)$ 连续或只有有限个可去间断

点，且 $\lim\limits_{|t|\to+\infty} f^{(k)}(t)=0\ (k=1,2,\cdots,n-1)$，则有

$$\mathscr{F}[f^{(n)}(t)]=(\mathrm{j}\omega)^n\mathscr{F}[f(t)] \tag{5-20}$$

证明只要反复运用(5－19)式即可. 同样，我们还能得到象函数的导数公式. 设 $\mathscr{F}[f(t)]=F(\omega)$，则

$$\frac{\mathrm{d}}{\mathrm{d}\omega}F(\omega)=\mathscr{F}[-\mathrm{j}tf(t)]$$

一般地，有

$$\frac{\mathrm{d}^n}{\mathrm{d}\omega^n}F(\omega)=(-\mathrm{j})^n\mathscr{F}[t^nf(t)]$$

当 $f(t)$ 的傅氏变换已知时，上式可用来求 $t^nf(t)$ 的傅氏变换.

例 5－15 利用傅氏变换的性质，求 $\delta(t-t_0)$，$\mathrm{e}^{-\mathrm{j}\omega_0 t}$ 以及 $tu(t)$ 的傅氏变换.

解

(1) $\mathscr{F}[\delta(t-t_0)]\xlongequal{\text{位移性质}}\mathrm{e}^{-\mathrm{j}\omega t_0}\mathscr{F}[\delta(t)]=\mathrm{e}^{-\mathrm{j}\omega t_0}$

(2) 由位移性质(5－17)式 $\mathscr{F}^{-1}[F(\omega\pm\omega_0)]=f(t)\mathrm{e}^{\mp\mathrm{j}\omega_0 t}$，得

$$\mathscr{F}[f(t)\mathrm{e}^{-\mathrm{j}\omega_0 t}]=F(\omega+\omega_0)$$

当 $f(t)=1$ 时，

$$F(\omega)=2\pi\delta(\omega)$$

所以

$$\mathscr{F}[1\cdot\mathrm{e}^{-\mathrm{j}\omega_0 t}]=F(\omega+\omega_0)=2\pi\delta(\omega+\omega_0)$$

(3) 由象函数的导数公式 $\frac{\mathrm{d}}{\mathrm{d}\omega}F(\omega)=\mathscr{F}[-\mathrm{j}tf(t)]=-\mathrm{j}\mathscr{F}[tf(t)]$，得

$$\mathscr{F}[tf(t)]=\mathrm{j}\frac{\mathrm{d}}{\mathrm{d}\omega}F(\omega)$$

这里

$$F(\omega)=\mathscr{F}[u(t)]=\frac{1}{\mathrm{j}\omega}+\pi\delta(\omega)$$

因而 $\mathscr{F}[tu(t)]=\mathrm{j}\frac{\mathrm{d}}{\mathrm{d}\omega}\mathscr{F}[u(t)]=\mathrm{j}\frac{\mathrm{d}}{\mathrm{d}\omega}\left[\frac{1}{\mathrm{j}\omega}+\pi\delta(\omega)\right]$，即

$$\mathscr{F}[tu(t)]=-\frac{1}{\omega^2}+\mathrm{j}\pi\delta'(\omega)$$

5. 积分性质

如果当 $t\to+\infty$ 时，$g(t)=\int_{-\infty}^{t}f(t)\mathrm{d}t\to 0$，即 $\lim\limits_{|t|\to+\infty}g(t)=0$，则

$$\mathscr{F}\left[\int_{-\infty}^{t}f(t)\mathrm{d}t\right]=\frac{1}{\mathrm{j}\omega}\mathscr{F}[f(t)] \tag{5-21}$$

证明 因为
$$g'(t)=\frac{\mathrm{d}}{\mathrm{d}t}\int_{-\infty}^{t}f(t)\mathrm{d}t=f(t)$$

所以
$$\mathscr{F}\left[\frac{\mathrm{d}}{\mathrm{d}t}\int_{-\infty}^{t}f(t)\mathrm{d}t\right]=\mathscr{F}[g'(t)]=\mathscr{F}[f(t)]$$

再根据上述微分性质
$$\mathscr{F}[g'(t)]=\mathrm{j}\omega\mathscr{F}[g(t)]$$

故
$$\mathscr{F}\left[\int_{-\infty}^{t}f(t)\mathrm{d}t\right]=\mathscr{F}[g(t)]=\frac{1}{\mathrm{j}\omega}\mathscr{F}[g'(t)]=\frac{1}{\mathrm{j}\omega}\mathscr{F}[f(t)]$$

它表明了一个函数积分后的傅氏变换等于这个函数的傅氏变换除以因子 $\mathrm{j}\omega$.

例 5-16 已知 $f(t)$满足如下积分微分方程
$$af'(t)+bf(t)+c\int_{-\infty}^{t}f(t)\mathrm{d}t=y(t)$$

设 $y(t)$已知,其中 $-\infty<t<+\infty$, a, b, c 均为常数,求 $f(t)$.

解 设 $\mathscr{F}[f(t)]=F(\omega)$, $\mathscr{F}[y(t)]=Y(\omega)$, 根据傅氏变换的微分性质和积分性质,在方程式两边取傅氏变换,可得
$$a\mathrm{j}\omega F(\omega)+bF(\omega)+\frac{c}{\mathrm{j}\omega}F(\omega)=Y(\omega)$$

整理可得
$$F(\omega)=\frac{Y(\omega)}{b+\mathrm{j}\left(a\omega-\frac{c}{\omega}\right)}$$

从而对上式两边取傅氏逆变换即可得 $f(t)$的表达式,写成积分形式如下:
$$f(t)=\frac{1}{2\pi}\int_{-\infty}^{+\infty}F(\omega)\mathrm{e}^{\mathrm{j}\omega t}\mathrm{d}\omega$$

从此例我们可以发现,运用傅氏变换的线性性质、微分性质以及积分性质,能把线性常系数微分方程转化为代数方程,通过解代数方程与求傅氏逆变换,就可以得到此微分方程的解.

6. 乘积定理

若 $F_1(\omega)=\mathscr{F}[f_1(t)]$, $F_2(\omega)=\mathscr{F}[f_2(t)]$, 则
$$\int_{-\infty}^{+\infty}f_1(t)f_2(t)\mathrm{d}t=\frac{1}{2\pi}\int_{-\infty}^{+\infty}\overline{F_1(\omega)}F_2(\omega)\mathrm{d}\omega$$
$$=\frac{1}{2\pi}\int_{-\infty}^{+\infty}F_1(\omega)\overline{F_2(\omega)}\mathrm{d}\omega \qquad (5-22)$$

其中 $f_1(t)$，$f_2(t)$均为 t 的实函数，而$\overline{F_1(\omega)}$，$\overline{F_2(\omega)}$分别为 $F_1(\omega)$，$F_2(\omega)$的共轭函数.

证明
$$\int_{-\infty}^{+\infty} f_1(t)f_2(t)\mathrm{d}t = \int_{-\infty}^{+\infty} f_1(t)\left[\frac{1}{2\pi}\int_{-\infty}^{+\infty} F_2(\omega)\mathrm{e}^{\mathrm{j}\omega t}\mathrm{d}\omega\right]\mathrm{d}t$$
$$= \frac{1}{2\pi}\int_{-\infty}^{+\infty} F_2(\omega)\left[\int_{-\infty}^{+\infty} f_1(t)\mathrm{e}^{\mathrm{j}\omega t}\mathrm{d}t\right]\mathrm{d}\omega$$

因为 $\mathrm{e}^{\mathrm{j}\omega t} = \overline{\mathrm{e}^{-\mathrm{j}\omega t}}$，而 $f_1(t)$是时间 t 的实函数，所以

$$f_1(t)\mathrm{e}^{\mathrm{j}\omega t} = f_1(t)\overline{\mathrm{e}^{-\mathrm{j}\omega t}} = \overline{f_1(t)\mathrm{e}^{-\mathrm{j}\omega t}}$$

故
$$\int_{-\infty}^{+\infty} f_1(t)f_2(t)\mathrm{d}t = \frac{1}{2\pi}\int_{-\infty}^{+\infty} F_2(\omega)\left[\int_{-\infty}^{+\infty} \overline{f_1(t)\mathrm{e}^{-\mathrm{j}\omega t}}\mathrm{d}t\right]\mathrm{d}\omega$$
$$= \frac{1}{2\pi}\int_{-\infty}^{+\infty} F_2(\omega)\left[\overline{\int_{-\infty}^{+\infty} f_1(t)\mathrm{e}^{-\mathrm{j}\omega t}\mathrm{d}t}\right]\mathrm{d}\omega$$
$$= \frac{1}{2\pi}\int_{-\infty}^{+\infty} \overline{F_1(\omega)}F_2(\omega)\mathrm{d}\omega$$

同理可得
$$\int_{-\infty}^{+\infty} f_1(t)f_2(t)\mathrm{d}t = \frac{1}{2\pi}\int_{-\infty}^{+\infty} F_1(\omega)\overline{F_2(\omega)}\mathrm{d}\omega$$

7. 能量积分(帕塞瓦尔(Parseval)等式)

若 $F(\omega) = \mathscr{F}[f(t)]$，则有

$$\int_{-\infty}^{+\infty} [f(t)]^2\mathrm{d}t = \frac{1}{2\pi}\int_{-\infty}^{+\infty} |F(\omega)|^2\mathrm{d}\omega \tag{5-23}$$

证明 在(5-22)式中，令 $f_1(t) = f_2(t) = f(t)$，则

$$\int_{-\infty}^{+\infty} [f(t)]^2\mathrm{d}t = \frac{1}{2\pi}\int_{-\infty}^{+\infty} F(\omega)\overline{F(\omega)}\mathrm{d}\omega$$
$$= \frac{1}{2\pi}\int_{-\infty}^{+\infty} |F(\omega)|^2\mathrm{d}\omega = \frac{1}{2\pi}\int_{-\infty}^{+\infty} S(\omega)\mathrm{d}\omega$$

其中
$$S(\omega) = |F(\omega)|^2$$

称为**能量密度函数**(或称**能量谱密度**). 它可以决定函数 $f(t)$的能量分布规律. 将它对所有频率积分就得到 $f(t)$的总能量

$$\int_{-\infty}^{+\infty} |F(\omega)|^2\mathrm{d}\omega = \int_{-\infty}^{+\infty} S(\omega)\mathrm{d}\omega$$

显然，能量密度函数 $S(\omega)$是 ω 的偶函数，即

$$S(\omega) = S(-\omega)$$

利用能量积分还可以计算某些积分的数值.

例 5 - 17 求$\int_{-\infty}^{+\infty}\frac{\sin^2 x}{x^2}\mathrm{d}x$.

解 方法一：利用 $F(\omega)=\mathscr{F}\left[\frac{\sin t}{t}\right]=\begin{cases}\pi & |\omega|<1\\ 0 & |\omega|>1\end{cases}$

（查附录Ⅰ第 6 式或第 23 式），所以

$$\int_{-\infty}^{+\infty}\frac{\sin^2 x}{x^2}\mathrm{d}x=\frac{1}{2\pi}\int_{-\infty}^{+\infty}|F(\omega)|^2\mathrm{d}\omega=\frac{1}{2\pi}\int_{-1}^{1}\pi^2\mathrm{d}\omega=\pi$$

方法二：设 $F(\omega)=\frac{\sin\omega}{\omega}$，则由例 5 - 6 知

$$f(t)=\mathscr{F}^{-1}[F(\omega)]=\begin{cases}\frac{1}{2} & |t|<1\\ 0 & |t|>1\end{cases}$$

所以 $$\int_{-\infty}^{+\infty}\frac{\sin^2 x}{x^2}\mathrm{d}x=\int_{-\infty}^{+\infty}\frac{\sin^2\omega}{\omega^2}\mathrm{d}\omega=2\pi\int_{-\infty}^{+\infty}[f(t)]^2\mathrm{d}t=2\pi\int_{-1}^{1}\frac{1}{4}\mathrm{d}t=\pi$$

从本例出发又可得

$$\int_{-\infty}^{+\infty}\frac{1-\cos x}{x^2}\mathrm{d}x=\int_{-\infty}^{+\infty}\frac{2\sin^2\frac{x}{2}}{x^2}\mathrm{d}x=\int_{-\infty}^{+\infty}\frac{\sin^2\frac{x}{2}}{\left(\frac{x}{2}\right)^2}\mathrm{d}\left(\frac{x}{2}\right)$$

$$=\int_{-\infty}^{+\infty}\frac{\sin^2 t}{t^2}\mathrm{d}t=\frac{1}{2\pi}\int_{-\infty}^{+\infty}|F(\omega)|^2\mathrm{d}\omega=\pi$$

由此可知，当此类积分的被积函数为 $[f(x)]^2$ 时，取 $f(x)$ 为象原函数或象函数都可以求得积分的结果.

§5.5 卷积定理与相关函数

一、卷积定理

1. 卷积的概念

若已知函数 $f_1(t)$，$f_2(t)$，则积分

$$\int_{-\infty}^{+\infty}f_1(\tau)f_2(t-\tau)\mathrm{d}\tau$$

称为函数 $f_1(t)$ 与 $f_2(t)$ 的**卷积**，记为 $f_1(t)*f_2(t)$，即

$$\int_{-\infty}^{+\infty} f_1(\tau)f_2(t-\tau)\mathrm{d}\tau = f_1(t)*f_2(t) \tag{5-24}$$

显然卷积满足交换律

$$f_1(t)*f_2(t) = f_2(t)*f_1(t)$$

因为 $f_1(t)*f_2(t)=\int_{-\infty}^{+\infty} f_1(\tau)f_2(t-\tau)\mathrm{d}\tau$，令 $u=t-\tau$，则

$$f_1(t)*f_2(t) = \int_{-\infty}^{+\infty} f_2(u)f_1(t-u)\mathrm{d}u = f_2(t)*f_1(t)$$

卷积还满足结合律

$$f_1(t)*[f_2(t)*f_3(t)] = [f_1(t)*f_2(t)]*f_3(t)$$

分配律

$$f_1(t)*[f_2(t)+f_3(t)] = f_1(t)*f_2(t)+f_1(t)*f_3(t)$$

证明由读者自行完成.

例 5-18 若 $f_1(t)=\begin{cases}0, & t<0\\ 1, & t\geqslant 0\end{cases}$，$f_2(t)=\begin{cases}0, & t<0\\ \mathrm{e}^{-t}, & t\geqslant 0\end{cases}$，求：$f_1(t)*f_2(t)$.

解 按卷积的定义有

$$f_1(t)*f_2(t) = \int_{-\infty}^{+\infty} f_1(\tau)f_2(t-\tau)\mathrm{d}\tau$$

为求上述积分，只需找出使 $f_1(\tau)\cdot f_2(t-\tau)\neq 0$ 的 τ 区间即可. 下面介绍两种方法：

(1) **解不等式组法.**

要使 $f_1(\tau)f_2(t-\tau)\neq 0$，即要求

$$\begin{cases}\tau\geqslant 0\\ t-\tau\geqslant 0\end{cases} \text{即} \begin{cases}\tau\geqslant 0\\ \tau\leqslant t\end{cases}$$

成立. 求得当 $t<0$ 时，τ 无解；当 $t\geqslant 0$ 时，$0\leqslant\tau\leqslant t$. 所以，当 $t<0$ 时，$f_1(t)*f_2(t)=0$；当 $t\geqslant 0$ 时，

$$\begin{aligned}f_1(t)*f_2(t) &= \int_{-\infty}^{+\infty} f_1(\tau)f_2(t-\tau)\mathrm{d}\tau = \int_0^t 1\times \mathrm{e}^{-(t-\tau)}\mathrm{d}\tau = \mathrm{e}^{-t}\int_0^t \mathrm{e}^{\tau}\mathrm{d}\tau\\ &= \mathrm{e}^{-t}(\mathrm{e}^t-1) = 1-\mathrm{e}^{-t}\end{aligned}$$

(2) **作图法.**

图 5 - 17 中(a)和(b)分别表示 $f_1(\tau)$和 $f_2(t-\tau)$ 的图形,它们的乘积 $f_1(\tau)f_2(t-\tau)\neq 0$ 的区间,从图中可以看出,只有在 $t\geqslant 0$ 时才有,且为$[0, t]$,所以

$$f_1(t)*f_2(t)=\int_{-\infty}^{+\infty}f_1(\tau)f_2(t-\tau)\mathrm{d}\tau=\int_0^t 1\times \mathrm{e}^{-(t-\tau)}\mathrm{d}\tau=1-\mathrm{e}^{-t}$$

同样,$f_2(t)*f_1(t)$亦得到上述的结果.

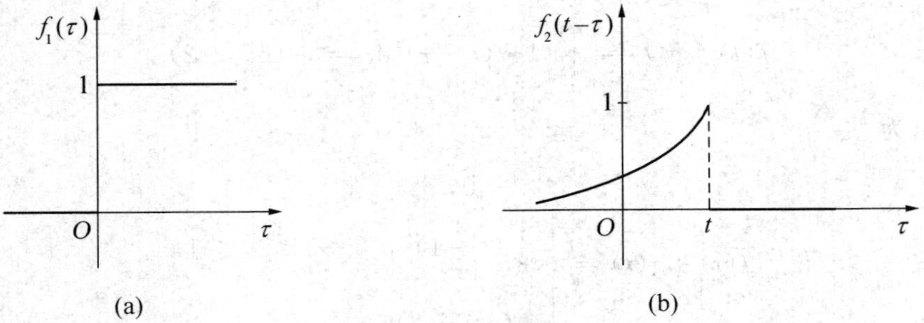

图 5 - 17

例 5 - 19 求下列函数的卷积

$$f(t)=t^2u(t),\ g(t)=\begin{cases}1, & |t|\leqslant 1\\ 0, & |t|>1\end{cases}$$

解 按卷积的定义有

$$\begin{aligned}f(t)*g(t)&=\int_{-\infty}^{+\infty}f(\tau)g(t-\tau)\mathrm{d}\tau\\ &=\int_{-\infty}^{+\infty}g(\tau)f(t-\tau)\mathrm{d}\tau\end{aligned}$$

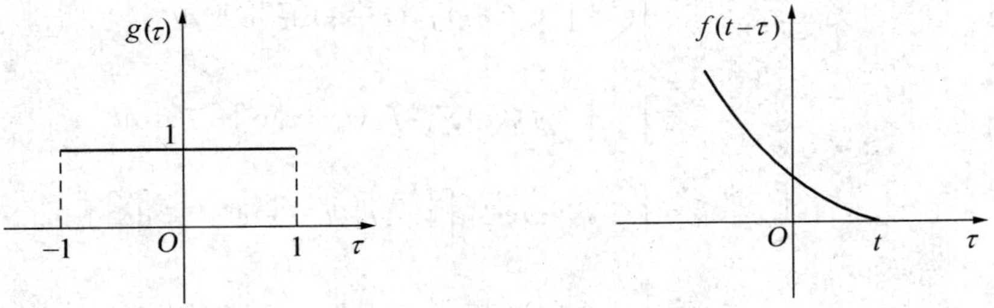

图 5 - 18

由图 5 - 18 可知，当 $t<-1$ 时，

$$f(t)*g(t)=0$$

当 $-1\leqslant t\leqslant 1$ 时，

$$f(t)*g(t)=\int_{-1}^{t}1\cdot(t-\tau)^2\mathrm{d}\tau=\frac{1}{3}(t+1)^3$$

当 $t>1$ 时，

$$f(t)*g(t)=\int_{-1}^{1}1\cdot(t-\tau)^2\mathrm{d}\tau=\frac{1}{3}(6t^2+2)$$

综合写出为

$$f(t)*g(t)=\begin{cases}0, & t<-1\\ \dfrac{1}{3}(t+1)^3, & -1\leqslant t\leqslant 1\\ \dfrac{1}{3}(6t^2+2), & t>1\end{cases}$$

卷积在傅氏分析的应用中，有着十分重要的作用，这是由下面的卷积定理所决定的.

2. 卷积定理

假定 $f_1(t)$，$f_2(t)$都满足傅氏积分定理中的条件，且

$$\mathscr{F}[f_1(t)]=F_1(\omega),\ \mathscr{F}[f_2(t)]=F_2(\omega)$$

则
$$\mathscr{F}[f_1(t)*f_2(t)]=F_1(\omega)\cdot F_2(\omega) \tag{5-25}$$

或
$$\mathscr{F}^{-1}[F_1(\omega)\cdot F_2(\omega)]=f_1(t)*f_2(t)$$

证明
$$\begin{aligned}\mathscr{F}[f_1(t)*f_2(t)]&=\int_{-\infty}^{+\infty}[f_1(t)*f_2(t)]\mathrm{e}^{-\mathrm{j}\omega t}\mathrm{d}t\\&=\int_{-\infty}^{+\infty}\left[\int_{-\infty}^{+\infty}f_1(\tau)f_2(t-\tau)\mathrm{d}\tau\right]\mathrm{e}^{-\mathrm{j}\omega t}\mathrm{d}t\\&=\int_{-\infty}^{+\infty}\int_{-\infty}^{+\infty}f_1(\tau)\mathrm{e}^{-\mathrm{j}\omega\tau}f_2(t-\tau)\mathrm{e}^{-\mathrm{j}\omega(t-\tau)}\mathrm{d}\tau\mathrm{d}t\\&=\int_{-\infty}^{+\infty}f_1(\tau)\mathrm{e}^{-\mathrm{j}\omega\tau}\left[\int_{-\infty}^{+\infty}f_2(t-\tau)\mathrm{e}^{-\mathrm{j}\omega(t-\tau)}\mathrm{d}t\right]\mathrm{d}\tau\\&=\int_{-\infty}^{+\infty}f_1(\tau)\mathrm{e}^{-\mathrm{j}\omega\tau}\left[\int_{-\infty}^{+\infty}f_2(t-\tau)\mathrm{e}^{-\mathrm{j}\omega(t-\tau)}\mathrm{d}(t-\tau)\right]\mathrm{d}\tau\\&=F_1(\omega)\cdot F_2(\omega)\end{aligned}$$

这个性质表明，两个函数卷积的傅氏变换等于这两个函数傅氏变换的乘积.

同理可得

$$\mathscr{F}[f_1(t)\cdot f_2(t)]=\frac{1}{2\pi}F_1(\omega)*F_2(\omega) \tag{5-26}$$

即两个函数的乘积的傅氏变换等于这两个函数傅氏变换的卷积除以 2π.

若 $f_k(t)\ (k=1,2,\cdots,n)$ 满足傅氏积分定理中的条件，且 $\mathscr{F}[f_k(t)]=F_k(\omega)$，则

$$\mathscr{F}[f_1(t)\cdot f_2(t)\cdot\cdots\cdot f_n(t)]=\frac{1}{(2\pi)^{n-1}}[F_1(\omega)*F_2(\omega)*\cdots*F_n(\omega)]$$

从上面我们可以看出，卷积并不总是很容易计算的，但卷积定理提供了卷积计算的简便方法，即化卷积运算为乘积运算，而且也可以简化某些函数的傅氏变换求解. 这就使得卷积在线性系统分析中成为特别有用的方法.

例 5-20　求如下两函数的卷积

$$f(t)=\frac{\sin at}{\pi t},\ g(t)=\frac{\sin bt}{\pi t}$$

其中 $a>0,\ b>0$.

解　设 $F(\omega)=\mathscr{F}[f(t)],\ G(\omega)=\mathscr{F}[g(t)]$，由例 5-7 知

$$F(\omega)=\begin{cases}0, & |\omega|>a,\\ 1, & |\omega|\leqslant a,\end{cases}\quad G(\omega)=\begin{cases}0, & |\omega|>b\\ 1, & |\omega|\leqslant b\end{cases}$$

因而有

$$F(\omega)\cdot G(\omega)=\begin{cases}0, & |\omega|>c\\ 1, & |\omega|\leqslant c\end{cases}\ (\text{其中 } c=\min(a,b))$$

由卷积定理得

$$f(t)*g(t)=\mathscr{F}^{-1}[F(\omega)\cdot G(\omega)]=\frac{\sin ct}{\pi t}$$

例 5-21　若 $f(t)=\cos\omega_0 t\cdot u(t)$，求 $\mathscr{F}[f(t)]$.

解　根据(5-26)式，有

$$\mathscr{F}[\cos\omega_0 t\cdot u(t)]=\frac{1}{2\pi}\mathscr{F}[\cos\omega_0 t]*\mathscr{F}[u(t)]$$

而

$$\mathscr{F}[\cos\omega_0 t]=\pi[\delta(\omega-\omega_0)+\delta(\omega+\omega_0)]$$

$$\mathscr{F}[u(t)]=\frac{1}{\mathrm{j}\omega}+\pi\delta(\omega)$$

由卷积定义可得

$$\mathscr{F}[f(t)]=\frac{1}{2\pi}\int_{-\infty}^{+\infty}\pi[\delta(\omega_\tau-\omega_0)+\delta(\omega_\tau+\omega_0)]\cdot\left[\frac{1}{\mathrm{j}(\omega-\omega_\tau)}+\pi\delta(\omega-\omega_\tau)\right]\mathrm{d}\omega_\tau$$

由 δ 函数的筛选性可得

$$\mathscr{F}[f(t)]=\frac{1}{2}\left[\frac{1}{\mathrm{j}(\omega-\omega_0)}+\pi\delta(\omega-\omega_0)+\frac{1}{\mathrm{j}(\omega+\omega_0)}+\pi\delta(\omega+\omega_0)\right]$$

$$=\frac{\mathrm{j}\omega}{\omega_0^2-\omega^2}+\frac{\pi}{2}[\delta(\omega-\omega_0)+\delta(\omega+\omega_0)]$$

接下来我们来考察上一节介绍的傅氏变换的积分性质，此性质成立的条件是 $\lim\limits_{t\to+\infty}g(t)=0\ \left(g(t)=\int_{-\infty}^{t}f(t)\mathrm{d}t\right)$，从而可以利用微分性质来证明. 若 $\lim\limits_{t\to+\infty}g(t)\neq 0$，则不能用微分性质了，此时积分性质应修正为

$$\mathscr{F}\left[\int_{-\infty}^{t}f(t)\mathrm{d}t\right]=\frac{1}{\mathrm{j}\omega}F(\omega)+\pi F(0)\delta(\omega)$$

其中 $F(\omega)=\mathscr{F}[f(t)]$. 下面利用卷积定理来证明此式.

例 5-22 若 $F(\omega)=\mathscr{F}[f(t)]$，证明

$$\mathscr{F}\left[\int_{-\infty}^{t}f(t)\mathrm{d}t\right]=\frac{1}{\mathrm{j}\omega}F(\omega)+\pi F(0)\delta(\omega)$$

证明 由于

$$f(t)*u(t)=\int_{-\infty}^{+\infty}f(\tau)u(t-\tau)\mathrm{d}\tau=\int_{-\infty}^{t}f(\tau)\mathrm{d}\tau=\int_{-\infty}^{t}f(t)\mathrm{d}t$$

其中 $u(t)$ 为单位阶跃函数. 利用卷积定理(5-25)式，有

$$\mathscr{F}\left[\int_{-\infty}^{t}f(t)\mathrm{d}t\right]=\mathscr{F}[f(t)*u(t)]=\mathscr{F}[f(t)]\cdot\mathscr{F}[u(t)]$$

$$=F(\omega)\cdot\left(\frac{1}{\mathrm{j}\omega}+\pi\delta(\omega)\right)$$

$$=\frac{F(\omega)}{\mathrm{j}\omega}+\pi F(\omega)\delta(\omega)$$

$$=\frac{F(\omega)}{\mathrm{j}\omega}+\pi F(0)\delta(\omega)$$

此结果表明，当 $\lim\limits_{t\to+\infty}g(t)=0$ 的条件不满足时，积分性质中应包括一个脉冲函数. 反过

来，当 $\lim\limits_{t\to+\infty} g(t)=0$ 时，即 $\int_{-\infty}^{+\infty} f(t)\mathrm{d}t=0$. 由于我们假定 $f(t)$是绝对可积的，所以

$$F(0)=\lim_{\omega\to 0}F(\omega)=\lim_{\omega\to 0}\int_{-\infty}^{+\infty} f(t)\mathrm{e}^{-\mathrm{j}\omega t}\mathrm{d}t$$

$$=\int_{-\infty}^{+\infty}\lim_{\omega\to 0}[f(t)\mathrm{e}^{-\mathrm{j}\omega t}]\mathrm{d}t=\int_{-\infty}^{+\infty} f(t)\mathrm{d}t=0$$

由此可见，当 $\lim\limits_{t\to+\infty} g(t)=0$ 时，就有 $F(0)=0$，从而与前面的结果相一致.

二、相关函数

1. 相关函数的概念

相关函数分为互相关函数和自相关函数，若 $f_1(t)$和 $f_2(t)$是两个不同的函数，则积分

$$\int_{-\infty}^{+\infty} f_1(t)f_2(t+\tau)\mathrm{d}t$$

称为 $f_2(t)$对 $f_1(t)$的**互相关函数**，用记号 $R_{12}(\tau)$表示，即

$$R_{12}(\tau)=\int_{-\infty}^{+\infty} f_1(t)f_2(t+\tau)\mathrm{d}t \tag{5-27}$$

同理 $f_1(t)$对 $f_2(t)$的互相关函数可表示为

$$R_{21}(\tau)=\int_{-\infty}^{+\infty} f_2(t)f_1(t+\tau)\mathrm{d}t \tag{5-28}$$

当 $f_1(t)=f_2(t)=f(t)$ 时，上述积分变为

$$R(\tau)=\int_{-\infty}^{+\infty} f(t)f(t+\tau)\mathrm{d}t \tag{5-29}$$

称 $R(\tau)$为函数 $f(t)$的**自相关函数**(简称**相关函数**).

可以证明自相关函数 $R(\tau)$是一个偶函数，即

$$R(-\tau)=R(\tau)$$

互相关函数有如下的性质：

$$R_{12}(-\tau)=R_{21}(\tau)$$

2. 相关函数与能量谱密度的关系

在乘积定理(5-22)式中，令 $f_1(t)=f(t)$，$f_2(t)=f(t+\tau)$ 及 $F(\omega)=\mathscr{F}[f(t)]$，再根据位移性质，可得

$$\int_{-\infty}^{+\infty} f(t)f(t+\tau)\mathrm{d}t = \frac{1}{2\pi}\int_{-\infty}^{+\infty} \overline{F(\omega)}F(\omega)\mathrm{e}^{\mathrm{j}\omega\tau}\mathrm{d}\omega$$

$$= \frac{1}{2\pi}\int_{-\infty}^{+\infty} |F(\omega)|^2 \mathrm{e}^{\mathrm{j}\omega\tau}\mathrm{d}\omega$$

$$= \frac{1}{2\pi}\int_{-\infty}^{+\infty} S(\omega)\mathrm{e}^{\mathrm{j}\omega\tau}\mathrm{d}\omega$$

即

$$R(\tau) = \frac{1}{2\pi}\int_{-\infty}^{+\infty} S(\omega)\mathrm{e}^{\mathrm{j}\omega\tau}\mathrm{d}\omega$$

如果对 $R(\tau)$ 求傅氏变换，有

$$\int_{-\infty}^{+\infty} R(\tau)\mathrm{e}^{-\mathrm{j}\omega\tau}\mathrm{d}\tau = \int_{-\infty}^{+\infty}\left[\int_{-\infty}^{+\infty} f(t)f(t+\tau)\mathrm{d}t\right]\mathrm{e}^{-\mathrm{j}\omega\tau}\mathrm{d}\tau$$

$$= \int_{-\infty}^{+\infty} f(t)\mathrm{e}^{\mathrm{j}\omega\tau}\left[\int_{-\infty}^{+\infty} f(t+\tau)\mathrm{e}^{-\mathrm{j}\omega(t+\tau)}\mathrm{d}\tau\right]\mathrm{d}t$$

$$= \int_{-\infty}^{+\infty} f(t)\mathrm{e}^{\mathrm{j}\omega\tau}F(\omega)\mathrm{d}t = F(\omega)\int_{-\infty}^{+\infty} f(t)\mathrm{e}^{-\mathrm{j}\omega\tau}\mathrm{d}t$$

$$= |F(\omega)|^2 = S(\omega)$$

即

$$S(\omega) = \int_{-\infty}^{+\infty} R(\tau)\mathrm{e}^{-\mathrm{j}\omega\tau}\mathrm{d}\tau$$

由此可见，自相关函数 $R(\tau)$ 和能量谱密度 $S(\omega)$ 构成了一个傅氏变换对：

$$\left.\begin{aligned} R(\tau) &= \frac{1}{2\pi}\int_{-\infty}^{+\infty} S(\omega)\mathrm{e}^{\mathrm{j}\omega\tau}\mathrm{d}\omega \\ S(\omega) &= \int_{-\infty}^{+\infty} R(\tau)\mathrm{e}^{-\mathrm{j}\omega\tau}\mathrm{d}\tau \end{aligned}\right\} \tag{5-30}$$

因为相关函数和能量谱密度都是偶函数，(5-30)式可写成三角函数的形式：

$$\left.\begin{aligned} R(\tau) &= \frac{1}{2\pi}\int_{-\infty}^{+\infty} S(\omega)\cos\omega\tau\,\mathrm{d}\omega \\ S(\omega) &= \int_{-\infty}^{+\infty} R(\tau)\cos\omega\tau\,\mathrm{d}\tau \end{aligned}\right\} \tag{5-31}$$

当 $\tau=0$ 时，

$$R(0) = \int_{-\infty}^{+\infty} f(t)f(t+0)\mathrm{d}t = \int_{-\infty}^{+\infty}[f(t)]^2\mathrm{d}t$$

$$= \frac{1}{2\pi}\int_{-\infty}^{+\infty} S(\omega)\mathrm{d}\omega$$

$$= \frac{1}{2\pi}\int_{-\infty}^{+\infty} |F(\omega)|^2\mathrm{d}\omega$$

此即**帕塞瓦尔(Parseval)等式**.

若 $\mathscr{F}[f_1(t)]=F_1(\omega)$，$\mathscr{F}[f_2(t)]=F_2(\omega)$，根据乘积定理及位移性质可得

$$R_{12}(\tau)=\int_{-\infty}^{+\infty}f_1(t)f_2(t+\tau)\mathrm{d}t=\frac{1}{2\pi}\int_{-\infty}^{+\infty}\overline{F_1(\omega)}F_2(\omega)\mathrm{e}^{\mathrm{j}\omega\tau}\mathrm{d}\omega$$

令
$$S_{12}(\omega)=\overline{F_1(\omega)}F_2(\omega)$$

称 $S_{12}(\omega)$ 为**互能量谱密度**. 同理可得互能量谱密度和互相关函数亦构成傅氏变换对：

$$\left.\begin{aligned}R_{12}(\tau)&=\frac{1}{2\pi}\int_{-\infty}^{+\infty}S_{12}(\omega)\mathrm{e}^{\mathrm{j}\omega\tau}\mathrm{d}\omega\\S_{12}(\omega)&=\int_{-\infty}^{+\infty}R_{12}(\tau)\mathrm{e}^{-\mathrm{j}\omega\tau}\mathrm{d}\tau\end{aligned}\right\}\tag{5-32}$$

易知互能量谱密度有如下的性质：　$S_{21}(\omega)=\overline{S_{12}(\omega)}$

例 5-23　求指数衰减函数 $f(t)=\begin{cases}0, & t<0\\ \mathrm{e}^{-\beta t}, & t\geqslant 0\end{cases}$ $(\beta>0)$ 的自相关函数和能量谱密度.

解　为求自相关函数

$$R(\tau)=\int_{-\infty}^{+\infty}f(t)f(t+\tau)\mathrm{d}t$$

的积分值，我们用作图法来求 $f(t)f(t+\tau)\neq 0$ 的区间.

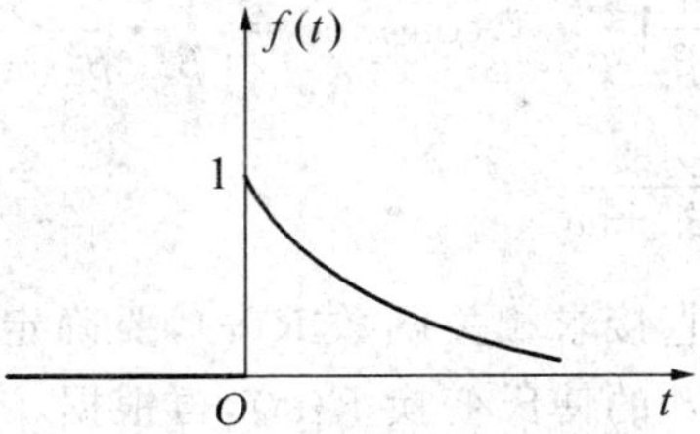

(a)

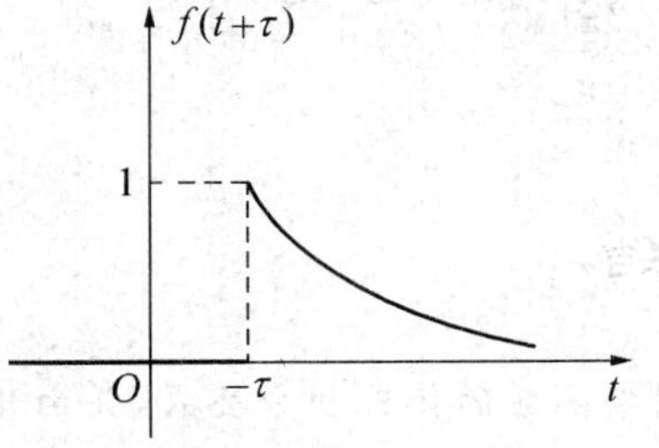

(b) $\tau<0$

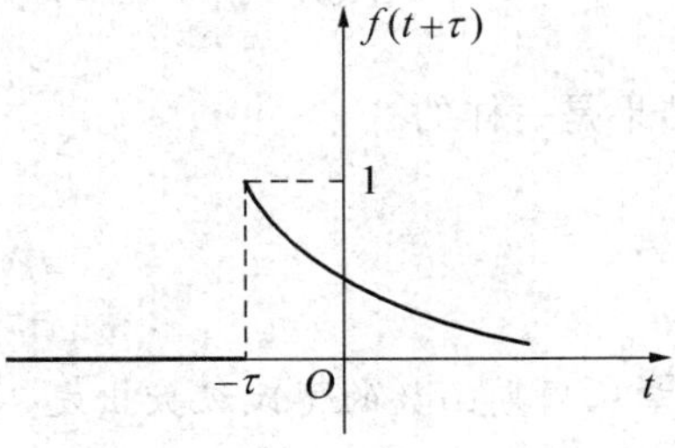

(c) $\tau>0$

图 5-19

从图 5-19 可以看出：当 $\tau>0$ 时，$f(t)f(t+\tau)\neq 0$ 的区间为 $t\in[0,+\infty)$，所以

$$R(\tau)=\int_{-\infty}^{+\infty}f(t)f(t+\tau)\mathrm{d}t=\int_{0}^{+\infty}\mathrm{e}^{-\beta t}\mathrm{e}^{-\beta(t+\tau)}\mathrm{d}t$$

$$=\frac{\mathrm{e}^{-\beta\tau}}{-2\beta}\mathrm{e}^{-2\beta t}\Bigg|_{t=0}^{+\infty}=\frac{\mathrm{e}^{-\beta\tau}}{2\beta}$$

当 $\tau<0$ 时，$f(t)f(t+\tau)\neq 0$ 的区间为 $t\in[-\tau,+\infty)$，所以

$$R(\tau)=\int_{-\infty}^{+\infty}f(t)f(t+\tau)\mathrm{d}t=\int_{-\tau}^{+\infty}\mathrm{e}^{-\beta t}\mathrm{e}^{-\beta(t+\tau)}\mathrm{d}t$$

$$=\frac{\mathrm{e}^{-\beta\tau}}{-2\beta}\mathrm{e}^{-2\beta t}\Bigg|_{t=-\tau}^{+\infty}=\frac{\mathrm{e}^{\beta\tau}}{2\beta}$$

综合上述两种情况，当 $-\infty<\tau<+\infty$ 时，自相关函数为

$$R(\tau)=\frac{1}{2\beta}\mathrm{e}^{-\beta|\tau|}$$

将 $R(\tau)$ 代入(5-30)式，即得能量谱密度为

$$S(\omega)=\int_{-\infty}^{+\infty}R(\tau)\mathrm{e}^{-\mathrm{j}\omega\tau}\mathrm{d}\tau=\int_{-\infty}^{+\infty}\frac{1}{2\beta}\mathrm{e}^{-\beta|\tau|}\mathrm{e}^{-\mathrm{j}\omega\tau}\mathrm{d}\tau$$

$$=\frac{1}{\beta}\int_{0}^{+\infty}\mathrm{e}^{-\beta\tau}\cos\omega\tau\,\mathrm{d}\tau=\frac{1}{\beta}\cdot\frac{\beta}{\beta^2+\omega^2}$$

$$=\frac{1}{\beta^2+\omega^2}$$

从此例可知，由函数 $f(t)$ 直接求相关函数 $R(\tau)$，要确定积分的上、下限，有时为了避免这种麻烦，可以先求出 $f(t)$ 的傅氏变换 $F(\omega)$，再根据

$$S(\omega)=|F(\omega)|^2,\ R(\tau)=\frac{1}{2\pi}\int_{-\infty}^{+\infty}S(\omega)\mathrm{e}^{\mathrm{j}\omega\tau}\mathrm{d}\omega$$

来求，结果是一样的.

小　结

本章从周期函数的傅氏级数出发，导出非周期函数的傅氏积分公式，并由此得到傅氏变换，进而讨论了傅氏变换的一些基本性质和应用.

傅氏级数的展开被称为是最辉煌、最大胆的思想. 从分析角度看，它是用简单函数

去逼近(或代替)复杂函数;从变换角度看,它建立了周期函数与序列之间的对应关系;从物理意义上看,它将信号分解为一系列简谐波的复合,从而建立了频谱理论.

傅氏变换是傅氏级数由周期函数向非周期函数的演变,它通过特定形式的积分建立了函数之间的对应关系,一方面它仍然具有明确的物理含义;另一方面,它成为一种非常有用的数学工具.因此,它既能从频谱的角度来描述函数(或信号)的特征,又能简化运算,方便问题的求解.傅里叶变换一般要求函数绝对可积,但在引入了 δ 函数并提出了广义傅氏积分的概念后,放宽了对函数的要求.

傅里叶分析方法不仅应用于电力工程、通信和控制领域中,而且在其他许多有关数学、物理和工程技术领域中得到广泛而普遍的应用.

习 题 五

1. 试证:若 $f(t)$满足傅氏积分定理的条件,则有

$$f(t) = \int_0^{+\infty} a(\omega)\cos\omega t\,\mathrm{d}\omega + \int_0^{+\infty} b(\omega)\sin\omega t\,\mathrm{d}\omega$$

其中
$$a(\omega) = \frac{1}{\pi}\int_{-\infty}^{+\infty} f(\tau)\cos\omega\tau\,\mathrm{d}\tau$$

$$b(\omega) = \frac{1}{\pi}\int_{-\infty}^{+\infty} f(\tau)\sin\omega\tau\,\mathrm{d}\tau$$

2. 试证:若 $f(t)$满足傅氏积分定理的条件,当 $f(t)$为奇函数时,则有

$$f(t) = \int_0^{+\infty} b(\omega)\sin\omega t\,\mathrm{d}\omega$$

其中
$$b(\omega) = \frac{2}{\pi}\int_0^{+\infty} f(\tau)\sin\omega\tau\,\mathrm{d}\tau$$

当 $f(t)$为偶函数时,则有

$$f(t) = \int_0^{+\infty} a(\omega)\cos\omega t\,\mathrm{d}\omega$$

其中
$$a(\omega) = \frac{2}{\pi}\int_0^{+\infty} f(\tau)\cos\omega\tau\,\mathrm{d}\tau$$

3. 在题 2 中,设 $f(t) = \begin{cases} 0, & |t| > 1 \\ 1, & |t| \leqslant 1 \end{cases}$,试算出 $a(\omega)$,并推证

$$\int_0^{+\infty} \frac{\sin\omega \cdot \cos\omega t}{\omega} d\omega = \begin{cases} \frac{\pi}{2}, & |t| < 1 \\ \frac{\pi}{4}, & |t| = 1 \\ 0, & |t| > 1 \end{cases}$$

4. 求图示三角形周期波的指数形式的傅氏级数.

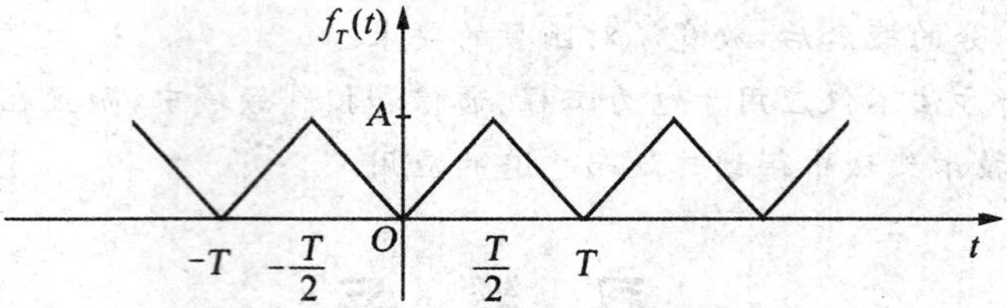

第 4 题图

5. 图示的周期信号为整流后的正弦波，求 $T=1$ 时正弦波的指数形式的傅氏级数.

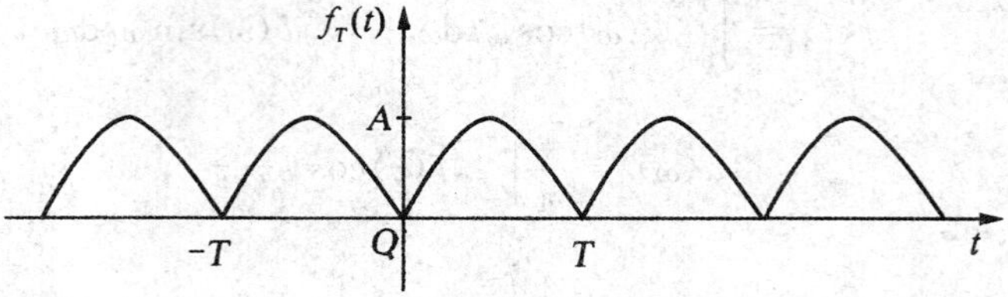

第 5 题图

6. 求下列函数的傅氏变换：

(1) $f(t) = \begin{cases} A, & 0 \leqslant t \leqslant \tau \\ 0, & \text{其他} \end{cases}$　　(2) $f(t) = \begin{cases} 0, & t < 0 \\ \frac{A}{T}t, & 0 \leqslant t < T \\ 0, & t > T \end{cases}$

7. 求下列函数的傅氏积分：

(1) $f(t) = \begin{cases} 1-t^2, & t^2 < 1 \\ 0, & t^2 \geqslant 1 \end{cases}$　　(2) $f(t) = \begin{cases} 0, & t < 0 \\ e^{-t}\sin 2t, & t \geqslant 0 \end{cases}$

(3) $f(t) = \begin{cases} 0, & |t| > 2 \\ 1, & |t| \leqslant 2 \end{cases}$　　(4) $f(t) = \begin{cases} e^t, & t \leqslant 0 \\ 0, & t > 0 \end{cases}$

8. 求下列函数 $f(t)$ 的傅氏变换，并推证下列积分结果：

(1) $f(t) = e^{-\beta|t|}(\beta > 0)$ 证明：$\int_0^{+\infty} \frac{\cos\omega t}{\beta^2+\omega^2} d\omega = \frac{\pi}{2\beta} e^{-\beta|t|}$

(2) $f(t)=\mathrm{e}^{-\beta|t|}\cos t$，证明：$\displaystyle\int_0^{+\infty}\frac{\omega^2+2}{\omega^4+4}\cos\omega t\,\mathrm{d}\omega=\frac{\pi}{2}\mathrm{e}^{-|t|}\cos t$

(3) $f(t)=\begin{cases}\sin t, & |t|\leqslant\pi\\ 0, & |t|>\pi\end{cases}$，证明：

$$\int_0^{+\infty}\frac{\sin\omega\pi\sin\omega t}{1-\omega^2}\mathrm{d}\omega=\begin{cases}\dfrac{\pi}{2}\sin t, & |t|\leqslant\pi\\ 0, & |t|>\pi\end{cases}$$

9. 求下列函数的傅氏变换：

(1) $f(t)=\cos t\sin t$

(2) $f(t)=\sin^3 t$

(3) $f(t)=\sin(5t+\dfrac{\pi}{3})$

10. 求函数 $\mathrm{sgn}\,t=\dfrac{t}{|t|}=\begin{cases}-1, & t<0\\ 1, & t>0\end{cases}$ 的傅氏变换，此函数称符号函数（又称正负号函数）（提示：可以利用 $\mathrm{sgn}\,t=u(t)-u(-t)$ 求解）.

11. 求函数 $f(t)=\dfrac{1}{2}[\delta(t+a)+\delta(t-a)+\delta(t+\dfrac{a}{2})+\delta(t-\dfrac{a}{2})]$ 的傅氏变换.

12. 已知下列函数为某函数的傅氏变换，求其象原函数 $f(t)$：

(1) $F(\omega)=\dfrac{\sin\omega}{\omega}$

(2) $F(\omega)=\pi[\delta(\omega+\omega_0)+\delta(\omega-\omega_0)]$

13. 证明 δ 函数是偶函数，即 $\delta(t)=\delta(-t)$.

14. 证明：若 $\mathscr{F}[\mathrm{e}^{\mathrm{j}\varphi(t)}]=F(\omega)$，其中 $\varphi(t)$ 为一实函数，则

$$\mathscr{F}[\cos\varphi(t)]=\frac{1}{2}[F(\omega)+\overline{F(-\omega)}]$$

$$\mathscr{F}[\sin\varphi(t)]=\frac{1}{2\mathrm{j}}[F(\omega)-\overline{F(-\omega)}]$$

其中 $\overline{F(-\omega)}$ 为 $F(-\omega)$ 的共轭函数.

15. 分别作出第 4 题、第 5 题中周期函数的频谱图.

16. 求如图所示的三角形脉冲的频谱函数.

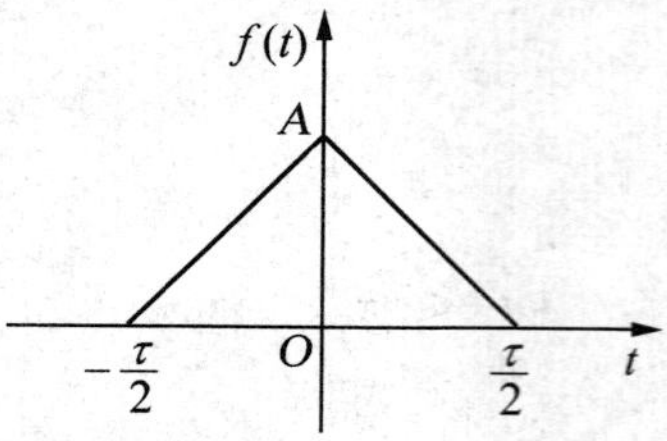

第 16 题图

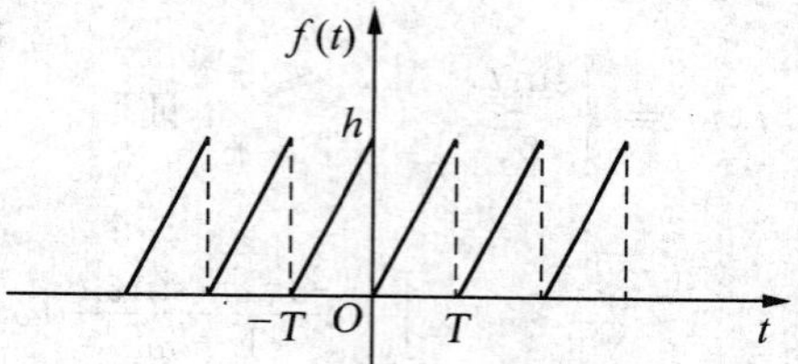

第 17 题图

17. 求作如图所示的锯齿形波的频谱图.

18. 若 $F(\omega)=\mathscr{F}[f(t)]$，证明(对称性质)

$$f(\pm\omega)=\frac{1}{2\pi}\int_{-\infty}^{+\infty}F(\mp t)\mathrm{e}^{-\mathrm{j}\omega t}\,\mathrm{d}t$$

即

$$\mathscr{F}[F(\mp t)]=2\pi f(\pm\omega)$$

19. 若 $F(\omega)=\mathscr{F}[f(t)]$，证明(翻转性质)：

$$F(-\omega)=\mathscr{F}[f(-t)]$$

20. 若 $\mathscr{F}[f(t)]=F(\omega)$，证明：

$$\mathscr{F}[f(t)\cos\omega_0 t]=\frac{1}{2}[F(\omega-\omega_0)+F(\omega+\omega_0)]$$

$$\mathscr{F}[f(t)\sin\omega_0 t]=\frac{1}{2\mathrm{j}}[F(\omega-\omega_0)-F(\omega+\omega_0)]$$

21. 若 $\mathscr{F}[f(t)]=F(\omega)$，证明：

$$\mathscr{F}[f(at-t_0)]=\frac{1}{|a|}F\left(\frac{\omega}{a}\right)\mathrm{e}^{-\mathrm{j}\frac{\omega}{a}t_0}$$

其中 a 为非零常数，$t_0>0$.

22. 已知 $\mathscr{F}[f(t)]=F(\omega)$，利用傅氏变换的性质求下列函数的傅氏变换：

(1) $tf(2t)$　　(2) $(t-2)f(t)$

(3) $(t-2)f(-2t)$　　(4) $tf'(t)$

(5) $f(1-t)$　　(6) $f(2t-5)$

23. (1) 设 $\mathscr{F}[\mathrm{e}^{-at}u(t)]=\dfrac{1}{a+\mathrm{j}\omega}$，求 $\mathscr{F}[t\mathrm{e}^{-at}u(t)]$.

(2) 证明：$\mathscr{F}[tu(t)] = \mathrm{j}\pi\delta'(\omega) + \dfrac{1}{(\mathrm{j}\omega)^2}$.

24. 利用能量积分 $\int_{-\infty}^{+\infty}[f(t)]^2\mathrm{d}t = \dfrac{1}{2\pi}\int_{-\infty}^{+\infty}|F(\omega)|^2\mathrm{d}\omega$，求下列积分的值：

(1) $\int_{-\infty}^{+\infty}\dfrac{1-\cos x}{x^2}\mathrm{d}x$　　(2) $\int_{-\infty}^{+\infty}\dfrac{\sin^4 x}{x^2}\mathrm{d}x$

(3) $\int_{-\infty}^{+\infty}\dfrac{1-\cos x}{(1+x^2)^2}\mathrm{d}x$　　(4) $\int_{-\infty}^{+\infty}\dfrac{x^2}{(1+x^2)^2}\mathrm{d}x$

25. 证明下列各式：

(1) $a[f_1(t) * f_2(t)] = [af_1(t)] * [f_2(t)] = [f_1(t)] * [af_2(t)]$（$a$ 为常数）

(2) $\mathrm{e}^{at}[f_1(t) * f_2(t)] = [\mathrm{e}^{at}f_1(t)] * [\mathrm{e}^{at}f_2(t)]$（$a$ 为常数）

(3) $\dfrac{\mathrm{d}}{\mathrm{d}t}[f_1(t) * f_2(t)] = \left[\dfrac{\mathrm{d}}{\mathrm{d}t}f_1(t)\right] * f_2(t) = f_1(t) * \left[\dfrac{\mathrm{d}}{\mathrm{d}t}f_2(t)\right]$

26. 若 $f_1(t) = \begin{cases} 0, & t < 0 \\ \mathrm{e}^{-t}, & t \geqslant 0 \end{cases}$，$f_2(t) = \begin{cases} \sin t, & 0 \leqslant t \leqslant \dfrac{\pi}{2} \\ 0, & \text{其他} \end{cases}$，求 $f_1(t) * f_2(t)$.

27. 若 $F_1(\omega) = \mathscr{F}[f_1(t)]$，$F_2(\omega) = \mathscr{F}[f_2(t)]$，证明：

$$\mathscr{F}[f_1(t)\cdot f_2(t)] = \frac{1}{2\pi}F_1(\omega) * F_2(\omega)$$

28. 利用 27 题的结果求下列函数的傅氏变换：

(1) $f(t) = \sin\omega_0 t\cdot u(t)$　　(2) $f(t) = \mathrm{e}^{-\beta t}\sin\omega_0 t\cdot u(t)$

(3) $f(t) = \mathrm{e}^{-\beta t}\cos\omega_0 t\cdot u(t)$　　(4) $f(t) = \mathrm{e}^{\mathrm{j}\omega_0 t}\cdot u(t)$

(5) $f(t) = \mathrm{e}^{\mathrm{j}\omega_0 t}\cdot u(t-t_0)$　　(6) $f(t) = \mathrm{e}^{\mathrm{j}\omega_0 t}\cdot t\cdot u(t)$

29. 已知某信号的相关函数 $R(\tau) = \dfrac{1}{4}\mathrm{e}^{-2a|\tau|}$，求它的能量谱密度 $S(\omega)$.

30. 已知某波形的相关函数 $R(\tau) = \dfrac{1}{2}\cos\omega_0\tau$（$\omega_0$ 为常数），求这个波形的能量谱密度 $S(\omega)$.

31. 若函数 $f_1(t) = \begin{cases} \dfrac{b}{a}t, & 0 \leqslant t \leqslant a \\ 0, & \text{其他} \end{cases}$ 与 $f_2(t) = \begin{cases} 1, & 0 \leqslant t \leqslant a \\ 0, & \text{其他} \end{cases}$，求 $f_1(t)$和 $f_2(t)$的互相关函数 $R_{12}(\tau)$.

第六章　拉普拉斯变换

前一章介绍的傅氏变换在许多领域中发挥着重要的作用，特别是在信号处理领域，直到今天它仍然是最基本的分析和处理工具，可以说信号分析本质上就是傅氏分析即频谱分析．然而求傅氏变换的函数除了要求满足狄氏条件以外，还要在$(-\infty,\ +\infty)$内满足绝对可积，但绝对可积的条件是比较强的，许多函数即使是很简单的函数（如单位阶跃函数、正弦、余弦函数以及线性函数等）都不满足这个条件；其次，可以进行傅氏变换的函数必须在整个数轴上有定义，但在物理、无线电技术等实际应用中，许多以时间 t 作为自变量的函数往往在$t<0$时是无意义的或者是不需要考虑的，像这样的函数都不能取傅氏变换．由此可见，傅氏变换的应用范围受到相当大的限制．

对于任意一个函数 $\varphi(t)$，能否经过适当地改造使其在进行傅氏变换时能克服上述两个缺点呢？这就使我们想到前面讲过的单位阶跃函数 $u(t)$和指数衰减函数 $\mathrm{e}^{-\beta t}$$(\beta>0)$所具有的特点．用前者乘$\varphi(t)$可以使积分区间由$(-\infty,\ +\infty)$变为$[0,\ +\infty)$，用后者乘 $\varphi(t)$就有可能使其变得绝对可积．因此，为了克服傅氏变换的上述不足，我们自然会想到用 $u(t)\mathrm{e}^{-\beta t}(\beta>0)$ 来乘 $\varphi(t)$，即考察函数

$$\varphi(t)u(t)\mathrm{e}^{-\beta t},\ (\beta>0)$$

结果发现，只要 β 选取适当，一般来说，这个函数的傅氏变换总是存在的．对函数 $\varphi(t)$进行先乘以 $u(t)\mathrm{e}^{-\beta t}(\beta>0)$，再取傅氏变换的运算，就产生了拉普拉斯(Laplace)变换．它是从 19 世纪末英国工程师赫维塞德(Heaviside)所发明的算子法发展而来的，而其数学根源则来自拉普拉斯．

§6.1　拉普拉斯变换的概念

一、拉普拉斯变换的定义

对函数 $\varphi(t)u(t)\mathrm{e}^{-\beta t}(\beta>0)$ 取傅氏变换，可得

$$\begin{aligned}G_{\beta}(\omega)&=\int_{-\infty}^{+\infty}\varphi(t)u(t)\mathrm{e}^{-\beta t}\mathrm{e}^{-\mathrm{j}\omega t}\,\mathrm{d}t\\&=\int_{0}^{+\infty}f(t)\mathrm{e}^{-(\beta+\mathrm{j}\omega)t}\,\mathrm{d}t=\int_{0}^{+\infty}f(t)\mathrm{e}^{-st}\,\mathrm{d}t\end{aligned}$$

其中
$$s=\beta+\mathrm{j}\omega,\ f(t)=\varphi(t)u(t)$$

若再设
$$F(s)=G_{\beta}(\omega)=G_{\beta}\left(\frac{s-\beta}{\mathrm{j}}\right)$$

则得
$$F(s)=\int_{0}^{+\infty}f(t)\mathrm{e}^{-st}\mathrm{d}t$$

由此式所确定的函数 $F(s)$，实际上是由 $f(t)$ 通过一种新的变换得来的，这种变换我们称为拉普拉斯变换（简称拉氏变换）.

定义 6.1　设函数 $f(t)$ 是定义在 $[0,\ +\infty)$ 上的实值函数，如果对于复参数 $s=\beta+\mathrm{j}\omega$，积分
$$\int_{0}^{+\infty}f(t)\mathrm{e}^{-st}\mathrm{d}t$$
在 s 的某一域内收敛，则由此积分所确定的函数可写为
$$F(s)=\int_{0}^{+\infty}f(t)\mathrm{e}^{-st}\mathrm{d}t \tag{6-1}$$
我们称(6-1)式中的 $F(s)$ 是 $f(t)$ 的**拉氏变换**（或称为**象函数**）. 记为
$$F(s)=\mathscr{L}[f(t)],$$
相应地称 $f(t)$ 为 $F(s)$ 的**拉氏逆变换**（或称为**象原函数**），记为
$$f(t)=\mathscr{L}^{-1}[F(s)]$$

由(6-1)式可以看出，$f(t)\ (t\geqslant 0)$ 的拉氏变换，实际上就是 $f(t)u(t)\mathrm{e}^{-\beta t}$ 的傅氏变换. 因为
$$\mathscr{L}[f(t)]=\int_{0}^{+\infty}f(t)\mathrm{e}^{-st}\mathrm{d}t=\int_{0}^{+\infty}f(t)\mathrm{e}^{-\beta t}\mathrm{e}^{-\mathrm{j}\omega t}\mathrm{d}t$$
$$=\int_{-\infty}^{+\infty}f(t)u(t)\mathrm{e}^{-\beta t}\mathrm{e}^{-\mathrm{j}\omega t}\mathrm{d}t=\mathscr{F}[f(t)u(t)\mathrm{e}^{-\beta t}]$$

例 6-1　求出单位阶跃函数的拉氏变换.

解　根据拉氏变换的定义，有
$$\mathscr{L}[u(t)]=\int_{0}^{+\infty}u(t)\mathrm{e}^{-st}\mathrm{d}t=\int_{0}^{+\infty}\mathrm{e}^{-st}\mathrm{d}t$$
这个积分在 $\mathrm{Re}(s)>0$ 时收敛，即
$$\int_{0}^{+\infty}\mathrm{e}^{-st}\mathrm{d}t=-\frac{1}{s}\mathrm{e}^{-st}\Big|_{0}^{+\infty}=\frac{1}{s}$$

例 6-2 求指数函数 $f(t)=e^{kt}$ 的拉氏变换(k 为实数).

解 根据(6-1)式,有

$$\mathscr{L}[f(t)]=\int_0^{+\infty}e^{kt}e^{-st}dt=\int_0^{+\infty}e^{-(s-k)t}dt$$

这个积分在 $\mathrm{Re}(s)>k$ 时收敛,而且有

$$\int_0^{+\infty}e^{-(s-k)t}dt=\frac{1}{s-k}$$

所以
$$\mathscr{L}[e^{kt}]=\frac{1}{s-k}$$

同理可求出 $e^{j\omega t}$(ω 为实数)的拉氏变换 $\mathscr{L}[e^{j\omega t}]=\dfrac{1}{s-j\omega}$.

二、拉氏变换的存在定理

讨论拉氏变换存在的条件实际上就是研究积分 $\int_0^{+\infty}f(t)e^{-st}dt$ 是否收敛或者在什么条件下收敛.对这个问题,我们可以由下面定理得到答案.

定理 6.1 若函数 $f(t)$ 满足下列条件:

(1) 在 $t\geqslant 0$ 的任一有限区间上分段连续;

(2) 当 $t\to+\infty$ 时,$f(t)$ 的增长速度不超过某一指数函数,亦即存在常数 $M>0$ 及 $c\geqslant 0$,使得

$$|f(t)|\leqslant Me^{ct}\ (0\leqslant t<+\infty)$$

成立(满足此条件的函数,称它的增长是指数级的,c 为它的增长指数),则 $f(t)$ 的拉氏变换

$$F(s)=\int_0^{+\infty}f(t)e^{-st}dt$$

在半平面 $\mathrm{Re}(s)>c$ 上一定存在,并且 $F(s)$ 为解析函数.

定理的证明读者可以去查阅有关的参考书,这里我们分析一下如何去理解此定理.从条件 2 可以看出一个函数即使它的绝对值随着 t 的增大而增大,但只要不比某个指数函数增长更快,拉氏变换就存在.物理学和工程技术中常见的函数大都能满足这两个条件,就连 $u(t)$、$\cos kt$、t^m 等不满足傅氏积分定理中绝对可积条件的函数都能满足拉氏变换存在定理条件 2,如:

$|u(t)|\leqslant 1\cdot e^{0t}$,此处 $M=1$, $c=0$;

$|\cos kt|\leqslant 1\cdot e^{0t}$,此处 $M=1$, $c=0$.

又由于$\lim\limits_{t\to\infty}\frac{t^m}{e^t}=0$,所以 t 充分大以后,有 $t^m\leqslant e^t$,所以 t^m 是 $M=1$, $c=1$ 的指数增长级函数.

由此可见,对于某些问题(如在线性系统分析中),拉氏变换的应用就更为广泛.要指出的是拉氏变换存在定理的条件是充分的.

例 6-3　求正弦函数 $f(t)=\sin kt$ (k 为实数)的拉氏变换.

解　根据(6-1)式,有

$$\mathscr{L}[\sin kt]=\int_0^{+\infty}\sin kt\cdot e^{-st}dt=\int_0^{+\infty}\frac{e^{jkt}-e^{-jkt}}{2j}\cdot e^{-st}dt$$

$$=\frac{1}{2j}\int_0^{+\infty}[e^{(jk-s)t}-e^{-(jk+s)t}]dt=\frac{1}{2j}\left[\frac{e^{(jk-s)t}}{jk-s}-\frac{e^{-(jk+s)t}}{-(jk+s)}\right]\Big|_0^{+\infty}$$

$$=-\frac{1}{2j}\left[\frac{1}{jk-s}+\frac{1}{jk+s}\right]=\frac{k}{s^2+k^2}$$

上面积分结果成立的条件是 $\mathrm{Re}(s)>0$, 所以

$$\mathscr{L}[\sin kt]=\frac{k}{s^2+k^2}\ (\mathrm{Re}(s)>0)$$

同理可得

$$\mathscr{L}[\cos kt]=\frac{s}{s^2+k^2}\ (\mathrm{Re}(s)>0)$$

例 6-4　求单位脉冲函数 $\delta(t)$的拉氏变换.

解　根据拉氏变换的定义式,并利用 δ 函数的筛选性

$$\int_{-\infty}^{+\infty}f(t)\delta(t)dt=f(0)$$

有

$$\mathscr{L}[\delta(t)]=\int_0^{+\infty}\delta(t)e^{-st}dt=\int_{0^-}^{+\infty}\delta(t)e^{-st}dt$$

$$=\int_{-\infty}^{+\infty}\delta(t)e^{-st}dt=e^{-st}\ |_{t=0}=1$$

这里要说明的是,为了使脉冲函数 $\delta(t)$的拉氏变换可求,拉氏变换的定义应为

$$\mathscr{L}[f(t)]=\int_{0^-}^{+\infty}f(t)e^{-st}dt$$

但为了书写方便,我们仍写成 $\mathscr{L}[f(t)]=\int_0^{+\infty}f(t)e^{-st}dt$.

例 6-5　求函数 $f(t)=e^{-at}\delta(t)-ae^{-at}u(t)$, $(a>0)$ 的拉氏变换.

解　根据(6-1)式,有

$$\mathscr{L}[f(t)] = \int_0^{+\infty} f(t)\mathrm{e}^{-st}\mathrm{d}t = \int_0^{+\infty} [\mathrm{e}^{-at}\delta(t) - a\mathrm{e}^{-at}u(t)]\mathrm{e}^{-st}\mathrm{d}t$$

$$= \int_0^{+\infty} \delta(t)\mathrm{e}^{-(s+a)t}\mathrm{d}t - a\int_0^{+\infty} \mathrm{e}^{-(s+a)t}\mathrm{d}t$$

$$= \mathrm{e}^{-(s+a)t}\Big|_{t=0} + \frac{a}{s+a}\mathrm{e}^{-(s+a)t}\Big|_0^{+\infty}$$

$$= 1 - \frac{a}{s+a} = \frac{s}{s+a} \quad (\mathrm{Re}(s) > -a)$$

一般地,以 T 为周期的函数 $f(t)$,即 $f(t+T) = f(t)\ (t>0)$,当 $f(t)$在一个周期上是分段连续时,有

$$\mathscr{L}[f(t)] = \frac{1}{1-\mathrm{e}^{-sT}}\int_0^T f(t)\mathrm{e}^{-st}\mathrm{d}t \quad (\mathrm{Re}(s) > 0) \qquad (6-2)$$

成立,这就是**周期函数的拉氏变换公式**.以下为其证明过程.

证明 由拉氏变换的定义,有

$$\mathscr{L}[f(t)] = \int_0^{+\infty} f(t)\mathrm{e}^{-st}\mathrm{d}t = \int_0^T f(t)\mathrm{e}^{-st}\mathrm{d}t + \int_T^{+\infty} f(t)\mathrm{e}^{-st}\mathrm{d}t$$

对上式右端第二个积分作变量代换 $t_1 = t - T$,考虑 $f(t)$的周期性,得

$$\mathscr{L}[f(t)] = \int_0^T f(t)\mathrm{e}^{-st}\mathrm{d}t + \int_0^{+\infty} f(t_1)\mathrm{e}^{-st_1}\mathrm{e}^{-sT}\mathrm{d}t_1$$

$$= \int_0^T f(t)\mathrm{e}^{-st}\mathrm{d}t + \mathrm{e}^{-sT}\mathscr{L}[f(t)]$$

从而证得
$$\mathscr{L}[f(t)] = \frac{1}{1-\mathrm{e}^{-sT}}\int_0^T f(t)\mathrm{e}^{-st}\mathrm{d}t$$

例 6-6 求周期性三角波 $f(t) = \begin{cases} t, & 0 \leqslant t < b \\ 2b - t, & b \leqslant t < 2b \end{cases}$,且 $f(t+2b) = f(t)$(见图 6-1)的拉氏变换.

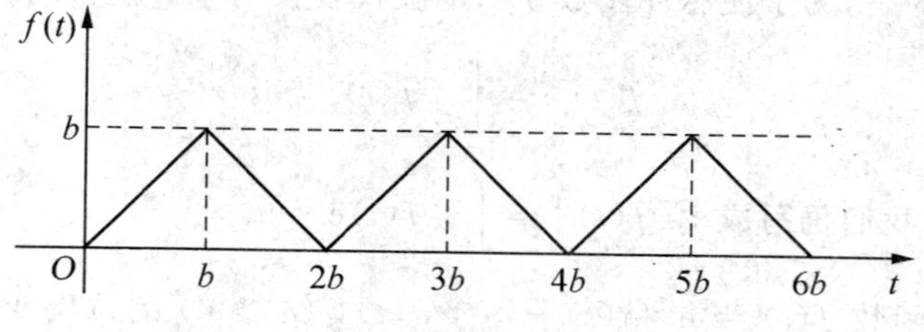

图 6-1

解　由周期函数的拉氏变换公式，得

$$\mathscr{L}[f(t)]=\frac{1}{1-\mathrm{e}^{-2bs}}\int_0^{2b}f(t)\mathrm{e}^{-st}\,\mathrm{d}t=\frac{1}{1-\mathrm{e}^{-2bs}}(1-\mathrm{e}^{-bs})^2\,\frac{1}{s^2}$$

$$=\frac{1}{s^2}\,\frac{(1-\mathrm{e}^{-bs})^2}{(1-\mathrm{e}^{-bs})(1+\mathrm{e}^{-bs})}=\frac{1}{s^2}\,\frac{(1-\mathrm{e}^{-bs})}{(1+\mathrm{e}^{-bs})}$$

$$=\frac{1}{s^2}\tanh\frac{bs}{2}$$

前面所举例子都是从定义式出发来求函数的拉氏变换. 但在实际应用中，有现成的拉氏变换表可查，本书将工程实际中常遇到的一些函数及其拉氏变换列于附录Ⅱ中，供读者查用.

例 6－7　求 $\mathrm{e}^{-3t}\sin 5t$ 的拉氏变换.

解　根据附录Ⅱ中第 21 式，将 $a=5,\ b=3,\ c=0$ 代入 $F(s)$ 的表达式中，有

$$\mathscr{L}[\mathrm{e}^{-3t}\sin 5t]=\frac{5}{(s+3)^2+5^2}$$

例 6－8　求 $\frac{1}{t}\sin^2 3t$ 的拉氏变换.

解　对于这种在附录Ⅱ中不能直接找到结果的函数的拉氏变换，应该先对函数作变换，看看能否化成在附录Ⅱ中能找到的函数形式. 本例函数可进行如下运算：

$$\frac{1}{t}\sin^2 3t=\frac{1}{2t}(1-\cos 6t)$$

由附录Ⅱ中第 37 式，取 $a=6$，得

$$\mathscr{L}[\frac{1}{t}\sin^2 3t]=\mathscr{L}[\frac{1}{2t}(1-\cos 6t)]=\frac{1}{4}\ln\frac{s^2+6^2}{s^2}=\frac{1}{4}\ln\frac{s^2+36}{s^2}$$

显然，用查表求函数的拉氏变换要比按定义去做方便得多. 如果能结合拉氏变换的一些性质，再使用查表的方法，就能更快地找到所求函数的拉氏变换.

§6.2　拉氏变换的性质

为了叙述方便，均假定所要求拉氏变换的函数都满足拉氏变换存在定理中的条件，并且把这些函数的增长指数都统一地取为 c. 在证明这些性质时，我们不再重述这些条件.

1. 线性性质

设 a, b 是常数，$\mathscr{L}[f_1(t)]=F_1(s)$，$\mathscr{L}[f_2(t)]=F_2(s)$，则有

$$\left.\begin{aligned}&\mathscr{L}[af_1(t)+bf_2(t)]=aF_1(s)+bF_2(s)\\&\mathscr{L}^{-1}[aF_1(s)+bF_2(s)]=a\mathscr{L}^{-1}[F_1(s)]+b\mathscr{L}^{-1}[F_2(s)]\end{aligned}\right\}\tag{6-3}$$

这个性质表明函数线性组合的拉氏变换等于各函数拉氏变换的线性组合. 同理，象函数线性组合的拉氏逆变换等于各象函数拉氏逆变换的线性组合.

如为了求 $\cos\omega t$ 的拉氏变换，可利用 $\mathscr{L}[\mathrm{e}^{\mathrm{j}\omega t}]=\dfrac{1}{s-\mathrm{j}\omega}$ 及 $\cos\omega t=\dfrac{1}{2}(\mathrm{e}^{\mathrm{j}\omega t}+\mathrm{e}^{-\mathrm{j}\omega t})$，再结合线性性质，得

$$\mathscr{L}[\cos\omega t]=\frac{1}{2}(\mathscr{L}[\mathrm{e}^{\mathrm{j}\omega t}]+\mathscr{L}[\mathrm{e}^{-\mathrm{j}\omega t}])=\frac{1}{2}\left(\frac{1}{s-\mathrm{j}\omega}+\frac{1}{s+\mathrm{j}\omega}\right)=\frac{s}{s^2+\omega^2}$$

2. 相似性质

若 $\mathscr{L}[f(t)]=F(s)$，则对任一常数 $a>0$，有

$$\mathscr{L}[f(at)]=\frac{1}{a}F\left(\frac{s}{a}\right)\tag{6-4}$$

证明 $\mathscr{L}[f(at)]=\int_0^{+\infty}f(at)\mathrm{e}^{-st}\mathrm{d}t$

$$\xlongequal{令\ x=at}\frac{1}{a}\int_0^{+\infty}f(x)\mathrm{e}^{-\frac{s}{a}x}\mathrm{d}x=\frac{1}{a}F\left(\frac{s}{a}\right)$$

3. 微分性质

若 $\mathscr{L}[f(t)]=F(s)$，则有

$$\mathscr{L}[f'(t)]=sF(s)-f(0)\tag{6-5}$$

证明 由拉氏变换的定义及分部积分法，得

$$\begin{aligned}\mathscr{L}[f'(t)]&=\int_0^{+\infty}f'(t)\mathrm{e}^{-st}\mathrm{d}t=f(t)\mathrm{e}^{-st}\Big|_0^{+\infty}+s\int_0^{+\infty}f(t)\mathrm{e}^{-st}\mathrm{d}t\\&=s\mathscr{L}[f(t)]-f(0)\quad(\mathrm{Re}(s)>c)\end{aligned}$$

所以
$$\mathscr{L}[f'(t)]=s\mathscr{L}[f(t)]-f(0)$$

注意 $f(t)\mathrm{e}^{-st}\Big|_0^{+\infty}=-f(0)$ 成立的条件是 $\mathrm{Re}(s)>c$，否则积分结果不收敛，即不能求拉氏变换. 将(6-5)式推广，有

$$\mathscr{L}[f^{(n)}(t)]=s^nF(s)-s^{n-1}f(0)-s^{n-2}f'(0)-\cdots-f^{(n-1)}(0)(\mathrm{Re}(s)>c)\tag{6-6}$$

当初始值 $f(0)=f'(0)=\cdots=f^{(n-1)}(0)=0$ 时，有

$$\mathscr{L}[f'(t)]=sF(s),\ \mathscr{L}[f''(t)]=s^2F(s),\ \cdots,\ \mathscr{L}[f^{(n)}(t)]=s^nF(s) \quad (6-7)$$

前述性质是求一个函数的导数的拉氏变换，即导数的象函数的公式．此外，还有象函数的导数公式：

若 $\mathscr{L}[f(t)]=F(s)$，则

$$F'(s)=\mathscr{L}[-tf(t)] \quad (\mathrm{Re}(s)>c) \quad (6-8)$$

一般地，有

$$F^{(n)}(s)=\mathscr{L}[(-t)^n f(t)] \quad (\mathrm{Re}(s)>c) \quad (6-9)$$

证明　由 $F(s)=\int_0^{+\infty}f(t)\mathrm{e}^{-st}\mathrm{d}t$ 得

$$F'(s)=\frac{\mathrm{d}}{\mathrm{d}s}\int_0^{+\infty}f(t)\mathrm{e}^{-st}\mathrm{d}t=\int_0^{+\infty}\frac{\partial}{\partial s}[f(t)\mathrm{e}^{-st}]\mathrm{d}t$$

$$=\int_0^{+\infty}[-tf(t)\mathrm{e}^{-st}]\mathrm{d}t=\mathscr{L}[-tf(t)]$$

反复进行上述步骤可得(6-9)式．要注意的是求导与积分的次序交换是有一定条件的，这里假定交换可行．后面如有类似的运算也同样处理．

利用此性质可以用来将 $f(t)$ 的微分方程转化为 $F(s)$ 的代数方程（例子见拉氏变换的应用这一节），还能计算一些函数的拉氏变换．

例 6-9　求函数 $f(t)=t^m$ 的拉氏变换，其中 m 是正整数．

解　由于

$$f(0)=f'(0)=f''(0)=\cdots=f^{(m-1)}(0)=0$$

而

$$f^{(m)}(t)=m!$$

所以由(6-7)式

$$\mathscr{L}[f^{(m)}(t)]=s^m\mathscr{L}[f(t)]$$

得

$$\mathscr{L}[m!]=s^m\mathscr{L}[t^m]$$

而

$$\mathscr{L}[m!]=m!\mathscr{L}[1]=\frac{m!}{s}$$

所以

$$\mathscr{L}[t^m]=\frac{m!}{s^{m+1}} \ (\mathrm{Re}(s)>0)$$

例 6-10　求函数 $f(t)=\sin at$ 的拉氏变换．

解　由于　$f(0)=0,\ f'(0)=a,\ f''(t)=-a^2\sin at$

则由(6－6)式，有

$$\mathscr{L}[-a^2\sin at]=\mathscr{L}[f''(t)]=s^2\mathscr{L}[f(t)]-sf(0)-f'(0)$$

即
$$-a^2\mathscr{L}[\sin at]=s^2\mathscr{L}[\sin at]-a$$

移项化简得
$$\mathscr{L}[\sin at]=\frac{a}{s^2+a^2}\ (\mathrm{Re}(s)>0)$$

例 6－11 求函数 $f(t)=t\sin at$ 的拉氏变换.

解 因为 $\mathscr{L}[\sin at]=\dfrac{a}{s^2+a^2}$，由(6－8)式，得

$$\mathscr{L}[t\sin at]=-\frac{\mathrm{d}}{\mathrm{d}s}\left[\frac{a}{s^2+a^2}\right]=\frac{a\cdot 2s}{(s^2+a^2)^2}=\frac{2as}{(s^2+a^2)^2}$$

同理可得
$$\mathscr{L}[t\cos at]=\frac{s^2-a^2}{(s^2+a^2)^2}$$

例 6－12 求函数 $f(t)=t^2\cos^2 t$ 的拉氏变换.

解 因为 $\mathscr{L}[\cos kt]=\dfrac{s}{s^2+k^2}$，由(6－9)式，得

$$\mathscr{L}[t^2\cos^2 t]=\mathscr{L}\left[t^2\frac{1+\cos 2t}{2}\right]=\frac{1}{2}\frac{\mathrm{d}^2}{\mathrm{d}s^2}\left[\frac{1}{s}+\frac{s}{s^2+4}\right]$$

$$=\frac{2(s^6+24s^2+32)}{s^3(s^2+4)^3}$$

4. 积分性质

若 $\mathscr{L}[f(t)]=F(s)$，则

$$\mathscr{L}\left[\int_0^t f(t)\mathrm{d}t\right]=\frac{1}{s}F(s) \tag{6-10}$$

将(6－10)式推广，得

$$\mathscr{L}\left[\underbrace{\int_0^t \mathrm{d}t\int_0^t \mathrm{d}t\cdots\int_0^t}_{n次} f(t)\mathrm{d}t\right]=\frac{1}{s^n}F(s) \tag{6-11}$$

证明 设 $h(t)=\int_0^t f(t)\mathrm{d}t$，则有

$$h'(t)=f(t)，且\ h(0)=0$$

由上述微分性质，有

$$\mathscr{L}[h'(t)] = s\mathscr{L}[h(t)] - h(0) = s\mathscr{L}[h(t)]$$

即
$$\mathscr{L}[h(t)] = \frac{1}{s}\mathscr{L}[h'(t)] = \frac{1}{s}\mathscr{L}[f(t)] = \frac{1}{s}F(s)$$

从而证得 $\mathscr{L}\left[\int_0^t f(t)\,\mathrm{d}t\right] = \frac{1}{s}F(s)$. 重复应用(6－10)式，就可得到(6－11)式.

对于象函数也有积分性质，若 $\mathscr{L}[f(t)] = F(s)$，则

$$\mathscr{L}\left[\frac{f(t)}{t}\right] = \int_s^{\infty} F(s)\,\mathrm{d}s \tag{6-12}$$

或
$$f(t) = t\mathscr{L}^{-1}\left[\int_s^{\infty} F(s)\,\mathrm{d}s\right]$$

一般地，有
$$\mathscr{L}\left[\frac{f(t)}{t^n}\right] = \underbrace{\int_s^{\infty}\mathrm{d}s\int_s^{\infty}\mathrm{d}s\cdots\int_s^{\infty}}_{n\text{次}} F(s)\,\mathrm{d}s \tag{6-13}$$

证明
$$\int_s^{\infty} F(s)\,\mathrm{d}s = \int_s^{\infty}\left[\int_0^{+\infty} f(t)\mathrm{e}^{-st}\,\mathrm{d}t\right]\mathrm{d}s = \int_0^{+\infty} f(t)\left[\int_s^{\infty}\mathrm{e}^{-st}\,\mathrm{d}s\right]\mathrm{d}t$$
$$= \int_0^{+\infty} f(t)\cdot\frac{1}{t}\mathrm{e}^{-st}\,\mathrm{d}t = \mathscr{L}\left[\frac{f(t)}{t}\right]$$

重复利用上式即可得(6－13)式.

例 6－13　求函数 $f(t) = \frac{\sin t}{t}$ 的拉氏变换.

解　因为 $\mathscr{L}[\sin t] = \frac{1}{s^2+1}$，根据上述象函数的积分性质，可知

$$\mathscr{L}\left[\frac{\sin t}{t}\right] = \int_s^{\infty}\mathscr{L}[\sin t]\,\mathrm{d}s = \int_s^{\infty}\frac{1}{s^2+1}\,\mathrm{d}s = \operatorname{arccot} s$$

即
$$\int_0^{+\infty}\frac{\sin t}{t}\mathrm{e}^{-st}\,\mathrm{d}t = \operatorname{arccot} s = \frac{\pi}{2} - \arctan s$$

在上式中，如果令 $s = 0$，有

$$\int_0^{+\infty}\frac{\sin t}{t}\,\mathrm{d}t = \frac{\pi}{2}$$

其结果与狄利克雷积分完全一致.

从上例我们可以得到启示，即在拉氏变换及其一些性质中若取 s 为某些特定值，就可以用来求一些函数的广义积分. 如取 $s = 0$：

若积分 $\int_0^{+\infty}\frac{f(t)}{t}\mathrm{d}t$ 存在，则有 $$\int_0^{+\infty}\frac{f(t)}{t}\mathrm{d}t=\int_0^{\infty}F(s)\mathrm{d}s$$

同理由(6-1)式有 $$\int_0^{+\infty}f(t)\mathrm{d}t=F(0)$$

由(6-8)式有 $$\int_0^{+\infty}tf(t)\mathrm{d}t=-F'(0)$$

需要指出的是，在使用这些公式时必须谨慎，必要时应先考察一下广义积分的存在性.

例 6-14 计算下列函数的积分：

(1) $\int_0^{+\infty}\mathrm{e}^{-2t}\sin 3t\mathrm{d}t$　　(2) $\int_0^{+\infty}\frac{1-\cos t}{t}\mathrm{e}^{-5t}\mathrm{d}t$

解 (1) 此积分相当于函数 $\sin 3t$ 拉氏变换后取 $s=2$ 的值，由于

$$\mathscr{L}[\sin 3t]=\frac{3}{s^2+9}$$

所以 $$\int_0^{+\infty}\mathrm{e}^{-2t}\sin 3t\mathrm{d}t=\left.\frac{3}{s^2+9}\right|_{s=2}=\frac{3}{13}$$

(2) 由象函数的积分性质(6-12)式，得

$$\mathscr{L}\left[\frac{1-\cos t}{t}\right]=\int_s^{\infty}\mathscr{L}[1-\cos t]\mathrm{d}s=\int_s^{\infty}\frac{1}{s(s^2+1)}\mathrm{d}s$$

$$=\frac{1}{2}\ln\left.\frac{s^2}{s^2+1}\right|_s^{\infty}=\frac{1}{2}\ln\frac{s^2+1}{s^2}$$

即 $$\int_0^{+\infty}\frac{1-\cos t}{t}\mathrm{e}^{-st}\mathrm{d}t=\frac{1}{2}\ln\frac{s^2+1}{s^2}$$

令 $s=5$ 得 $$\int_0^{+\infty}\frac{1-\cos t}{t}\mathrm{e}^{-5t}\mathrm{d}t=\frac{1}{2}\ln\frac{26}{25}$$

5. 位移性质

若 $\mathscr{L}[f(t)]=F(s)$，则有

$$\mathscr{L}[\mathrm{e}^{at}f(t)]=F(s-a)\ (\mathrm{Re}(s-a)>c,\ a\text{ 为复常数})\tag{6-14}$$

证明 根据定义(6-1)式，有

$$\mathscr{L}[\mathrm{e}^{at}f(t)]=\int_0^{+\infty}\mathrm{e}^{at}f(t)\mathrm{e}^{-st}\mathrm{d}t$$

$$=\int_0^{+\infty}f(t)\mathrm{e}^{-(s-a)t}\mathrm{d}t=F(s-a)\quad(\mathrm{Re}(s-a)>c)$$

位移性质表明了一个象原函数乘以指数函数 e^{at} 的拉氏变换等于其象函数作位移 a.

如：由 $\mathscr{L}[t^m]=\dfrac{m!}{s^{m+1}}$ 可得

$$\mathscr{L}[e^{at}t^m]=\frac{m!}{(s-a)^{m+1}}$$

由 $\mathscr{L}[\sin at]=\dfrac{a}{s^2+a^2}$，可得

$$\mathscr{L}[e^{-bt}\sin at]=\frac{a}{(s+b)^2+a^2}$$

6. 延迟性质

若 $\mathscr{L}[f(t)]=F(s)$，又 $t<0$ 时 $f(t)=0$，则对于任一非负实数 τ，有

$$\mathscr{L}[f(t-\tau)]=e^{-s\tau}F(s) \tag{6-15}$$

证明　根据定义(6-1)式，有

$$\begin{aligned}\mathscr{L}[f(t-\tau)]&=\int_0^{+\infty}f(t-\tau)e^{-st}\,dt\\&=\int_0^{\tau}f(t-\tau)e^{-st}\,dt+\int_{\tau}^{+\infty}f(t-\tau)e^{-st}\,dt\\&=\int_{\tau}^{+\infty}f(t-\tau)e^{-st}\,dt\end{aligned}$$

令 $t-\tau=u$，则有

$$\begin{aligned}\mathscr{L}[f(t-\tau)]&=\int_0^{+\infty}f(u)e^{-s(u+\tau)}\,du=e^{-s\tau}\int_0^{+\infty}f(u)e^{-su}\,du\\&=e^{-s\tau}F(s)\quad(\mathrm{Re}(s)>c)\end{aligned}$$

如图 6-2 所示，$f(t-\tau)$ 的图像是由 $f(t)$ 的图像沿 t 轴向右平移距离 τ 而得，即函数 $f(t-\tau)$ 与 $f(t)$ 相比，$f(t)$ 是从 $t=0$ 开始有非零数值，而 $f(t-\tau)$ 是从 $t=\tau$ 开始才有非零数值，即延迟了一段时间 τ. 这个性质表明时间函数延迟 τ 的拉氏变换等于它的象函数乘以指数因子 $e^{-s\tau}$.

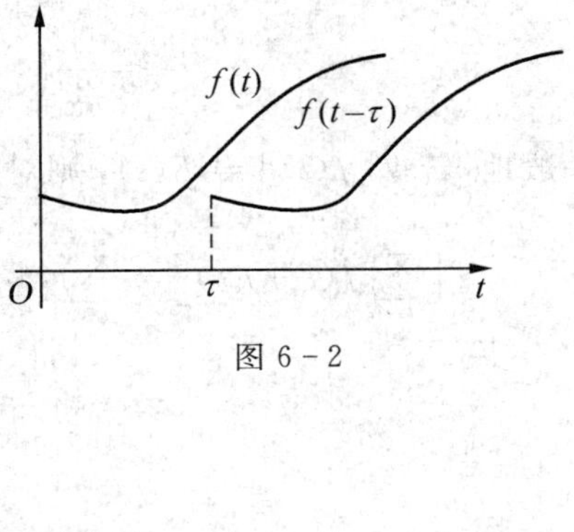

图 6-2

值得注意的是延迟性质中对 $f(t)$ 的要求，即当 $t<0$ 时，$f(t)=0$，这样 $f(t-\tau)$ 在 $t<\tau$ 时为

零，故 $f(t-\tau)$ 应理解为 $f(t-\tau)u(t-\tau)$，而不是 $f(t-\tau)u(t)$. 因此，(6－15)式完整的写法应为

$$\mathscr{L}[f(t-\tau)u(t-\tau)] = \mathrm{e}^{-s\tau}F(s)$$

相应的就有 $\mathscr{L}^{-1}[\mathrm{e}^{-s\tau}F(s)] = f(t-\tau)u(t-\tau)$，运用时要特别注意.

例 6－15 求函数 $u(t-3) = \begin{cases} 0, & t<3 \\ 1, & t>3 \end{cases}$ 的拉氏变换.

解 由于 $\mathscr{L}[u(t)] = \dfrac{1}{s}$，根据延迟性质，有

$$\mathscr{L}[u(t-3)] = \frac{1}{s}\mathrm{e}^{-3s}$$

例 6－16 求如图 6－3 所示的阶梯函数 $f(t)$ 的拉氏变换.

解 利用单位阶跃函数，可将这个阶梯函数表示为

$$f(t) = u(t) + u(t-\tau) + u(t-2\tau) + \cdots$$
$$= \sum_{k=0}^{+\infty} u(t-k\tau)$$

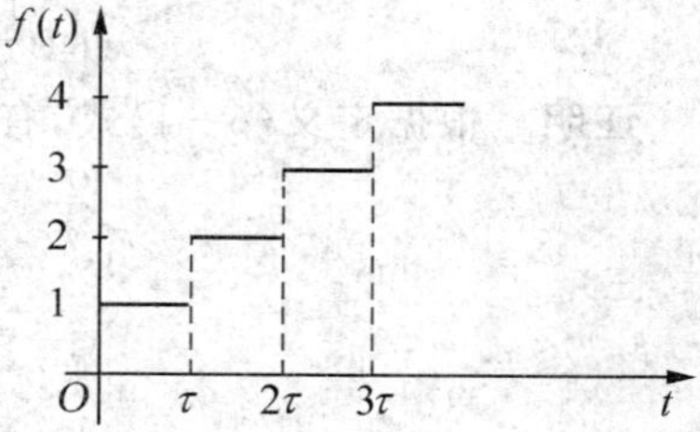

图 6－3

上式两边取拉氏变换(可以证明右边也能逐项取拉氏变换)，再由拉氏变换的线性性质及延迟性质，可得

$$\mathscr{L}[f(t)] = \frac{1}{s} + \frac{1}{s}\mathrm{e}^{-s\tau} + \frac{1}{s}\mathrm{e}^{-2s\tau} + \frac{1}{s}\mathrm{e}^{-3s\tau} + \cdots$$

当 $\mathrm{Re}(s) > 0$ 时，有 $|\mathrm{e}^{-s\tau}| < 1$，所以上式右端为一公比的模小于 1 的等比级数，从而

$$\mathscr{L}[f(t)] = \frac{1}{s}\cdot\frac{1}{1-\mathrm{e}^{-s\tau}} = \frac{1}{s}\cdot\frac{1}{(1-\mathrm{e}^{-\frac{s\tau}{2}})(1+\mathrm{e}^{-\frac{s\tau}{2}})}$$

$$= \frac{1}{2s}\left(1+\coth\frac{s\tau}{2}\right) \quad (\mathrm{Re}(s) > 0)$$

一般地，若 $\mathscr{L}[f(t)] = F(s)$，则对任何 $\tau > 0$，有

$$\mathscr{L}\left[\sum_{k=0}^{+\infty} f(t-k\tau)\right] = \sum_{k=0}^{+\infty}\mathscr{L}[f(t-k\tau)] = F(s)\cdot\frac{1}{1-\mathrm{e}^{-s\tau}} \quad (\mathrm{Re}(s) > 0)$$

例 6-17　求如图 6-4 所示的半波正弦函数 $f_T(t)$的拉氏变换.

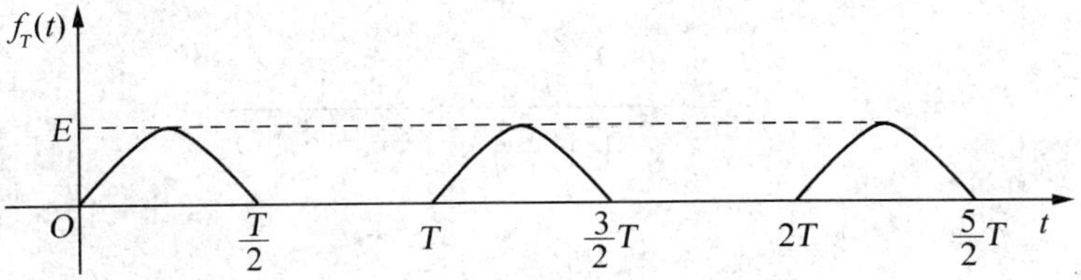

图 6-4

解　这实际上是周期函数的拉氏变换问题,可用(6-2)式求.接下来先求图6-5所示的单个半正弦波 $f(t)$的拉氏变换.

由图 6-6 知 $f(t)=f_1(t)+f_2(t)$,所以

$$\begin{aligned}\mathscr{L}[f(t)]&=\mathscr{L}[f_1(t)]+\mathscr{L}[f_2(t)]\\&=E\mathscr{L}\left[\sin\frac{2\pi}{T}t\cdot u(t)\right]+E\mathscr{L}\left[\sin\frac{2\pi}{T}\left(t-\frac{T}{2}\right)\cdot u\left(t-\frac{T}{2}\right)\right]\\&=\frac{E\,\frac{2\pi}{T}}{s^2+\left(\frac{2\pi}{T}\right)^2}\left(1+e^{-\frac{T}{2}s}\right)\end{aligned}$$

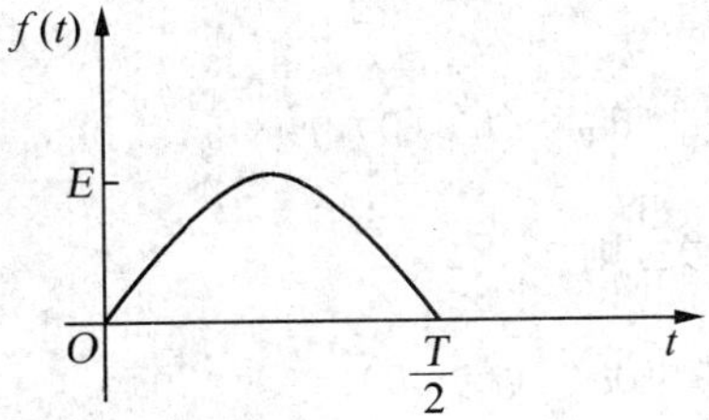

图 6-5

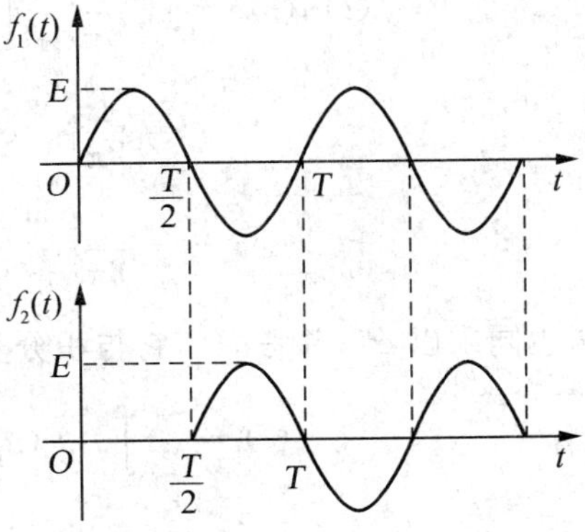

图 6-6

上面求解用到了 $\sin t$ 的拉氏变换结果及延迟性质.然后求 $f_T(t)$的拉氏变换,由公式(6-2)得

$$\mathscr{L}[f_T(t)]=\frac{1}{1-e^{-sT}}\int_0^T f_T(t)e^{-st}\,dt$$

$$= \frac{1}{1-e^{-sT}}\int_0^{+\infty} f(t)e^{-st}dt = \frac{1}{1-e^{-sT}}\mathscr{L}[f(t)]$$

$$= \frac{E\frac{2\pi}{T}}{s^2+\left(\frac{2\pi}{T}\right)^2}\cdot\frac{1}{(1-e^{-\frac{T}{2}s})}$$

§6.3 拉氏逆变换

前面我们主要讨论了已知象原函数 $f(t)$求它的象函数 $F(s)$,但在实际应用中常会碰到与此相反的问题,即已知象函数 $F(s)$求它的象原函数 $f(t)$. 我们已经知道了可以利用拉氏变换的性质并根据一些已知的拉氏变换来求象原函数,对于已知的变换则可以通过查表获得(见附录Ⅱ),然而这样的方法使用范围是有限的. 本节介绍更一般性的方法,它直接用象函数表示出象原函数,即所谓的反演积分.

一、反演积分公式

由拉氏变换的概念可知,函数 $f(t)$的拉氏变换,实际上就是 $f(t)u(t)e^{-\beta t}$ 的傅氏变换. 于是 $f(t)u(t)e^{-\beta t}$ 满足傅氏积分定理的条件时,按傅氏积分公式,在 $f(t)$的连续点处有

$$\begin{aligned} f(t)u(t)e^{-\beta t} &= \frac{1}{2\pi}\int_{-\infty}^{+\infty}\left[\int_{-\infty}^{+\infty} f(\tau)u(\tau)e^{-\beta\tau}e^{-j\omega\tau}d\tau\right]e^{j\omega t}d\omega \\ &= \frac{1}{2\pi}\int_{-\infty}^{+\infty} e^{j\omega t}d\omega\left[\int_0^{+\infty} f(\tau)e^{-(\beta+j\omega)\tau}d\tau\right] \\ &= \frac{1}{2\pi}\int_{-\infty}^{+\infty} F(\beta+j\omega)e^{j\omega t}d\omega \quad (t>0) \end{aligned}$$

等式两边同乘以 $e^{\beta t}$,并考虑到它与积分变量 ω 无关,则

$$f(t) = \frac{1}{2\pi}\int_{-\infty}^{+\infty} F(\beta+j\omega)e^{(\beta+j\omega)t}d\omega \quad (t>0)$$

令 $\beta+j\omega = s$, 有

$$f(t) = \frac{1}{2\pi j}\int_{\beta-j\infty}^{\beta+j\infty} F(s)e^{st}ds \quad (t>0) \tag{6-16}$$

这就是从象函数 $F(s)$求它的象原函数 $f(t)$的一般公式,右端的积分称为**拉氏反演积分**. 它和(6-1)式 $F(s) = \int_0^{+\infty} f(t)e^{-st}dt$ 成为一对互逆的积分变换公式,我们也称

$f(t)$和$F(s)$构成了一个拉氏变换对. 由于(6－16)式是一个复变函数的积分,计算复变函数的积分通常比较困难,但当$F(s)$满足一定条件时,可以用留数方法来计算这个反演积分,特别当$F(s)$为有理函数时,计算更为简单.

二、利用留数计算反演积分

下面的定理将提供计算上述反演积分的方法.

定理 6.2　若$s_1, s_2, \cdots, s_n$是函数$F(s)$的所有奇点(适当选取β,使这些奇点全在$\mathrm{Re}(s)<\beta$的范围内),且当$s\to\infty$时,$F(s)\to 0$,则有

$$\frac{1}{2\pi \mathrm{j}}\int_{\beta-\mathrm{j}\infty}^{\beta+\mathrm{j}\infty} F(s)\mathrm{e}^{st}\,\mathrm{d}s=\sum_{k=1}^{n}\operatorname*{Res}_{s=s_k}[F(s)\mathrm{e}^{st}]$$

即

$$f(t)=\sum_{k=1}^{n}\operatorname*{Res}_{s=s_k}[F(s)\mathrm{e}^{st}]\quad(t>0)\tag{6-17}$$

上述定理的条件是充分的,它的证明要用到较多的复变函数理论,这里从略,读者可查阅相关的参考资料.

若函数$F(s)$是有理函数:$F(s)=\dfrac{A(s)}{B(s)}$,其中$A(s)$,$B(s)$是不可约的多项式,$B(s)$的次数是n,而且$A(s)$的次数小于$B(s)$的次数,在这种情况下它满足定理 6.2 所要求的条件,因此(6－17)式成立. 下面给出这种有理函数的象原函数的留数计算法.

情况一:若$B(s)=0$仅有n个单根$s_1, s_2, \cdots, s_n$,即这些点都是$\dfrac{A(s)}{B(s)}$的单极点,根据留数的计算方法,有

$$\operatorname*{Res}_{s=s_k}\left[\frac{A(s)}{B(s)}\mathrm{e}^{st}\right]=\frac{A(s_k)}{B'(s_k)}\mathrm{e}^{s_k t}$$

从而根据(6－17)式,有

$$f(t)=\sum_{k=1}^{n}\frac{A(s_k)}{B'(s_k)}\mathrm{e}^{s_k t}\quad(t>0)\tag{6-18}$$

情况二:若s_1是$B(s)=0$的一个m重根,其余$n-m$个根$s_{m+1}, s_{m+2}, \cdots, s_n$是$B(s)=0$的单根,即$s_1$是$\dfrac{A(s)}{B(s)}$的$m$阶极点,$s_i(i=m+1, m+2, \cdots, n)$是它的单极点,根据留数的计算方法,有

$$\operatorname*{Res}_{s=s_1}\left[\frac{A(s)}{B(s)}\mathrm{e}^{st}\right]=\frac{1}{(m-1)!}\lim_{s\to s_1}\frac{\mathrm{d}^{m-1}}{\mathrm{d}s^{m-1}}\left[(s-s_1)^m\frac{A(s)}{B(s)}\mathrm{e}^{st}\right]$$

所以有

$$f(t)=\sum_{i=m+1}^{n}\frac{A(s_i)}{B'(s_i)}e^{s_i t}+\frac{1}{(m-1)!}\lim_{s\to s_1}\frac{d^{m-1}}{ds^{m-1}}\left[(s-s_1)^m\frac{A(s)}{B(s)}e^{st}\right](t>0)$$

(6－19)

公式(6－18)、(6－19)都称为赫维赛德(Heaviside)展开式.在用拉氏变换解常微分方程时经常碰到.

例 6－18 求 $F(s)=\dfrac{3}{s^2+9}$ 的逆变换.

解 这里 $B(s)=s^2+9$，有两个单极点 $s_1=3j$，$s_2=-3j$，由(6－18)式得

$$f(t)=\mathscr{L}^{-1}\left[\frac{3}{s^2+9}\right]=\frac{3}{2s}e^{st}\Big|_{s=3j}+\frac{3}{2s}e^{st}\Big|_{s=-3j}$$

$$=\frac{1}{2j}(e^{3jt}-e^{-3jt})=\sin 3t(t>0)$$

例 6－19 求 $F(s)=\dfrac{1}{(s-1)(s-2)^2}$ 的逆变换.

解 这里 $B(s)=(s-1)(s-2)^2$，$s=1$ 为单极点，$s=2$ 为二阶极点，由(6－19)式可得

$$f(t)=\frac{1}{3s^2-10s+8}e^{st}\Big|_{s=1}+\lim_{s\to 2}\frac{d}{ds}\left[(s-2)^2\frac{1}{(s-1)(s-2)^2}e^{st}\right]$$

$$=e^t+\lim_{s\to 2}\frac{d}{ds}\left[\frac{1}{s-1}e^{st}\right]=e^t+\lim_{s\to 2}\left[\frac{t}{s-1}e^{st}-\frac{1}{(s-1)^2}e^{st}\right]$$

$$=e^t+(te^{2t}-e^{2t})=e^t+e^{2t}(t-1)\ (t>0)$$

三、利用部分分式法和查表计算逆变换

其实对于前述有理函数也可以不用留数法去求象原函数，这里介绍一种方法叫**部分分式法**，也就是将所求有理函数分解为最简单的有理分式之和，这些简单的有理分式，直接可查出其象原函数.

例 6－20 求 $F(s)=\dfrac{1}{s^2(s+1)}$ 的逆变换.

解 因为 $F(s)$ 为一有理分式，令

$$F(s)=\frac{A}{s}+\frac{B}{s^2}+\frac{C}{s+1}$$

由待定系数法求得 $A=-1$, $B=1$, $C=1$, 即

$$F(s)=\frac{1}{s^2(s+1)}=\frac{-1}{s}+\frac{1}{s^2}+\frac{1}{s+1}$$

所以 $$f(t)=\mathscr{L}^{-1}\left[\frac{1}{s^2(s+1)}\right]=-1+t+e^{-t}\quad(t>0)$$

例 6－21　求 $F(s)=\dfrac{1}{(s+1)(s-2)(s+3)}$ 的逆变换.

解　将 $F(s)$展开成部分分式的和

$$F(s)=\frac{1}{(s+1)(s-2)(s+3)}=\frac{-\frac{1}{6}}{s+1}+\frac{\frac{1}{15}}{s-2}+\frac{\frac{1}{10}}{s+3}$$

从而 $$f(t)=-\frac{1}{6}e^{-t}+\frac{1}{15}e^{2t}+\frac{1}{10}e^{-3t}\quad(t>0)$$

利用部分分式法求解时，最好记住简单的有理分式的逆变换，同时要求能将所求函数顺利展开为最简单分式之和. 所以本法的关键是求待定系数，下面分两种情况讨论待定系数的求法.

1. $F(s)$只有单极点

$F(s)$只有单极点，即 $F(s)=\dfrac{A(s)}{B(s)}$ 的分母 $B(s)=0$ 只有 n 个单根 s_1, s_2, …, s_i, …, s_n，这种情况可将 $F(s)$分解为

$$F(s)=\frac{A_1}{s-s_1}+\frac{A_2}{s-s_2}+\cdots+\frac{A_n}{s-s_n}=\sum_{i=1}^{n}\frac{A_i}{s-s_i}\tag{6-20}$$

式中 $A_i(i=1, 2, \cdots, n)$为第 i 项部分分式的系数.

为了确定系数 A_i，在式(6－20)两边同乘以 $(s-s_i)$，可得

$$(s-s_i)F(s)=\frac{A_1(s-s_i)}{s-s_1}+\cdots+\frac{A_{i-1}(s-s_i)}{s-s_{i-1}}+A_i+\frac{A_{i+1}(s-s_i)}{s-s_{i+1}}+\cdots+\frac{A_n(s-s_i)}{s-s_n}$$

由于 n 个单根互不相等，则令 $s=s_i$ 上式等号右边除 A_i 项外均为零，从而得

$$A_i=[(s-s_i)F(s)]\big|_{s=s_i}$$

如例 6－21 的 $F(s)$只有三个单极点，分别为 $s_1=-1$, $s_2=2$, $s_3=-3$，令

$$F(s)=\frac{A_1}{s+1}+\frac{A_2}{s-2}+\frac{A_3}{s+3}$$

则
$$A_1=\frac{1}{(s_1-2)(s_1+3)}\bigg|_{s_1=-1}=-\frac{1}{6}$$
$$A_2=\frac{1}{(s_2+1)(s_2+3)}\bigg|_{s_2=2}=\frac{1}{15}$$
$$A_3=\frac{1}{(s_3+1)(s_3-2)}\bigg|_{s_3=-3}=\frac{1}{10}$$

当然我们用附录Ⅱ现成的拉氏变换公式来查逆变换更简单，根据第 47 式，立即可得

$$\begin{aligned}f(t)&=\frac{e^{-t}}{(-2-1)(3-1)}+\frac{e^{2t}}{(1+2)(3+2)}+\frac{e^{-3t}}{(1-3)(-2-3)}\\&=-\frac{1}{6}e^{-t}+\frac{1}{15}e^{2t}+\frac{1}{10}e^{-3t}\end{aligned}$$

2. $F(s)$有重极点

不妨设 $F(s)=\dfrac{A(s)}{B(s)}$ 的分母 $B(s)=0$ 在 $s=s_1$ 处有 m 重根，其余 $n-m$ 个根为单根 s_{m+1}，s_{m+2}，…，s_n，则 $F(s)$可分解为

$$\begin{aligned}F(s)&=\frac{A_{1m}}{(s-s_1)^m}+\frac{A_{1,m-1}}{(s-s_1)^{m-1}}+\cdots+\frac{A_{11}}{s-s_1}+\sum_{j=m+1}^{n}\frac{A_j}{s-s_j}\\&=\sum_{i=1}^{m}\frac{A_{1i}}{(s-s_1)^i}+\sum_{j=m+1}^{n}\frac{A_j}{s-s_j}\end{aligned}\tag{6-21}$$

系数 A_j 仍按第一种情况相同方法可确定为

$$A_j=[(s-s_j)F(s)]\,|_{s=s_j}\ (j=m+1,\ m+2,\ \cdots,\ n)$$

为确定系数 A_{1i}，将式(6-21)两边同乘以 $(s-s_1)^m$，得

$$(s-s_1)^mF(s)=A_{1m}+A_{1,m-1}(s-s_1)+\cdots+A_{11}(s-s_1)^{m-1}+\sum_{j=m+1}^{n}\frac{A_j(s-s_1)^m}{s-s_j}\tag{6-22}$$

令 $s=s_1$，则上式右边除 A_{1m} 项外，其余各项均为零，于是得

$$A_{1m}=[(s-s_1)^mF(s)]\,|_{s=s_1}$$

对(6-22)式求 s 的一次导数，并令 $s=s_1$，可以求得系数 $A_{1,m-1}$ 为

$$A_{1,m-1}=\frac{d}{ds}[(s-s_1)^mF(s)]\,|_{s=s_1}$$

同理,对(6-22)式求 s 的 $(m-i)$ 次导数,并令 $s=s_1$,可以求得系数 $A_{1i}(i=1,2,\cdots,m)$ 为

$$A_{1i}=\frac{1}{(m-i)!}\frac{\mathrm{d}^{m-i}}{\mathrm{d}s^{m-i}}[(s-s_1)^m F(s)]\big|_{s=s_1}$$

如对例 6-20 中 $F(s)$ 有一个二阶极点 $s=0$ 和一个单极点 $s=-1$,令

$$F(s)=\frac{A_{12}}{s^2}+\frac{A_{11}}{s}+\frac{A_2}{s+1}$$

则

$$A_{12}=[(s-0)^2F(s)]\big|_{s=0}=1$$

$$A_{11}=\frac{\mathrm{d}}{\mathrm{d}s}[(s-0)^2F(s)]\big|_{s=0}=-1$$

$$A_2=[(s+1)F(s)]\big|_{s=-1}=1$$

值得注意的是,上述讨论对极点是复数时也成立,至于复数情况的详细讨论读者可参阅参考书①.

例 6-22　求 $F(s)=\dfrac{1}{s(s^2+1)^2}$ 的逆变换.

解　虽然 $F(s)$ 是有理分式,但利用部分分式的方法较为麻烦,可以利用查表的方法求得结果.根据附录Ⅱ中第 42 式,在 $a=1$ 时,有

$$f(t)=(1-\cos t)-\frac{1}{2}t\sin t$$

例 6-23　求 $F(s)=\dfrac{s^2-a^2}{(s^2+a^2)^2}$ 的逆变换.

解　在附录Ⅱ所列的表中找不到现成的公式,但

$$F(s)=\frac{s^2-a^2}{(s^2+a^2)^2}=\frac{s^2}{(s^2+a^2)^2}-\frac{a^2}{(s^2+a^2)^2}$$

等式右边的两项分别是附录Ⅱ中的第 41 式和第 31 式,所以

$$\mathscr{L}^{-1}\left[\frac{s^2}{(s^2+a^2)^2}\right]=\frac{1}{2a}(\sin at+at\cos at)$$

$$\mathscr{L}^{-1}\left[\frac{a^2}{(s^2+a^2)^2}\right]=\frac{1}{2a}(\sin at-at\cos at)$$

①　陈生潭,郭宝龙,李学武,冯宗哲:信号与系统.西安:电子科技大学出版社,2001.

从而有
$$\mathscr{L}^{-1}\left[\frac{s^2-a^2}{(s^2+a^2)^2}\right]=t\cos at$$

例 6-24 求 $F(s)=\dfrac{1}{s^4+5s^2+4}$ 的拉氏逆变换.

解 由于 $F(s)=\dfrac{1}{(s^2+1)(s^2+4)}=\dfrac{1}{2^2-1^2}\cdot\dfrac{2^2-1^2}{(s^2+1^2)(s^2+2^2)}$

$$=\frac{1}{3}\left[\frac{1}{s^2+1^2}-\frac{1}{s^2+2^2}\right]$$

查表得
$$f(t)=\mathscr{L}^{-1}\left[\frac{1}{s^4+5s^2+4}\right]=\mathscr{L}^{-1}\left[\frac{1}{3}\cdot\frac{2^2-1^2}{(s^2+1^2)(s^2+2^2)}\right]$$
$$=\mathscr{L}^{-1}\left[\frac{1}{3}\left(\frac{1}{s^2+1^2}-\frac{1}{s^2+2^2}\right)\right]$$
$$=\frac{1}{3}\left[\sin t-\frac{1}{2}\sin 2t\right]=\frac{1}{3}\sin t(1-\cos t)$$

例 6-25 求 $F(s)=\dfrac{s}{s+2}$ 的拉氏逆变换.

解 由于 $F(s)=\dfrac{s+2-2}{s+2}=1-\dfrac{2}{s+2}$

所以
$$f(t)=\mathscr{L}^{-1}\left[\frac{s}{s+2}\right]=\mathscr{L}^{-1}\left[1-\frac{2}{s+2}\right]$$
$$=\mathscr{L}^{-1}[1]-2\mathscr{L}^{-1}\left[\frac{1}{s+2}\right]=\delta(t)-2\mathrm{e}^{-2t}$$

除了以上介绍的方法以外,还可以用下一节的卷积定理求逆变换.总之,在今后的实际工作中,应视具体问题而确定求法.

§6.4 卷　积

一、卷积的概念

根据第五章傅氏变换中卷积的定义(5-24)式知两个函数的卷积是指
$$f_1(t)*f_2(t)=\int_{-\infty}^{+\infty}f_1(\tau)f_2(t-\tau)\mathrm{d}\tau$$

如果 $f_1(t)$ 与 $f_2(t)$ 都满足条件:当 $t<0$ 时,$f_1(t)=f_2(t)=0$,则上式可写成

$$f_1(t) * f_2(t) = \int_{-\infty}^{0} f_1(\tau) f_2(t-\tau) \mathrm{d}\tau + \int_0^t f_1(\tau) f_2(t-\tau) \mathrm{d}\tau + \int_t^{+\infty} f_1(\tau) f_2(t-\tau) \mathrm{d}\tau$$

$$= \int_0^t f_1(\tau) f_2(t-\tau) \mathrm{d}\tau$$

此时(5-24)式变成

$$f_1(t) * f_2(t) = \int_0^t f_1(\tau) f_2(t-\tau) \mathrm{d}\tau \tag{6-23}$$

可见这里的卷积定义和傅氏变换中给出的卷积定义是完全一致的，仍然满足交换律、结合律以及分配律. 今后如不特别声明，在求拉氏变换的卷积时都假定这些函数在 $t < 0$ 时恒为零，它们的卷积都按(6-23)式来计算.

例 6-26　求函数 $f_1(t) = t$ 和 $f_2(t) = \sin t$ 的卷积，即求 $t * \sin t$.

解　根据定义

$$t * \sin t = \int_0^t \tau \sin(t-\tau) \mathrm{d}\tau = \int_0^t \tau \mathrm{d}\cos(t-\tau)$$

$$= \tau \cos(t-\tau) \Big|_0^t - \int_0^t \cos(t-\tau) \mathrm{d}\tau$$

$$= t + \sin(t-\tau) \Big|_0^t = t - \sin t$$

二、卷积定理

假定 $f_1(t)$, $f_2(t)$满足拉氏变换存在定理中的条件，且

$$\mathscr{L}[f_1(t)] = F_1(s),\ \mathscr{L}[f_2(t)] = F_2(s)$$

则 $f_1(t) * f_2(t)$的拉氏变换一定存在，且

$$\left.\begin{aligned} &\mathscr{L}[f_1(t) * f_2(t)] = F_1(s) \cdot F_2(s) \\ \text{或}\quad &\mathscr{L}^{-1}[F_1(s) \cdot F_2(s)] = f_1(t) * f_2(t) \end{aligned}\right\} \tag{6-24}$$

证明　容易验证 $f_1(t) * f_2(t)$满足拉氏变换存在定理的条件，它的变换式为

$$\mathscr{L}[f_1(t) * f_2(t)] = \int_0^{+\infty} [f_1(t) * f_2(t)] \mathrm{e}^{-st} \mathrm{d}t$$

$$= \int_0^{+\infty} \left[\int_0^t f_1(\tau) f_2(t-\tau) \mathrm{d}\tau \right] \mathrm{e}^{-st} \mathrm{d}t$$

从上面这个积分式子可以看出，积分区域如图 6-7 所示(阴影部分)，由于二重积分绝对可积，可以变换积分次序，即

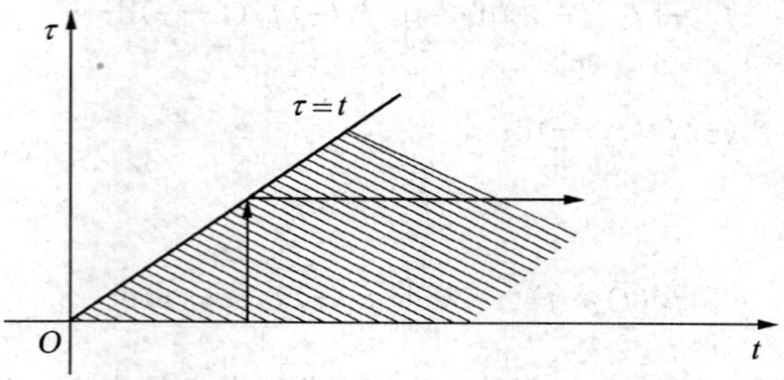

图 6-7

$$\mathscr{L}[f_1(t)*f_2(t)]=\int_0^{+\infty}f_1(\tau)\left[\int_\tau^{+\infty}f_2(t-\tau)\mathrm{e}^{-st}\,\mathrm{d}t\right]\mathrm{d}\tau$$

令 $t-\tau=u$，则有

$$\int_\tau^{+\infty}f_2(t-\tau)\mathrm{e}^{-st}\,\mathrm{d}t=\int_0^{+\infty}f_2(u)\mathrm{e}^{-s(u+\tau)}\,\mathrm{d}u=\mathrm{e}^{-s\tau}F_2(s)$$

所以

$$\mathscr{L}[f_1(t)*f_2(t)]=\int_0^{+\infty}f_1(\tau)\mathrm{e}^{-s\tau}F_2(s)\,\mathrm{d}\tau$$

$$=F_2(s)\int_0^{+\infty}f_1(\tau)\mathrm{e}^{-s\tau}\,\mathrm{d}\tau=F_1(s)\cdot F_2(s)$$

利用这个性质可以将两个函数卷积的运算转换为求这两个函数拉氏变换的乘积的逆变换，或者可以将两个函数的拉氏变换的乘积的运算转换为求这两个函数的卷积的拉氏变换.

卷积定理可以推广到多个函数的情形. 若 $f_k(t)(k=1,2,\cdots,n)$ 满足拉氏变换存在定理中的条件，且

$$\mathscr{L}[f_k(t)]=F_k(s)\quad(k=1,2,\cdots,n)$$

则有

$$\mathscr{L}[f_1(t)*f_2(t)*f_n(t)]=F_1(s)\cdot F_2(s)\cdots F_n(s)$$

例 6-27 若 $F(s)=\dfrac{1}{(1+s^2)^2}$，求 $f(t)$.

解 因为

$$F(s)=\frac{1}{(1+s^2)^2}=\frac{1}{s^2+1}\cdot\frac{1}{s^2+1}$$

所以

$$f(t)=\mathscr{L}^{-1}\left[\frac{1}{s^2+1}\cdot\frac{1}{s^2+1}\right]=\sin t*\sin t$$

$$=\int_0^t\sin\tau\sin(t-\tau)\,\mathrm{d}\tau$$

$$= -\frac{1}{2}\int_0^t [\cos t - \cos(2\tau - t)]\mathrm{d}\tau$$

$$= \frac{1}{2}(\sin t - t\cos t)$$

例 6 - 28 若 $\mathscr{L}[f(t)] = \dfrac{2}{s(s+3)^2}$，求 $f(t)$.

解 $$\mathscr{L}[f(t)] = \frac{2}{s(s+3)^2} = \frac{2}{s}\cdot\frac{1}{(s+3)^2}$$

而 $$\mathscr{L}^{-1}\left[\frac{2}{s}\right] = 2,\ \mathscr{L}^{-1}\left[\frac{1}{(s+3)^2}\right] \xlongequal{\text{位移性质}} t\mathrm{e}^{-3t}$$

所以 $$f(t) = 2 * (t\mathrm{e}^{-3t}) = \int_0^t 2\tau\mathrm{e}^{-3\tau}\mathrm{d}\tau = 2\left[-\frac{1}{3}\tau\mathrm{e}^{-3\tau}\right]\Big|_0^t + \frac{2}{3}\int_0^t \mathrm{e}^{-3\tau}\mathrm{d}\tau$$

$$= -\frac{2}{3}t\mathrm{e}^{-3t} + \frac{2}{3}\cdot\left(-\frac{1}{3}\mathrm{e}^{-3\tau}\Big|_0^t\right) = \frac{2}{9} - \frac{2}{3}\left(t + \frac{1}{3}\right)\mathrm{e}^{-3t}$$

§6.5 常微分方程的拉氏变换求解法

用拉氏变换来解常微分方程，其方法是先取拉氏变换再利用线性性质与微分性质把微分方程化为象函数的代数方程，根据这个代数方程求出象函数，然后取逆变换就得出原来微分方程的解. 这种解法的示意见图 6 - 8.

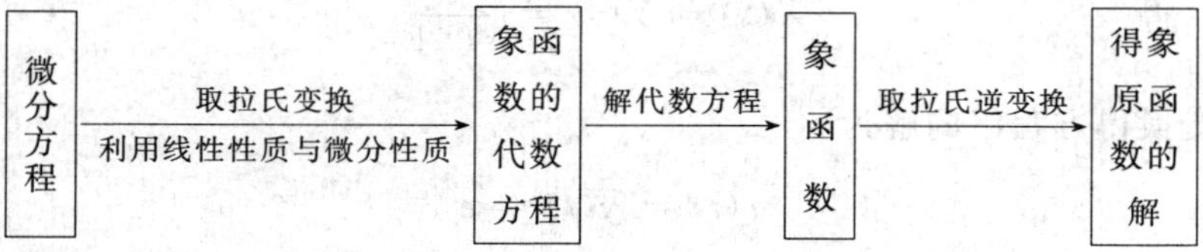

图 6 - 8

例 6 - 29 求方程 $x''(t) - 2x'(t) + x(t) = \mathrm{e}^t$ 满足初始条件 $x(0) = x'(0) = 0$ 的解.

解 设 $\mathscr{L}[x(t)] = X(s)$，对方程的两边取拉氏变换，利用线性性质和微分性质，并考虑到初始条件，得

$$s^2X(s) - 2sX(s) + X(s) = \frac{1}{s-1}$$

整理后求得关于 $X(s)$ 的代数方程

$$X(s)=\frac{1}{(s-1)^3}$$

这是所求函数 $x(t)$的拉氏变换，取它的逆变换便可以得其解. 利用查表或赫维赛德展开式可求得其解为

$$x(t)=\frac{1}{2}t^2\mathrm{e}^t$$

例 6－30 求方程组

$$\begin{cases}x'(t)+3y(t)-2x(t)=2\mathrm{e}^t\\ y'(t)+y(t)-x(t)=\mathrm{e}^t\end{cases}$$

满足初始条件

$$x(0)=y(0)=1$$

的解.

解 设 $\mathscr{L}[x(t)]=X(s)$，$\mathscr{L}[y(t)]=Y(s)$，对方程组两个方程两边取拉氏变换，利用线性性质和微分性质，并考虑到初始条件，得

$$\begin{cases}sX(s)-1+3Y(s)-2X(s)=2\cdot\dfrac{1}{s-1}\\ sY(s)-1+Y(s)-X(s)=\dfrac{1}{s-1}\end{cases}$$

整理化简后得

$$X(s)=Y(s)=\frac{1}{s-1}$$

取拉氏逆变换得方程组的解为

$$x(t)=y(t)=\mathrm{e}^t$$

例 6－31 求二阶常系数微分方程组

$$\begin{cases}2x''(t)-y''(t)-2x'(t)+y(t)=-t\\ x''(t)-y''(t)+y'(t)-x(t)=\mathrm{e}^t-2\end{cases}$$

满足初始条件

$$\begin{cases}x(0)=x'(0)=0\\ y(0)=y'(0)=0\end{cases}$$

的解.

解 令 $\mathscr{L}[x(t)]=X(s)$，$\mathscr{L}[y(t)]=Y(s)$，对方程组两个方程两边取拉氏变换，利用线性性质和微分性质，并考虑到初始条件，则得

$$\begin{cases} 2s^2X(s)-s^2Y(s)-2sX(s)+Y(s)=-\dfrac{1}{s^2} \\ s^2X(s)-s^2Y(s)+sY(s)-X(s)=\dfrac{1}{s-1}-\dfrac{2}{s} \end{cases}$$

整理化简后得 $\begin{cases} 2sX(s)-(s+1)Y(s)=-\dfrac{1}{s^2(s-1)} \\ (s+1)X(s)-sY(s)=\dfrac{-s+2}{s(s-1)^2} \end{cases}$

解这个代数方程组，即得 $\begin{cases} X(s)=\dfrac{1}{s(s-1)^2} \\ Y(s)=\dfrac{2s-1}{s^2(s-1)^2} \end{cases}$

接下来我们用赫维赛德展开式来求它们的逆变换.

对于 $X(s)=\dfrac{1}{s(s-1)^2}$ 具有一个一阶极点：$s=0$，一个二阶极点：$s=1$，所以

$$\begin{aligned} x(t)&=\frac{1}{3s^2-4s+1}e^{st}\Big|_{s=0}+\lim_{s\to1}\frac{d}{ds}\left[(s-1)^2\frac{1}{s(s-1)^2}e^{st}\right] \\ &=1+te^t-e^t \end{aligned}$$

对于 $Y(s)=\dfrac{2s-1}{s^2(s-1)^2}$ 具有两个二阶极点：$s=0$，$s=1$，所以

$$\begin{aligned} y(t)&=\lim_{s\to0}\frac{d}{ds}\left[(s-0)^2\frac{2s-1}{s^2(s-1)^2}e^{st}\right]+\lim_{s\to1}\frac{d}{ds}\left[(s-1)^2\frac{2s-1}{s^2(s-1)^2}e^{st}\right] \\ &=\lim_{s\to0}\left[te^{st}\frac{2s-1}{(s-1)^2}-\frac{2s}{(s-1)^3}e^{st}\right]+\lim_{s\to1}\left[te^{st}\frac{2s-1}{s^2}+\frac{2(1-s)}{s^3}e^{st}\right] \\ &=-t+te^t \end{aligned}$$

从而求得 $\begin{cases} x(t)=1-e^t+te^t \\ y(t)=-t+te^t \end{cases}$

从以上例子可以看出利用拉氏变换求解微分方程的过程中，初始条件也用上去了，求出的结果就是需要的特解. 避免了微分方程的一般解法中，先求通解，再根据初始条件确定任意常数的复杂运算.

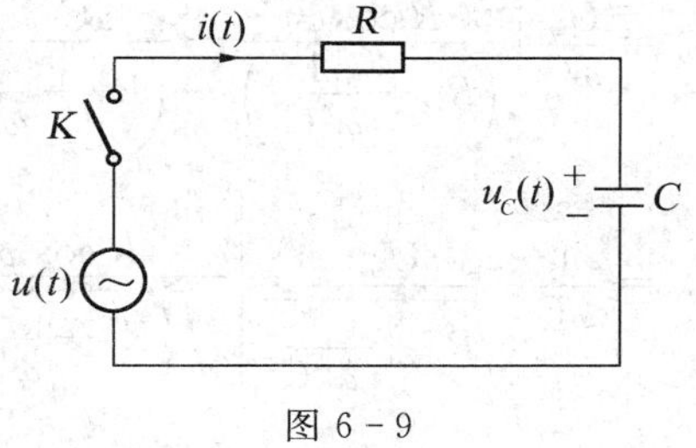

图 6-9

例 6-32* 如图 6-9 所示的 RC 串联电路

中，外加电动势为正弦交流电压 $u(t)=U_m\sin(\omega t+\varphi)$，$t=0$ 时刻开关闭合，设此时刻电容器两端电压为0，即 $u_C(0)=0$，求电容器两端的电压 $u_C(t)$ 和回路中电流 $i(t)$ 随时间的变化规律.

解 由基尔霍夫(Kirchhoff)电压定律可得

$$u_R(t)+u_C(t)=u(t)$$

将

$$u_R(t)=R\cdot i(t)=RC\frac{\mathrm{d}u_C(t)}{\mathrm{d}t}$$

代入上式得

$$RC\frac{\mathrm{d}u_C(t)}{\mathrm{d}t}+u_C(t)=u(t)=U_m\sin(\omega t+\varphi)$$

这是一个关于 $u_C(t)$ 的一阶线性非齐次微分方程. 设 $\mathscr{L}[u_C(t)]=U_C(s)$，现对方程式两边取拉氏变换，利用线性性质和微分性质，并考虑初始条件，可得

$$\begin{aligned}RCsU_C(s)+U_C(s)&=\mathscr{L}[u(t)]=\mathscr{L}[U_m(\sin\omega t\cos\varphi+\cos\omega t\sin\varphi)]\\&=\frac{U_m\omega\cos\varphi}{s^2+\omega^2}+\frac{U_m s\sin\varphi}{s^2+\omega^2}\\&=\frac{U_m}{s^2+\omega^2}(\omega\cos\varphi+s\sin\varphi)\end{aligned}$$

即

$$U_C(s)=\frac{U_m(\omega\cos\varphi+s\sin\varphi)}{RC\left(s+\frac{1}{RC}\right)(s-\mathrm{j}\omega)(s+\mathrm{j}\omega)}$$

可以看出 $U_C(s)$ 有三个一阶极点，分别为 $s_1=-\frac{1}{RC}$，$s_2=\mathrm{j}\omega$，$s_3=-\mathrm{j}\omega$. 根据赫维塞德展开式得

$$\begin{aligned}u_C(t)&=\frac{U_m}{RC}\left[\frac{\omega\cos\varphi-\frac{1}{RC}\sin\varphi}{\left(-\frac{1}{RC}-\mathrm{j}\omega\right)\left(-\frac{1}{RC}+\mathrm{j}\omega\right)}\mathrm{e}^{-\frac{t}{RC}}+\frac{\omega\cos\varphi+\mathrm{j}\omega\sin\varphi}{\left(\mathrm{j}\omega+\frac{1}{RC}\right)(2\mathrm{j}\omega)}\mathrm{e}^{\mathrm{j}\omega t}+\frac{\omega\cos\varphi-\mathrm{j}\omega\sin\varphi}{\left(-\mathrm{j}\omega+\frac{1}{RC}\right)(-2\mathrm{j}\omega)}\mathrm{e}^{-\mathrm{j}\omega t}\right]\\&=\frac{U_m}{\omega C}\left[\frac{R\cos\varphi}{\left(R^2+\frac{1}{\omega^2C^2}\right)}-\frac{\frac{1}{\omega C}\sin\varphi}{\left(R^2+\frac{1}{\omega^2C^2}\right)}\right]\mathrm{e}^{-\frac{t}{RC}}+\frac{U_m}{RC}\left[\frac{\mathrm{e}^{\mathrm{j}(\omega t+\varphi)}}{\left(-2\omega+\frac{2\mathrm{j}}{RC}\right)}+\frac{\mathrm{e}^{-\mathrm{j}(\omega t+\varphi)}}{\left(-2\omega-\frac{2\mathrm{j}}{RC}\right)}\right]\\&=\frac{1}{\omega C}\frac{U_m}{\sqrt{R^2+\frac{1}{\omega^2C^2}}}\left[\frac{R\cos\varphi}{\sqrt{\left(R^2+\frac{1}{\omega^2C^2}\right)}}+\frac{-\frac{1}{\omega C}\sin\varphi}{\sqrt{\left(R^2+\frac{1}{\omega^2C^2}\right)}}\right]\mathrm{e}^{-\frac{1}{RC}}\end{aligned}$$

$$-\frac{1}{\omega C}\cdot\frac{U_m}{\sqrt{R^2+\frac{1}{\omega^2C^2}}}\left[\frac{R\cos(\omega t+\varphi)}{\sqrt{\left(R^2+\frac{1}{\omega^2C^2}\right)}}+\frac{-\frac{1}{\omega C}\sin(\omega t+\varphi)}{\sqrt{\left(R^2+\frac{1}{\omega^2C^2}\right)}}\right]$$

在 RC 串联电路中，其阻抗为

$$Z=R-\mathrm{j}\frac{1}{\omega C}=|Z|\,\mathrm{e}^{\mathrm{j}\psi}$$

其中
$$|Z|=\sqrt{R^2+\frac{1}{\omega^2C^2}},\ \psi=\arctan\left[\frac{-1/\omega C}{R}\right]$$

由于
$$\frac{U_m}{\sqrt{R^2+\frac{1}{\omega^2C^2}}}=\frac{U_m}{|Z|}=I_m$$

所以
$$u_C(t)=\frac{I_m}{\omega C}(\cos\psi\cos\varphi+\sin\psi\sin\varphi)\mathrm{e}^{-\frac{t}{RC}}$$

$$-\frac{I_m}{\omega C}[\cos\psi\cos(\omega t+\varphi)+\sin\psi\sin(\omega t+\varphi)]$$

$$=\frac{I_m}{\omega C}\cos(\varphi-\psi)\mathrm{e}^{-\frac{t}{RC}}-\frac{I_m}{\omega C}\cos(\omega t+\varphi-\psi)$$

令 $U_{Cm}=\frac{I_m}{\omega C}$，则

$$u_C(t)=U_{Cm}\cos(\varphi-\psi)\mathrm{e}^{-\frac{t}{RC}}-U_{Cm}\cos(\omega t+\varphi-\psi)$$

由于
$$i(t)=C\frac{\mathrm{d}u_C(t)}{\mathrm{d}t}$$

所以
$$i(t)=C\left[\frac{I_m}{\omega C}\cos(\varphi-\psi)\mathrm{e}^{-\frac{t}{RC}}\left(-\frac{1}{RC}\right)+\frac{I_m}{\omega C}\sin(\omega t+\varphi-\psi)\cdot\omega\right]$$

$$=-\frac{I_m}{R\omega C}\cos(\varphi-\psi)\mathrm{e}^{-\frac{t}{RC}}+I_m\sin(\omega t+\varphi-\psi)$$

从结果可以看出，电路在接通电源 $u(t)$ 以后 $u_C(t)$ 和 $i(t)$ 随时间变化的规律，它们由两部分构成：第一项对应着线性齐次微分方程的通解，称为所求量的暂态分量；第二项对应着线性非齐次微分方程的特解，称为所求量的稳态分量. 当 $t\to+\infty$ 时，暂态分量消失，表明过渡过程结束，进入稳定状态. 在实际工程中，时间 t 不可能是无限长，我们称 $\tau=RC$ 为时间常数. 它是表征过渡过程时间长短的一个物理量，一般当 $t=3\tau$ 时，就

认为过渡过程结束，进入稳定状态.

拉氏变换作为一种数学工具，可以使有关的运算得以简化.同时它也是研究工程实际问题中线性系统特性的有力工具，除了可以用来求解微分方程外，还可以用来建立线性系统的传递函数.

小　结

为了解决傅氏变换中对原函数 $f(t)$ 的要求过于苛刻的问题，本章从傅氏变换出发，引入指数衰减函数 $e^{-\beta t}(\beta>0)$ 和单位阶跃函数 $u(t)$，从而放宽了对函数的限制并使之更适合工程实际.由此引出的拉氏变换仍保留了傅氏变换中许多好的性质，而且某些性质(如微分性质、卷积等)比傅氏变换更实用、更方便.另外，拉氏变换仍具有明显的物理意义.它将频率 ω 变成复频率 s，从而不仅能刻画函数的振荡频率，而且还能描述振荡幅度的增长(或衰减)速率.

根据拉氏变换与傅氏变换的关系导出的反演积分公式，原则上讲，是一种求拉氏逆变换的通用方法，但当象函数满足一定的条件时可以采用留数法和部分分式法，甚至直接查表求得象原函数.需要注意的是，本章介绍的拉氏变换为单边拉氏变换，相应地还有双边拉氏变换.

本章讨论的主要内容有拉氏变换的概念、拉氏变换的一些基本性质、拉氏逆变换的求解方法及拉氏变换在求解微分方程中的应用.要求理解拉氏变换的概念；熟练运用拉氏变换的一些基本性质；牢固掌握用部分分式法、查表法求拉氏逆变换，会用赫维赛德展开式求逆变换；理解卷积概念及掌握卷积定理；会用拉氏变换求解微分方程.

习　题　六

1. 由拉氏变换的定义求下列函数的拉氏变换，并用查表的方法来验证结果：

(1) $f(t)=\sin t\cos t$　　(2) $f(t)=\sin\dfrac{t}{2}$

(3) $f(t)=t^2$　　(4) $f(t)=e^{-2t}$

(5) $f(t)=\sin^2 t$　　(6) $f(t)=\cosh kt$

2. 由拉氏变换的定义求下列函数的拉氏变换：

(1) $f(t)=\begin{cases}3, & 0\leqslant t<2\\ -1, & 2\leqslant t<4\\ 0, & t\geqslant 4\end{cases}$　　(2) $f(t)=\begin{cases}3, & t<\dfrac{\pi}{2}\\ \cos t, & t>\dfrac{\pi}{2}\end{cases}$

(3) $f(t)=e^{-2t}+5\delta(t)$　　(4) $f(t)=\cos t\cdot\delta(t)-\sin t\cdot u(t)$

3. 设 $f(t)$是以 2π 为周期的函数，且在一个周期内的表达式为

$$f(t)=\begin{cases}\sin t, & 0<t\leqslant\pi\\ 0, & \pi<t<2\pi\end{cases}$$

求 $\mathscr{L}[f(t)]$.

4. 求下列各图所示周期函数的拉氏变换.

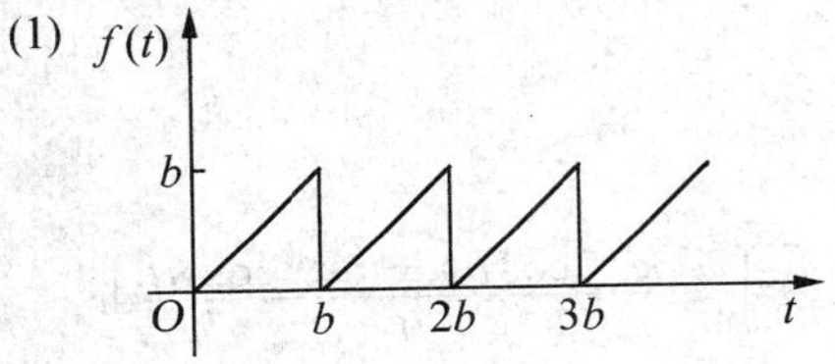

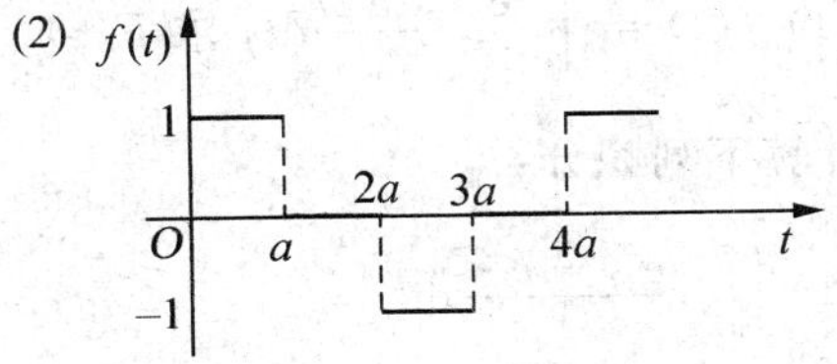

第 4 题图

5. 利用象函数的微分性质计算下列各式：

(1) $f(t)=te^{-3t}\sin 2t$, 求 $F(s)$

(2) $f(t)=t\int_0^t e^{-3t}\sin 2t\mathrm{d}t$, 求 $F(s)$

(3) $F(s)=\ln\dfrac{s+1}{s-1}$, 求 $f(t)$

(4) $f(t)=\int_0^t te^{-3t}\sin 2t\mathrm{d}t$, 求 $F(s)$

6. 将下列函数 $f(t)$的拉氏变换 $F(s)$填入表格中.

	原函数 $f(t)$	象函数 $F(s)=\mathscr{L}[f(t)]$		原函数 $f(t)$	象函数 $F(s)=\mathscr{L}[f(t)]$
(1)	$e^{2t}\sin t$		(7)	$u(3t-5)$	
(2)	$e^{-t}u(t)$		(8)	$t\cos at$	
(3)	$1+e^{5t}$		(9)	$\sin(t-a)$	
(4)	e^{t-3}		(10)	$\dfrac{t}{2a}\sin at$	
(5)	$(t-2)^2$		(11)	$t^n e^{at}$	
(6)	$u(1-e^{-t})$		(12)	$1-te^t$	

7. 利用象函数的积分性质计算下列各式：

(1) $f(t)=\dfrac{\sin kt}{t}$，求 $F(s)$

(2) $f(t)=\dfrac{e^{-3t}\sin 2t}{t}$，求 $F(s)$

(3) $F(s)=\dfrac{s}{(s^2-1)^2}$，求 $f(t)$

(4) $f(t)=\int_0^t \dfrac{e^{-3t}\sin 2t}{t}dt$，求 $F(s)$

8. 计算下列积分：

(1) $\int_0^{+\infty}\dfrac{e^{-t}-e^{-2t}}{t}dt$

(2) $\int_0^{+\infty}\dfrac{e^{-at}\cos bt-e^{-mt}\cos nt}{t}dt$

(3) $\int_0^{+\infty}te^{-2t}dt$

(4) $\int_0^{+\infty}te^{-3t}\sin 2t dt$

(5) $\int_0^{+\infty}t^3e^{-t}\sin t dt$

(6) $\int_0^{+\infty}\dfrac{e^{-t}\sin^2 t}{t}dt$

9. 在表格中直接写出 $F(s)$ 的拉氏逆变换 $f(t)$.

	象函数 $F(s)$	$f(t)=\mathscr{L}^{-1}[F(s)]$		象函数 $F(s)$	$f(t)=\mathscr{L}^{-1}[F(s)]$
(1)	$\dfrac{1}{s^2+9}$		(4)	$\dfrac{1}{s^4}$	
(2)	$\dfrac{1}{(s+1)^4}$		(5)	$\dfrac{1}{s+3}$	
(3)	$\dfrac{2s+3}{s^2+9}$		(6)	$\dfrac{s}{(s-1)^2+4}$	

10. 试用单位阶跃函数表示下列各图所示的函数，并求其拉氏变换.

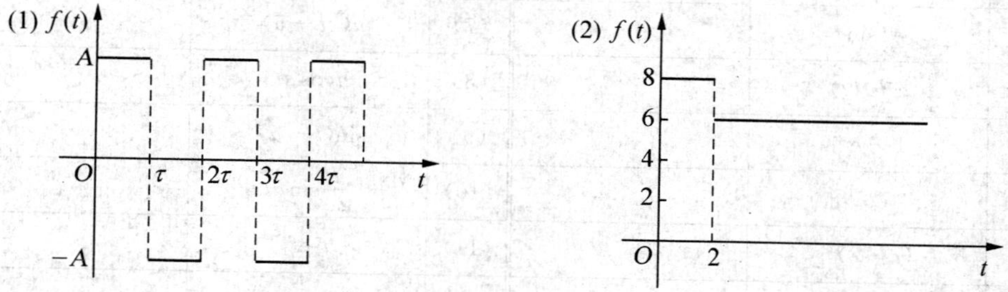

第 10 题图

11. 求下列函数的拉氏逆变换：

(1) $\dfrac{s+1}{s^2+s-6}$　　(2) $\dfrac{2s+5}{s^2+4s+13}$

(3) $\dfrac{s}{(s-a)(s-b)}$　　(4) $\dfrac{1}{s^2(s^2-1)}$

(5) $\dfrac{s}{s+2}$　　(6) $\ln\dfrac{s^2-1}{s^2}$

(7) $\dfrac{s+2}{(s^2+4s+5)^2}$　　(8) $\dfrac{1}{(s^2+2s+2)^2}$

(9) $\dfrac{2s+1}{s(s+1)(s+2)}$　　(10) $\dfrac{s}{(s^2+1)(s^2+4)}$

12. 求下列函数在区间$[0,+\infty)$上的卷积：

(1) $1*1$　　(2) $t^m * t^n$（m，n 为正整数）

(3) $\sin kt * \sin kt$,$(k\neq 0)$　　(4) $t * \mathrm{e}^t$

(5) $\sin t * \cos t$　　(6) $u(t-a) * f(t)(a\geqslant 0)$

(7) $t * \sinh t$　　(8) $\delta(t-a) * f(t)(a\geqslant 0)$

13. 利用卷积定理，证明：

(1) $\mathscr{L}\left[\int_0^t f(t)\mathrm{d}t\right]=\dfrac{F(s)}{s}$　　(2) $\mathscr{L}\left[\dfrac{s}{(s^2+a^2)^2}\right]=\dfrac{t}{2a}\sin at$

14. 求下列微分方程及方程组的解：

(1) $y'-y=\mathrm{e}^{2t}$, $y(0)=0$

(2) $y''+4y'+3y=\mathrm{e}^{-t}$, $y(0)=y'(0)=1$

(3) $y''+3y'+2y=u(t-1)$, $y(0)=0$, $y'(0)=1$

(4) $y''-y=4\sin t+5\cos 2t$, $y(0)=-1$, $y'(0)=-2$

(5) $y''-2y'+2y=2\mathrm{e}^t\cos t$, $y(0)=y'(0)=0$

(6) $y'''+y'=\mathrm{e}^{2t}$, $y(0)=y'(0)=y''(0)=0$

(7) $\begin{cases}x'+y'=1\\ x'-y'=t\end{cases}$, $x(0)=a$, $y(0)=b$

(8) $\begin{cases} x' + x - y = e^t \\ y' + 3x - 2y = 2e^t \end{cases}$, $x(0) = y(0) = 1$

(9) $\begin{cases} (2x'' - x' + 9x) - (y'' + y' + 3y) = 0 \\ (2x'' + x' + 7x) - (y'' - y' + 5y) = 0 \end{cases}$, $\begin{cases} x(0) = x'(0) = 1 \\ y(0) = y'(0) = 0 \end{cases}$

(10) $\begin{cases} x'' - x + y + z = 0 \\ x + y + z'' - z = 0 \\ x + y'' - y + z = 0 \end{cases}$, $\begin{cases} x(0) = 1 \\ y(0) = z(0) = x'(0) = y'(0) = z'(0) = 0 \end{cases}$

15. 求解积分方程 $f(t) = at - \int_0^t \sin(\tau - t) f(\tau) d\tau$.

(提示：利用 $f(t) * \sin t = \int_0^t f(\tau) \sin(t - \tau) d\tau$，然后方程两边取拉氏变换，再利用卷积定理)

16. 设有如图所示的 RL 串联电路，在 $t = t_0$ 时将电路接上直流电源 E，求电路中的电流 $i(t)$.

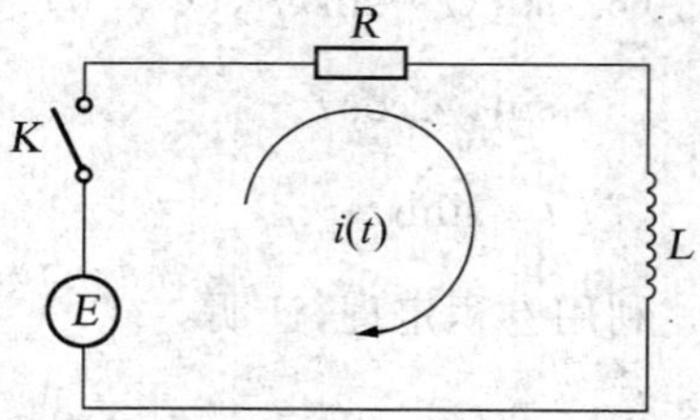

第 16 题图

第七章　Z　变　换

前一章介绍的拉氏变换是研究连续时间函数的重要工具，本章将要介绍的 Z 变换则是研究离散时间函数的重要工具. 为使大家对离散函数有一个初步的印象，第一节先介绍离散函数，以后各节再相继引入 Z 变换的概念、Z 变换的性质、Z 逆变换及 Z 变换的应用等.

§7.1　离散函数

一、连续时间函数与离散时间函数

连续时间函数(信号)如图 7 - 1 所示，已为我们所熟悉，它的描述函数的定义域是连续的.

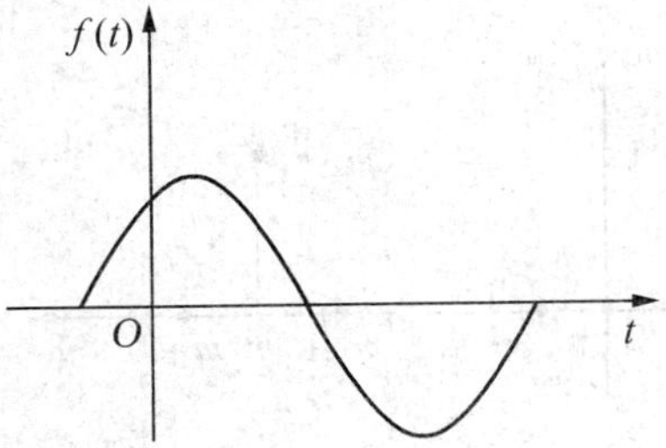

图 7 - 1

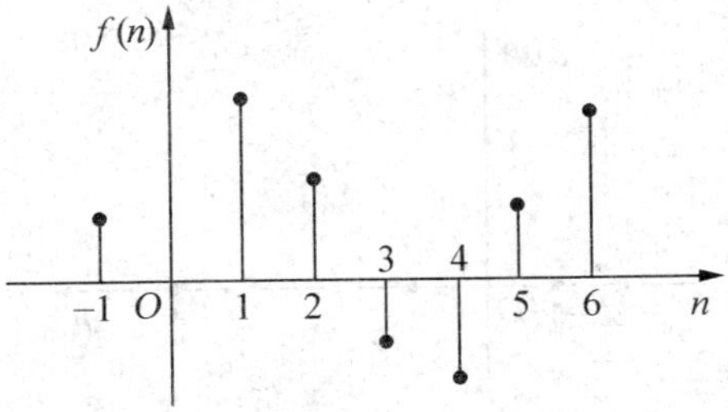

图 7 - 2

离散时间函数的描述函数的定义域是某些离散点的集合，如图 7 - 2 所示的离散时间函数 $f(n)$(n 为整数)，函数只是在某些离散点上才有意义. 这些离散点在时间轴上可以均匀分布，也可以不均匀分布. 这里我们只讨论均匀分布的离散点.

离散函数可以是连续函数的抽样函数，如图 7 - 3 所示，$f(nT_s)$是在 $t = nT_s$ 各点的 $f(t)$值.

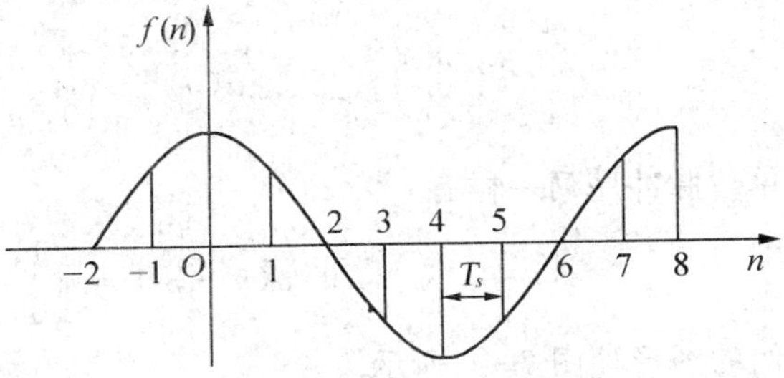

图 7 - 3

离散函数也可以是非连续函数

的抽样值. 如人口的年平均出生率,纽约股票市场每天的 Dow-Jones 指数等.

二、某些典型的离散时间函数

在离散信号与系统分析中,常用的基本函数包括单位脉冲序列、单位阶跃序列、正弦序列、指数序列等.

1. 单位脉冲序列

单位脉冲序列的定义式为

$$\delta(n)=\begin{cases}1, & n=0\\0, & n\neq 0\end{cases} \tag{7-1}$$

其图形如图 7-4 所示. 序列 $\delta(n)$ 仅在 $n=0$ 处取单位值,其余 $n\neq 0$ 时均为零. 应该注意,单位脉冲函数 $\delta(t)$ 在 $t=0$ 处可以理解成一个宽度为无穷小,幅度为无穷大,面积为 1 的窄脉冲,而单位脉冲序列 $\delta(n)$ 在 $n=0$ 处取有限值 1.

根据定义可以得到如下式子:

$$\delta(n-m)=\begin{cases}1, & n=m\\0, & n\neq m\end{cases}$$

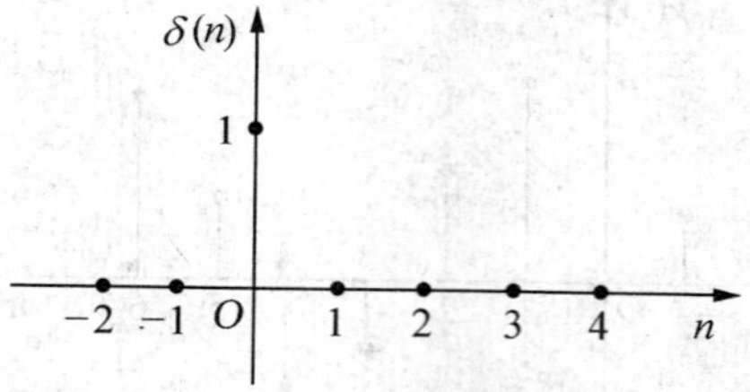

图 7-4

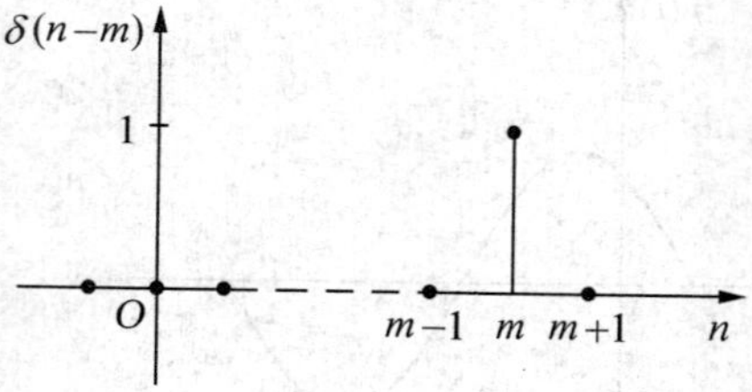

图 7-5

称为**移位单位脉冲序列**,对应的图形如图 7-5 所示 ($m>0$).

2. 单位阶跃序列

单位阶跃序列即为单位阶跃函数的取样函数,定义式为

$$u(n)=\begin{cases}1, & n\geqslant 0\\0, & n<0\end{cases} \tag{7-2}$$

与单位脉冲序列一样有

$$u(n-m)=\begin{cases}1, & n\geqslant m\\0, & n<m\end{cases}$$

它们的图形如图 7-6 所示.

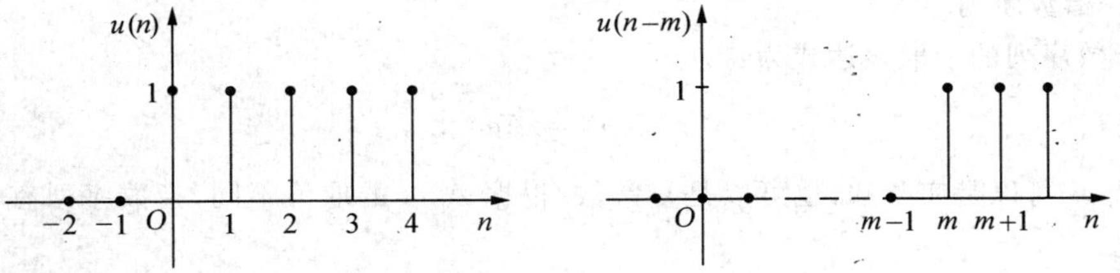

图 7-6

由式(7-1)、(7-2)可得

$$u(n)=\sum_{k=0}^{\infty}\delta(n-k) \tag{7-3}$$

和

$$\delta(n)=u(n)-u(n-1) \tag{7-4}$$

3. 正弦序列

正弦序列的表示式为

$$f(n)=A\sin(\omega_0 n+\varphi)(\text{或 } f(n)=A\cos(\omega_0 n+\varphi)) \tag{7-5}$$

式中 A,ω_0,φ 为常数,分别称为正弦序列的振幅、频率、初相. 对周期为 T 的正弦函数进行抽样(抽样周期为 T_s),可得正弦序列

$$\begin{aligned}f(n)&=A\sin\left(\frac{2\pi}{T}t+\varphi\right)\Big|_{t=nT_s}\\&=A\sin\left(\frac{2\pi}{T}T_s n+\varphi\right)\\&=A\sin(\omega_0 n+\varphi)\qquad(\text{令 }\omega_0=\frac{2\pi}{T/T_s})\end{aligned}$$

对周期 $N=T/T_s=10$,初相 $\varphi=0$ 的正弦序列如图 7-7 所示,此时 $\omega_0=\dfrac{2\pi}{10}$.

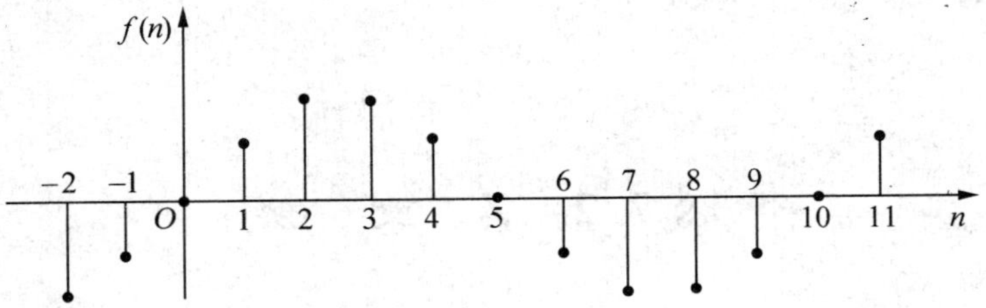

图 7-7

4. 指数序列

指数序列的一般表达式为：

$$f(n) = A\mathrm{e}^{sn} \tag{7-6}$$

式中 A, s 可以是实常数，也可以是复常数. 根据 A, s 的取值不同，指数序列有以下几种情况：

(1) A 和 s 均为实数，称为实指数序列；

(2) $A=1$, $s=\mathrm{j}\omega_0$ (ω_0 为实数)，则

$$f(n) = \mathrm{e}^{\mathrm{j}\omega_0 n} = \cos\omega_0 n + \mathrm{j}\sin\omega_0 n \tag{7-7}$$

称为虚指数序列；

(3) A 和 s 均为复数，称为一般形式的复指数序列.

设复数 $A = |A|\mathrm{e}^{\mathrm{j}\varphi}$, $s=\beta+\mathrm{j}\omega_0$，并记 $\mathrm{e}^{\beta}=r$，则有

$$\begin{aligned} f(n) &= A\mathrm{e}^{sn} = |A|\mathrm{e}^{\mathrm{j}\varphi}\mathrm{e}^{(\beta+\mathrm{j}\omega_0)n} = |A|\mathrm{e}^{\beta n}\mathrm{e}^{\mathrm{j}(\omega_0 n+\varphi)} \\ &= |A| r^n \mathrm{e}^{\mathrm{j}(\omega_0 n+\varphi)} \\ &= |A| r^n [\cos(\omega_0 n+\varphi) + \mathrm{j}\sin(\omega_0 n+\varphi)] \end{aligned} \tag{7-8}$$

可见，复指数序列 $f(n)$ 的实部和虚部均为幅值按指数规律变化的正弦序列.

当 $r>1$ 时，$f(n)$ 的实部和虚部均为指数增长的正弦序列，如图 7-8(a)所示；

当 $r<1$ 时，$f(n)$ 的实部和虚部均为指数衰减的正弦序列，如图 7-8(b)所示；

当 $r=1$ 时，$f(n)$ 的实部和虚部均为正弦序列.

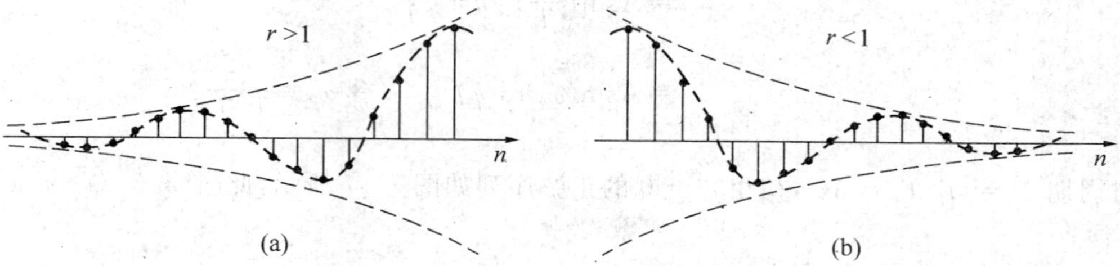

图 7-8

§7.2 Z 变 换

一、Z 变换的定义

序列 $f(n)$ 的 Z 变换定义式如下：

$$F(z)=\sum_{n=-\infty}^{+\infty}f(n)z^{-n} \tag{7-9}$$

式中，z 为复数.(7－9)式称为序列 $f(n)$ 的**双边 Z 变换式**，可记为

$$F(z)=\mathscr{Z}[f(n)]$$

$F(z)$ 称为取 $f(n)$ 的 **Z 变换**.

若 $F(z)$ 为 $f(n)$ 的 Z 变换，则称 $f(n)$ 为 $F(z)$ 的**双边 Z 逆变换**，可记为

$$f(n)=\mathscr{Z}^{-1}[F(z)]$$

序列的 Z 变换实际上是以序列 $f(n)$ 为加权系数的 z 的幂级数之和.包含有 z 的正幂项，也包含有 z 的负幂项.(7－9)式中，若 n 取值范围是 0 到 $+\infty$，则得序列 $f(n)$ 的**单边 Z 变换式**，可记为

$$F(z)=\mathscr{Z}[f(n)]=\sum_{n=0}^{+\infty}f(n)z^{-n} \tag{7-10}$$

$F(z)$ 称为取 $f(n)$ 的**单边 Z 变换**(简称 **Z 变换**)，反之称 $f(n)$ 为 $F(z)$ 的**单边 Z 逆变换**(简称 **Z 逆变换**).

显然，如果 $f(n)$ 的定义域为 $[0,+\infty)$(即 $n\geqslant 0$)，如令起始时刻为 $n=0$，$n<0$ 时 $f(n)$ 的值为零(这样的信号 $f(n)$ 称为因果信号)，则(7－9)式和(7－10)式的结果是完全相同的，与拉氏变换一样，本书只讨论单边 Z 变换，以后若没有特别指明，提到的 Z 变换均指单边 Z 变换.

许多有用的离散时间函数的 Z 变换都可以由 Z 变换的定义式求出，下面列举几例.

例 7－1　分别求单位脉冲序列 $\delta(n)$、单位阶跃序列 $u(n)$、指数序列 $a^n u(n)$ 及余弦序列 $(\cos\omega_0 n)\cdot u(n)$ 的 Z 变换.

解

(1) 根据 Z 变换的定义式(7－10)式，得单位脉冲序列 $\delta(n)$ 的 Z 变换为

$$F(z)=\sum_{n=0}^{+\infty}\delta(n)z^{-n}=1 \tag{7-11}$$

(2) 根据 Z 变换定义式(7－10)式，得单位阶跃序列 $u(n)$ 的 Z 变换为

$$F(z)=\sum_{n=0}^{+\infty}u(n)z^{-n}=\sum_{n=0}^{+\infty}z^{-n}$$

上式表明 $F(z)$ 为公比为 $\frac{1}{z}$ 的等比级数的和，若 $|z|>1$，则上述级数收敛，其结果为

$$\mathscr{Z}[u(n)]=\sum_{n=0}^{+\infty}z^{-n}=\lim_{n\to+\infty}\frac{1-z^{-n}}{1-z^{-1}}=\frac{1}{1-z^{-1}}=\frac{z}{z-1} \tag{7-12}$$

在 $z=1$ 处，$F(z)\to\infty$，故称 $z=1$ 为 $F(z)$ 的极点；而 $z=0$ 处，$F(z)=0$，故称 $z=0$ 为 $F(z)$ 的零点.

(3) 指数序列 $a^n u(n)$ 的 Z 变换为

$$\mathscr{Z}[a^n u(n)]=\sum_{n=0}^{+\infty}a^n u(n)z^{-n}=\sum_{n=0}^{+\infty}a^n z^{-n}$$

上式是一无穷等比级数的求和式，我们已知当 $|z|>|a|$ 时，级数收敛，且

$$\mathscr{Z}[a^n u(n)]=\frac{1}{1-\frac{a}{z}}=\frac{z}{z-a} \tag{7-13}$$

若 $a=e^{j\omega_0}$，当 $|z|>|e^{j\omega_0}|=1$ 时，则有

$$\mathscr{Z}[e^{j\omega_0 n}u(n)]=\frac{z}{z-e^{j\omega_0}} \tag{7-14}$$

(4) 余弦序列 $(\cos\omega_0 n)\cdot u(n)$ 的 Z 变换

由 Z 变换的定义及(7-14)式，有

$$\begin{aligned}F(z)&=\mathscr{Z}[(\cos\omega_0 n)\cdot u(n)]=\mathscr{Z}\left[\frac{e^{j\omega_0 n}+e^{-j\omega_0 n}}{2}\cdot u(n)\right]\\&=\frac{1}{2}\{\mathscr{Z}[e^{j\omega_0 n}u(n)]+\mathscr{Z}[e^{-j\omega_0 n}u(n)]\}\\&=\frac{1}{2}\left(\frac{z}{z-e^{j\omega_0}}+\frac{z}{z-e^{-j\omega_0}}\right)\\&=\frac{z(z-\cos\omega_0)}{z^2+1-2z\cos\omega_0}\\&=\frac{1-z^{-1}\cos\omega_0}{1-2z^{-1}\cos\omega_0+z^{-2}}\end{aligned}$$

二、从抽样函数的拉氏变换引出 Z 变换

如果把离散函数看成是连续函数的抽样值序列，则 Z 变换可由拉普拉斯变换引入，设连续函数 $f(t)$ 的均匀脉冲抽样函数序列为 $f_s(t)$，则有

$$f_s(t)=\sum_{n=0}^{+\infty}f(nT)\delta(t-nT)$$

式中 T 为抽样函数周期. 上式两边取拉氏变换,得

$$\mathscr{L}[f_s(t)] = \int_0^{+\infty} f_s(t)\mathrm{e}^{-st}\,\mathrm{d}t = \int_0^{+\infty} \left[\sum_{n=0}^{+\infty} f(nT)\delta(t-nT)\right]\mathrm{e}^{-st}\,\mathrm{d}t$$

将积分与求和顺序对调,并考虑脉冲函数的筛选性质,便可得到上述抽样函数的拉氏变换

$$F(s) = \mathscr{L}[f_s(t)] = \sum_{n=0}^{+\infty} f(nT)\mathrm{e}^{-snT} \tag{7-15}$$

令 $z=\mathrm{e}^s$,并取 $T=1$,则上式化为

$$F(s)\Big|_{s=\ln z} = \sum_{n=0}^{+\infty} f(n)z^{-n} \tag{7-16}$$

比较式(7-10)和式(7-16),有

$$F(s)\Big|_{s=\ln z} = F(z) \text{ 或 } F(z)\Big|_{z=\mathrm{e}^s} = F(s)$$

上式表明,若令均匀抽样函数 $f_s(t)$的拉氏变换中 $s=\ln z$, 则和对应的序列 $f(nT)$的 Z 变换相等.

三、Z 变换的存在条件

从上面的例题可以看出,序列 $f(n)$的 Z 变换存在与否,是需要一定的条件的. 那么,一个序列究竟要满足什么样的条件,它的 Z 变换一定存在呢? 下面由定理 7.1 给出解答.

定理 7.1 若序列 $f(n)$满足条件:

(1) 在 $n<0$ 时,$f(n)=0$;

(2) 对于 $n\geqslant 0$,可以找到 M 与 R_1 两个正数,使得

$$|f(n)| \leqslant MR_1^n$$

那么序列 $f(n)$的 Z 变换

$$F(z) = \sum_{n=0}^{+\infty} f(n)z^{-n}$$

在区域$|z|>R_1$ 上一定存在,右端的级数绝对收敛.

证明 对于 $n\geqslant 0$,若可以找到 M 与 R_1 两个正数,使得

$$|f(n)| \leqslant MR_1^n$$

则 $$\sum_{n=0}^{+\infty} | f(n)z^{-n} | = \sum_{n=0}^{+\infty} | f(n) | | z^{-n} | \leqslant \sum_{n=0}^{+\infty} MR_1^n | z |^{-n}$$

上述不等式的右边为一正项无穷等比级数. 如果公比 $\frac{R_1}{|z|} < 1$，即 $|z| > R_1$，则

$$\sum_{n=0}^{+\infty} MR_1^n | z |^{-n} < \infty$$

从而可得 $$\sum_{n=0}^{+\infty} | f(n)z^{-n} | < \infty$$

故证明了 $f(n)$的 Z 变换的级数和在$|z|>R_1$ 区域上绝对收敛（$|z|>R_1$ 称为 Z 变换的收敛域），即 Z 变换一定存在.

§7.3 Z 变换的性质

这一节，我们将介绍 Z 变换的几个基本性质，它们在 Z 变换的实际应用中都是很有用的. 为了叙述方便，假定在这些性质中，凡是要求 Z 变换的函数都满足 Z 变换存在的条件，在证明这些性质时，我们不再重述这些条件，望读者注意.

一、线性性质

若 α，β 是常数，且

$$F_1(z) = \mathscr{Z}[f_1(n)],\ F_2(z) = \mathscr{Z}[f_2(n)]$$

则有

$$\left.\begin{aligned} \mathscr{Z}[\alpha f_1(n) + \beta f_2(n)] &= \alpha F_1(z) + \beta F_2(z) \\ \mathscr{Z}^{-1}[\alpha F_1(z) + \beta F_2(z)] &= \alpha f_1(n) + \beta f_2(n) \end{aligned}\right\} \tag{7-17}$$

此性质表明，序列线性组合的 Z 变换等于各序列 Z 变换的线性组合. 根据 Z 变换的定义不难证明，此处从略.

例 7-2 已知 $f_1(n) = a^n u(n)$，$f_2(n) = a^n u(n-1)$，$a > 0$，求 $f_1(n) - f_2(n)$ 的 Z 变换.

解 由于 $\mathscr{Z}[f_1(n)] = \dfrac{z}{z-a}$，$|z| > a$，

$$\mathscr{Z}[f_2(n)] = \sum_{n=0}^{+\infty} a^n u(n-1) z^{-n}$$

$$= \sum_{n=1}^{+\infty} a^n z^{-n} = \frac{z}{z-a} - 1 = \frac{a}{z-a},\ |z| > a$$

故

$$\mathscr{Z}[f_1(n) - f_2(n)] = \frac{z}{z-a} - \frac{a}{z-a} = 1$$

上述 $f_1(n)$与 $f_2(n)$线性组合序列的 Z 变换，因在 $z=a$ 处的极点相互抵消，收敛域扩大至整个 z 平面.

一般来说，叠加后的 Z 变换的收敛域是 $f_1(n)$与 $f_2(n)$的收敛域的重叠部分，但当线性组合中出现极点相互抵消的现象时，则收敛域可扩大.

二、时移(位移)性质

(1) 延迟性质(序列右移)

若 $\mathscr{Z}[f(n)] = F(z)$，则

$$\mathscr{Z}[f(n-m)] = z^{-m}F(z)\ (m\ \text{为正整数}) \tag{7-18}$$

(2) 超前性质(序列左移)

若 $\mathscr{Z}[f(n)] = F(z)$，则

$$\mathscr{Z}[f(n+m)] = z^m\Big[F(z) - \sum_{k=0}^{m-1} f(k)z^{-k}\Big]\ (m\ \text{为正整数}) \tag{7-19}$$

证明　(1) $\mathscr{Z}[f(n-m)] = \sum_{n=0}^{+\infty} f(n-m)z^{-n} \xlongequal{\text{令 } k=n-m} \sum_{k=-m}^{+\infty} f(k)z^{-(m+k)}$

$$= z^{-m}\sum_{k=-m}^{+\infty} f(k)z^{-k} = z^{-m}\Big[\sum_{k=-m}^{-1} f(k)z^{-k} + \sum_{k=0}^{+\infty} f(k)z^{-k}\Big]$$

因为对于 $n<0$，$f(n)=0$，即 $f(-1)$，$f(-2)$，…，$f(-m)$ 均为零，故有

$$\mathscr{Z}[f(n-m)] = z^{-m}F(z)$$

(2) $\mathscr{Z}[f(n+m)] = \sum_{n=0}^{+\infty}[f(n+m)z^{-n}] \xlongequal{\text{令 } k=n+m} \sum_{k=m}^{+\infty} f(k)z^{-k+m}$

$$= z^m\Big[\sum_{k=0}^{+\infty} f(k)z^{-k} - \sum_{k=0}^{m-1} f(k)z^{-k}\Big]$$

$$= z^m\Big[F(z) - \sum_{k=0}^{m-1} f(k)z^{-k}\Big]$$

此性质表明了序列在时域位移后的 Z 变换与原 Z 变换的关系.

例 7-3 已知某周期序列 $f_N(n)=f(n+kN)$,k 为整数,$N>0$ 为周期,主值区序列为 $f_0(n)$. 且有

$$\mathscr{Z}[f_0(n)]=F_0(z)=\sum_{n=0}^{N-1}f_0(n)z^{-n},\ |z|>1$$

求 $f_N(n)$ 的 Z 变换 $F_N(z)$.

解 $f_N(n)$实际上可视为 $f_0(n)$右移 N, $2N$, …之后叠加而成,即

$$f_N(n)=f_0(n)+f_0(n-N)+f_0(n-2N)+\cdots$$

利用 Z 变换的时移性质,由(7-18)式,可得

$$F_N(z)=F_0(z)[1+z^{-N}+z^{-2N}+\cdots]=F_0(z)\sum_{m=0}^{+\infty}z^{-mN}$$

若$|z^{-N}|<1$(即$|z|>1$),则方括号内的几何级数收敛,即有

$$\sum_{m=0}^{+\infty}z^{-mN}=\frac{z^N}{z^N-1}$$

故上述周期序列的 Z 变换为

$$F_N(z)=\frac{z^N}{z^N-1}F_0(z)\ (|z|>1)$$

例 7-4 求 $\delta(n-m)$ 和 $u(n-m)$ 的 Z 变换 $(m>0)$.

解 由于 $\mathscr{Z}[\delta(n)]=1$, $\mathscr{Z}[u(n)]=\frac{z}{z-1}$,根据(7-18) 式,得

$$\mathscr{Z}[\delta(n-m)]=z^{-m},\ \mathscr{Z}[u(n-m)]=\frac{z^{1-m}}{z-1}$$

三、Z 域微分性质

若 $\mathscr{Z}[f(n)]=F(z)$,则

$$\mathscr{Z}[nf(n)]=-z\frac{\mathrm{d}}{\mathrm{d}z}F(z) \tag{7-20}$$

证明 由定义知

$$F(z)=\sum_{n=0}^{+\infty}f(n)z^{-n}$$

上式两边对 z 求导，则有

$$\frac{\mathrm{d}F(z)}{\mathrm{d}z}=\frac{\mathrm{d}}{\mathrm{d}z}\sum_{n=0}^{+\infty}f(n)z^{-n}$$

变换求和与求导的顺序，则上式变为

$$\frac{\mathrm{d}F(z)}{\mathrm{d}z}=\sum_{n=0}^{+\infty}f(n)\frac{\mathrm{d}}{\mathrm{d}z}z^{-n}=\sum_{n=0}^{+\infty}f(n)\cdot(-n)\cdot z^{-n-1}$$

$$=-z^{-1}\sum_{n=0}^{+\infty}nf(n)z^{-n}=-z^{-1}\mathscr{Z}[nf(n)]$$

故有
$$\mathscr{Z}[nf(n)]=-z\frac{\mathrm{d}}{\mathrm{d}z}F(z)$$

由(7－20)式还可推出

$$\mathscr{Z}[n^k f(n)]=\left[-z\frac{\mathrm{d}}{\mathrm{d}z}\right]^k F(z)$$

式中符号 $\left[-z\frac{\mathrm{d}}{\mathrm{d}z}\right]^k F(z)$ 表示

$$\underbrace{-z\frac{\mathrm{d}}{\mathrm{d}z}\left\{-z\frac{\mathrm{d}}{\mathrm{d}z}\cdots\left[-z\frac{\mathrm{d}}{\mathrm{d}z}F(z)\right]\right\}}_{k\text{个}}$$

的计算.

例 7－5 已知 $\mathscr{Z}[a^n u(n)]=F(z)=\frac{z}{z-a}$，求序列 $n\cdot a^n u(n)$ 的 Z 变换.

解 由式(7－20)得

$$\mathscr{Z}[na^n u(n)]=-z\frac{\mathrm{d}}{\mathrm{d}z}F(z)$$

$$=-z\frac{\mathrm{d}}{\mathrm{d}z}\left(\frac{z}{z-a}\right)=\frac{za}{(z-a)^2}$$

四、Z 域尺度变换性质

若 $\mathscr{Z}[f(n)]=F(z)$，$|z|>1$，则当 a 为常数时，有

$$\mathscr{Z}[a^n f(n)]=F\left(\frac{z}{a}\right),\ \left|\frac{z}{a}\right|>R \tag{7-21}$$

证明 由于

$$\mathscr{Z}[a^n f(n)] = \sum_{n=0}^{+\infty} a^n f(n) z^{-n} = \sum_{n=0}^{+\infty} f(n)\left(\frac{z}{a}\right)^{-n}$$

所以有
$$\mathscr{Z}[a^n f(n)] = F\left(\frac{z}{a}\right)$$

该尺度变换性质表明序列 $f(n)$乘以指数序列 a^n 相应于 z 平面的尺度变化为$\left(\frac{z}{a}\right)$.

利用这一结果,可求得当 $a=\mathrm{e}^{\mathrm{j}\omega_0}$ 时,有

$$\mathscr{Z}[\mathrm{e}^{\mathrm{j}\omega_0 n} f(n)] = F\left(\frac{z}{\mathrm{e}^{\mathrm{j}\omega_0}}\right)$$

若 $f(n) = u(n)$,则有

$$\mathscr{Z}[\mathrm{e}^{\mathrm{j}\omega_0 n} u(n)] = \frac{z/\mathrm{e}^{\mathrm{j}\omega_0}}{(z/\mathrm{e}^{\mathrm{j}\omega_0}) - 1} = \frac{z}{z - \mathrm{e}^{\mathrm{j}\omega_0}}$$

$\mathscr{Z}[u(n)] = \frac{z}{z-1}$ 的极点为 $z = 1$,而 $\mathscr{Z}[\mathrm{e}^{\mathrm{j}\omega_0 n} u(n)]$ 的极点为 $z = \mathrm{e}^{\mathrm{j}\omega_0}$,相当于原极点逆时针旋转了 ω_0 弧度角.

一般来说,用 $\mathrm{e}^{\mathrm{j}\omega_0 n}$乘以序列 $f(n)$,其 Z 变换的极点与原极点相比,幅值不变,但相角增加了 ω_0 弧度,因此式(7-21)又称为**频移性质**.

五、时域卷积性质

已知 $\mathscr{Z}[f_1(n)] = F_1(z)$, $\mathscr{Z}[f_2(n)] = F_2(z)$,且 $f_1(n)$, $f_2(n)$ 为因果序列,则有

$$\mathscr{Z}[f_1(n) * f_2(n)] = F_1(z) \cdot F_2(z) \tag{7-21}$$

证明 根据 Z 变换的定义有

$$\begin{aligned}\mathscr{Z}[f_1(n) * f_2(n)] &= \sum_{n=0}^{+\infty}\left[\sum_{m=-\infty}^{+\infty} f_1(m) f_2(n-m)\right] z^{-n} \\ &= \sum_{n=0}^{+\infty}\left[\sum_{m=0}^{n} f_1(m) f_2(n-m)\right] z^{-n}\end{aligned}$$

从上面这个求和式子可以看出,求和区域如图 7-9 阴影部分所示,由于绝对收敛,变换求和次序,即

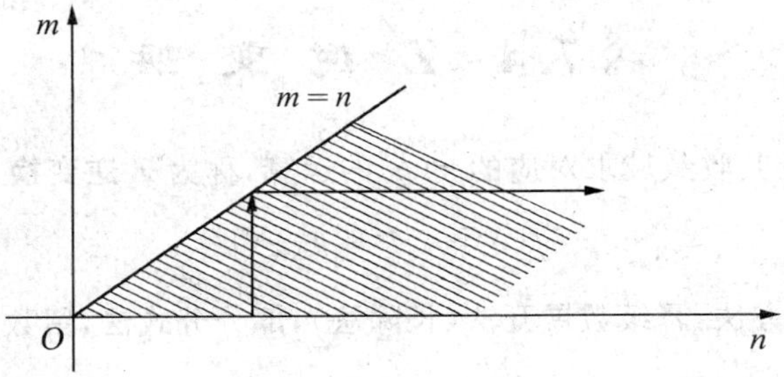

图 7-9

$$\mathscr{Z}[f_1(n) * f_2(n)] = \sum_{m=0}^{+\infty} f_1(m)\left[\sum_{n=m}^{+\infty} f_2(n-m)z^{-n}\right]$$

$$\xlongequal{令 k=n-m} \sum_{m=0}^{+\infty} f_1(m)\left[\sum_{k=0}^{+\infty} f_2(k)z^{-k-m}\right]$$

$$= \sum_{m=0}^{+\infty} f_1(m)z^{-m} \sum_{k=0}^{+\infty} f_2(k)z^{-k}$$

$$= F_1(z)F_2(z)$$

上式表明,两时间因果序列卷积的 Z 变换等于该两序列 Z 变换的积,此特性在 Z 变换的应用中是十分重要的.

例 7-6 求下列两序列的卷积的 Z 变换

$$f_1(n) = u(n),\ f_2(n) = a^n u(n) - a^{n-1}u(n-1),\ |a| < 1$$

解 利用 Z 变换的卷积性质先求两序列的 Z 变换

$$F_1(z) = \mathscr{Z}[u(n)] = \frac{z}{z-1},\ |z| > 1$$

利用 Z 变换的时移性质,可得

$$F_2(z) = \mathscr{Z}[a^n u(n) - a^{n-1}u(n-1)]$$

$$= \mathscr{Z}[a^n u(n)] - z^{-1}\mathscr{Z}[a^n u(n)]$$

$$= (1-z^{-1})\frac{z}{z-a} = \frac{z-1}{z-a},\ |z| > |a|$$

于是
$$\mathscr{Z}[f_1(n) * f_2(n)] = F_1(z)F_2(z)$$

$$= \frac{z}{z-1} \cdot \frac{z-1}{z-a} = \frac{z}{z-a},\quad |z| > |a|$$

§7.4 Z 逆变换

由已知 $F(z)$ 及其收敛域求对应的 $f(n)$ 的运算，称为 **Z 逆变换**，记为

$$f(n)=\mathscr{Z}^{-1}[F(z)]$$

求 Z 逆变换有三种方法：幂级数展开法（长除法），部分分式法，留数法.

一、幂级数展开法

根据 Z 变换的定义 $F(z)=\sum\limits_{n=0}^{+\infty}f(n)z^{-n}$，若把已知的 $F(z)$ 在给定的收敛域内展开成 z 的幂级数之和，则该级数的各系数就是离散序列 $f(n)$ 的对应项.

$F(z)$ 一般为有理分式，表达式为 $F(z)=\dfrac{N(z)}{M(z)}$，用代数学中的长除法就可求得 $f(n)$.

例 7-7 求 $F(z)=\dfrac{10z}{z^2-3z+2}$ 的 Z 逆变换，收敛域为 $|z|>2$.

解 将 $F(z)$ 的分子分母按 z 的降幂排列，用长除法求解，有

$$
\begin{array}{rl}
 & 10z^{-1}+30z^{-2}+70z^{-3} \\
z^2-3z+2 \,\big) & 10z \\
 & \underline{10z-30+20z^{-1}} \\
 & \quad 30-20z^{-1} \\
 & \quad \underline{30-90z^{-1}+60z^{-2}} \\
 & \qquad 70z^{-1}-60z^{-2} \\
 & \qquad \underline{70z^{-1}-210z^{-2}+140z^{-3}} \\
 & \qquad\qquad 150z^{-2}-140z^{-3} \\
 & \qquad\qquad \vdots
\end{array}
$$

得
$$F(z)=10z^{-1}+30z^{-2}+70z^{-3}+150z^{-4}+\cdots$$

因此有 $f(0)=0,\ f(1)=10,\ f(2)=30,\ f(3)=70,\ f(4)=150,\ \cdots$

利用幂级数展开法求 Z 逆变换，方法简单、直观，但有时不易得到 $f(n)$ 的通式.

二、部分分式法

当 $F(z)$ 表达式为有理分式时，可用部分分式法求其 Z 逆变换，即先将 $F(z)/z$ 展开

成部分分式之和 $\sum_m \frac{A_m}{z-z_m}$，然后再乘以 z，则有 $F(z)=\sum_m \frac{A_m z}{z-z_m}$. 再对每一项作 Z 逆变换，即可得 $f(n)$. 这同用部分分式法求拉氏逆变换是很相似的，区别是 Z 逆变换要先将象函数除以 z，展开成部分分式之和，再乘以 z. 原因是常用指数函数 Z 变换的形式为$\frac{z}{z-a}$，这一点读者务必引起注意.

如对例 7-7 用部分分式法求解 $F(z)$ 的 Z 逆变换有

$$F(z)=\frac{10z}{z^2-3z+2}=\frac{10z}{(z-1)(z-2)}$$

将 $F(z)/z$ 展开成部分分式

$$\frac{F(z)}{z}=\frac{-10}{z-1}+\frac{10}{z-2}$$

则
$$F(z)=\frac{-10z}{z-1}+\frac{10z}{z-2}$$

$$\mathscr{Z}^{-1}\left[\frac{-10z}{z-1}\right]=-10u(n)$$

$$\mathscr{Z}^{-1}\left[\frac{10z}{z-2}\right]=10\cdot 2^n\cdot u(n)$$

故有
$$f(n)=10\cdot 2^n\cdot u(n)-10u(n)=10(2^n-1)u(n)$$

由上式可得

$$f(0)=0,\ f(1)=10,\ f(2)=30,\ f(3)=70,\ f(4)=150,\ \cdots$$

结果与用长除法相同，不过那里很难给出 $f(n)$ 的通解.

与拉氏变换一样，如果$\frac{F(z)}{z}$中除有 M 个一阶极点外，尚有 $z=z_{M+1}$ 为一个 L 阶的高阶极点存在，则可将 $F(z)$ 分解成如下形式：

$$F(z)=\sum_{m=1}^{M}\frac{A_m z}{z-z_m}+\sum_{i=1}^{L}\frac{B_i z}{(z-z_{M+1})^i} \tag{7-22}$$

式中
$$A_m=\left[(z-z_m)\frac{F(z)}{z}\right]\Big|_{z=z_m}\quad (m=1,\ 2,\ \cdots,\ M) \tag{7-23}$$

$$B_i=\frac{1}{(L-i)!}\left\{\frac{\mathrm{d}^{L-i}}{\mathrm{d}z^{L-i}}\left[(z-z_{M+1})^L\frac{F(z)}{z}\right]\right\}\Big|_{z=z_{M+1}} \tag{7-24}$$

确定了 A_m 与 B_i 之后，$F(z)$的 Z 逆变换可由附录Ⅲ所列的表中直接查出.

例 7－8 求 $F(z)=\dfrac{z^2+2}{(z-1)(z-2)}$ 的 Z 逆变换，收敛域为 $|z|>2$.

解 由于$\dfrac{F(z)}{z}$的极点全为一阶极点，可展开为

$$\frac{F(z)}{z}=\frac{z^2+2}{z(z-1)(z-2)}=\frac{A_1}{z}+\frac{A_2}{z-1}+\frac{A_3}{z-2}$$

由式(7－23)求 A_1，A_2，A_3，得

$$A_1=\left[z\cdot\frac{F(z)}{z}\right]\Big|_{z=0}=1$$

$$A_2=\left[(z-1)\cdot\frac{F(z)}{z}\right]\Big|_{z=1}=-3$$

$$A_3=\left[(z-2)\cdot\frac{F(z)}{z}\right]\Big|_{z=2}=3$$

从而得
$$\frac{F(z)}{z}=\frac{1}{z}-\frac{3}{z-1}+\frac{3}{z-2}$$

所以
$$F(z)=1-\frac{3z}{z-1}+\frac{3z}{z-2}$$

又由于
$$\mathscr{Z}[\delta(n)]=1$$

$$\mathscr{Z}[u(n)]=\frac{z}{z-1},\ |z|>1$$

$$\mathscr{Z}[2^n u(n)]=\frac{z}{z-2},|z|>2$$

所以得 $F(z)$的象原函数为

$$f(n)=\delta(n)-3\cdot u(n)+3\cdot(2)^n\cdot u(n)$$

收敛域为公共部分 $|z|>2$.

例 7－9 求 $F(z)=\dfrac{z+2}{(z-1)(z-2)^2}$ 的 Z 逆变换，收敛域为 $|z|>2$.

解 由于 $\dfrac{F(z)}{z}$ 的极点 $z=0$、$z=1$ 为一阶极点，$z=2$ 为二阶极点，由式(7－23)和式(7－24)可将$\dfrac{F(z)}{z}$展开为

$$\frac{F(z)}{z}=\frac{z+2}{z(z-1)(z-2)^2}=\frac{A_1}{z}+\frac{A_2}{z-1}+\frac{B_1}{z-2}+\frac{B_2}{(z-2)^2}$$

$$=-\frac{\frac{1}{2}}{z}+\frac{3}{z-1}-\frac{\frac{5}{2}}{z-2}+\frac{2}{(z-2)^2}$$

所以
$$F(z)=-\frac{1}{2}+\frac{3z}{z-1}-\frac{\frac{5}{2}z}{z-2}+\frac{2z}{(z-2)^2}$$

上式右边最后一个分式的Z逆变换查附录Ⅲ可知

$$\mathscr{Z}[n\cdot 2^n\cdot u(n)]=\frac{2z}{(z-2)^2},\ |z|>2$$

所以得 $F(z)$ 的象原函数为

$$f(n)=-\frac{1}{2}\delta(n)+3\cdot u(n)-\frac{5}{2}\cdot(2)^n\cdot u(n)+n\cdot 2^n\cdot u(n)$$

三、留数法

已知序列 $f(n)$ 的Z变换为

$$F(z)=\sum_{n=0}^{+\infty}f(n)z^{-n}$$

其收敛域为 $|z|>R$（$R>0$ 为实数），如图7-10中阴影部分所示. 其逆变换可以根据复变函数中的柯西积分定理求得. 将上式两边同乘以 z^{k-1}，并沿围线 c 积分（见图7-10），得

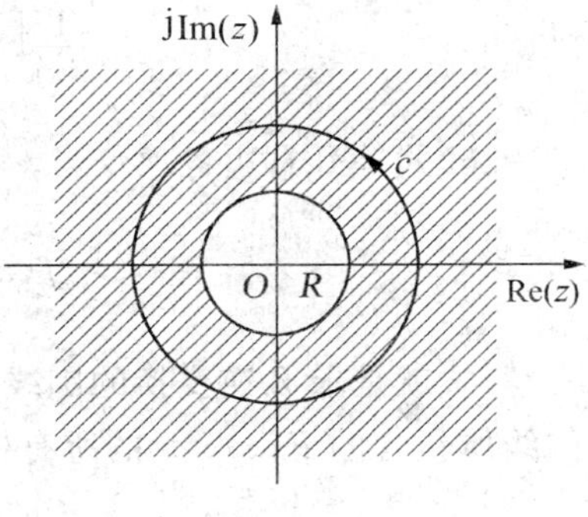

图7-10

$$\frac{1}{2\pi j}\oint_c F(z)z^{k-1}\mathrm{d}z=\frac{1}{2\pi j}\oint_c\sum_{n=0}^{+\infty}f(n)z^{-n+k-1}\mathrm{d}z$$

此处 c 是在收敛域内包围坐标原点的反时针方向的围线. 交换上式右边求和与积分的顺序，则上式可写为

$$\frac{1}{2\pi j}\oint_c F(z)z^{k-1}\mathrm{d}z=\sum_{n=0}^{+\infty}f(n)\frac{1}{2\pi j}\oint_c z^{-n+k-1}\mathrm{d}z \tag{7-25}$$

当 $k\geqslant n+1$ 时，函数 z^{-n+k-1} 在封闭曲线 c 上及其所包围的单连通区域内解析，则有

$$\frac{1}{2\pi j}\oint_c z^{-n+k-1}dz = 0$$

当 $k \leqslant n$ 时，z^{-n+k-1} 在区域内除原点外是解析的，作一个以原点为中心，适当小的 ρ 为半径的圆 c_R，使 c_R 在 c 内. 由柯西积分定理的推论可知：

$$\begin{aligned}
\frac{1}{2\pi j}\oint_c z^{-n+k-1}dz &= \frac{1}{2\pi j}\oint_{c_R} z^{-n+k-1}dz \\
&= \frac{1}{2\pi j}\oint_{c_R} (\rho e^{j\theta})^{-n+k-1}d(\rho e^{j\theta}) \\
&= \frac{1}{2\pi j}\int_0^{2\pi} (\rho e^{j\theta})^{-n+k-1}\rho e^{j\theta} j d\theta \\
&= \frac{1}{2\pi}\rho^{-n+k}\int_0^{2\pi} e^{j\theta(-n+k)}d\theta \\
&= \begin{cases} 1,\ k=n \\ \dfrac{1}{2\pi j(k-n)}\rho^{-n+k}e^{j(k-n)\theta}\Big|_0^{2\pi},k<n \end{cases} \\
&= \begin{cases} 1,\ k=n \\ 0,\ k<n \end{cases}
\end{aligned}$$

综上可知

$$\frac{1}{2\pi j}\oint_c z^{-n+k-1}dz = \begin{cases} 1,\ k=n \\ 0,\ k\neq n \end{cases}$$

故(7-25)式等号右边各项仅当 $k=n$ 时，$f(n)$ 的系数不为零，于是

$$f(n) = \frac{1}{2\pi j}\oint_c F(z)z^{n-1}dz \tag{7-26}$$

(7-26)式就是求 Z 逆变换的围线积分表示式. 借助于留数定理，可得上述围线积分等于围线所包含的 $F(z)z^{n-1}$ 的所有极点的留数之和，即

$$f(n) = \sum_m \mathrm{Res}[F(z)\cdot z^{n-1}]\Big|_{z=z_m} \tag{7-27}$$

其中 z_m 是围线 c 内 $F(z)z^{n-1}$ 的极点，$\mathrm{Res}[F(z)\cdot z^{n-1}]\Big|_{z=z_m}$ 为极点 z_m 的留数.

一般来说，若 $F(z)z^{n-1}$ 可以表示成 z 的有理分式，此时留数可按如下方式计算：

如果 $F(z)z^{n-1}$ 在 $z=z_m$ 是一阶极点，则有

$$\mathrm{Res}[F(z)\cdot z^{n-1}]\Big|_{z=z_m}=[(z-z_m)F(z)z^{n-1}]\Big|_{z=z_m} \tag{7-28}$$

如果 $F(z)z^{n-1}$ 在 $z=z_m$ 处有 L 阶极点，则有

$$\mathrm{Res}[F(z)z^{n-1}]\Big|_{z=z_m}=\frac{1}{(L-1)!}\left\{\frac{\mathrm{d}^{L-1}}{\mathrm{d}z^{L-1}}[(z-z_m)^L F(z)z^{n-1}]\right\}\Big|_{z=z_m} \tag{7-29}$$

例 7-10　求 $F(z)=\dfrac{5z}{7z-3z^2-2}$ 的 Z 逆变换，其收敛域为 $|z|>2$.

解　由式(7-27)和式(7-28)知，$F(z)$的逆变换为

$$\begin{aligned}f(n)&=\sum_m \mathrm{Res}[F(z)z^{n-1}]\Big|_{z=z_m}\\&=\sum_m \mathrm{Res}\left[\frac{-\frac{5}{3}z^n}{\left(z-\frac{1}{3}\right)(z-2)}\right]\Big|_{z=z_m}\\&=\left[\frac{-\frac{5}{3}z^n}{z-2}\right]\Big|_{z=\frac{1}{3}}+\left[\frac{-\frac{5}{3}z^n}{z-\frac{1}{3}}\right]\Big|_{z=2}\\&=\left(\frac{1}{3}\right)^n-2^n\qquad(n\geqslant 0)\end{aligned}$$

或写成

$$f(n)=\left[\left(\frac{1}{3}\right)^n-2^n\right]u(n)$$

值得注意的是，求极点的函数不是 $F(z)$，而是 $F(z)\cdot z^{n-1}$，有时要讨论 $n(n\geqslant 0)$ 的情况，如对

$$F(z)=\frac{z-0.5}{z+0.5}$$

当 $n=0$ 时，$F(z)\cdot z^{n-1}=F(z)\cdot z^{-1}=\dfrac{z-0.5}{z+0.5}\cdot\dfrac{1}{z}$ 有两个一阶极点 $\begin{cases}z_1=0\\z_2=-0.5\end{cases}$.

当 $n\geqslant 1$ 时，只有一个一阶极点 $z=-0.5$.

为了说明讨论 $n(n\geqslant 0)$ 取值的必要性，我们再用留数法来求例 7-9 的 Z 逆变换.由式(7-27)得

$$f(n)=\sum_m \mathrm{Res}[F(z)\cdot z^{n-1}]\Big|_{z=z_m}=\sum_m \mathrm{Res}\left[\frac{(z+2)z^{n-1}}{(z-1)(z-2)^2}\right]\Big|_{z=z_m}$$

当 $n=0$ 时

$$F(z)\cdot z^{n-1}\Big|_{n=0}=\frac{(z+2)}{z(z-1)(z-2)^2}$$

所以

$$f(0)=\left[z\cdot\frac{(z+2)}{z(z-1)(z-2)^2}\right]\Big|_{z=0}+\left[(z-1)\cdot\frac{(z+2)}{z(z-1)(z-2)^2}\right]\Big|_{z=1}$$

$$+\frac{1}{(2-1)!}\left\{\frac{\mathrm{d}}{\mathrm{d}z}\left[(z-2)^2\cdot\frac{(z+2)}{z(z-1)(z-2)^2}\right]\right\}\Big|_{z=2}$$

$$=-\frac{1}{2}+3-\frac{5}{2}$$

当 $n\geqslant 1$ 时

$$F(z)\cdot z^{n-1}=\frac{(z+2)z^{n-1}}{(z-1)(z-2)^2}=\frac{z^n+2\cdot z^{n-1}}{(z-1)(z-2)^2}$$

所以

$$f(n)=\left[(z-1)\cdot\frac{z^n+2\cdot z^{n-1}}{(z-1)(z-2)^2}\right]\Big|_{z=1}+\frac{1}{(2-1)!}\left\{\frac{\mathrm{d}}{\mathrm{d}z}\left[(z-2)^2\cdot\frac{z^n+2\cdot z^{n-1}}{(z-1)(z-2)^2}\right]\right\}\Big|_{z=2}$$

$$=3+n\cdot 2^n-\frac{5}{2}\cdot 2^n=3\cdot u(n)+n\cdot 2^n\cdot u(n)-\frac{5}{2}\cdot(2)^n\cdot u(n)$$

显然上式当 $n=0$ 时,值为 $3-\frac{5}{2}$,与实际不符.综合上述两种情况,当 $n\geqslant 0$ 时,有

$$f(n)=-\frac{1}{2}\delta(n)+3\cdot u(n)+n\cdot 2^n\cdot u(n)-\frac{5}{2}\cdot(2)^n\cdot u(n)$$

与部分分式法计算的结果一致.

总之,在今后的实际工作中,应视具体问题而确定求法.

§7.5 Z 变换在离散系统中的应用

Z 变换在离散系统分析中得到广泛的应用.描述线性时不变离散系统的数学模型是常系数线性差分方程.本节将利用 Z 变换来解常系数线性差分方程.

利用 Z 变换的时移性质可把差分方程变成代数方程,然后求出待求量的 Z 变换表达式,再经逆变换得到原差分方程的解.用 Z 变换求解差分方程的方法与用拉氏变换解微分方程的过程是类似的.下面举例说明求解差分方程的具体方法.

例 7-11 某离散系统的差分方程为

$$y(n)-0.5y(n-1)=\delta(n)$$

求 $y(n)$.

解 设 $\mathscr{Z}[y(n)]=Y(z)$，对差分方程的两边取 Z 变换，并由 Z 变换的时移性质，得

$$\mathscr{Z}[y(n)]-0.5\mathscr{Z}[y(n-1)]=\mathscr{Z}[\delta(n)]$$

即
$$Y(z)-0.5Y(z)\cdot z^{-1}=1$$

这便是含未知量 $Y(z)$ 的代数方程，整理后解出 $Y(z)$，得

$$Y(z)=\frac{z}{z-0.5}$$

这便是所求函数的 Z 变换，取它的逆变换便可以得出所求函数 $y(n)$. 由 Z 变换的尺度变换性质

$$\mathscr{Z}[a^n\cdot u(n)]=\frac{z}{z-a}$$

可知
$$y(n)=(0.5)^n\cdot u(n)$$

这便是所求差分方程的解.

例 7-12 求以下差分方程的解

$$y(n)+2y(n-1)=(n-2)\cdot u(n)$$

解 设 $\mathscr{Z}[y(n)]=Y(z)$，对差分方程的两边取 Z 变换，并由 Z 变换的时移性质，得

$$\mathscr{Z}[y(n)]+2\mathscr{Z}[y(n-1)]=\mathscr{Z}[(n-2)\cdot u(n)]$$

其中
$$\mathscr{Z}[(n-2)u(n)]=\frac{z}{(z-1)^2}-\frac{2z}{z-1}=\frac{-2z^2+3z}{z-1}$$

从而得
$$Y(z)+2Y(z)\cdot z^{-1}=\frac{-2z^2+3z}{(z-1)^2}$$

这便是含未知量 $Y(z)$ 的代数方程. 整理后解出 $Y(z)$，得

$$Y(z)=\frac{(-2z+3)z^2}{(z+2)(z-1)^2}$$

这便是所求函数的 Z 变换. 取它的逆变换便可以得出所求函数 $y(n)$.

现在我们采用留数法来求其 Z 逆变换. 由(7-27)式知,$Y(z)$的逆变换为

$$y(n)=\sum_m \mathrm{Res}\left[Y(z)z^{n-1}\right]\Big|_{z=z_m}$$

$$=\sum_m \mathrm{Res}\left[\frac{(-2z+3)z^{n+1}}{(z+2)(z-1)^2}\right]\Big|_{z=z_m}$$

$Y(z)\cdot z^{n-1}$在一阶极点 $z=-2$ 处的留数为

$$\mathrm{Res}\left[Y(z)\cdot z^{n-1}\right]\Big|_{z=-2}=\left[\frac{(-2z+3)z^{n+1}}{(z-1)^2}\right]\Big|_{z=-2}=\frac{7}{9}\cdot(-2)^{n+1}$$

$Y(z)\cdot z^{n-1}$在二阶极点 $z=1$ 处的留数为

$$\mathrm{Res}\left[Y(z)\cdot z^{n-1}\right]\Big|_{z=1}=\frac{\mathrm{d}}{\mathrm{d}z}\left[\frac{(-2z+3)z^{n+1}}{z+2}\right]\Big|_{z=1}$$

$$=\left\{z^{n+1}\cdot\frac{\mathrm{d}}{\mathrm{d}z}\left[\frac{(-2z+3)}{z+2}\right]+\frac{-2z+3}{z+2}\cdot\frac{\mathrm{d}}{\mathrm{d}z}z^{n+1}\right\}\Big|_{z=1}$$

$$=\left\{\left[\frac{-2}{z+2}+\frac{2z-3}{(z+2)^2}\right]z^{n+1}+\frac{-2z+3}{z+2}(n+1)z^n\right\}\Big|_{z=1}$$

$$=\frac{n}{3}-\frac{4}{9}$$

得所求差分方程的解为

$$y(n)=\frac{7}{9}\cdot(-2)^{n+1}+\frac{n}{3}-\frac{4}{9}$$

小　结

本章从抽样信号的拉氏变换中引出 Z 变换的概念,讨论了 Z 变换的一些基本性质,以及 Z 逆变换的求解方法,并介绍了它在解差分方程方面的应用.

由前面可知,拉氏变换是傅里叶变换的推广,与此类似,可以认为 Z 变换是离散时间傅里叶变换的推广. 因此,Z 变换的性质、求 Z 逆变换的方法以及应用与拉氏变换有着非常相似之处. 只不过两者在定义域上不同而已,前者是对离散函数的变换,后者则是对连续函数的变换. Z 变换是在变换域里研究离散时间信号与系统的重要工具.

习 题 七

1. 求下列各序列的 Z 变换 $F(z)$：

(1) $f(n)=\left(\frac{1}{2}\right)^n u(n)+\delta(n)$　　(2) $f(n)=\left(\frac{1}{3}\right)^{-n} u(n)$

(3) $f(n)=\left(\frac{1}{2}\right)^n [u(n)-u(n-1)]$　　(4) $f(n)=n\cdot u(n)$

(5) $f(n)=n\cdot e^{-an}u(n)$

2. 求下列各 $F(z)$的 Z 逆变换：

(1) $F(z)=\dfrac{1}{1-az^{-1}}$,　$|z|>|a|$

(2) $F(z)=\dfrac{1-0.5z^{-1}}{1+0.5z^{-1}}$,　$|z|>0.5$

(3) $F(z)=\dfrac{1-0.5z^{-1}}{1+\frac{3}{4}z^{-1}+\frac{1}{8}z^{-2}}$,　$|z|>\dfrac{1}{2}$

(4) $F(z)=\dfrac{1-az^{-1}}{z^{-1}-a}$,　$|z|>\left|\dfrac{1}{a}\right|$

(5) $F(z)=\dfrac{10}{(1-0.5z^{-1})(1-0.25z^{-1})}$,　$|z|>0.5$

(6) $F(z)=\dfrac{z^{-1}}{(1-6z^{-1})^2}$,　$|z|>6$

(7) $F(z)=\dfrac{-3z^{-1}}{2-5z^{-1}+2z^{-2}}$,　$|z|>2$

(8) $F(z)=\dfrac{z}{(z-1)^2(z-2)}$,　$|z|>2$

(9) $F(z)=\dfrac{z^2}{(ze-1)^3}$,　$|z|>\dfrac{1}{e}$

(10) $F(z)=\dfrac{10z}{(z-1)(z-3)}$,　$|z|>3$

3. 已知 $f(n)$的 Z 变换为 $F(z)$，试证明下列关系：

(1) $\mathscr{Z}[e^{-an}f(n)]=F(e^a z)$

(2) $\mathscr{Z}[f(n+m)u(n)] = z^m\left[F(z) - \sum_{k=0}^{m-1} f(k)z^{-k}\right]$

4. 利用 Z 变换性质，求下列各序列的 Z 变换：

(1) $(3^n + 3^{-n})u(n)$

(2) $(n-2)^2 \cdot u(n)$

(3) $(-1)^n(n+1) \cdot u(n)$

(4) $(n+1)(n-1) \cdot u(n)$

5. 利用卷积定理求卷积 $y(n)=x(n) * h(n)$，已知：

(1) $x(n) = a^n u(n)$, $h(n) = b^n u(n)$

(2) $x(n) = a^n u(n)$, $h(n) = \delta(n-2)$

(3) $x(n) = a^n u(n)$, $h(n) = u(n-1)$

6. 用 Z 变换解下列差分方程：

(1) $y(n) - 0.5y(n-1) = 3\delta(n)$

(2) $y(n) + 0.2y(n-1) - 0.24y(n-2) = \delta(n)$

(3) $y(n) + 0.1y(n-1) - 0.02y(n-2) = u(n)$

(4) $y(n) + 5y(n-1) = n \cdot u(n)$

第八章* 线性代数与积分变换的 MATLAB 实现

MATLAB 是一种用于科学工程计算的高效率高级语言. MATLAB 为矩阵实验室(MATrix LABoratory)的简称,1967 年由 Clere Moler 用 FORTRAN 语言编写而成. 后来改用 C 语言编写,是提供使用 LINPACK 和 EIPACK 矩阵软件包接口的. 自 1984 年由 MathWorks 公司正式把 MATLAB 推向市场以来,MATLAB 就因其强大的数值运算和图形处理功能引起了科学计算和工程领域的广泛关注.

考虑到本书的编写目的,除了介绍 MATLAB 的安装、启动及一部分基本知识外,以后各节直接介绍如何利用 MATLAB 的命令和函数进行矩阵运算和解方程,如何利用 MATLAB 的符号运算来求有关的矩阵运算、方程组及积分变换. 同时在附录Ⅳ中给出与以上内容有关的命令函数表. 要学习更多的 MATLAB 知识,请读者自行阅读有关参考书.

§8.1 MATLAB 的基础知识

一、MATLAB 的发展历史

MATLAB 从发展到现在已经经历了 20 多年的时间. 20 世纪 70 年代中期,美国新墨西哥大学计算机系的系主任 Clere Moler 博士(现 MathWorks 公司的首席科学家),在教授线性代数课程时,发现用其他高级语言编程极为不便,便构思开发了 MATLAB. 该软件利用了当时广为流行的 EISPACK(基于特征值计算的软件包)和 LINPACK(线性代数软件包)中的可靠子程序,利用 FORTRAN 语言编写的集命令翻译、科学计算于一体的交互式软件系统. 1983 年早春,Clere Moler 到 Stanford 大学访问. 作为工程师的 John Little(MathWorks 公司总裁)被 MATLAB 所深深吸引,他敏锐地察觉到 MATLAB 在工程领域潜在的应用天地,同年他和 Cleve Moler、Steve Bangert 一起用 C 语言合作开发了第二代专业版 MATLAB. 1984 年,Cleve Moler 和 John Little 成立了 MathWorks 公司,正式把 MATLAB 推向市场. 1992 年,MathWorks 公司推出了具有划时代意义的 MATLAB 4.0 版本. 并于 1993 年推出了其微机版,可以配合 Microsoft Windows 一起使用. 1997 年推出了 Windows 95 下的 MATLAB 5.0 和 SIMULINK 2.0. 后来,MATLAB 又升级到 5.2 版本、5.3 版本. 现在，MATLAB 已经升级到 7.0 版本. 该版本的 MATLAB 运算功能得到进一步的扩充；对于图形的处理，可以用相应的编辑工具实现所见即所得；用户界面更为友好，也更符合用户的习惯；新增了与 Java 语言的接口；它还对绝大多数工具箱进行了功能扩充，使新老用户从中得到更大的益处.

现在，MATLAB 已经被广泛应用于数值计算、图形处理、符号运算、数学建模、小波分析、系统辨识、实时控制和动态仿真等研究领域.

二、MATLAB 的安装与启动

1. MATLAB 的安装

以 MATLAB 6.5 的安装过程为例，说明如何安装 MATLAB. 主要过程有以下 5 个步骤：

步骤一：将 MATLAB 6.5 光盘放入光驱，然后双击 setup. exe 文件，计算机就开始安装初始化. 首先出现如图 8 - 1 所示的界面；紧接着出现如图 8 - 2所示的版本信息界面；单击 Next 按钮，将出现如图8 - 3所示的用户权限界面.

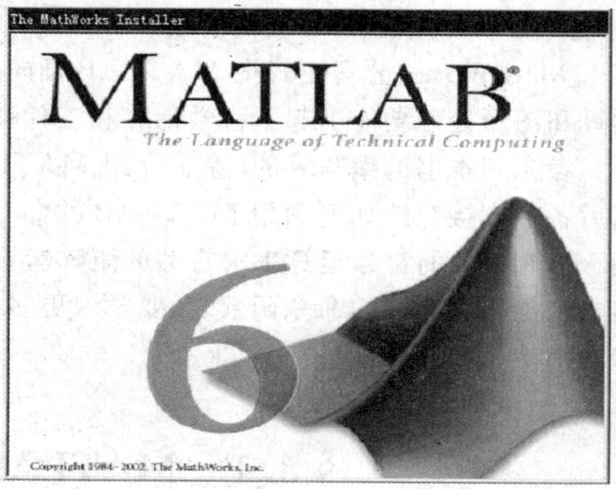

图 8 - 1　MATLAB 6.5 的安装界面

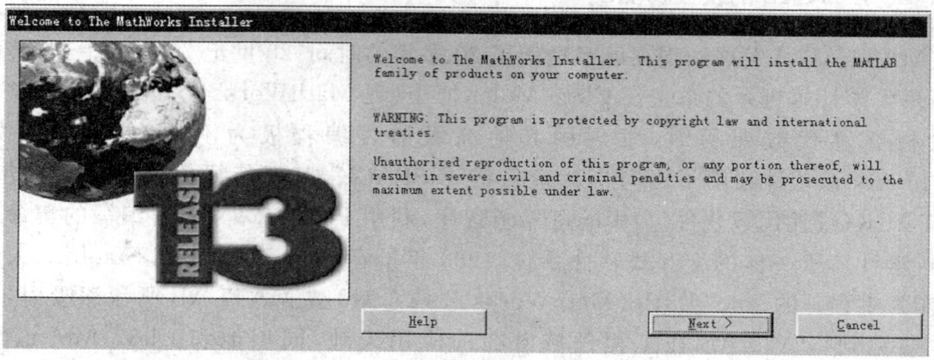

图 8 - 2　MATLAB 6.5 的版本信息界面

步骤二：在图 8 - 3 所示对话框中输入 PLP(个人注册码)，单击 Next 按钮，则出现如图 8 - 4 所示的协议信息界面. 单击 Yes 按钮(表示接受协议)，则出现如图 8 - 5 所示的用户信息输入界面，填入用户名及公司名称以后，将出现如图 8 - 6 所示的选择安装界面.

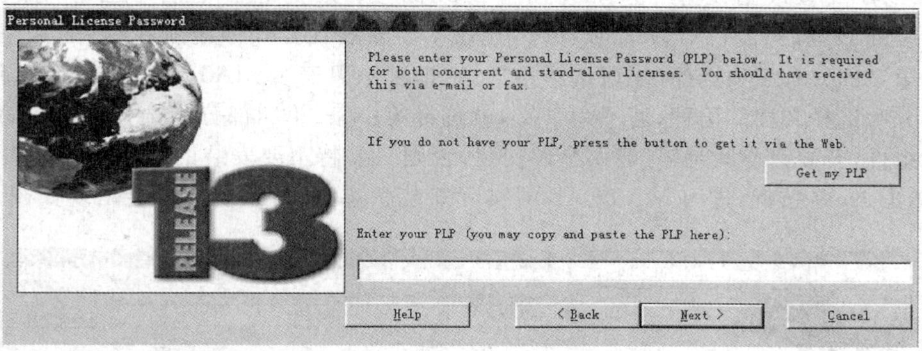

图 8-3 MATLAB6.5 的用户权限界面

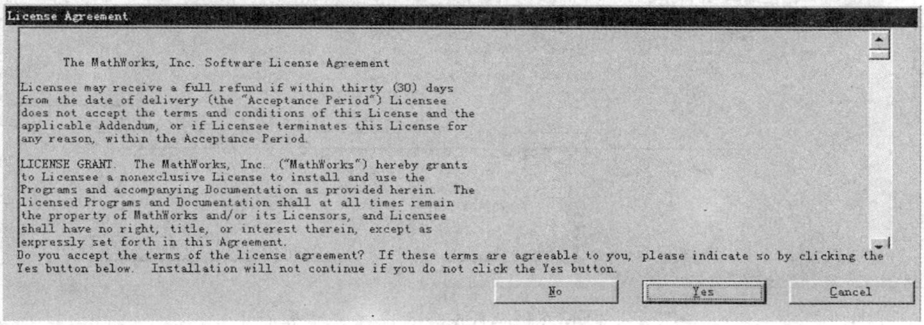

图 8-4 MATLAB6.5 的协议信息界面

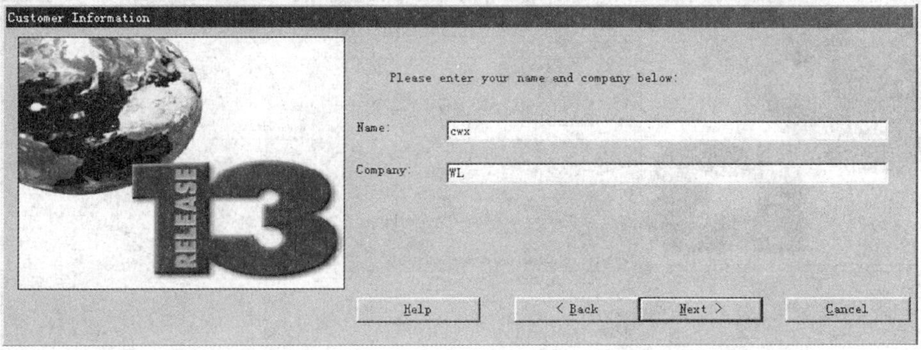

图 8-5 用户信息输入界面

步骤三：在图 8-6 所示界面中位于前面的对话框中选择 No(不上网升级更新版本)，将出现如图 8-7 所示的安装选择界面，此界面中分为四个部分，第一部分为

MATLAB 的安装路径输入窗口，可以用 Browse 按钮改变路径，也可手工输入路径. 若要安装到 D 盘，只需将 C 改为 D 即可，建议不要安装在操作系统所在盘(如常用的 C 盘). 第二部分有三项选择，建议选择第二条，即表示只安装 MATLAB 的系列产品. 第三部分为选择文档的语种，若不用日文，就选择第一条. 第四部分为选择 MATLAB 的安装组件，若硬盘空间足够，建议全部安装，否则只要将不要安装的组件前的√去掉即可. 单击 Next 按钮，进入 MATLAB 的实际安装状态. 此时系统一般会出现如图 8-8

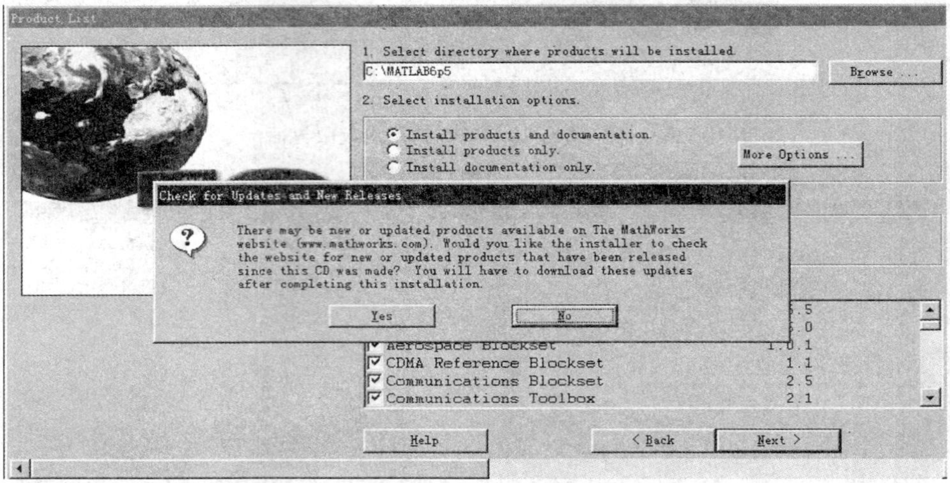

图 8-6　MATLAB 6.5 的选择安装界面 1

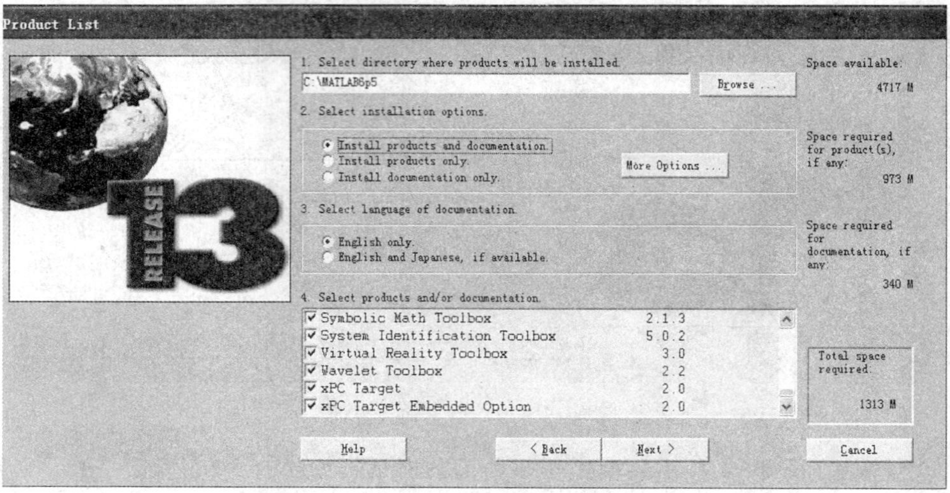

图 8-7　MATLAB 6.5 的选择安装界面 2

所示的一个对话框，提示现在 D 盘不存在路径为“D:\MATLAB6p5”目录，是否进行相应的创建. 单击 Yes 按钮，则系统自动创建该目录文件夹，并从光盘开始拷贝文件到硬盘.

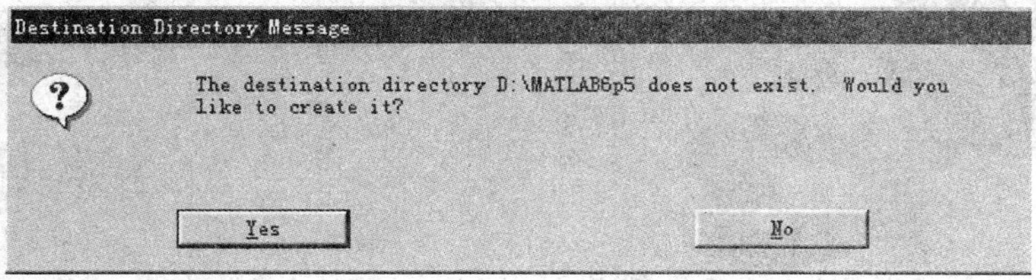

图 8-8 目录提示对话框

步骤四：这是一个系统将 MATLAB 安装拷贝的过程，此时安装界面不断发生变化，位于屏幕中间的进度条反映了 MATLAB 的安装进度，图 8-9 是安装过程中出现的一个界面. 安装到进度提示 70%时出现如图 8-10 所示的对话框，要求插入第二张光盘，然后选择 OK，继续安装.

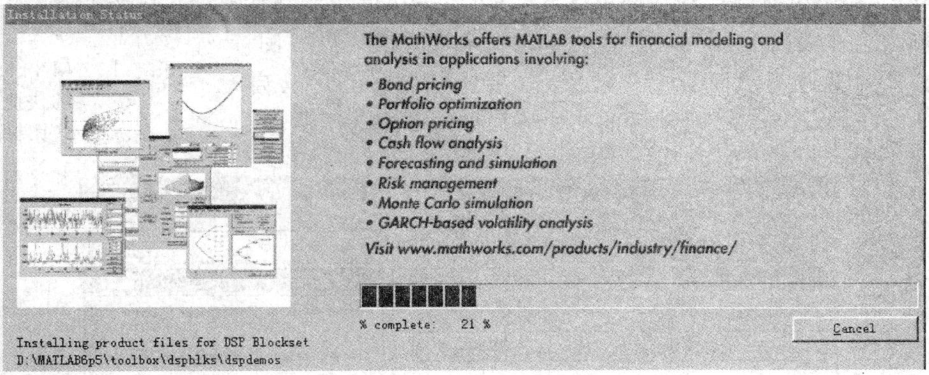

图 8-9 MATLAB 的安装进度界面

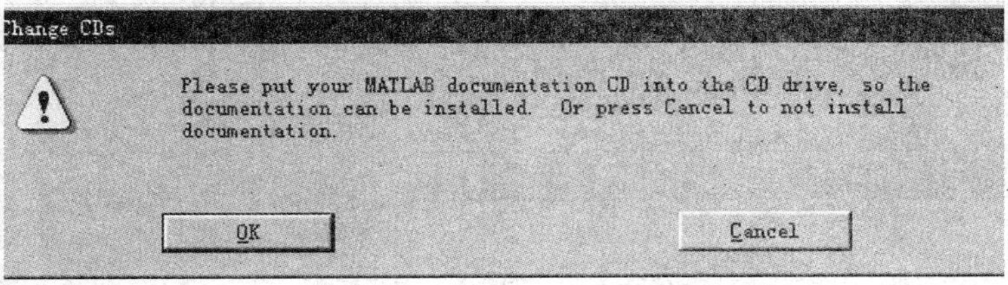

图 8-10 提示插入光盘对话框

步骤五：在再出现的对话框中单击 Next 按钮，安装到最后阶段会出现如图 8-11 所示的对话框，提示用户马上重新启动计算机或者以后再启动计算机，默认的是前者. 单击 Finish 按钮，计算机将重新启动. 至此，就完成了 MATLAB 6.5 的安装.

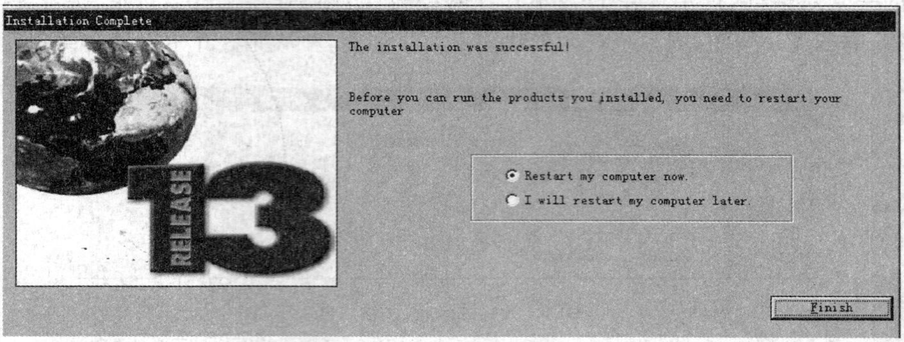

图 8－11　MATLAB 的安装完毕对话框

2. MATLAB 的启动

启动 MATLAB 的常用方法有两种：利用快捷键启动以及由开始菜单启动.

图 8－12　MATLAB 的快捷方式图标

(1) 利用快捷键启动　MATLAB 安装完毕，重新启动计算机以后，会在桌面上自动建立启动 MATLAB 的快捷方式图标，如图 8－12 所示. 用鼠标双击该快捷键方式就可以启动 MATLAB. MATLAB 启动后的初始界面如图 8－13 所示.

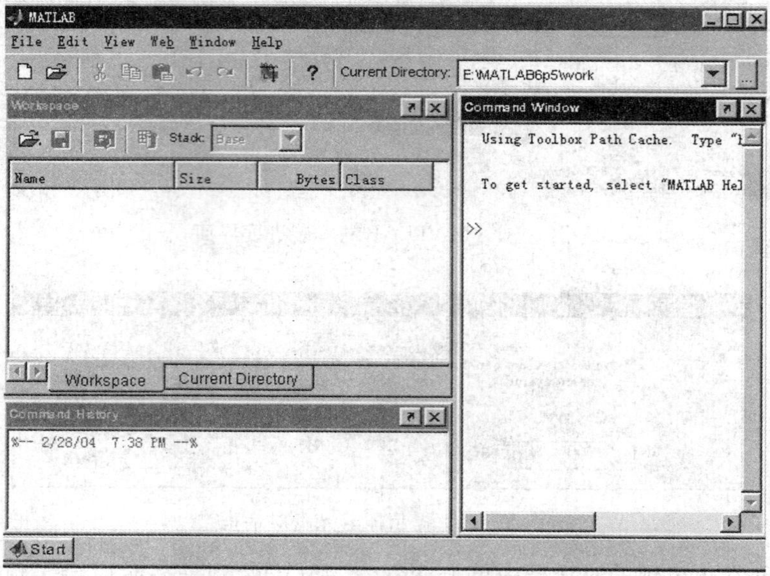

图 8－13　MATLAB 启动后的初始界面

(2) 由开始菜单启动 MATLAB 如果用户使用的是 Windows 操作系统,并且不习惯使用快捷键方法启动 MATLAB,则可以执行"开始/程序/MATLAB 6.5/MATLAB 6.5"命令,即可启动 MATLAB 工作方式.

MATLAB 启动时执行两个脚本文件: MATLABrc.m 和 Startup.m. 其中 MATLABrc.m是 MATLAB 系统自带的,通常不需要改变. Startup.m 一般包括增加一些专用默认属性到 MATLAB 的命令中. 如经常把一个或多个 path 命令加入 Startup.m 中,以增加另外的目录到 MATLAB 的搜索路径.

三、MATLAB 的命令窗口(Command Window)

MATLAB 6.5 版与以前版本相比工作环境发生了很大变化,该版引入了大量的交互工作界面(通用操作界面、工具专业界面、帮助界面和演示界面等). 所有这些交互界面按一定的次序和关系被链接在一个被称为"MATLAB 操作桌面(MATLAB Desktop)"的高度集成工作界面中. 图 8-13 是 MATLAB 操作桌面的默认外形. 该桌面的上层铺放着三个最常用的界面;命令窗口(Command Window),工作空间(Workspace)和历史命令窗口(Command History). 在默认情况下,还有一个只能看到"窗名"的常用交互界面当前目录窗口(Current Directory).

MATLAB 的命令窗口是 MATLAB 的重要组成部分,是用户和 MATLAB 交互的工具. 该窗口在默认情况下位于 MATLAB 桌面的右方,若想得到脱离操作桌面的集合独立命令窗口,只要单击该命令窗口右上角的斜上箭头键即可. 若想复原,可单击该命令窗口上方菜单栏的 View 选项中的 Dock Command Window.

命令窗口中有命令提示符">>",我们想要 MATLAB 直接做的工作都可通过在命令提示符">>"后输入命令即可. 如在提示符后输入如下三行命令,MATLAB 显示相应的结果.

```
>> a= [1 2 3 4]          % 定义变量 a 为 1 行 4 列矩阵
```

显示

```
a =
     1     2     3     4
>> b= [1;2;3;4]          % 定义变量 b 为 4 行 1 列矩阵
```

显示

```
b =
     1
     2
     3
     4
>> c= a * b              % 矩阵 c 为 a 矩阵与 b 矩阵乘积
```

显示

```
c =
     30
```

“%”符号是 MATLAB 的注释符号. 执行上述两个命令后，在工作空间(Workspace)窗口中会看到增加的三个变量，如图 8－14 所示. 此窗口称工作空间浏览器(或称内存浏览器)，默认地放置于 MATLAB 操作桌面的左上侧.

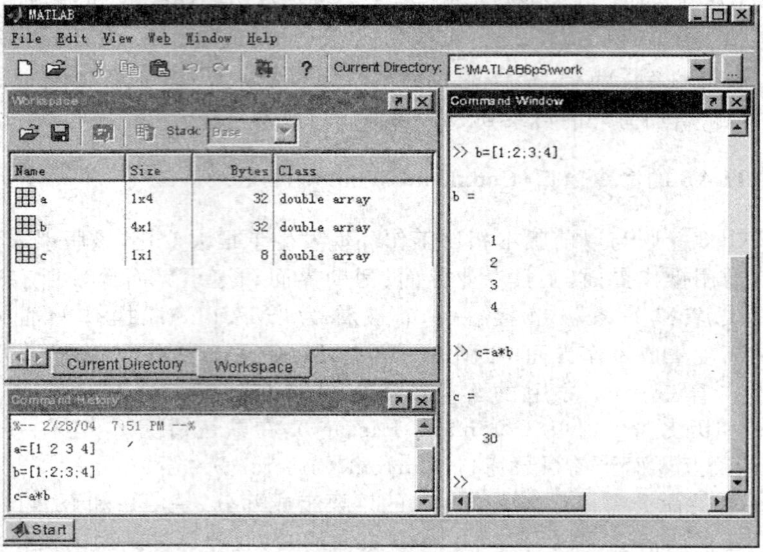

图 8－14　工作空间浏览器中的变量

四、MATLAB 的程序编辑器

对于一般性问题，通过在命令窗口中直接输入一组命令去求解也许是比较简捷的，但当要解决的问题所需的命令较多和所用命令结构较复杂时，或当一组命令通过改变少量参数就可以被反复使用去解决不同问题时，直接在命令窗口中输入命令的方法显得烦琐和笨拙. M 脚本文件和 M 函数文件就是用来解决这个问题的.

MATLAB 提供了一个内置的具有编辑和调试功能的程序编辑器，可用来编辑 M 脚本文件和 M 函数. 有三种方式可以进入程序编辑器：

(1) 选择菜单栏的 File 选项中的 New 或 Open 选项.(如图 8－15)

(2) 选择工具栏的 New 或 Open 按钮.

(3) 在命令编辑区中键入 edit 命令.

进入后的程序编辑器如图 8－16 所示，M 文件直接采用 MATLAB 命令编写，就像在 MATLAB 的命令窗口直接输入命令一样，因此调试方便，并且增强了程序的交互性. M 文件与其他文本文件一样，可以在任何文本编辑器中进行编辑、存储、修改和读取.

M 脚本文件就是所需解决问题的命令集合，将这些命令，按顺序放到一个扩展名为“.m”的文本文件中，即为 M 脚本文件. 运行该文件时，MATLAB 只是简单地从文件中读取一条命令，送到 MATLAB 中去执行；与在命令窗口中直接运行命令一样，脚本运行产生变量都是驻留在 MATLAB 基本空间中的.

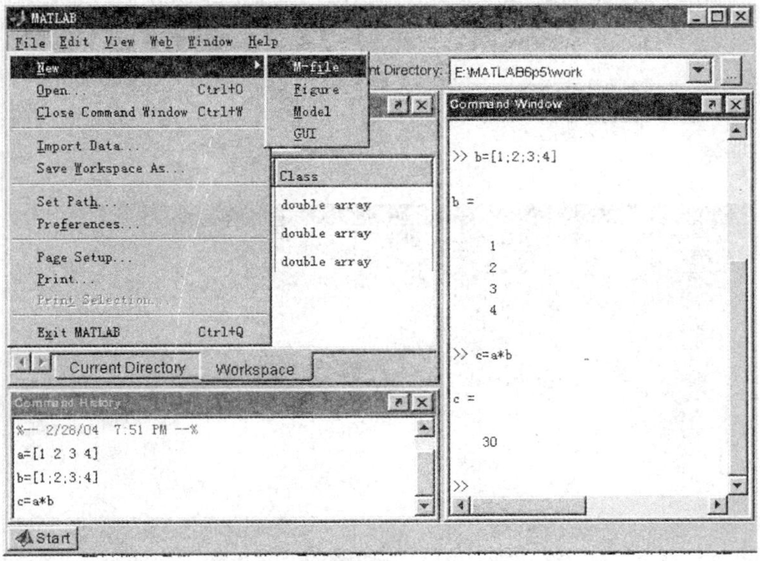

图 8-15　进入程序编辑器的一种方式

图 8-16　新建 M 文件的操作窗口

例 8－1

命令方式：

```
>> x= -8:0.3:8;y= x';                          % 生成一维的自变量数组
>> X= ones(size(y)) * x;Y= y * ones(size(x));   % 生成二维的自变量平面
>> R= sqrt(X. * Y+Y. * Y);z= sin(R)./R;         % 生成因变量
>> mesh(z);                                     % 画三维曲面
```

得到如图 8－17 所示的漂亮三维图形，ones、size、sqrt、sin、mesh 均为函数，其功用读者可暂时不去理会.

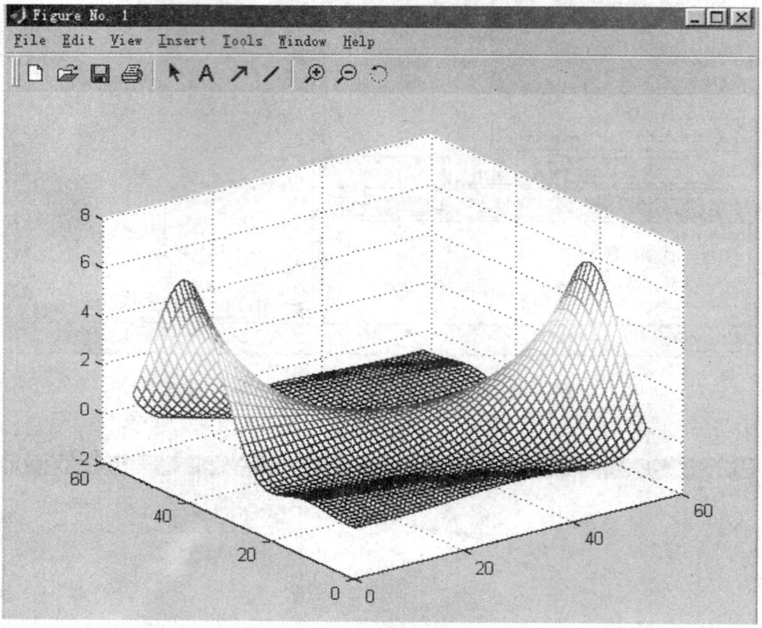

图 8－17

M 脚本文件：

在如图 8－16 所示的 M 文件编辑器中输入如下代码：

```
% example1.m                                 利用 mesh 函数绘制三维图形
x= -8:0.3:8;y= x';                           % 生成一维的自变量数组
X= ones(size(y)) * x;Y= y * ones(size(x));    % 生成二维的自变量平面
R= sqrt(X. * Y+Y. * Y);z= sin(R)./R;          % 生成因变量
mesh(z);                                      % 画三维曲面
```

单击 M 文件编辑器的 save 图表或选中 File/Save 下拉菜单项，便出现标准的文件保存对话框，如图 8－18 所示. 在文件保存对话框中，选定文件夹，填写文件名，单击

save 按钮，即把 example1. m 脚本文件存放到了指定的目录中. 选中 M 文件编辑器下拉菜单项 Debug/Run 即可在图形窗口中看到如图 8 - 17 所示的曲线，也可在 MATLAB 命令窗口中键入此 M 文件名，不需带扩展名.

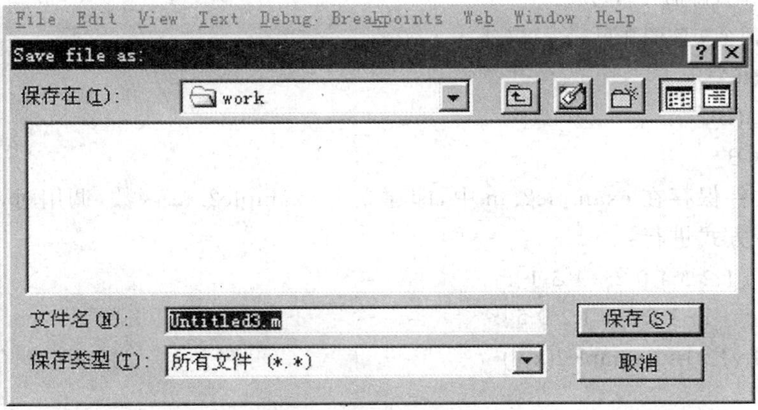

图 8 - 18　保存文件对话框

M 函数文件是一个特殊的 M 文件，其常用格式如下：

function 返回变量列表=函数名(输入变量列表)

注释说明语句段

函数体语句

这里输入变量的个数以及输出变量的个数是由 MATLAB 本身提供的两个保留变量 nargin 和 nargout 来给出的. 输入变量要用逗号隔开，输出变量多于一个时，要用方括号括起来. 我们可以借助“help 函数名”命令显示其中的注释说明语句段. 这样建立的函数与 MATLAB 提供的函数一样调用.

注意　m 函数文件与脚本文件有着鲜明的区别：

(1) 一个函数文件可以有 0 个，1 个或多个输入参数和返回值.

(2) 函数文件要在文件的开头定义函数名，且必须包含 function 字符. 如：

```
function [y1,y2,y3]= example2 (x,a,b,c)
```

则该函数文件名也必须存为 example2. m，而脚本文件无此要求.

(3) 函数文件的变量仅函数运行期间有效(除非用 global 把变量说明成全局变量，否则函数文件中的变量均为局部变量). 当函数运行完毕后，这些变量也就消失了.

说明　调用函数时所用的输入输出变量名并不要求与编写函数文件时所用的输入输出变量名相同.

例 8-2 对所给两个方阵 $\boldsymbol{A}$、$\boldsymbol{B}$ 求行列式值,求出 $\boldsymbol{A}*\boldsymbol{B}$. 可在 M 编辑器中键入如下代码：

```
function [A1,B1,C]= example2(A,B)
% 求两个方阵的行列式值
% C 为两个矩阵的乘积
A1= det(A);
B1= det(B);
C= A * B
```

然后把该文件保存在 example2. m 中,即建立了 example2. m 函数,调用时,可在命令窗口中按如下方式进行：

```
>> x= [1 2 3;4 0 2; -1 3 1];
>> y= [ -1 -1 2;3 1 1;2 0 5];
>> [x1,y1,z]= example2(x,y)
C =
    11    1    19
     0   -4    18
    12    4     6
x1 =
    18
y1 =
    4
z =
    11    1    19
     0   -4    18
    12    4     6
```

注意 在 MATLAB 命令窗口中没有“>>”的行是 MATLAB 根据我们在“>>”之后输入的命令给出的相应显示.

§8.2 MATLAB 的矩阵运算

一、矩阵的定义

MATLAB 里的矩阵用中括号括起来,同一行的数据用空格或逗号隔开,不同行用分号隔开(或换行),如：

```
>> a= [1 2 3
      4 5 6]
a =
    1    2    3
    4    5    6
>> b= [1 1 0 0;3 2 1 7;6 4 9 5]
b =
    1    1    0    0
    3    2    1    7
    6    4    9    5
```

在 MATLAB 中列向量被当作只有一列的矩阵，行向量被当作只有一行的矩阵；标量被认为是只有一行一列的矩阵．如：

```
>> c= [-1;-2;-3;-6]
c =
    -1
    -2
    -3
    -6
>> d= [5,6,7,8]
d =
    5    6    7    8
>> e= 5
e =
    5
```

二、矩阵的加减运算

MATLAB 中，矩阵的加减运算扩展了线性代数中的加减运算规定，能够相加减的矩阵满足以下两个条件之一即可：

(1) 其中一个为标量；

(2) 若其中无标量，则两矩阵必须具有相同阶数，即行数相同，列数相同．

如：

```
>> a= [1 1 1 1 ;1 2 3 4;1 3 6 10];     % 最后的分号 MATLAB 只进行一次操作，不显示结果
>> b= [-1 0 -1 0;2 0 1 7;3 0 2 5];
```

```
>> x= a+b             % 最后没有分号 MATLAB 不但进行一次操作,而且显示结果
x =
     0     1     0     1
     3     2     4    11
     4     3     8    15
>> y= x-b
y =
     1     1     1     1
     1     2     3     4
     1     3     6    10
>> z= a+2
z =
     3     3     3     3
     3     4     5     6
     3     5     8    12
```

三、乘法运算

矩阵乘法运算包括一个数乘以一个矩阵、两个矩阵相乘及两个矩阵对应元素相乘三种运算,其运算符都含有星号"*".

1. 数乘

```
>> A= magic(3)             % 利用 MATLAB 函数 magic 生成一个三阶魔方阵
A =
     8     1     6
     3     5     7
     4     9     2
>> 2*A
ans =
    16     2    12
     6    10    14
     8    18     4
```

ans 为 MATLAB 的默认变量,当不给表达式赋予某一变量时,MATLAB 就将此表达式值赋给默认变量 ans. 我们可以从左上方的 MATLAB 工作空间(Workspace)中看到此变量的出现,其大小类型随每次表达式的不同而改变.

2. 点乘

点乘运算符为“. * ”,用来求矩阵对应元素之间的乘积,显然“. * ”的条件是两矩阵为同型矩阵.

```
>> B= [1:3;2:2:6]        % 形式 1:3 指的是从 1 开始增 1,直到 3 组成一维数组
                         % 形式 2:2:6 为从 2 开始增 2,直到 6 组成一维数组
B =
     1     2     3
     2     4     6
>> C= -B;
>> X= C.* B
X =
    -1    -4    -9
    -4   -16   -36
```

3. 矩阵相乘

两矩阵可以相乘的条件是必须为左矩阵的列数与右矩阵的行数相等,接前述数乘、点乘中定义的变量举例如下:

```
>> B* A
ans =
    26    38    26
    52    76    52
>> A* B
??? Error using = = >  *
Inner matrix dimensions must agree.
```

不满足相乘条件时 MATLAB 给出出错信息.

四、矩阵的转置

矩阵的转置用符号“'”来实现,但要注意,复矩阵转置时,若用“'”表示复共轭转置,如要非复共轭转置,则要用“. '”或“conj”实现.

```
>> x= B'
x =
     1     2
     2     4
     3     6
>> z= [3 -i   2+3i]                % 一行矩阵或称行向量
```

```
z =
    3.0000 - 1.0000i    2.0000+3.0000i
>> z'                                   % 复共轭转置
ans =
      3.0000+1.0000i
      2.0000 - 3.0000i
>> z.'                                  % 非复共轭转置
ans =
      3.0000 - 1.0000i
      2.0000+3.0000i
>> conj(z')                             % 非复共轭转置
ans =
      3.0000 - 1.0000i
      2.0000+3.0000i
>> conj(z)
ans =
      3.0000+1.0000i    2.0000 - 3.0000i
```

注意 此处"conj"的使用，如果 z 变量不加"'"，结果是求共轭复数，从此可知"conj(z')"对 z 变量求了两次共轭.

五、特殊矩阵

1. 单位矩阵

MATLAB 中的单位矩阵和数学上的单位矩阵的含义稍有不同，它可以是长方阵，只要行数和列数相同的元素全为 1，其余全为 0 便是单位矩阵. 创建单位矩阵可以用"eye"函数，如：

```
>> eye(3)                               % 产生 3×3 的单位矩阵
ans =
      1     0     0
      0     1     0
      0     0     1
>> eye(2,4)                             % 产生 2×4 的单位矩阵
ans =
      1     0     0     0
      0     1     0     0
```

```
>> eye(4,2)                                    % 产生 4×2 的单位矩阵
ans =
     1     0
     0     1
     0     0
     0     0
```

2. 全零矩阵

可用“zeros”函数，如：

```
>> A= zeros(3)
A =
     0     0     0
     0     0     0
     0     0     0
>> zeros(2,3)
ans =
     0     0     0
     0     0     0
```

3. 全 1 矩阵

可用“ones”创建，如：

```
>> ones(3,4)
ans =
     1     1     1     1
     1     1     1     1
     1     1     1     1
```

可以利用全一矩阵生成元素均相等的矩阵，如：

```
>> ones(3,4) * pi
ans =
    3.1416    3.1416    3.1416    3.1416
    3.1416    3.1416    3.1416    3.1416
    3.1416    3.1416    3.1416    3.1416
```

其他特殊矩阵不再一一列举，下面统一用表 8-1 列出，供大家在使用时查阅.

表 8-1 特殊矩阵

函数名	意义
[ ]	空矩阵
zeros	全部元素都为 0 的矩阵
eye	求单位阵
ones	全部元素都为 1 的矩阵
magic	魔方阵
pascal	帕斯卡(pascal)三角矩阵
compan	友矩阵
gallery	几个小的实验矩阵
hadamard	哈达马德(hadamard)矩阵
vander	范德蒙(vander)矩阵
hankel	汉克尔(hankel)矩阵
hilb	希尔伯特(hilb)矩阵
invhilb	逆希尔伯特矩阵
rand	元素服从 0～1 之间均匀分布的随机矩阵
randn	元素服从均值为 0 方差为 1 的正态分布的随机矩阵
rosser	对称特征值试验矩阵
toeplitz	托普利兹(toeplitz)矩阵
wilkinson	威尔金森(wilkinson)特征值测试矩阵

六、求行列式值

可用“det”函数求方阵的行列式，如：

```
>> A= [8,6,5;3,2,1;7,3,2]
A =
     8     6     5
     3     2     1
     7     3     2
>> D= det(A)
D =
   -11
```

七、矩阵的逆

如果矩阵 A 为方阵且非奇异(即 det(A)≠0)则,A^{-1}存在可用函数"inv"求出,如:

```
>> inv(A)          % A 为前述矩阵变量,以后如没有定义变量,均指紧接前面所定义变量
ans =
   -0.0909   -0.2727    0.3636
   -0.0909    1.7273   -0.6364
    0.4545   -1.6364    0.1818
>> ans * A
ans =
    1.0000    0.0000    0.0000
         0    1.0000   -0.0000
         0   -0.0000    1.0000
```

经验证 inv(A) * A=E 为单位矩阵.

在求解诸如 A 为方阵的矩阵方程 AX=B 或 XA=B 时,可以用如下方法求:

```
>> A= [1 2;3 4];
>> B= [3;7];
>> x= inv(A) * B
x =
     1
     1
>> A= [1 1 -1;2 1 0;1 -1 1];
>> B= [1 -1 3;4 3 2];
>> x= B * inv(A)
x =
   -3.0000    2.0000    0.0000
   -4.0000    5.0000   -2.0000
```

如果忽略舍入误差,命令 X=A\B 和 X=inv(A) * B 应该得到相同的结果,但计算时应尽量使用前者. 因为斜杠和反斜杠运算符的数值计算更准确,占用内存更小,算得更快. 对斜杠和反斜杠运算符在后面再作详细介绍.

八、特征值和特征向量

利用函数"eig"计算方阵 A 的特征值以列向量形式返回. 如果 **A** 是实对称矩阵,特征值为实数,否则特征值常为复数,如:

```
A =
     1  -1   2
    -1   3   0
     2   0   2
>> eig(A)
ans =
    -0.7321
     2.7321
     4.0000
B =
     0     1
    -1     0
>> eig(B)
ans =
    0+ 1.0000i
    0 - 1.0000i
```

求特征值和特征向量可以用双赋值语句得到：

```
>> [x,v]= eig(B)
x =
   0.7071              0.7071
   0+0.7071i           0 - 0.7071i
v =
   0+ 1.0000i          0
   0                   0 - 1.0000i
```

v 的对角线元素是特征值，x 的列为相应的特征向量，使 $\boldsymbol{Bx}=\boldsymbol{vx}$ 成立.

九、线性方程组

线性方程组的求解问题应写成矩阵方程形式：

$$\boldsymbol{AX}=\boldsymbol{B}$$

用 X＝A\B 来求解方程，正斜杠字符"\"为运算符号；假若方程为 $\boldsymbol{XA}=\boldsymbol{B}$ 的形式，需用反斜杠"/"，即 X＝B/A. 根据线性代数知识，对于 $\boldsymbol{AX}=\boldsymbol{B}$ 中的矩阵 $\boldsymbol{A}$ 的维数为$m*n$时，该方程解可分为三类：

(1) $m=n$ 且矩阵 A 为满秩(秩 R＝n)，求得唯一解；

(2) $m>n$ 秩 A 不等于增广矩阵(AB)的秩,求最小二乘解;

(3) $m<n$ 秩 A 等于增广矩阵(AB)的秩且都小于 n,无实际意义.

MATLAB 把矩阵分为以下几种情况:

(1) A 为三角矩阵或三角矩阵的某种变换;

(2) 对称正定矩阵;

(3) 非奇异的方阵;

(4) 长方阵,超定($m>n$);

(5) 长方阵,欠定($m<n$).

对于不同的矩阵 A,斜杠运算会根据实际问题选取相应的解法.

例 8-3 求解如下方程组

$$\begin{cases} x_1 + x_3 = 2 \\ 2x_1 + x_2 = 0 \\ -3x_1 + 2x_2 - 5x_3 = 4 \end{cases}$$

解 可按如下方式求得

```
>> A= [1 0 1;2 1 0; -3 2 -5]
A =
     1   0    1
     2   1    0
    -3   2   -5
>> B= [2;0;4]
B =
    2
    0
    4
>> X= A\B
X =
    -7
    14
     9
```

例 8-4 求如下矩阵方程中的 $\boldsymbol{X}$

(1) $\begin{pmatrix} 1 & 1 \\ 0 & 2 \\ 1 & -1 \end{pmatrix} \boldsymbol{X} = \begin{pmatrix} 2 \\ 8 \\ -6 \end{pmatrix}$　　(2) $\boldsymbol{X} \begin{pmatrix} 2 & 1 & -1 \\ 2 & 1 & 0 \\ 1 & -1 & 1 \end{pmatrix} = \begin{pmatrix} 1 & -1 & 3 \\ 4 & 3 & 2 \end{pmatrix}$

解 可按如下方式求得

(1)

```
>> A= [1 1;0 2;1 -1]
A =
     1    1
     0    2
     1   -1
>> B= [2;8; -6]
B =
     2
     8
    -6
>> X= A\B
X =
   -2.0000
    4.0000
```

(2)

```
>> A= [2 1 -1;2 1 0;1 -1 1];
>> B= [1 -1 3;4 3 2];
>> X= B/A
X =
   -2.0000   2.0000    1.0000
   -2.6667   5.0000   -0.6667
```

超定方程组常用在曲线拟合上,下面是一个曲线拟合的例子.

例 8－5 试验观测到 8 个时刻的 x 值如下

t	0.0	0.4	0.7	1.1	1.7	2.2	2.5	2.8
x	0.81	0.69	0.61	0.60	0.54	0.51	0.48	0.44

已知数据 x 为时间 t 的衰减指数曲线,即 x 向量为单位列向量和衰减指数列向量的线性组合 $x(t)=c_1+c_2e^{-t}$. 试拟合出 c_1 和 c_2.

解 可用如下方式求解

```
>> t= [0.0 0.4 0.7 1.1 1.7 2.2 2.5 2.8]';      % 这一行与下一行命令形成两个列向量
>> x= [0.81 0.69 0.61 0.60 0.54 0.48 0.44]';
```

```
>> E= [ones(size(t))   exp(-t)]          %求出单位列向量和衰减指数列向量并组成矩阵 E

E =
    1.0000    1.0000
    1.0000    0.6703
    1.0000    0.4966
    1.0000    0.3329
    1.0000    0.1827
    1.0000    0.1108
    1.0000    0.0821
    1.0000    0.0608
>> c= E\x                                 %求出 c 的最小二乘解
c =
    0.4547
    0.3551
```

从而求得拟合的曲线为

$$y(t) = 0.4547 + 0.3551e^{-t}$$

§8.3 符号矩阵

从前一节的例子中我们已经发现,有时计算所得结果是用小数表示的近似值,而不像我们手工算得的分数形式.那么如何才能叫 MATLAB 像我们人脑一样来进行计算呢? MATLAB 的设计师们已经考虑到了这一点,他们设计了符号数学工具箱来解决此类问题.利用 MATLAB 所具有的符号数学工具箱,能使用字符串来进行符号分析,而不是基于数组的数值分析,符号数学工具箱中的工具是建立在功能强大的 Maple 软件基础上,最初由加拿大的滑铁卢(Waterloo)大学开发的,当要求 MATLAB 进行符号运算时,他就请求 Maple 去计算并将结果返回到 MATLAB 命令窗口.符号数学工具箱中包括复合、简化、微分、积分以及求解代数方程和微分方程的工具,另外还有一些用于线性代数的工具,求解逆矩阵、行列式、正则表示式的精确结果.找出符号矩阵的特征值而没有数值计算引入的误差.本节介绍符号计算入门知识和符号矩阵的求解.

一、符号运算概述

1. 创建符号变量

MATLAB 中创建符号变量是利用命令 sym 和 syms 来实现的.sym 命令用于创建

某个符号变量，而 syms 命令则可以一次创建任意多个符号变量. 常用的使用格式如表 8-2 所列.

表 8-2 命令 sym、syms 的使用格式

格式	功能
f=sym(arg)	把数字、字符串或表达式 arg 转换成符号对象 f
f=sym(argn, flagn)	把数值或数值表达式 argn 转换成 flagn 格式的符号对象
argv=sym('argv', flagv)	按 flagv 指定的要求把字符串'argv'定义为符号对象 argv
syms('argv1', 'argv2', …, 'argvk') 或 syms argv1 argv2 … argvk	把字符 argv1、argv2、…、argvk 定义为基本符号对象

以下为创建符号对象的几个例子：

```
>> Mr= sym('mister')
Mr =
mister
>> B= sym('Boss')
B =
Boss
```

若用 size()命令来查看前面几个字符变量的大小，结果如下：

```
>> size(Mr)
ans =
     1     1
>> size(B)
ans =
1     1
```

与以下结果相比较

```
>> Mr= 'Mister';
>> size(Mr)
ans =
     1     6
>> B= 'Boss';
>> size(B)
ans =
     1     4
```

可以看出符号型数据变量与字符型数据变量是有区别的，不要混淆. 其主要区别在于：字符型数据变量同数值型变量一样是以矩阵的形式进行保存的，而符号变量则不然，在工作空间 workspace 中变量的符号标志也不一样.

2. 创建符号矩阵

符号表达式是代表数字、函数、算术和变量的 MATLAB 字符串，或字符串数组，不要求变量有预先确定的值. 符号方程是含有等号的符号表达式. 符号矩阵是数组，其元素是符号表达式.

创建符号表达式有两种方法：一是用 sym 命令直接创建符号表达式：二是按普通书写形式创建符号表达式. 如：

直接创建

```
>> f= sym('a * x^2+b * x+c')                % 直接创建符号表达式
f =
a * x^2+b * x+c
>> pretty(f)                                 % pretty 函数把表达式转换为手写形式
                                  2
                              a x   + b x + c
>> f-a
??? Undefined function or variable 'a'.
```

直接创建符号表达式的缺点是式中的变量 a,b,c,x 均未得到说明或创建，因此输入 f-a 时，系统不认识符号变量 a. 换成另一种方法则不然.

```
>> clear                                     % 清空工作空间
>> syms a b c x
>> f= a * x^2+b * x+c
f =
a * x^2+b * x+c
>> g= f-a
g =
a * x^2+b * x+c-a
```

但在创建符号方程时要注意，此时不能用 equl＝a * b^z+b * x+c＝0 格式，见如下输入：

```
>> equ1= ('a * x^2+b * x+c= 0')
equ1 =
a * x^2+b * x+c= 0
>> equ2= ('cosx+sinx= e^x')
equ2 =
cosx+sinx= e^x
```

对于创建符号矩阵，有以下四种方法：

(1) 用 sym 命令直接创建符号矩阵　用 sym 命令直接创建符号矩阵时，矩阵的元素可以是任何符号变量或符号表达式甚至是符号方程，并且元素的长度允许不等，输入符号矩阵时矩阵行与行之间用“;”隔开. 各矩阵元素之间用“,”或“空格”隔开. 如：

```
>> m1= sym('[a b 1/0;a+b = 0 4 cosx;3 * 2 2^ 3 c]')
m1 =
[        a,      b,    1/0 ]
[ a+b=   0,      4,   cosx]
[    3 *  2,    2^3,      c ]
```

(2) 用类似创建普通数值矩阵的方法创建符号矩阵　这种方法与普通书写形式类似，只是在创建符号矩阵前要将所用的全部符号变量用 syms(或 sym)创建完毕. 如：

```
>> syms a b c x
>> equ= sym('a+b= 0');
>> y= sym('cosx');
>> z= 2^ 3;
>> w= sym('0/1');
>> M= [a b w;equ 4 y;3 * 2 z c]
M =
[         a,   b,    0/1 ]
[ a+b= 0,   4,   cosx]
[         6,   8,      c ]
```

(3) 由数值矩阵转化为符号矩阵　将数值矩阵 **M** 转化为符号矩阵 **S** 的命令为：S=syms(M). 如：

```
>> M= [0 2 5;7 6 3]
M =
     0      2      5
     7      6      3
>> S= sym(M)
S =
[ 0, 2, 5]
[ 7, 6, 3]
```

值得注意的是，若 **M** 中的元素是以分数形式或浮点数形式给出时，在 **M** 被转化为符号矩阵 **S** 时，都将以最接近原来矩阵的精确的有理形式给出. 如：

```
>> M1= [1/2 0.333 2^ 0.5;log(3) 1.2 2/0.3]
M1 =
     0.5000      0.3330      1.4142
```

```
    1.0986    1.2000    6.6667
>> S1= sym(M1)
S1 =
    [                          1/2,                333/1000,          sqrt(2)]
    [ 4947709893870346 * 2^(-52),                     6/5,             20/3 ]
```

(4) 用矩阵元素的通式创建符号矩阵　当符号矩阵较大或符号矩阵的元素较多时，可以根据矩阵特点找出规律，写出通式，这样创建符号矩阵就非常快捷.

例 8-6　试创建以下三个符号矩阵

$$\boldsymbol{A}=\begin{pmatrix} x+y & 2x+6y & 3x+11y \\ 5x+2y & 6x+7y & 7x+12y \\ 9x+3y & 10x+8y & 11x+13y \\ 13x+4y & 14x+9y & 15x+14y \end{pmatrix}$$

$$\boldsymbol{B}=\begin{pmatrix} \cos1 & \cos2 & \cos3 \\ \cos4 & \cos5 & \cos6 \\ \cos7 & \cos8 & \cos9 \end{pmatrix}$$

$$\boldsymbol{C}=\begin{pmatrix} \mathrm{e} & \mathrm{e}^{6} & \mathrm{e}^{11} & \mathrm{e}^{16} \\ \mathrm{e}^{2} & \mathrm{e}^{7} & \mathrm{e}^{12} & \mathrm{e}^{17} \\ \mathrm{e}^{3} & \mathrm{e}^{8} & \mathrm{e}^{13} & \mathrm{e}^{18} \end{pmatrix}$$

解　先用 edit 命令写出 format 函数，存为 format. m. 在创建上述符号矩阵时用此函数来实现，此函数代码如下：

```
function    M=format(row, col, frc)
% format：函数的功能是利用矩阵元素的通式创建符号矩阵
% row：待创建符号矩阵的行数
% col：待创建符号矩阵的列数
% frc：矩阵元素的通式
for  R= 1：row
        for C= 1:col
                c= sym(C);
                r= sym(R);
                M(R,C)= subs(sym(frc));
        end
end
```

再编一个 tongshi. m 文件如下：

```
syms  x  y  c  r
a= (c+ (r - 1) * 4) * x+ (r+ (c - 1) * 5) * y;
b= cos(c+ (r - 1) * 3);
d= exp(r+ (c - 1) * 5);
A= format(4, 3, a)
B= format(3, 3, b)
C= format(3, 4, d)
```

将两个文件存盘后在命令窗口中输入“tongshi”，执行结果为

```
>> tongshi
A=
[          x+ y,    2 * x+ 6 * y,  3 * x+ 11 * y]
[   5 * x+ 2 * y,   6 * x+ 7 * y,  7 * x+ 12 * y]
[   9 * x+ 3 * y,  10 * x+ 8 * y, 11 * x+ 13 * y]
[  13 * x+ 4 * y,  14 * x+ 9 * y, 15 * x+ 14 * y]
B=
[cos(1), cos(2), cos(3)]
[cos(4), cos(5), cos(6)]
[cos(7), cos(8), cos(9)]
C=
[   exp(1), exp(6), exp(11), exp(16)]
[   exp(2), exp(7), exp(12), exp(17)]
[   exp(3), exp(8), exp(13), exp(18)]
```

当然，tongshi 函数也可用命令形式，直接得到结果，读者不妨试着在命令窗口中输入如下命令：

```
A= format(4,3,'(c+ (r - 1)4)x+ (r+ (c - 1)5)y')
B= format(3,3,'cos(c+ (r - 1) * 3)')
C= format(3,4,'exp(r+ (c - 1) * 5)')
```

运行结果是一样的.

3. 符号矩阵的有关操作命令

(1) det 命令(求矩阵的行列式).

调用格式：det(A)

功能：返回矩阵 A 的行列式值

已知矩阵：$A=\begin{pmatrix} x & y & z \\ 1 & 2 & 3 \\ 4 & 5 & 6 \end{pmatrix}$

其行列式值可按如下命令来实现：

```
>> syms x y z
>> A= [x y z;1 2 3;4 5 6];
>> pretty(A)                    % 将表达式 a1 由机器格式转化为手写格式
           [x     y     z]
           [             ]
           [1     2     3]
           [             ]
           [4     5     6]
>> a1= det(A)                   % 求矩阵 A 的行列式值
a1 =
-3 * x+6 * y -3 * z
```

(2) inv 命令(矩阵求逆).

调用格式：inv(A)

功能：返回矩阵 **A** 的逆阵

接上例计算 **A** 的逆阵如下：

```
>> a2= inv(A)
a2 =
[1/(x -2 * y+z),   1/3 * (6 * y -5 * z)/(x -2 * y+z), -1/3 * (3 * y -2 * z)/(x -2 * y+z)]
[ -2/(x -2 * y+z), -2/3 * (3 * x -2 * z)/(x -2 * y+z),   1/3 * (3 * x -z)/(x -2 * y+z)]
[1/(x -2 * y+z),   1/3 * (5 * x -4 * y)/(x -2 * y+z), -1/3 * (2 * x -y)/(x -2 * y+z)]
>> pretty(a2)

    [      1               6 y -5 z              3 y -2 z  ]
    [ ------------    1/3------------    -1/3 ------------]
    [ x -2 y + z         x -2 y + z           x -2 y + z]
    [                                                     ]
    [    2                3 x -2 z               3 x -z   ]
    [- ----------    -2/3----------       1/3------------]
    [ x -2 y + z         x -2 y                x -2 y + z]
    [                                                     ]
```

```
[     1                5 x - 4 y             2 x - y     ]
[--------------    1/3------------      -1/3------------]
[ x - 2 y + z          x - 2 y + z          x - 2 y + z]
```

手写格式直观,我们也习惯于看这种形式,上式就是 $\mathbf{A}^{-1} = \frac{\mathbf{A}^*}{|\mathbf{A}|}$.

(3) rank 命令(求矩阵的秩).

调用格式:rank(A)

如上例 A 的秩可由如下方式求得:

```
>> rank(A)
ans =
3
```

(4) diag 命令(求矩阵的对角线).

调用格式:

a. diag(v,k)

当 v 是由 n 个元素组成的矢量时,该命令的返回值是阶数为 n+abs(k)的方阵,其中第 k 条对角线由矢量 v 的元素组成.其余元素由 0 组成.当 k=0 时,v 为主对角线;当 k>0 时,v 位于主对角线之上;当 k<0 时,v 位于主对角线之下.

b. diag(v)

diag(v,0)完全相同,把矢量 v 置于主对角线上.

c. diag(A,k)

其中 A 为矩阵.该命令返回值是由矩阵 A 的第 k 条对角线的元素所组成的列矢量.

d. diag(A)

相当于 diag(A,0),得到矩阵 A 的主对角线元素所组成的列矢量.

例如:

已知向量 $\boldsymbol{v}=(2\quad a\quad 3\quad 4)$,矩阵 $\boldsymbol{A} = \begin{pmatrix} 1 & 2 & 3 \\ 5 & x & x^2-1 \\ 0 & 2 & 2 \end{pmatrix}$,请看如下运算:

```
>> syms a x          % 变量说明
>> v= [2 a 3 4];
>> a1= diag(v,1)     % 得到 4+1= 5 阶的矩阵 a1,其中主对角线
                     % 之上的第 1 对角线由 v 的元素组成
```

```
a 1 =
[ 0, 2, 0, 0, 0]
[ 0, 0, a, 0, 0]
[ 0, 0, 0, 3, 0]
[ 0, 0, 0, 0, 4]
[ 0, 0, 0, 0, 0]
>> a2= diag(v, -1)       % 得到 4+1= 5 阶的矩阵 a2,其中主对角线
                         % 之下的第 1 对角线由 v 的元素组成
a2 =
[ 0, 0, 0, 0, 0]
[ 2, 0, 0, 0, 0]
[ 0, a, 0, 0, 0]
[ 0, 0, 3, 0, 0]
[ 0, 0, 0, 4, 0]
>> a3= diag(v)           % 得到 4 阶的矩阵 a3,其中主对角线由矢量 v 的元素组成
a3 =
[ 2, 0, 0, 0]
[ 0, a, 0, 0]
[ 0, 0, 3, 0]
[ 0, 0, 0, 4]
>> A= [1 2 3;5 x x^2 -1;0 2 2];     % A 为一符号矩阵
>> b1= diag(A,1)     % b1 是一个列矢量,其元素由矩阵 A 的第一对角线组成
b1 =
[        2]
[ x^2 -1]
>> b2= diag(A,0)     % b2 是一个列矢量,其元素由矩阵 A 的主对角线组成
b2 =
[ 1 ]
[ x ]
[ 2 ]
>> b3= diag(A, -1)   % b3 是一个列矢量,其元素由位于矩阵 A 主对角线下的
                     % 第一对角线组成
b3 =
[ 5 ]
[ 2 ]
```

(5) triu 命令(抽取矩阵的上三角部分).

调用格式:

a. triu(A)

抽取矩阵的上三角部分组成一个新的矩阵.其余元素用 0 填充.

b. triu(A,k)

抽取矩阵的第 k 条对角线以上的三角部分组成一个新矩阵,其余元素用 0 填充.当 k=0 时,triu(A,0)与 triu(A)功能完全相同;当 k>0 抽取的元素对应矩阵 A 主对角线以上,第 k 条对角线以上的部分;k<0,抽取的元素对应矩阵 A 主对角线以下,第 k 条对角线以上的部分.

接上例:

```
>> A1= triu(A)          % 抽取矩阵 A 的主对角线以上的部分,组成矩阵 A1 的上三角
                        % 部分,其余元素补 0

A1 =
[      1,      2,       3 ]
[      0,      x,  x^2-1 ]
[      0,      0,       2 ]
>> A2= triu(A,0)        % 抽取矩阵 A 的主对角线以上的部分,组成矩阵 A2 的上三角
                        % 部分,其余元素补 0

A2 =
[      1,      2,       3 ]
[      0,      x,  x^2-1 ]
[      0,      0,       2 ]
>> A3= triu(A,1)        % 从 A 的第一对角线开始抽取 A 的上三角部分,组成矩阵 A3,
                        % 其余元素补 0

A3 =
[      0,      2,       3 ]
[      0,      0,  x^2-1 ]
[      0,      0,       0 ]
>> A4= triu(A, -1)      % 从 A 的主对角线下的第一对角线开始抽取 A 的上三角部分,
                        % 组成矩阵 A4,其余元素补 0

A4 =
[      1,      2,       3 ]
[      5,      x,  x^2-1 ]
[      0,      2,       2 ]
```

tril 命令与 triu 命令相反，为抽取矩阵的下三角部，调用格式与 triu 一样，只是方向相反，在此不一一举例.

(6) rref 命令(求矩阵的缩减行阶梯矩阵).

矩阵的缩减行阶梯矩阵即行最简形矩阵.

调用格式：R＝rref(A)

功能：返回 A 矩阵的缩减行阶梯矩阵，计算过程使用的是高斯—约当消元法和行主元法.

例 8－7 试求下列矩阵的行最简形矩阵(缩减行阶梯矩阵)

(1) $\boldsymbol{A}=\begin{pmatrix}1&0&2&-1\\2&0&3&1\\3&0&4&-3\end{pmatrix}$ (2) $\boldsymbol{B}=\begin{pmatrix}a&1&2&4\\b&a&3&d\\4&d&c&5\end{pmatrix}$

解

(1)

```
>> A= sym([1 0 2 -1;2 0 3 1;3 0 4 -3])    %符号矩阵 A 由数值型矩阵转化而来
A =
[   1,   0,   2,   -1]
[   2,   0,   3,    1]
[   3,   0,   4,   -3]
>> a1= rref(A)
a1 =
[ 1, 0, 0, 0]
[ 0, 0, 1, 0]
[ 0, 0, 0, 1]
>> B= [a 1 2 4;b a 3 d;4 d c 5]
(2)
B =
[ a, 1, 2, 4]
[ b, a, 3, d]
[ 4, d, c, 5]
>> b1= rref(B)              %求矩阵 B 的缩减行阶梯矩阵 b1
b1 =
[1, 0, 0,      (4 * c * a - 10 * a - d * c - 12 * d+2 * d^ 2+15)/(c * a^ 2 - c * b - 8 * a - 3 *
d * a+2 * d * b+12)]
```

[0, 1, 0, (a * d * c - 15 * a+48 - 4 * c * b+10 * b - 8 * d)/(c * a^2 - c * b - 8 * a - 3 * d * a+2 * d * b+12)]

[0, 0, 1, (5 * a^2 - 5 * b - 16 * a - d^2 * a+4 * d * b+4 * d)/(c * a^2 - c * b - 8 * a - 3 * d * a+2 * d * b+12)]

```
>> pretty(b1)                   % 将 b1 表达式由机器格式转化为手写格式
    [                                          2 ]
    [          4 c a - 10 a - d c - 12 d + 2 d + 15 ]
    [1   0   0  ------------------------------------]
    [                          %1                 ]
    [                                             ]
    [          a d c - 15 a + 48 - 4 c b + 10 b - 8 d]
    [0   1   0  ------------------------------------]
    [                          %1                 ]
    [                                             ]
    [               2              2              ]
    [            5 a - 5 b - 16 a - d  a + 4 d b + 4 d]
    [0   0   1  ------------------------------------]
    [                          %1                 ]

          2
%1 := c a - c b - 8 a - 3 d a + 2 d b + 12
```

(7) eig 命令(求矩阵的特征值和特征矢量).

调用格式:

a. E=eig(A)

返回由方阵 A 的特征值组成的矢量:

b. [V,D]=eig(A)

返回方阵 A 的特征值矩阵 D 和特征矢量矩阵 V,其中 A、V、D 之间满足 AV=VD;特征值矩阵 D 是以 A 的特征值为对角线的元素生成的对角阵;矩阵 A 的第 k 个特征值对应的特征矢量是矩阵 V 的第 k 列矢量,只有这样才有 AV=VD.

例 8-8 已知矩阵 $\boldsymbol{A}=\begin{pmatrix}1 & 2\\ 2 & 3\end{pmatrix}$,试求 $\boldsymbol{A}$ 的特征矢量、特征值矩阵以及特征矢量阵.

解

```
>> X= [1 2;2 3];
```

```
>> A= sym(X);               % A为矩阵 X 转化来的符号矩阵
>> E1= eig(A)               % E1 是由矩阵 A 的特征值所组成的矢量
E1 =
[ 2+5^(1/2)]
[ 2 -  5^(1/2)]
>> [V1,D1]= eig(A)
V1 =                        % V1 是矩阵 A 的特征矢量矩阵
[                1,                1]
[ 1/2+1/2 * 5^(1/2), 1/2 -1/2 * 5^(1/2)]
D1 =                        % D1 是矩阵 A 的特征值矩阵
[ 2+5^(1/2),            0]
[         0,   2 -5^(1/2)]
```

(8) jordan 命令(求矩阵的约当标准形).

调用格式:

a. jordan(X)

返回方阵 X 的约当标准形,即将 X 标准化变成相似对角阵.

b. [V,J]=Jordan(X)

除了返回矩阵 X 的约当标准形外,还给出相似变换阵 V,并有 V\A * V=J,即 V^{-1} A * V=J.

例 8-9 将如下矩阵对角化(即求出约当标准形)及相应的相似变换阵

$$\boldsymbol{A}=\begin{pmatrix}1&2&3\\2&1&3\\3&3&6\end{pmatrix}$$

解 (1)

```
>> A= sym([1 2 3;2 1 3;3 3 6]);
>> a1= jordan(A)            % 返回矩阵 A 的约当标准形
a1 =
[   0,   0,   0 ]
[   0,  -1,   0]
[   0,   0,   9 ]
>> [V1,J1]= jordan(A)       % 返回矩阵 A 的约当标准形 J1,返回相似变换阵 V1
V1 =
[   1/3,    1/2,   1/6 ]
```

```
[  1/3,  -1/2,  1/6 ]
[ -1/3,     0,  1/3 ]
J1 =
[  0,  0,  0]
[  0, -1,  0]
[  0,  0,  9]
```

(9) poly 命令(求矩阵的特征多项式).

调用格式:P=poly(X)

功能:若 X 为 n×n 的方阵,则返回 X 的特征多项式 P

例 8-10 试求如下矩阵 ***X*** 的特征多项式

$$\boldsymbol{X}=\begin{pmatrix} a & b \\ c & d \end{pmatrix}$$

解

```
>> syms a b c d
>> X= [a b;c d];
>> P= poly(X)                 % 返回矩阵 X 的特征多项式
P =
x^2-x*d-a*x+a*d-b*c
```

4. 线性代数方程组的求解

linsolve 命令

调用格式:X=linsolve(A,B)

功能:求 AX=B 的解,返回 X

要求:该命令对矩阵 A 有严格的限制,A 必须是满秩的.

例 8-11 求解如下线性系统

$$\begin{pmatrix} a & d & g \\ b & e & h \\ c & f & k \end{pmatrix}\boldsymbol{X}=\begin{pmatrix} m \\ n \\ p \end{pmatrix}$$

解

```
>> syms a b c d e f g h k m n p
>> A= [a d g;b e h;c f k];
>> B= [m;n;p];
>> X= linsolve(A,B)           % 得到 AX= B 的解 X
X =
```

```
[(d*n*k-d*h*p-g*f*n+g*e*p-m*e*k+m*f*h)/(-a*e*k+a*f*h+b*d*k-f*b*g+e*c*g-c*d*h)]
[(-a*n*k+a*h*p-b*g*p-h*c*m+n*c*g+b*m*k)/(-a*e*k+a*f*h+b*d*k-f*b*g+e*c*g-c*d*h)]
[(-f*b*m+a*f*n-a*e*p+e*c*m+b*d*p-c*d*n)/(-a*e*k+a*f*h+b*d*k-f*b*g+e*c*g-c*d*h)]
>> pretty(X)                  %将X转化为手写格式
    [d n k - d h p - g f n + g e p - m e k + m f h]
    [  ------------------------------------------- ]
    [                    %1                        ]
    [                                              ]
    [-a n k + a h p - b g p - h c m + n c g + b m k]
    [  ------------------------------------------- ]
    [                    %1                        ]
    [                                              ]
    [- f b m + a f n - a e p + e c m + b d p - c d n]
    [  ------------------------------------------- ]
    [                    %1                        ]
          %1 := -a e k + a f h + b d k - f b g + e c g - c d h
```

显然手写格式要直观一些.

例 8 - 12 求解如下线性方程组

$$\begin{cases} x_1 + x_2 + x_3 + x_4 = 5 \\ x_1 + 2x_2 - x_3 + 4x_4 = -2 \\ 2x_1 - 3x_2 - x_3 - 5x_4 = -2 \\ 3x_1 + x_2 + 2x_3 + 11x_4 = 0 \end{cases}$$

解

```
>> A= sym([1 1 1 1;1 2 -1 4;2 -3 -1 -5;3 1 2 11])
A =
[  1,  1,  1,  1]
[  1,  2, -1,  4]
[  2, -3, -1, -5]
[  3,  1,  2, 11]
>> B= sym([5;-2;-2;0])
```

```
B =
[  5]
[ -2]
[ -2]
[  0]
>> X= linsolve(A,B)
X =
[  1]
[  2]
[  3]
[ -1]
```

当然直接用数值计算也能得到同样的结果：

```
>> A= [1 1 1 1;1 2 -1 4;2 -3 -1 -5;3 1 2 11];
>> B= [5;-2;-2;0];
>> X= linsolve(A,B)
X =
[  1]
[  2]
[  3]
[ -1]
```

作为符号矩阵的结束，必须说明的是，前述命令在数值型矩阵的运算中其调用形式要丰富得多，功能也要强大得多，读者可用 help 命令查阅. 之所以只在符号运算这一章讲述这些内容，是为了突出 MATLAB 的符号处理功能是十分强大的，为不出现重复介绍，对数值矩阵读者可以自行验算.

§8.4 高级符号运算功能的实现——积分变换

本节主要介绍 MATLAB 提供的积分变换命令. MATLAB 提供了丰富的积分变换命令，当读者掌握了这些命令以后就会发现使用 MATLAB 实现复杂的积分变换是很容易的一件事情.

一、傅氏变换及其逆变换

1. 傅氏变换

用来计算傅里叶(Fourier) 变换的 MATLAB 命令为 fourier，该命令按傅氏积分

公式

$$F(w)=\int_{-\infty}^{+\infty}f(x)\mathrm{e}^{-\mathrm{i}wx}\,\mathrm{d}x$$

计算,其调用的格式有以下几种:

a. F=fourier(f)

当 f 是变量 w 的函数即 f = f(w) 时,则变换结果为 F = F(t);当 f 是其他变量的函数时,变换结果为 w 的函数,即 $F=F(\mathrm{w})$. 如果 f 的表达式里有很多变量,则 MATLAB 按变量的优先级进行变换,x 的优先权最大,即只要表达式中有 x 则对 x 进行变换,其他变量作常数处理;接下来是 w,如果表达式中没有 x 和 w 这两个变量,则该命令将对系统默认的变量进行傅里叶变换.

b. F=fourier(f, v)

该调用格式是用来指定变换结果为变量 v 的函数,即 F=F(v).

c. F=fourier(f, u, v)

该调用格式是用来指定要对函数表达式作关于变量 u 的傅里叶变换,并且变换结果为变量 v 的函数.

2. 傅氏逆变换

用来计算傅氏逆变换的 MATLAB 命令为 ifourier,该命令按公式

$$f(x)=\frac{1}{2\pi}\int_{-\infty}^{+\infty}F(w)e^{\mathrm{i}wx}\,\mathrm{d}w$$

计算,其调用的格式有以下几种:

a. f = ifourier(F)

F 为待进行傅里叶逆变换的代数表达式,该命令对 F(w)实行傅里叶逆变换得到一个自变量为 x 的函数 f(x). 如果 F=F(x)则该命令将返回一个自变量为 t 的函数 f(t). 如果是其他变量的函数,甚至有好几个变量,最好用下面 c 格式.

b. f = ifourier(F, v)

该调用格式是用来指定变换结果为变量 v 的函数,即 f=f(v).

c. f = ifourier(F, u, v)

该调用格式是用来指定要对函数表达式作关于变量 u 的傅氏逆变换,并且变换结果为变量 v 的函数.

例 8-13 求下列函数的傅氏变换

(1) $f(t)=\sin^3 t$　　(2) $f(x)=\dfrac{1}{x}$　　(3) $\delta(t-c)$

解 (1)

```
>> syms t
>> fourier((sin(t))^3)
ans =
1/4 * i * pi * Dirac(w-3)-3/4 * i * pi * Dirac(w - 1)+3/4 * i * pi * Dirac(w+1) - 1/4 * i * pi * Dirac(w+3)
```

Dirac 函数就是在积分变换中提到的 δ 函数.

(2)

```
>> syms x
>> F= fourier(1/x)
F =
i * pi * (Heaviside( -w)-Heaviside(w))
```

(3)

```
>> clear
>> syms t c w
>> F= fourier(sym('Dirac(t-c)'),t,w)      %对 t 求傅氏变换,结果为 w 的函数
F =
exp(-i * c * w)
```

注意 这里 $\delta(t-c)$ 函数输入格式要转换为符号对象 MATLAB 才能认识.

例 8-14 对函数 $F(y)=\mathrm{e}^{-\frac{9y^2}{2}}$ 进行傅氏逆变换,并把结果表示为自变量 b 的函数.

解

```
>> syms y b
>> f= ifourier(exp(-9 * (y^2)/2), y, b)
  f=
1/18 * 2^(1/2) * 9^(1/2)/pi^(1/2) * exp(-1/18 * b^2)
```

上述函数即为高斯分布函数:

$$f(b)=\frac{1}{3\sqrt{2\pi}}\mathrm{e}^{-\frac{b^2}{18}}$$

二、拉氏变换及其逆变换

1. 拉氏变换

MATLAB 实现拉普拉斯变换的命令为 laplace,该命令按单边拉氏变换公式

$$F(s)=\int_{0}^{+\infty}f(t)\mathrm{e}^{-st}\,\mathrm{d}t$$

计算，其调用格式有以下几种：

a. F=laplace(f)

f 为待进行拉普拉斯变换的代数表达式，其默认变量为 t，若 f 中不含 t 则针对系统默认的变量对表达式进行拉普拉斯变换，该调用格式返回的函数其默认自变量为 s，即 F = F(s). 如果 f 是 s 的函数，即 f = f(s)，则返回结果为 F = F(t).

b. F=laplace(f, t)

指定返回结果是 F 自变量为 t 的函数，而不是系统默认的 s.

c. F=laplace(f, u, v)

该调用格式要求对 f 中的 u 变量进行拉普拉斯变换，返回值的自变量指定为 v，而不是系统默认的 s.

2. 拉氏逆变换

MATLAB 实现拉普拉斯逆变换的命令为 ilaplace，该命令按公式

$$f(t)=\frac{1}{2\pi\mathrm{i}}\int_{\beta-\mathrm{i}\infty}^{\beta+\mathrm{i}\infty}F(s)\mathrm{e}^{st}\,\mathrm{d}s$$

计算，其调用格式有以下几种：

a. f=ilaplace(F)

F 为待进行拉普拉斯逆变换的代数表达式，其默认变量为 s，该调用格式返回的函数其默认自变量为 t. 如果 F = F(t)，则该调用格式返回结果为 f = f(x).

b. f=ilaplace(F, v)

该调用格式用来指定返回结果 f 是自变量为 v 的函数，而不是系统默认的 t.

c. f=ilaplace(F, u, v)

要求对 F 中的 u 变量进行拉普拉斯逆变换，返回值的自变量指定为 v.

例 8-15 写出以下命令执行结果

```
syms a b c s t w x y
F1= laplace(b * t^2)              % 对 b * t^2 进行拉普拉斯变换
F2= laplace(1+ exp(a * s))        % 对 exp(a * s)进行拉普拉斯变换
F3= laplace(cos(w * x), y)        % 按系统默认变量对 sin(w * x)进行拉氏变换并把结果
                                    表示
                                  % 为 y 的函数
F4= laplace(x * sin(c * x),c,t)   % 对 x * sin(c * x)中的 c 进行拉氏变换并把结果表示为 t
                                    的% 函数
```

F5= laplace(diff(sym('f(t)')))　　　% 先求 f(t)的微分再求拉氏变换

解

```
>> syms a b c s t w x y
>> F1= laplace(b * t^2)
F1=
2 * b/s^3
>> F2= laplace(1+ exp(a * s))
F2=
1/t+ 1/(t-a)
>> F3= laplace(cos(w * x), y)
F3=
y/(y^2+ w^2)
>> F4= laplace(x * sin(c * x), c, t)
F4=
x^2/(t^2+ x^2)
>> F5= laplace(diff(sym('f(t)')))
F5=
s * laplace(f(t), t, s)-f(0)
```

例 8-16　对函数 $f(t) = e^{xt+2t}$ 进行拉氏变换，先用系统默认变量求，再把所得结果表示为变量 y 的函数，然后指定对变量 s 进行变换，结果表示为变量 u 的函数.

解

```
>> syms   t   x   y   s   u
>> f= exp(x * t+ 2 * t);
>> F1= laplace(f)            % F1 是变量 s、x 的函数
F1=
1/(s-x-2)
>> F2= laplace(f, y)         % F2 是变量 y、x 的函数
F2=
1/(y-x-2)
>> F3= laplace(f, s, u)      % 对 f 中的变量 s 求拉氏变换，结果表示为 u 的函数
F3=
exp(x * t+ 2 * t)/u
```

例 8-17　试求下列函数的拉氏逆变换

(1) $\frac{1}{t+3}$　　(2) $\frac{1}{s^2+4}$　　(3) $\frac{2s+3}{s^2+9}$　　(4) $\frac{3y}{y^2+w^2}$

对第(4)小题先用系统默认变量求，再对 w 变量求，结果表示为 x 的函数.

解

```
>> syms s t w x y
>> f1= ilaplace(1/(t+3))                    % 第(1)题所得结果是变量 x 的函数
f1 =
exp(-3 * x)
>> f2= ilaplace(1/(s^2+4))                  % 第(2)题所得结果是变量 t 的函数
f2 =
1/4 * 4^(1/2) * sin(4^(1/2) * t)
>> f3= ilaplace((2 * s+3)/(s^2+9))          % 第(3)题所得结果是变量 t 的函数
f3 =
2 * cos(3 * t)+sin(3 * t)
>> f4= ilaplace(3 * y/(y^2+w^2))            % 第(4)题系统对默认变量 y 求拉氏变换,所得
                                            % 结果是变量 t 的函数
f4 =
3 * cos((w^2)^(1/2) * t)
>> f4= ilaplace(3 * y/(y^2+w^2),w,x)        % 第(4)题指定对 w 求拉氏变换,所得结果是变
                                              量 x 的函数
f4 =
3 * y/(y^2)^(1/2) * sin((y^2)^(1/2) * x)
```

三、Z 变换及其逆变换

1. Z 变换

MATLAB 实现 Z 变换的命令为 ztrans,该命令按公式

$$F(z) = \sum_{n=0}^{+\infty} f(n) z^{-n}$$

计算单边 Z 变换,其调用格式有以下几种:

a. F=ztrans(f)

f 为待进行 Z 变换的表达式,其默认变量为 n,返回的函数其默认自变量为 z. 如果 f=f(z)则该命令返回结果是变量 w 的函数. 若 f 中没有 n、z 这两变量,那么该命令针对系统默认的变量进行变换.

b. F=ztrans(f, v)

该调用格式用来指定返回结果是自变量为 v 的函数,而不是系统默认的 z.

c. F=ztrans(f, m, v)

该调用格式用来指定对 f 中的 m 变量进行 Z 变换，返回值的自变量指定为 v.

2. Z 逆变换

MATLAB 实现 Z 逆变换的命令为 iztrans，该命令按公式

$$f(n)=\frac{1}{2\pi \mathrm{i}}\oint_{|z|=R}F(z)z^{n-1}\,\mathrm{d}z$$

计算，其中 $n=1, 2, \cdots$，其调用格式有以下几种：

a. f=iztrans(F)

F 为待进行 Z 逆变换的表达式，其默认变量为 z，返回的函数其默认自变量为 n. 如果 F 的自变量是 n，则该命令返回结果是变量为 k 的函数. 若 F 中没有 z、n 这两变量，那么该命令针对系统默认的变量进行变换.

b. f=iztrans(F, m)

该调用格式用来指定返回结果是自变量为 m 的函数.

c. f=iztrans(F, v, m)

该调用格式用来指定对 v 变量进行 Z 逆变换，返回值的自变量指定为 m.

例 8－18 按要求求下列函数的 Z 变换

(1) 3^n 要求：用默认变量求，返回结果 F1 用默认变量表示.

(2) $3^k\sin(2n)$ 要求：用默认变量求，返回结果 F2 表示成 v 的函数.

(3) $3^k\cos(kn)$ 要求：先用默认变量求，再对变量 k 求，返回结果 F31、F32 均表示成 v 的函数.

(4) 3^{knz} 要求：先用默认变量求，返回结果 F41 用默认变量；再对变量 k、n、z 求，返回结果 F42、F43、F44 都表示成变量 v 的函数.

解

```
>> syms k n v z
>> F1= ztrans(3^n)
F1=
1/3 * z/(1/3 * z-1)
>> F2= ztrans((3^k) * sin(2 * n), v)
F2=
2 * 3^k * v * cos(1) * sin(1)/(2 * v+ v^2-4 * v * cos(1)^2+ 1)
>> F31= ztrans((3^k) * cos(k * n), v)
F31=
3^k * (v-cos(k)) * v/(v^2-2 * v * cos(k)+ 1)
```

```
>> F32= ztrans((3^k) * cos(k * n), k, v)
F32=
1/3 * (1/3 * v-cos(n)) * v/(1/9 * v^2-2/3 * v * cos(n)+ 1)
>> F41= ztrans(3^(k * n * z))
F41=
z/exp(log(3) * k * z)/(z/exp(log(3) * k * z)-1)
>> F42= ztrans(3^(k * n * z), k, v)
F42=
v/exp(log(3) * n * z)/(v/exp(log(3) * n * z)-1)
>> F43= ztrans(3^(k * n * z), n, v)
F43=
v/exp(log(3) * k * z)/(v/exp(log(3) * k * z)-1)
>> F44= ztrans(3^(k * n * z), z, v)
F44=
v/exp(log(3) * k * n)/(v/exp(log(3) * k * n)-1)
```

例 8－19 求下列函数的 Z 逆变换.

(1) $\frac{2z}{z-5}$，按默认变量求.

(2) $\frac{n}{n+1}$，按默认变量求.

(3) $e^{\frac{x}{z}}$，对变量 z 求，结果表示为变量 k 的函数.

解

(1)

```
>> syms  z
>> iztrans((2 * z)/(z-5))
ans=
2 * 5^n
```

(2)

```
>> syms  n
>> iztrans(n/(n+1))
ans=
  (-1)^k
```

(3)

```
>> syms  x  z  k
```

```
>> iztrans(exp(x/z), z, k)
ans=
x^k/k!
```

MATLAB可以进行数值计算、符号计算、可以使数据可视化等.利用各种工具箱,可解几乎所有工程计算问题,在这里只是就线性代数矩阵运算、矢量运算、积分变换作一个抛砖引玉的介绍.有了这些介绍,相信读者对书中前七章的大部分习题都可用MATLAB来做出答案,在书后的参考答案中,作者已经使用MATLAB进行了验证,读者不妨一试,本章也就不再安排习题.必须说明的是,作者将本章内容放在本书中并不是有意让读者放弃对线性代数与积分变换基本概念的学习、理解,甚至完全依赖MATLAB来解题,特别在学习阶段是不可取的,MATLAB仅仅只是供人使用的功能强大的工具.

在线性代数与积分变换中还用到的MATLAB命令列于后面附录Ⅳ.

附录Ⅰ 傅氏变换简表

序号	象原函数 $f(t)$			象函数 $F(\omega)$	
	函数名称	表达式	图象	表达式	频谱 $\lvert F(\omega)\rvert$ 的图像
1	三角形脉冲	$\begin{cases} A(1-\frac{2\lvert t\rvert}{\tau}), & \lvert t\rvert\leq\frac{\tau}{2} \\ 0, & \lvert t\rvert>\frac{\tau}{2} \end{cases}$	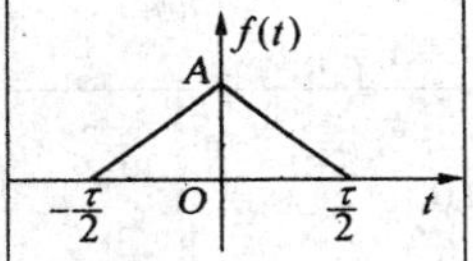	$\frac{4A(1-\cos\frac{\omega\tau}{2})}{\tau\omega^2}$	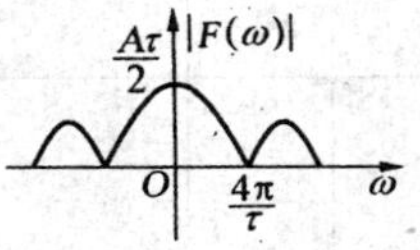
2	矩形单脉冲	$\begin{cases} E, & \lvert t\rvert\leq\frac{\tau}{2} \\ 0, & \lvert t\rvert>\frac{\tau}{2} \end{cases}$	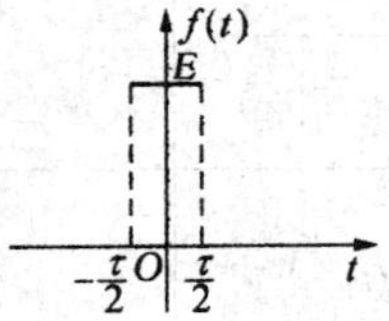	$2E\frac{\sin\frac{\omega\tau}{2}}{\omega}$	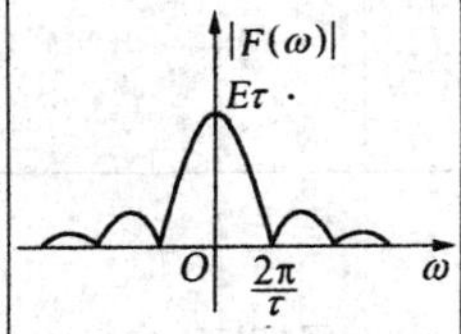
3	指数衰减函数	$e^{-\beta t}u(t)$ $(\beta>0)$	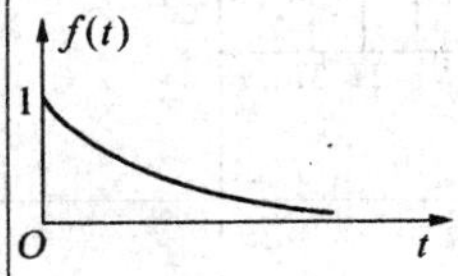	$\frac{1}{\beta+j\omega}$	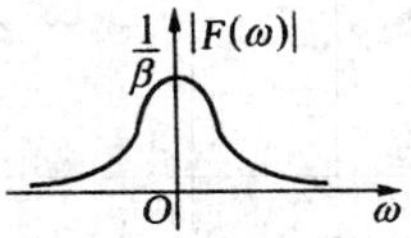
4	钟形脉冲	$Ae^{-\beta t^2}$ $(\beta>0)$	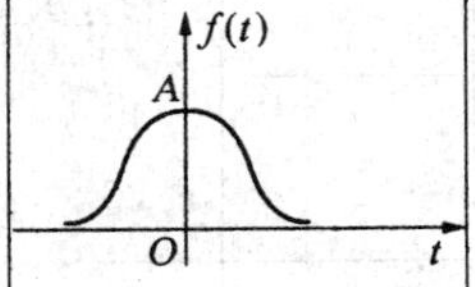	$\sqrt{\frac{\pi}{\beta}}Ae^{-\frac{\omega^2}{4\beta}}$	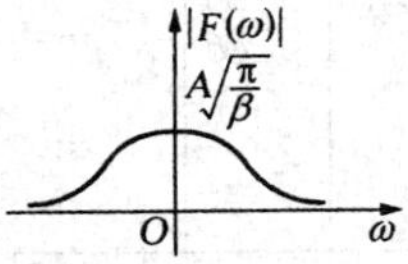
5	高斯分布函数	$\frac{1}{\sqrt{2\pi}\sigma}e^{-\frac{t^2}{2\sigma^2}}$	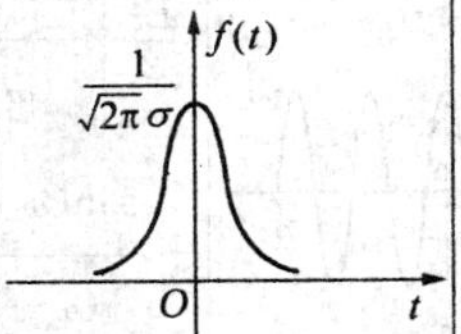	$e^{-\frac{\sigma^2\omega^2}{2}}$	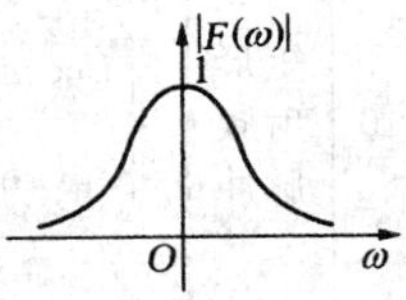

续　表

序号	象原函数 $f(t)$			象函数 $F(\omega)$	
	函数名称	表达式	图　象	表达式	频谱 $\lvert F(\omega)\rvert$ 的图像
6	傅里叶核	$\dfrac{\sin\omega_0 t}{\pi t}$	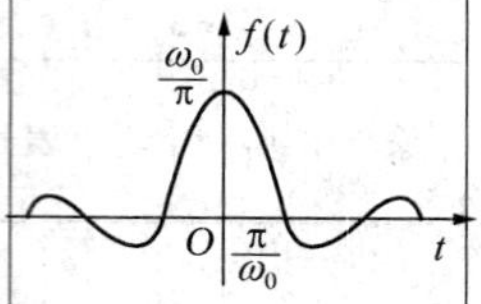	$\begin{cases}1, & \lvert\omega\rvert<\omega_0\\ 0, & \lvert\omega\rvert>\omega_0\end{cases}$	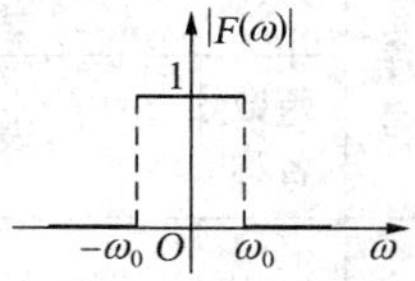
7	单位脉冲	$\delta(t)$	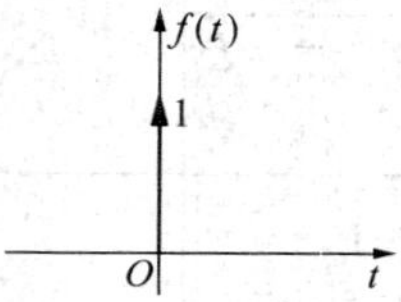	1	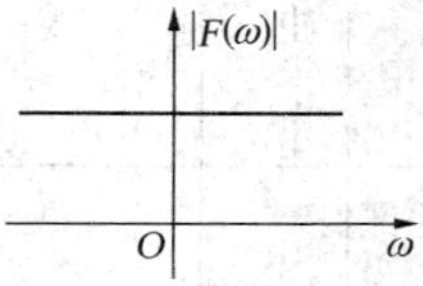
8	周期性脉冲	$\sum\limits_{n=-\infty}^{+\infty}\delta(t-nT)$ （T 为周期）	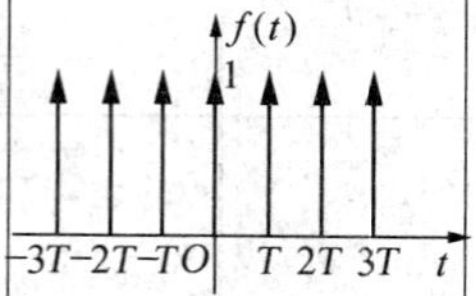	$\dfrac{2\pi}{T}\sum\limits_{n=-\infty}^{+\infty}\delta\left(\omega-\dfrac{2n\pi}{T}\right)$	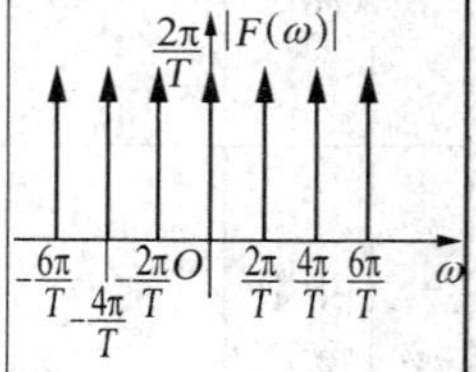
9	单位函数	$u(t)$	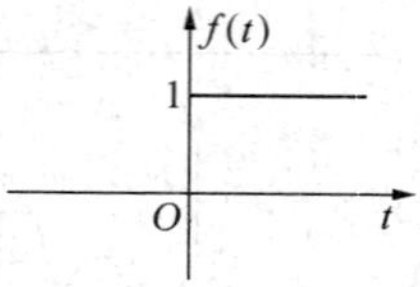	$\dfrac{1}{j\omega}+\pi\delta(\omega)$	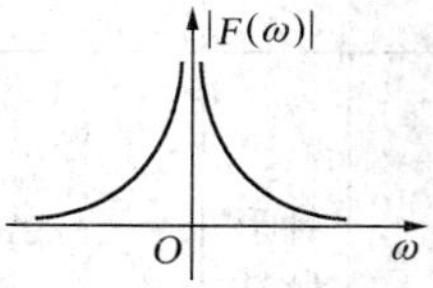
10	矩形射频脉冲	$\begin{cases}E\cos\omega_0 t, & \lvert t\rvert<\dfrac{\tau}{2}\\ 0, & \lvert t\rvert>\dfrac{\tau}{2}\end{cases}$	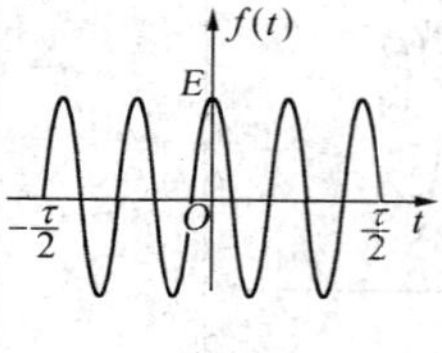	$\dfrac{E\tau}{2}\left[\dfrac{\sin(\omega-\omega_0)\frac{\tau}{2}}{(\omega-\omega_0)\frac{\tau}{2}}+\dfrac{\sin(\omega+\omega_0)\frac{\tau}{2}}{(\omega+\omega_0)\frac{\tau}{2}}\right]$	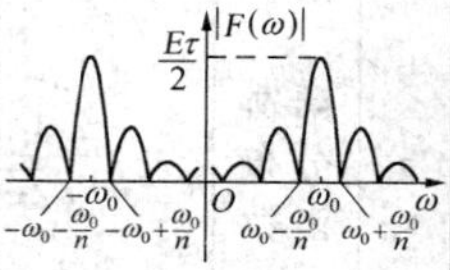

续　表

序号	象原函数 $f(t)$	象函数 $F(\omega)$
11	1	$2\pi\delta(\omega)$
12	$\operatorname{sgn} t$	$\dfrac{2}{\mathrm{j}\omega}$
13	t^n	$2\pi \mathrm{j}^n \delta^{(n)}(\omega)$
14	$\|t\|$	$-\dfrac{2}{\omega^2}$
15	$\dfrac{1}{\|t\|}$	$\dfrac{\sqrt{2\pi}}{\|\omega\|}$
16	$\dfrac{1}{\sqrt{\|t\|}}$	$\sqrt{\dfrac{2\pi}{\|\omega\|}}$
17	$\mathrm{e}^{\mathrm{j}at}$	$2\pi\delta(\omega-a)$
18	$t^n \mathrm{e}^{\mathrm{j}at}$	$2\pi \mathrm{j}^n \delta^{(n)}(\omega-a)$
19	$\cos\omega_0 t$	$\pi[\delta(\omega+\omega_0)+\delta(\omega-\omega_0)]$
20	$\sin\omega_0 t$	$\mathrm{j}\pi[\delta(\omega+\omega_0)-\delta(\omega-\omega_0)]$
21	$\sin at^2$	$\sqrt{\dfrac{\pi}{a}}\cos\left(\dfrac{\omega^2}{4a}+\dfrac{\pi}{4}\right)$
22	$\cos at^2$	$\sqrt{\dfrac{\pi}{a}}\cos\left(\dfrac{\omega^2}{4a}-\dfrac{\pi}{4}\right)$
23	$\dfrac{1}{t}\sin at$	$\begin{cases}\pi, & \|\omega\| \leq a \\ 0, & \|\omega\| > a\end{cases}$
24	$\dfrac{1}{t^2}\sin^2 at$	$\begin{cases}\pi\left(a-\dfrac{\|\omega\|}{2}\right), & \|\omega\| \leq 2a \\ 0, & \|\omega\| > 2a\end{cases}$
25	$\dfrac{\sin at}{\sqrt{\|t\|}}$	$\mathrm{j}\sqrt{\dfrac{\pi}{2}}\left(\dfrac{1}{\sqrt{\|\omega+a\|}}-\dfrac{1}{\sqrt{\|\omega-a\|}}\right)$
26	$\dfrac{\cos at}{\sqrt{\|t\|}}$	$\sqrt{\dfrac{\pi}{2}}\left(\dfrac{1}{\sqrt{\|\omega+a\|}}+\dfrac{1}{\sqrt{\|\omega-a\|}}\right)$

续 表

序号	象原函数 $f(t)$	象函数 $F(\omega)$
27	$u(t-c)$	$\frac{1}{j\omega}e^{-j\omega c}+\pi\delta(\omega)$
28	$u(t)\cdot t^n$	$\frac{n!}{(j\omega)^{n+1}}+\pi j^n\delta^{(n)}(\omega)$
29	$u(t)\sin at$	$\frac{a}{a^2-\omega^2}+\frac{\pi}{2j}[\delta(\omega-\omega_0)-\delta(\omega+\omega_0)]$
30	$u(t)\cos at$	$\frac{j\omega}{a^2-\omega^2}+\frac{\pi}{2}[\delta(\omega-\omega_0)+\delta(\omega+\omega_0)]$
31	$u(t)e^{jat}$	$\frac{1}{j(\omega-a)}+\pi\delta(\omega-a)$
32	$u(t-c)e^{jat}$	$\frac{1}{j(\omega-a)}e^{-j(\omega-a)c}+\pi\delta(\omega-a)$
33	$u(t)e^{jat}t^n$	$\frac{n!}{[j(\omega-a)]^{n+1}}+\pi j^n\delta^{(n)}(\omega-a)$
34	$\delta(t-c)$	$e^{-j\omega c}$
35	$\delta^{(n)}(t)$	$(j\omega)^n$
36	$\delta^{(n)}(t-c)$	$(j\omega)^n e^{-j\omega c}$
37	$e^{a\|t\|}$, $\mathrm{Re}(a)<0$	$\frac{-2a}{\omega^2+a^2}$
38	e^{-at^2}, $\mathrm{Re}(a)>0$	$\sqrt{\frac{\pi}{a}}e^{-\frac{\omega^2}{4a}}$
39	$\frac{1}{a^2+t^2}$, $\mathrm{Re}(a)<0$	$-\frac{\pi}{a}e^{a\|\omega\|}$
40	$\frac{t}{(a^2+t^2)^2}$, $\mathrm{Re}(a)<0$	$\frac{j\omega\pi}{2a}e^{a\|\omega\|}$
41	$\frac{e^{jbt}}{a^2+t^2}$, $\mathrm{Re}(a)<0$, b 为实数	$-\frac{\pi}{a}e^{a\|\omega-b\|}$
42	$\frac{\cos bt}{a^2+t^2}$, $\mathrm{Re}(a)<0$, b 为实数	$-\frac{\pi}{2a}[e^{a\|\omega-b\|}+e^{a\|\omega+b\|}]$

续 表

序号	象原函数 $f(t)$	象函数 $F(\omega)$
43	$\frac{\sin bt}{a^2+t^2}$, $\mathrm{Re}(a)<0$, b 为实数	$-\frac{\pi}{2a\mathrm{j}}[\mathrm{e}^{a\|\omega-b\|}-\mathrm{e}^{a\|\omega+b\|}]$
44	$\frac{1}{\cosh at}$	$\frac{\pi}{a}\frac{1}{\cosh\frac{\pi\omega}{2a}}$
45	$\frac{\sinh at}{\sinh \pi t}$, $-\pi<a<\pi$	$\frac{\sin a}{\cosh\omega+\cos a}$
46	$\frac{\sinh at}{\cosh \pi t}$, $-\pi<a<\pi$	$-2\mathrm{j}\frac{\sin\frac{a}{2}\sinh\frac{\omega}{2}}{\cosh\omega+\cos a}$
47	$\frac{\cosh at}{\cosh \pi t}$, $-\pi<a<\pi$	$2\frac{\cos\frac{a}{2}\cosh\frac{\omega}{2}}{\cosh\omega+\cos a}$

附录Ⅱ　拉氏变换简表

序号	象原函数 $f(t)$，$t\geqslant 0$	象函数 $F(s)$
1	1	$\frac{1}{s}$
2	$\mathrm{sgn}(t)$	$\frac{1}{s}$
3	$u(t)$	$\frac{1}{s}$
4	$\delta(t)$	1
5	$\delta^{(n)}(t)$	s^n
6	e^{at}	$\frac{1}{s-a}$
7①	t^m，$(m>-1)$	$\frac{\Gamma(m+1)}{s^{m+1}}$
8	$t\cdot u(t)$	$\frac{1}{s^2}$
9	$t^m\cdot u(t)$，$(m>-1)$	$\frac{\Gamma(m+1)}{s^{m+1}}$
10	$t^m e^{at}$，$(m>-1)$	$\frac{\Gamma(m+1)}{(s-a)^{m+1}}$
11	$\sin at$	$\frac{a}{s^2+a^2}$
12	$\cos at$	$\frac{s}{s^2+a^2}$
13	$\sin^2 t$	$\frac{1}{2}\left(\frac{1}{s}-\frac{s}{s^2+4}\right)$
14	$\cos^2 t$	$\frac{1}{2}\left(\frac{1}{s}+\frac{s}{s^2+4}\right)$
15	$t^m\sin at$，$(m>-1)$	$\frac{\Gamma(m+1)}{2j(s^2+a^2)^{m+1}}\cdot\left[(s+ja)^{m+1}-(s-ja)^{m+1}\right]$

续　表

序号	象原函数 $f(t)$，$t\geqslant 0$	象函数 $F(s)$
16	$t^m \cos at$，$(m>-1)$	$\dfrac{\Gamma(m+1)}{2(s^2+a^2)^{m+1}}\cdot[(s+\mathrm{j}a)^{m+1}+(s-\mathrm{j}a)^{m+1}]$
17	$\sinh at$	$\dfrac{a}{s^2-a^2}$
18	$\cosh at$	$\dfrac{s}{s^2-a^2}$
19	$t\cdot\sinh at$	$\dfrac{2as}{(s^2-a^2)^2}$
20	$t\cdot\cosh at$	$\dfrac{s^2+a^2}{(s^2-a^2)^2}$
21	$\mathrm{e}^{-bt}\sin(at+c)$	$\dfrac{(s+b)\sin c+a\cos c}{(s+b)^2+a^2}$
22	$\sin at\sin bt$	$\dfrac{2abs}{[s^2+(a+b)^2][s^2+(a-b)^2]}$
23	$\mathrm{e}^{at}-\mathrm{e}^{bt}$	$\dfrac{a-b}{(s-a)(s-b)}$
24	$a\mathrm{e}^{at}-b\mathrm{e}^{bt}$	$\dfrac{(a-b)s}{(s-a)(s-b)}$
25	$\dfrac{1}{a}\sin at-\dfrac{1}{b}\sin bt$	$\dfrac{b^2-a^2}{(s^2+a^2)(s^2+b^2)}$
26	$\cos at-\cos bt$	$\dfrac{(b^2-a^2)s}{(s^2+a^2)(s^2+b^2)}$
27	$\dfrac{1}{a^2}(1-\cos at)$	$\dfrac{1}{s(s^2+a^2)}$
28	$\dfrac{1}{a^3}(at-\sin at)$	$\dfrac{1}{s^2(s^2+a^2)}$
29	$\dfrac{1}{a^4}(\cos at-1)+\dfrac{1}{2a^2}t^2$	$\dfrac{1}{s^3(s^2+a^2)}$
30	$\dfrac{1}{a^4}(\cosh at-1)-\dfrac{1}{2a^2}t^2$	$\dfrac{1}{s^3(s^2-a^2)}$
31	$\dfrac{1}{2a^3}(\sin at-at\cos at)$	$\dfrac{1}{(s^2+a^2)^2}$
32	$\sin at\cosh at-\cos at\sinh at$	$\dfrac{4a^3}{s^4+4a^4}$

续 表

序号	象原函数 $f(t)$，$t\geqslant 0$	象函数 $F(s)$
33	$\frac{1}{2a^2}\sin at\sinh at$	$\frac{s}{s^4+4a^4}$
34	$\frac{1}{2a^3}(\sinh at-\sin at)$	$\frac{1}{s^4-a^4}$
35	$\frac{1}{2a^2}(\cosh at-\cos at)$	$\frac{s}{s^4-a^4}$
36	$\frac{2}{t}\sinh at$	$\ln\frac{s+a}{s-a}=2\operatorname{arctanh}\frac{a}{s}$
37	$\frac{2}{t}(1-\cos at)$	$\ln\frac{s^2+a^2}{s^2}$
38	$\frac{2}{t}(1-\cosh at)$	$\ln\frac{s^2-a^2}{s^2}$
39	$\frac{1}{t}\sin at$	$\arctan\frac{a}{s}$
40	$\frac{1}{t}(\cosh at-\cos bt)$	$\ln\sqrt{\frac{s^2+b^2}{s^2-a^2}}$
41	$\frac{1}{2a}(\sin at+at\cos at)$	$\frac{s^2}{(s^2+a^2)^2}$
42	$\frac{1}{a^2}(1-\cos at)-\frac{1}{2a^3}t\sin at$	$\frac{1}{s(s^2+a^2)^2}$
43	$(1-at)\mathrm{e}^{-at}$	$\frac{s}{(s+a)^2}$
44	$t\left(1-\frac{a}{t}t\right)\mathrm{e}^{-at}$	$\frac{s}{(s+a)^3}$
45	$\frac{1}{a}(1-\mathrm{e}^{-at})$	$\frac{1}{s(s+a)}$
46②	$\frac{1}{ab}+\frac{1}{b-a}\left(\frac{\mathrm{e}^{-bt}}{b}-\frac{\mathrm{e}^{-at}}{a}\right)$	$\frac{1}{s(s+a)(s+b)}$
47②	$\frac{\mathrm{e}^{-at}}{(b-a)(c-a)}+\frac{\mathrm{e}^{-bt}}{(a-b)(c-b)}+\frac{\mathrm{e}^{-ct}}{(a-c)(b-c)}$	$\frac{1}{(s+a)(s+b)(s+c)}$
48②	$\frac{a\mathrm{e}^{-at}}{(c-a)(a-b)}+\frac{b\mathrm{e}^{-bt}}{(a-b)(b-c)}+\frac{c\mathrm{e}^{-ct}}{(b-c)(c-a)}$	$\frac{s}{(s+a)(s+b)(s+c)}$
49②	$\frac{a^2\mathrm{e}^{-at}}{(c-a)(b-a)}+\frac{b^2\mathrm{e}^{-bt}}{(a-b)(c-b)}+\frac{c^2\mathrm{e}^{-ct}}{(b-c)(a-c)}$	$\frac{s^2}{(s+a)(s+b)(s+c)}$

续　表

序号	象原函数 $f(t)$，$t\geqslant 0$	象函数 $F(s)$
50②	$\dfrac{e^{-at}-e^{-bt}[1-(a-b)t]}{(a-b)^2}$	$\dfrac{1}{(s+a)(s+b)^2}$
51②	$\dfrac{[a-b(a-b)t]e^{-bt}-ae^{-at}}{(a-b)^2}$	$\dfrac{s}{(s+a)(s+b)^2}$
52	$e^{-at}-e^{\frac{at}{2}}\left(\cos\dfrac{\sqrt{3}at}{2}-\sqrt{3}\sin\dfrac{\sqrt{3}at}{2}\right)$	$\dfrac{3a^2}{s^3+a^3}$
53	$\dfrac{1}{\sqrt{\pi t}}$	$\dfrac{1}{\sqrt{s}}$
54	$2\sqrt{\dfrac{t}{\pi}}$	$\dfrac{1}{s\sqrt{s}}$
55	$\dfrac{1}{\sqrt{\pi t}}e^{at}(1+2at)$	$\dfrac{s}{(s-a)\sqrt{s-a}}$
56	$\dfrac{1}{2\sqrt{\pi t^3}}(e^{bt}-e^{at})$	$\sqrt{s-a}-\sqrt{s-b}$
57	$\dfrac{1}{\sqrt{\pi t}}\cos 2\sqrt{at}$	$\dfrac{1}{\sqrt{s}}e^{-\frac{a}{s}}$
58	$\dfrac{1}{\sqrt{\pi t}}\cosh 2\sqrt{at}$	$\dfrac{1}{\sqrt{s}}e^{\frac{a}{s}}$
59	$\dfrac{1}{\sqrt{\pi t}}\sin 2\sqrt{at}$	$\dfrac{1}{s\sqrt{s}}e^{-\frac{a}{s}}$
60	$\dfrac{1}{\sqrt{\pi t}}\sinh 2\sqrt{at}$	$\dfrac{1}{s\sqrt{s}}e^{\frac{a}{s}}$
61	$\dfrac{1}{t}(e^{bt}-e^{at})$	$\ln\dfrac{s-a}{s-b}$
62③	$\dfrac{1}{\pi t}\sin(2a\sqrt{t})$	$\mathrm{erf}\left(\dfrac{a}{\sqrt{s}}\right)$
63③	$\dfrac{1}{\sqrt{\pi t}}e^{-2a\sqrt{t}}$	$\dfrac{1}{\sqrt{s}}e^{\frac{a^2}{s}}\mathrm{erfc}\left(\dfrac{a}{\sqrt{s}}\right)$

续 表

序号	象原函数 $f(t)$，$t\geqslant 0$	象函数 $F(s)$
64	$\mathrm{erfc}\left(\dfrac{a}{2\sqrt{t}}\right)$	$\dfrac{1}{s}\mathrm{e}^{-a\sqrt{s}}$
65	$\mathrm{erf}\left(\dfrac{t}{2a}\right)$	$\dfrac{1}{s}\mathrm{e}^{a^2s^2}\mathrm{erfc}(as)$
66	$\dfrac{1}{\sqrt{\pi t}}\mathrm{e}^{-2\sqrt{at}}$	$\dfrac{1}{s}\mathrm{e}^{\frac{a}{s}}\mathrm{erfc}\left(\sqrt{\dfrac{a}{s}}\right)$
67	$\dfrac{1}{\sqrt{\pi(t+a)}}$	$\dfrac{1}{\sqrt{s}}\mathrm{e}^{as}\mathrm{erfc}(\sqrt{as})$
68	$\dfrac{1}{\sqrt{a}}\mathrm{erf}(\sqrt{at})$	$\dfrac{1}{s\sqrt{s+a}}$
69	$\dfrac{1}{\sqrt{a}}\mathrm{e}^{at}\mathrm{erfc}(\sqrt{at})$	$\dfrac{1}{\sqrt{s}(s-a)}$
70④	$\mathrm{J}_0(at)$	$\dfrac{1}{\sqrt{s^2+a^2}}$
71④	$\mathrm{I}_0(at)$	$\dfrac{1}{\sqrt{s^2-a^2}}$
72	$\mathrm{J}_0(2\sqrt{at})$	$\dfrac{1}{s}\mathrm{e}^{-\frac{a}{s}}$
73	$\mathrm{e}^{-bt}\mathrm{I}_0(at)$	$\dfrac{1}{\sqrt{(s+b)^2-a^2}}$
74	$t\cdot\mathrm{J}_0(at)$	$\dfrac{s}{(s^2+a^2)^{3/2}}$
75	$t\cdot\mathrm{I}_0(at)$	$\dfrac{s}{(s^2-a^2)^{3/2}}$
76	$\mathrm{J}_0(a\sqrt{t(t+2b)})$	$\dfrac{1}{\sqrt{s^2+a^2}}\mathrm{e}^{b(s-\sqrt{s^2+a^2})}$

① $\Gamma(m)=\int_0^{+\infty}x^{m-1}\mathrm{e}^{-x}\mathrm{d}x\quad(m>0)$，称为Γ函数(Gamma函数)，其递推公式为$\Gamma(m+1)=m\Gamma(m)$.

当m为正整数时$\Gamma(m+1)=m!$；当m取值在两整数之间时，由递推公式可得$\Gamma(m+1)=m\Gamma(m)=\cdots=m(m-1)(m-2)\cdots(m-n)\Gamma(m-n)\ (0<m-n<1)$.

② 式中a，b，c为不相等的常数.

③ $\mathrm{erf}(x)=\dfrac{2}{\sqrt{\pi}}\int_0^x\mathrm{e}^{-t^2}\mathrm{d}t$，称为误差函数.

$\mathrm{erfc}(x)=1-\mathrm{erf}(x)=\dfrac{2}{\sqrt{\pi}}\int_x^{+\infty}\mathrm{e}^{-t^2}\mathrm{d}t$，称为余误差函数.

④ $\mathrm{I}_n(x)=\mathrm{j}^{-n}\mathrm{J}_n(\mathrm{j}x)$，$\mathrm{J}_n$称为第一类$n$阶贝塞尔(Bessel)函数. I_n称为第一类n阶变形的贝塞尔函数，或称为虚宗量的贝塞尔函数.

附录Ⅲ　Z 变换简表

序号	序列	Z 变换	收敛域
1	$\delta(n)$	1	整个 z 平面
2	$u(n)$	$\frac{z}{z-1}$	$\|z\|>1$
3	$\delta(n-m)$	z^{-m}	除 $z=0(m>0)$ 或 $z=\infty(m<0)$ 外的 z 平面
4	$a^n u(n)$	$\frac{z}{z-a}$	$\|z\|>a$
5	$nu(n)$	$\frac{z}{(z-1)^2}$	$\|z\|>1$
6	$na^n u(n)$	$\frac{az}{(z-a)^2}$	$\|z\|>a$
7	$\frac{n(n-1)\cdots(n-m+1)}{m!}u(n)$	$\frac{z}{(z-1)^{m+1}}$	$\|z\|>1$
8	$(n+1)a^n u(n)$	$\frac{z^2}{(z-a)^2}$	$\|z\|>a$
9	$[\sin\omega_0 n]u(n)$	$\frac{[\sin w_0]z}{z^2-[2\cos w_0]z+1}$	$\|z\|>1$
10	$[\cos w_0 n]u(n)$	$\frac{z^2-[\cos w_0]z}{z^2-[2\cos w_0]z+1}$	$\|z\|>1$

附录Ⅳ 线性代数与积分变换中使用的 MATLAB 命令函数

序号	命令函数	功能说明
1	balance	为改善特征值精度对矩阵进行的平衡处理
2	cdf2rdf	复对角型变为实分块对角型
3	cond	矩阵条件数
4	condeig	计算特征值、特征向量,同时给出条件数
5	condest	求 1—范数矩阵条件数
6	det	行列式
7	diag	矩阵对角元素提取,创建对角阵
8	dmperm	矩阵 Dulmage-Mendelsohn 分解
9	chol	Cholesky 分解
10	eig	求特征值和特征向量
11	eigs	求指定的几个特征值
12	expm	常用矩阵指数函数
13	expm1	Pade 法求指数函数
14	expm2	Taylor 法求矩阵指数
15	eye	单位阵
16	fft	离散 Fourier 变换
17	fft2	二维离散 Fourier 变换

续 表

序号	命令函数	功能说明
18	fftn	高维离散 Fourier 变换
19	fliplr	矩阵的左右翻转
20	flipud	矩阵的上下翻转
21	full	把稀疏矩阵转换为非稀疏矩阵
22	funm	计算一般矩阵函数
23	gallery	特殊测试矩阵
24	hess	Heisenberg 形式
25	hilb	Hilbert 矩阵
26	ifft	离散 Fourier 逆变换
27	ifft2	二维离散 Fourier 逆变换
28	ifftn	高维离散 Fourier 逆变换
29	ifourier	Fourier 逆变换
30	ilaplace	Laplace 逆变换
31	inv	求矩阵的逆
32	invhilb	Hilbert 矩阵的准确逆
33	ipermute	广义反转置
34	iztrans	符号计算 Z 逆变换
35	issparse	若是稀疏矩阵则为真
36	jacobian	符号计算中求 Jacobian 矩阵
37	jordan	符号计算中求 Jordan 标准型
38	kron	矩阵的 Kronecker 乘积

续 表

序号	命令函数	功能说明
39	laplace	Laplace 变换
40	ln	矩阵的自然对数
41	logm	矩阵对数
42	lu	LU 分解(由高斯消去法得到系数矩阵)
43	magic	魔方阵
44	meshgrid	产生“格点”矩阵
45	min	找向量中最小元素,若是矩阵找出每一列向量的最小元素
46	ndgrid	产生高维格点矩阵
47	nnz	矩阵的非零元素总数
48	nonzeros	矩阵的非零元素
49	norm	矩阵或向量范数
50	normest	估计矩阵 2 范数
51	orth	正交化
52	pinv	伪逆
53	plotmatrix	矩阵的散点图
54	poly	矩阵的特征多项式、根集对应的多项式
55	polyvalm	计算矩阵多项式
56	qr	QR 分解(正交三角矩阵分解)
57	qrdelete	从正交分解中消去一列
58	qrinsert	从正交分解中插入一列
59	qz	广义特征值
60	rank	矩阵的秩

续 表

序号	命令函数	功能说明
61	rcond	逆条件值估计
62	rot90	矩阵旋转 90°
63	rref	简化矩阵为行阶梯形形式
64	rsf2csf	实数块对角阵转为复数特征值对角阵
65	schur	舒尔分解
66	size	矩阵的大小
67	sparse	创建稀疏矩阵
68	spconvert	把外部数据转换为稀疏矩阵
69	spdiags	稀疏对角阵
70	speye	稀疏单位阵
71	spones	用 1 代替非零元素
72	sprandsym	稀疏随机对称阵
73	sprandn	随机稀疏矩阵
74	sprank	稀疏结构的秩
75	sqrtm	平方根矩阵
76	spy	画稀疏结构图
77	svd	奇异值分解
78	trace	对角元素之和
79	tril	下三角阵
80	triu	上三角阵
81	ztrans	符号计算 Z 变换

注:对于命令的详细使用情况,可以用“help 命令”得到.对于更多的其他命令,请读者自行查阅有关的参考书.

参考答案

习题一

1. (1) $(-1)^{1+2}\begin{vmatrix}0 & -1\\ 1 & 2\end{vmatrix}$，$(-1)^{2+3}\begin{vmatrix}2 & 1\\ 1 & -2\end{vmatrix}$，$(-1)^{3+1}\begin{vmatrix}1 & 3\\ 4 & -1\end{vmatrix}$

   (2) $(-1)^{1+2}\begin{vmatrix}0 & -1 & 1\\ 1 & 2 & 2\\ -2 & 2 & 1\end{vmatrix}$，$(-1)^{2+3}\begin{vmatrix}4 & -1 & 1\\ 1 & 4 & 2\\ -2 & 0 & 1\end{vmatrix}$，$(-1)^{3+1}\begin{vmatrix}-1 & 3 & 1\\ 5 & -1 & 1\\ 0 & 2 & 1\end{vmatrix}$

2. (1) -5； (2) $3abc-a^3-b^3-c^3$

   (3) $\sin\alpha\cos\beta-\sin\alpha\cos\gamma-\sin\beta\cos\alpha+\sin\beta\cos\gamma+\sin\gamma\cos\alpha-\sin\gamma\cos\beta$

3. (1) 0； (2) -4； (3) 12； (4) $abcd+ab+ad+cd+1$； (5) $4abcdef$； (6) 25

4. (1) $[x+(n-1)a](x-a)^{n-1}$； (2) $a^{n-2}(a^2-1)$； (3) $-2(n-2)!$； (4) $(-1)^{n+1}n!$；

   (5) $a_1a_2\cdots a_n\left(1+\sum_{i=1}^{n}\frac{1}{a_i}\right)$

6. $x_1=-1$，$x_2=1$，$x_3=-2$，$x_4=2$

7. 2

8. (1) $x_1=-2$，$x_2=1$，$x_3=0$，$x_4=\frac{1}{2}$

   (2) $x_1=\frac{1\,507}{665}$，$x_2=-\frac{229}{133}$，$x_3=\frac{37}{35}$，$x_4=-\frac{79}{133}$，$x_5=\frac{212}{665}$

   (3) $x_1=1$，$x_2=2$，$x_3=3$，$x_4=-1$

习题二

1. (1) $\begin{pmatrix}2 & 3 & 9\\ -6 & 9 & 13\end{pmatrix}$　　(2) $\begin{pmatrix}7 & -1\\ 2 & 2\end{pmatrix}$

2. (1) $\mathbf{X}=\begin{pmatrix}3 & 2 & 1\\ 2 & -1 & 9\end{pmatrix}$　　(2) $\mathbf{Y}=\begin{pmatrix}3 & 2 & 1\\ 2 & -1 & 9\end{pmatrix}$

   (3) $\mathbf{X}=\begin{pmatrix}1 & -\frac{2}{3} & \frac{5}{3}\\ \frac{7}{3} & \frac{4}{3} & 1\end{pmatrix}$，$\mathbf{Y}=\begin{pmatrix}0 & -\frac{4}{3} & \frac{4}{3}\\ \frac{5}{3} & \frac{5}{3} & -2\end{pmatrix}$

3. (1) (100)　(2) $\begin{pmatrix}3 & 2 & 1\\ 6 & 4 & 2\\ 9 & 6 & 3\end{pmatrix}$　(3) $\begin{pmatrix}2 & 4\\ 3 & 6\\ 1 & 2\end{pmatrix}$　(4) $\begin{pmatrix}25\\ 32\\ 9\end{pmatrix}$

(5) $a_{11}x_1^2+a_{12}x_1x_2+a_{13}x_1x_3+a_{21}x_2x_1+a_{22}x_2^2+a_{23}x_2x_3+a_{31}x_3x_1+a_{32}x_3x_2+a_{33}x_3^2$

(6) $\begin{pmatrix} 6 & -3 & 8 \\ 20 & -2 & -6 \end{pmatrix}$

4. (1) 不等于　(2) 不等于　(3) 不等于

5. (1) 成立　(2) 不成立　(3) 不成立　(4) 不成立　(5) 不成立　(6) 成立

6. $\begin{pmatrix} 4 & 8 & 12 \\ 3 & 15 & 13 \\ 11 & 7 & -7 \end{pmatrix}$, $\begin{pmatrix} 0 & -2 & 0 \\ -3 & -1 & 3 \\ 1 & 3 & 9 \end{pmatrix}$

7. $(a^2+b^2+c^2+d^2)^2$

8. (1) $\mathbf{A}^2=\begin{pmatrix} 1 & 0 \\ 2\lambda & 1 \end{pmatrix}$, $\mathbf{A}^3=\begin{pmatrix} 1 & 0 \\ 3\lambda & 1 \end{pmatrix}$, $\cdots$, $\mathbf{A}^k=\begin{pmatrix} 1 & 0 \\ k\lambda & 1 \end{pmatrix}$　(2) $\mathbf{A}^k=\begin{pmatrix} \lambda_1^k & & & \mathbf{0} \\ & \lambda_2^k & & \\ & & \ddots & \\ \mathbf{0} & & & \lambda_n^k \end{pmatrix}$

9. $\begin{pmatrix} \frac{13}{7} & -2 & -\frac{12}{7} \\ -\frac{2}{7} & 3 & \frac{18}{7} \\ \frac{2}{7} & 0 & \frac{3}{7} \end{pmatrix}$

12. $\begin{pmatrix} 0 & 0 & 0 \\ 0 & 0 & 0 \\ 0 & 0 & 0 \end{pmatrix}$

13. (1) 可逆，$\begin{pmatrix} -4 & 3 \\ 3 & -2 \end{pmatrix}$　(2) 可逆，$\begin{pmatrix} \cos\theta & \sin\theta \\ -\sin\theta & \cos\theta \end{pmatrix}$

(3) 可逆，$\begin{pmatrix} 1 & 0 & 0 \\ -\frac{1}{2} & \frac{1}{2} & 0 \\ 0 & -\frac{1}{3} & \frac{1}{3} \end{pmatrix}$　(4) 可逆，$\begin{pmatrix} -2 & 1 & 0 \\ -\frac{13}{2} & 3 & -\frac{1}{2} \\ -16 & 7 & -1 \end{pmatrix}$

(5) 可逆，$\begin{pmatrix} 1 & -2 & 0 & 0 \\ -2 & 5 & 0 & 0 \\ 0 & 0 & 2 & -3 \\ 0 & 0 & -5 & 8 \end{pmatrix}$　(6) 可逆，$\begin{pmatrix} \frac{1}{a_1} & & & \mathbf{0} \\ & \frac{1}{a_2} & & \\ & & \ddots & \\ \mathbf{0} & & & \frac{1}{a_n} \end{pmatrix}$

14. $\begin{pmatrix} -2 \\ 4 \end{pmatrix}$

15. (1) $\begin{pmatrix} 9 & -20 \\ -3 & 7 \end{pmatrix}$

(2) $\begin{pmatrix} -2 & 2 & 1 \\ -\frac{8}{3} & 5 & -\frac{2}{3} \end{pmatrix}$

(3) $\begin{pmatrix} 1 & 1 \\ \frac{1}{4} & 0 \end{pmatrix}$

(4) $\begin{pmatrix} 2 & -1 & 0 \\ 1 & 3 & -4 \\ 1 & 0 & -1 \end{pmatrix}$

16. (1) $\begin{cases} x_1 = 57 \\ x_2 = 22 \end{cases}$

(2) $\begin{cases} x_1 = -7 \\ x_2 = 14 \\ x_3 = 9 \end{cases}$

17. $\begin{cases} x_1 = \frac{1}{6}y_1 + \frac{1}{6}y_2 + \frac{1}{6}y_3 \\ x_2 = -\frac{5}{6}y_1 + \frac{1}{6}y_2 + \frac{7}{6}y_3 \\ x_3 = -\frac{1}{2}y_1 + \frac{1}{2}y_2 + \frac{1}{2}y_3 \end{cases}$

18. $\begin{pmatrix} 2731 & 2732 \\ -683 & -684 \end{pmatrix}$

19. $|\mathbf{A}^8| = 10^{16}$, $\mathbf{A}^4 = \begin{pmatrix} 5^4 & 0 & 0 & 0 \\ 0 & 5^4 & 0 & 0 \\ 0 & 0 & 2^4 & 0 \\ 0 & 0 & 2^6 & 2^4 \end{pmatrix}$

20. (1) $\begin{pmatrix} 1 & 0 & 0 & 0 \\ 0 & 0 & 1 & 0 \\ 0 & 0 & 0 & 1 \end{pmatrix}$

(2) $\begin{pmatrix} 0 & 1 & 0 & 5 \\ 0 & 0 & 1 & 3 \\ 0 & 0 & 0 & 0 \end{pmatrix}$

(3) $\begin{pmatrix} 1 & -1 & 0 & 2 & 0 \\ 0 & 0 & 1 & -2 & 0 \\ 0 & 0 & 0 & 0 & 1 \\ 0 & 0 & 0 & 0 & 0 \end{pmatrix}$

(4) $\begin{pmatrix} 1 & 0 & 2 & 0 & -2 \\ 0 & 1 & -1 & 0 & 3 \\ 0 & 0 & 0 & 1 & 4 \\ 0 & 0 & 0 & 0 & 0 \end{pmatrix}$

21. (1) 秩为 2,最高阶非零子式为 $\begin{vmatrix} 3 & 1 \\ 1 & -1 \end{vmatrix}$

(2) 秩为 3,最高阶非零子式为 $\begin{vmatrix} 3 & 2 & -1 \\ 2 & -1 & -3 \\ 7 & 0 & -8 \end{vmatrix}$

(3) 秩为 3,最高阶非零子式为 $\begin{vmatrix} 1 & \lambda & 2 \\ 2 & -1 & 5 \\ 1 & 10 & 1 \end{vmatrix}$

(4) 秩为 3,最高阶非零子式为 $\begin{vmatrix} 0 & 16 & 5 \\ 1 & -5 & -1 \\ -1 & -11 & -4 \end{vmatrix}$

22. (1) $\begin{pmatrix} x_1 \\ x_2 \\ x_3 \\ x_4 \end{pmatrix} = C_1 \begin{pmatrix} \frac{3}{2} \\ 1 \\ 0 \\ 0 \end{pmatrix} + C_2 \begin{pmatrix} \frac{3}{2} \\ 0 \\ -2 \\ 1 \end{pmatrix} + \begin{pmatrix} \frac{1}{2} \\ 0 \\ 0 \\ 0 \end{pmatrix}$（$C_1$，$C_2$ 为任意常数）

(2) $\begin{pmatrix} x_1 \\ x_2 \\ x_3 \\ x_4 \end{pmatrix} = C \begin{pmatrix} \frac{4}{3} \\ -3 \\ \frac{4}{3} \\ 1 \end{pmatrix}$ （C 为任意常数）

23. (1) $\begin{pmatrix} \frac{7}{6} & \frac{2}{3} & -\frac{3}{2} \\ -1 & -1 & 2 \\ -\frac{1}{2} & 0 & \frac{1}{2} \end{pmatrix}$ (2) $\begin{pmatrix} 1 & 1 & -2 & -4 \\ 0 & 1 & 0 & -1 \\ -1 & -1 & 3 & 6 \\ 2 & 1 & -6 & -10 \end{pmatrix}$

24. (1) $\begin{pmatrix} 10 & 2 \\ -15 & -3 \\ 12 & 4 \end{pmatrix}$ (2) $\begin{pmatrix} -3 & 2 & 0 \\ -4 & 5 & -2 \end{pmatrix}$

25. $\begin{pmatrix} 1 & 0 & 0 & 0 \\ -2 & 1 & 0 & 0 \\ 1 & -2 & 1 & 0 \\ 0 & 1 & -2 & 1 \end{pmatrix}$

26. $\begin{pmatrix} 6 & 0 & 0 \\ 0 & 2 & 0 \\ 0 & 0 & 1 \end{pmatrix}$

习题三

1. (1, 0, −1), (0, 1, 2)

2. $\left(\frac{1}{2}, -3, \frac{1}{3}, -\frac{4}{3}\right)^{\mathrm{T}}$

3. (1) $\boldsymbol{\beta} = 2\boldsymbol{\alpha}_1 + \boldsymbol{\alpha}_2 + \boldsymbol{\alpha}_3$ (2) $\boldsymbol{\beta} = 2\boldsymbol{\alpha}_1 - \boldsymbol{\alpha}_2 + 5\boldsymbol{\alpha}_3$

4. (1) 线性无关 (2) 线性相关 (3) 线性相关

6. 当 $mt \neq 1$ 时线性无关，当 $mt = 1$ 时线性相关

7. (1) 秩为 3，最大无关组为($\boldsymbol{\alpha}_1$，$\boldsymbol{\alpha}_2$，$\boldsymbol{\alpha}_3$)

   (2) 秩为 4，最大无关组为($\boldsymbol{\alpha}_1$，$\boldsymbol{\alpha}_2$，$\boldsymbol{\alpha}_3$，$\boldsymbol{\alpha}_4$)

   (3) 秩为 2，最大无关组为($\boldsymbol{\alpha}_1$，$\boldsymbol{\alpha}_2$)或($\boldsymbol{\alpha}_2$，$\boldsymbol{\alpha}_3$)

8. (1) 第 1、2、3 行 (2) 第 1、2、4 行

9. (1) $\boldsymbol{\zeta}_1=\begin{pmatrix}0\\1\\1\\0\end{pmatrix}$, $\boldsymbol{\zeta}_2=\begin{pmatrix}1\\0\\2\\0\end{pmatrix}$, $\mathbf{X}=k_1\boldsymbol{\zeta}_1+k_2\boldsymbol{\zeta}_2(k_1, k_2\in\mathbf{R})$

(2) 只有零解

(3) $\boldsymbol{\zeta}_1=\begin{pmatrix}0\\1\\0\\4\end{pmatrix}$, $\boldsymbol{\zeta}_2=\begin{pmatrix}-4\\0\\1\\-3\end{pmatrix}$, $\mathbf{X}=k_1\boldsymbol{\zeta}_1+k_2\boldsymbol{\zeta}_2$, $(k_1, k_2\in\mathbf{R})$

(4) $\boldsymbol{\zeta}_1=\begin{pmatrix}1\\0\\0\\\vdots\\0\\0\\-n\end{pmatrix}$, $\boldsymbol{\zeta}_2=\begin{pmatrix}0\\1\\0\\\vdots\\0\\0\\-(n-1)\end{pmatrix}$, …, $\boldsymbol{\zeta}_{n-1}=\begin{pmatrix}0\\0\\0\\\vdots\\0\\1\\-2\end{pmatrix}$

$\mathbf{X}=k_1\boldsymbol{\zeta}_1+k_2\boldsymbol{\zeta}_2+\cdots+k_{n-1}\boldsymbol{\zeta}_{n-1}(k_1, k_2, \cdots, k_{n-1}\in\mathbf{R})$

10. $\lambda=1$ 或 $\mu=0$

11. $\lambda=1$ 时, $\begin{pmatrix}x_1\\x_2\\x_3\end{pmatrix}=\begin{pmatrix}1+C_1\\C_1\\C_1\end{pmatrix}(C_1\in\mathbf{R})$

$\lambda=-2$ 时, $\begin{pmatrix}x_1\\x_2\\x_3\end{pmatrix}=\begin{pmatrix}2+C_2\\2+C_2\\C_2\end{pmatrix}(C_2\in\mathbf{R})$

12. $a=1$, $b=-1$ 时有解, $\begin{pmatrix}x_1\\x_2\\x_3\\x_4\end{pmatrix}=C_1\begin{pmatrix}0\\1\\1\\0\end{pmatrix}+C_2\begin{pmatrix}-4\\1\\0\\1\end{pmatrix}+\begin{pmatrix}0\\1\\0\\0\end{pmatrix}(C_1, C_2\in\mathbf{R})$

13. (1) $\begin{pmatrix}x_1\\x_2\\x_3\\x_4\end{pmatrix}=C\begin{pmatrix}-1\\1\\1\\0\end{pmatrix}+\begin{pmatrix}5\\0\\-13\\2\end{pmatrix}(C\in\mathbf{R})$

(2) $\begin{pmatrix}x_1\\x_2\\x_3\\x_4\end{pmatrix}=C_1\begin{pmatrix}-9\\1\\7\\0\end{pmatrix}+C_2\begin{pmatrix}-4\\0\\\frac{7}{2}\\1\end{pmatrix}+\begin{pmatrix}-17\\0\\14\\0\end{pmatrix}(C_1, C_2\in\mathbf{R})$

(3) $\begin{pmatrix} x_1 \\ x_2 \\ x_3 \\ x_4 \end{pmatrix} = C\begin{pmatrix} 27 \\ 4 \\ 41 \\ 1 \end{pmatrix} + \begin{pmatrix} 2 \\ -1 \\ 3 \\ 0 \end{pmatrix}$ $(C \in \mathbf{R})$

(4) $\begin{pmatrix} x_1 \\ x_2 \\ x_3 \\ x_4 \end{pmatrix} = C_1\begin{pmatrix} \frac{3}{2} \\ 1 \\ 0 \\ 0 \end{pmatrix} + C_2\begin{pmatrix} -\frac{1}{16} \\ 0 \\ -\frac{11}{8} \\ 1 \end{pmatrix} + \begin{pmatrix} \frac{1}{2} \\ 0 \\ 0 \\ 0 \end{pmatrix}$ $(C_1, C_2 \in \mathbf{R})$

14. 由二次曲线方程的一般式 $Ax^2 + Bxy + Cy^2 + Dx + Ey + F = 0$ 求得方程为 $y^2 - y = 0$

15. $\boldsymbol{X} = C\begin{pmatrix} 3 \\ 4 \\ 5 \\ 6 \end{pmatrix} + \begin{pmatrix} 2 \\ 3 \\ 4 \\ 5 \end{pmatrix}$ $(C \in \mathbf{R})$

习题四

1. (1) $\lambda_1 = -1$ 时，特征向量 $C_1\begin{pmatrix} -1 \\ 1 \end{pmatrix}$ $(C_1 \neq 0)$

$\lambda_2 = 3$ 时，特征向量 $C_2\begin{pmatrix} 1 \\ 1 \end{pmatrix}$ $(C_2 \neq 0)$

(2) $\lambda_1 = 0$ 时，特征向量 $C_1\begin{pmatrix} -1 \\ -1 \\ 1 \end{pmatrix}$ $(C_1 \neq 0)$

$\lambda_2 = -1$ 时，特征向量 $C_2\begin{pmatrix} -1 \\ 1 \\ 0 \end{pmatrix}$ $(C_2 \neq 0)$

$\lambda_3 = 9$ 时，特征向量 $C_3\begin{pmatrix} 1 \\ 1 \\ 2 \end{pmatrix}$ $(C_3 \neq 0)$

(3) $\lambda_1 = \lambda_2 = \lambda_3 = -1$ 时，特征向量 $C\begin{pmatrix} -1 \\ -1 \\ 1 \end{pmatrix}$ $(C \neq 0)$

(4) $\lambda_1 = -2$ 时，特征向量 $C_1\begin{pmatrix} -4 \\ 5 \\ 0 \\ 0 \end{pmatrix}$ $(C_1 \neq 0)$

$\lambda_2 = 3$ 时，特征向量 $C_2\begin{pmatrix}0\\0\\1\\-1\end{pmatrix}$ $(C_2 \neq 0)$

$\lambda_3 = 6$ 时，特征向量 $C_3\begin{pmatrix}0\\0\\2\\1\end{pmatrix}$ $(C_3 \neq 0)$

$\lambda_4 = 7$ 时，特征向量 $C_4\begin{pmatrix}1\\1\\0\\0\end{pmatrix}$ $(C_4 \neq 0)$

(5) $\lambda_1 = -2$ 时，特征向量 $C_1\begin{pmatrix}-1\\1\\1\end{pmatrix}$ $(C_1 \neq 0)$

$\lambda_2 = \lambda_3 = 1$ 时，特征向量 $C_2\begin{pmatrix}0\\0\\1\end{pmatrix}$，$C_3\begin{pmatrix}-2\\1\\0\end{pmatrix}$ $(C_2 \neq 0,\ C_3 \neq 0)$

(6) $\lambda_1 = -2$ 时，特征向量 $C_1\begin{pmatrix}-1\\1\\1\\1\end{pmatrix}$ $(C_1 \neq 0)$

$\lambda_2 = \lambda_3 = \lambda_4 = 2$ 时，特征向量 $C_2\begin{pmatrix}1\\1\\0\\0\end{pmatrix}$，$C_3\begin{pmatrix}1\\0\\1\\0\end{pmatrix}$，$C_4\begin{pmatrix}1\\0\\0\\1\end{pmatrix}$ $(C_2 \neq 0,\ C_3 \neq 0,\ C_4 \neq 0)$

2. n 重特征值 $\lambda = 0$，特征向量 $C\begin{pmatrix}1\\0\\0\\\vdots\\0\end{pmatrix}$ $(C \neq 0)$

3. $x = 4,\ y = 5$

4. $\dfrac{1}{3}\begin{pmatrix}2+5^{100} & -1+5^{100}\\-2+2\times 5^{100} & 1+2\times 5^{100}\end{pmatrix}$

5. $-5,\ 1,\ 1;\ -\dfrac{4}{5},\ 2,\ 2$

6. (1) $\boldsymbol{P} = \begin{pmatrix}1 & 1\\-1 & -2\end{pmatrix}$，$\boldsymbol{\Lambda} = \begin{pmatrix}2 & 0\\0 & 3\end{pmatrix}$

(2) 不相似于对角阵

(3) $\boldsymbol{P}=\begin{pmatrix}1&1&1\\0&1&0\\1&1&-1\end{pmatrix}$, $\boldsymbol{\Lambda}=\begin{pmatrix}1&&\\&1&\\&&-1\end{pmatrix}$

(4) $\boldsymbol{P}=\begin{pmatrix}-2&1&1\\1&0&-2\\0&1&3\end{pmatrix}$, $\boldsymbol{\Lambda}=\begin{pmatrix}2&&\\&2&\\&&-4\end{pmatrix}$

7. (1) $\boldsymbol{A}=\begin{pmatrix}-\frac{1}{3}&0&\frac{2}{3}\\0&\frac{1}{3}&\frac{2}{3}\\\frac{2}{3}&\frac{2}{3}&0\end{pmatrix}$ (2) $\boldsymbol{A}=\begin{pmatrix}4&1&1\\1&4&1\\1&1&4\end{pmatrix}$

8. 28

9. $\boldsymbol{e}_1=\frac{1}{\sqrt{3}}\begin{pmatrix}1\\1\\1\end{pmatrix}$, $\boldsymbol{e}_2=\frac{1}{\sqrt{2}}\begin{pmatrix}-1\\0\\1\end{pmatrix}$, $\boldsymbol{e}_3=\frac{1}{\sqrt{6}}\begin{pmatrix}1\\-2\\1\end{pmatrix}$

10. (1) 否 (2) 否

11. (1) $\boldsymbol{P}=\begin{pmatrix}\frac{2}{3}&\frac{1}{3}&\frac{2}{3}\\\frac{1}{3}&\frac{2}{3}&-\frac{2}{3}\\-\frac{2}{3}&\frac{2}{3}&\frac{1}{3}\end{pmatrix}$, $\boldsymbol{\Lambda}=\begin{pmatrix}1&&\\&-2&\\&&4\end{pmatrix}$

(2) $\boldsymbol{P}=\begin{pmatrix}\frac{-2}{\sqrt{5}}&\frac{2}{3\sqrt{5}}&\frac{1}{3}\\\frac{1}{\sqrt{5}}&\frac{4}{3\sqrt{5}}&\frac{2}{3}\\0&\frac{5}{3\sqrt{5}}&-\frac{2}{3}\end{pmatrix}$, $\boldsymbol{\Lambda}=\begin{pmatrix}1&&\\&1&\\&&10\end{pmatrix}$

(3) $\boldsymbol{P}=\begin{pmatrix}\frac{1}{\sqrt{3}}&-\frac{1}{\sqrt{2}}&-\frac{1}{\sqrt{6}}\\\frac{1}{\sqrt{3}}&\frac{1}{\sqrt{2}}&-\frac{1}{\sqrt{6}}\\\frac{1}{\sqrt{3}}&0&\frac{2}{\sqrt{6}}\end{pmatrix}$, $\boldsymbol{\Lambda}=\begin{pmatrix}0&&\\&3&\\&&3\end{pmatrix}$

(4) $\boldsymbol{P}=\begin{pmatrix}\frac{1}{\sqrt{2}} & \frac{1}{\sqrt{6}} & -\frac{1}{\sqrt{12}} & -\frac{1}{2}\\ \frac{1}{\sqrt{2}} & -\frac{1}{\sqrt{6}} & \frac{1}{\sqrt{12}} & \frac{1}{2}\\ 0 & \frac{2}{\sqrt{6}} & \frac{1}{\sqrt{12}} & \frac{1}{2}\\ 0 & 0 & \frac{3}{\sqrt{12}} & -\frac{1}{2}\end{pmatrix}$, $\boldsymbol{\Lambda}=\begin{pmatrix}1 & & & \\ & 1 & & \\ & & 1 & \\ & & & -3\end{pmatrix}$

14. (1) $f=(x_1, x_2, x_3)\begin{pmatrix}1 & \frac{1}{2} & \frac{1}{2}\\ \frac{1}{2} & 0 & 0\\ \frac{1}{2} & 0 & 0\end{pmatrix}\begin{pmatrix}x_1\\ x_2\\ x_3\end{pmatrix}$

(2) $f=(x_1, x_2, x_3, x_4)\begin{pmatrix}0 & \frac{1}{2} & \frac{1}{2} & 0\\ \frac{1}{2} & 0 & \frac{1}{2} & 0\\ \frac{1}{2} & \frac{1}{2} & 0 & \frac{1}{2}\\ 0 & 0 & \frac{1}{2} & 0\end{pmatrix}\begin{pmatrix}x_1\\ x_2\\ x_3\\ x_4\end{pmatrix}$

(3) $f=(x, y, z)\begin{pmatrix}1 & 2 & 1\\ 2 & 4 & 2\\ 1 & 2 & 1\end{pmatrix}\begin{pmatrix}x\\ y\\ z\end{pmatrix}$

15. (1) $f=2y_1^2+2y_2^2-\frac{57}{8}y_3^2$, $\boldsymbol{C}=\begin{pmatrix}1 & 0 & -2\\ 0 & 1 & \frac{1}{4}\\ 0 & 0 & 1\end{pmatrix}$ (2) $f=z_1^2-z_2^2-z_3^2$, $\boldsymbol{C}=\begin{pmatrix}1 & 1 & -1\\ 1 & -1 & -1\\ 0 & 0 & 1\end{pmatrix}$

16. (1) $f=y_1^2+y_2^2-y_3^2-y_4^2$, $\begin{pmatrix}x_1\\ x_2\\ x_3\\ x_4\end{pmatrix}=\begin{pmatrix}\frac{1}{\sqrt{2}} & 0 & 0 & -\frac{1}{\sqrt{2}}\\ \frac{1}{\sqrt{2}} & 0 & 0 & \frac{1}{\sqrt{2}}\\ 0 & -\frac{1}{\sqrt{2}} & \frac{1}{\sqrt{2}} & 0\\ 0 & \frac{1}{\sqrt{2}} & \frac{1}{\sqrt{2}} & 0\end{pmatrix}\begin{pmatrix}y_1\\ y_2\\ y_3\\ y_4\end{pmatrix}$

(2) $f=y_1^2+y_2^2-y_3^2+3y_4^2$, $\begin{pmatrix}x_1\\x_2\\x_3\\x_4\end{pmatrix}=\begin{pmatrix}0 & \frac{1}{\sqrt{2}} & \frac{1}{2} & -\frac{1}{2}\\ \frac{1}{\sqrt{2}} & 0 & -\frac{1}{2} & -\frac{1}{2}\\ 0 & \frac{1}{\sqrt{2}} & -\frac{1}{2} & \frac{1}{2}\\ \frac{1}{\sqrt{2}} & 0 & \frac{1}{2} & \frac{1}{2}\end{pmatrix}\begin{pmatrix}y_1\\y_2\\y_3\\y_4\end{pmatrix}$

(3) $f=y_1^2+2y_2^2+5y_3^2$, $\begin{pmatrix}x_1\\x_2\\x_3\end{pmatrix}=\begin{pmatrix}0 & 1 & 0\\ \frac{1}{\sqrt{2}} & 0 & \frac{1}{\sqrt{2}}\\ -\frac{1}{\sqrt{2}} & 0 & \frac{1}{\sqrt{2}}\end{pmatrix}\begin{pmatrix}y_1\\y_2\\y_3\end{pmatrix}$

(4) $f=y_1^2+y_2^2+4y_3^2$, $\begin{pmatrix}x_1\\x_2\\x_3\end{pmatrix}=\begin{pmatrix}0 & -\frac{\sqrt{2}}{\sqrt{3}} & \frac{1}{\sqrt{3}}\\ 0 & \frac{1}{\sqrt{3}} & \frac{\sqrt{2}}{\sqrt{3}}\\ 1 & 0 & 0\end{pmatrix}\begin{pmatrix}y_1\\y_2\\y_3\end{pmatrix}$

17. (1) 正定　(2) 既非正定也非负定　(3) 既非正定也非负定　(4) 既非正定也非负定

习题五

3. $a(\omega)=\dfrac{2\sin\omega}{\pi\omega}$

4. $f_T(t)=\dfrac{A}{2}+\sum\limits_{m=-\infty}^{+\infty}\dfrac{-2A}{\pi^2(2m+1)^2}e^{j(2m+1)\omega t}$

5. 图示的表达式为 $f_T(t)=A\left|\sin\dfrac{\omega}{2}t\right|$，且 $f_T(t)$ 为偶函数，其傅氏级数形式为

$$f_T(t)=-\frac{2A}{\pi}\sum_{n=-\infty}^{+\infty}\frac{1}{4n^2-1}e^{jn\omega t}$$

6. (1) $F(\omega)=\dfrac{A(1-e^{-j\omega\tau})}{j\omega}=\dfrac{2A}{\omega}e^{-j\omega\tau/2}\sin(\omega\tau/2)$

(2) $F(\omega)=\dfrac{A}{T\omega^2}[(1+j\omega T)e^{-j\omega T}-1]$

7. (1) $f(t)=\dfrac{4}{\pi}\displaystyle\int_0^{+\infty}\dfrac{\sin\omega-\omega\cos\omega}{\omega^3}\cos\omega t\,d\omega$

(2) $f(t)=\dfrac{2}{\pi}\displaystyle\int_0^{+\infty}\dfrac{(5-\omega^2)\cos\omega t+2\omega\sin\omega t}{25-6\omega^2+\omega^4}d\omega$

(3) $f(t)=\dfrac{2}{\pi}\displaystyle\int_0^{+\infty}\dfrac{\sin 2\omega}{\omega}\cos\omega t\,d\omega\quad(|t|\neq 2)$

(4) $f(t)=\dfrac{1}{\pi}\displaystyle\int_0^{+\infty}(\cos\omega t-\omega\sin\omega t)d\omega$

8. (1) $F(\omega)=\dfrac{2\beta}{\beta^2+\omega^2}$

(2) $F(\omega)=\dfrac{2\omega^2+4}{\omega^4+4}$

(3) $F(\omega)=\dfrac{-2\mathrm{j}\sin\omega\pi}{1-\omega^2}$

9. (1) $F(\omega)=\dfrac{\pi}{2}\mathrm{j}[\delta(\omega+2)-\delta(\omega-2)]$

(2) $F(\omega)=\dfrac{\pi}{4}\mathrm{j}[\delta(\omega-3)-3\delta(\omega-1)+3\delta(\omega+1)-\delta(\omega+3)]$

(3) $F(\omega)=\dfrac{\pi}{2}[(\sqrt{3}+\mathrm{j})\delta(\omega+5)+(\sqrt{3}-\mathrm{j})\delta(\omega-5)]$

10. $F(\omega)=\dfrac{2}{\mathrm{j}\omega}$

11. $F(\omega)=\cos\omega a+\cos\dfrac{\omega a}{2}$

12. (1) $f(t)=\begin{cases}\dfrac{1}{2}[u(1+t)+u(1-t)-1], & |t|\neq 1\\ \dfrac{1}{4}, & |t|=1\end{cases}$

(2) $f(t)=\cos\omega_0 t$

16. $F(\omega)=\dfrac{4A}{\tau\omega^2}\left(1-\cos\dfrac{\omega\tau}{2}\right)$

17. $A_0=2\,|\,c_0\,|=h,\ A_n=2\,|\,c_n\,|=\dfrac{h}{n\pi},\ \omega_n=n\omega=\dfrac{2n\pi}{T}\ (n=1,2,\cdots)$

22. (1) $\dfrac{\mathrm{d}}{\mathrm{d}\omega}\left[\dfrac{\mathrm{j}}{2}F\left(\dfrac{\omega}{2}\right)\right]$ (2) $\mathrm{j}F'(\omega)-2F(\omega)$

(3) $\dfrac{\mathrm{d}}{\mathrm{d}\omega}\left[\dfrac{\mathrm{j}}{2}F\left(-\dfrac{\omega}{2}\right)\right]-F\left(-\dfrac{\omega}{2}\right)$ (4) $-F(\omega)-\omega F'(\omega)$

(5) $\mathrm{e}^{-\mathrm{j}\omega}F(-\omega)$ (6) $\dfrac{1}{2}\mathrm{e}^{-\frac{5}{2}\mathrm{j}\omega}F\left(\dfrac{\omega}{2}\right)$

23. (1) $\dfrac{1}{(a+\mathrm{j}\omega)^2}$

24. (1) π (2) $\dfrac{\pi}{2}$ (3) $\dfrac{\pi}{2}$ (4) $\dfrac{\pi}{2}$

26. $f_1(t)*f_2(t)=\begin{cases}0, & t\leqslant 0\\ \dfrac{1}{2}(\sin t-\cos t+\mathrm{e}^{-t}), & 0<t\leqslant\dfrac{\pi}{2}\\ \dfrac{1}{2}\mathrm{e}^{-t}(1+\mathrm{e}^{\frac{\pi}{2}}), & t>\dfrac{\pi}{2}\end{cases}$

28. (1) $F(\omega)=\dfrac{\omega_0}{\omega_0^2-\omega^2}+\dfrac{\pi}{2\mathrm{j}}[\delta(\omega-\omega_0)-\delta(\omega+\omega_0)]$

(2) $F(\omega)=\dfrac{\omega_0}{(\beta+\mathrm{j}\omega)^2+\omega_0^2}$

(3) $F(\omega)=\dfrac{\beta+\mathrm{j}\omega}{(\beta+\mathrm{j}\omega)^2+\omega_0^2}$

(4) $F(\omega)=\dfrac{1}{\mathrm{j}(\omega-\omega_0)}+\pi\delta(\omega-\omega_0)$

(5) $F(\omega)=\dfrac{1}{\mathrm{j}(\omega-\omega_0)}\mathrm{e}^{-\mathrm{j}(\omega-\omega_0)t_0}+\pi\delta(\omega-\omega_0)$

(6) $F(\omega)=-\dfrac{1}{(\omega-\omega_0)^2}+\pi\mathrm{j}\delta'(\omega-\omega_0)$

29. $S(\omega)=\dfrac{a}{4a^2+\omega^2}$

30. $S(\omega)=\dfrac{\pi}{2}[\delta(\omega-\omega_0)+\delta(\omega+\omega_0)]$

31. $R_{12}(\tau)=\begin{cases}\dfrac{b}{2a}(a^2-\tau^2),\ -a\leqslant\tau\leqslant 0\\ \dfrac{b}{2a}(a-\tau)^2,\ 0<\tau\leqslant a\\ 0,\ |\tau|>a\end{cases}$

习题六

1. (1) $F(s)=\dfrac{1}{s^2+4}$ (2) $F(s)=\dfrac{2}{4s^2+1}$

(3) $F(s)=\dfrac{2}{s^3}$ (4) $F(s)=\dfrac{1}{s+2}$

(5) $F(s)=\dfrac{2}{s(s^2+4)}$ (6) $F(s)=\dfrac{s}{s^2-k^2}\ (s>k)$

2. (1) $F(s)=\dfrac{1}{s}(3-4\mathrm{e}^{-2s}+\mathrm{e}^{-4s})$ (2) $F(s)=\dfrac{3}{s}(1-\mathrm{e}^{-\frac{\pi s}{2}})-\dfrac{1}{s^2+1}\mathrm{e}^{-\frac{\pi s}{2}}$

(3) $F(s)=\dfrac{1}{s+2}+5=\dfrac{5s+11}{s+2}$ (4) $F(s)=1-\dfrac{1}{s^2+1}=\dfrac{s^2}{s^2+1}$

3. $\mathscr{L}[f(t)]=\dfrac{1}{(1-\mathrm{e}^{-\pi s})(s^2+1)}$

4. (1) $\mathscr{L}[f(t)]=\dfrac{1+bs}{s^2}-\dfrac{b}{s(1-\mathrm{e}^{-bs})}$ (2) $\mathscr{L}[f(t)]=\dfrac{1}{s(1+\mathrm{e}^{-as})}\tanh as$

5. (1) $F(s)=\dfrac{4(3+s)}{[(s+3)^2+4]^2}$ (2) $F(s)=\dfrac{2(3s^2+12s+13)}{s^2[(s+3)^2+4]^2}$

(3) $f(s)=\dfrac{2}{t}\sinh t$ (4) $F(s)=\dfrac{4(3+s)}{s[(s+3)^2+4]^2}$

6. (1) $\dfrac{1}{(s-2)^2+1}$ (2) $\dfrac{1}{s+1}$ (3) $\dfrac{1}{s}+\dfrac{1}{s-5}$

(4) $\dfrac{\mathrm{e}^{-3}}{s-1}$ (5) $\dfrac{2-4s+4s^2}{s^3}$ (6) $\dfrac{1}{s}$

(7) $\frac{1}{s}e^{-\frac{5}{3}s}$　　(8) $\frac{s^2-a^2}{(s^2+a^2)^2}$　　(9) $\frac{\cos a - s\sin a}{s^2+1}$

(10) $\frac{s}{(s^2+a^2)^2}$　　(11) $\frac{n!}{(s-a)^{n+1}}$ (n 为正整数)　　(12) $\frac{1}{s}-\frac{1}{(s-1)^2}$

7. (1) $F(s) = \text{arccot}\,\frac{s}{k}$　　(2) $F(s) = \text{arccot}\,\frac{s+3}{2}$

(3) $F(s) = \frac{t}{2}\sinh t$　　(4) $F(s) = \frac{1}{s}\text{arccot}\,\frac{s+3}{2}$

8. (1) $\ln 2$　　(2) $\frac{1}{2}\ln\frac{m^2+n^2}{a^2+b^2}$

(3) $\frac{1}{4}$　　(4) $\frac{12}{169}$

(5) 0　　(6) $\frac{1}{4}\ln 5$

9. (1) $\frac{1}{3}\sin 3t$　　(2) $f(t) = \frac{1}{6}t^3e^{-t}$

(3) $f(t) = 2\cos 3t + \sin 3t$　　(4) $f(t) = \frac{1}{6}t^3$

(5) $f(t) = e^{-3t}$　　(6) $e^t\cos 2t + \frac{1}{2}e^t\sin 2t$

10. (1) $f(t) = Au(t) - 2Au(t-\tau) + 2Au(t-2\tau) - \cdots + (-1)^n 2Au(t-n\tau) + \cdots$

$\mathscr{L}[f(t)] = \frac{A}{s}\tanh\frac{s\tau}{2}$

(2) $f(t) = 8u(t) - 2u(t-2)$

$\mathscr{L}[f(t)] = \frac{2}{s}(4-e^{-2s})$

11. (1) $\frac{3}{5}e^{2t} + \frac{2}{5}e^{-3t}$　　(2) $2e^{-2t}\cos 3t + \frac{1}{3}e^{-2t}\sin 3t$

(3) $f(t) = \frac{ae^{at}-be^{bt}}{a-b}$　　(4) $f(t) = \sinh t - t$

(5) $f(t) = \delta(t) - 2e^{-2t}$　　(6) $f(t) = \frac{2(1-\cosh t)}{t}$

(7) $f(t) = \frac{1}{2}te^{-2t}\sin t$　　(8) $f(t) = \frac{1}{2}e^{-t}(\sin t - t\cos t)$

(9) $f(t) = \frac{1}{2}(1+2e^{-t}-3e^{-2t})$　　(10) $f(t) = \frac{1}{3}\cos t - \frac{1}{3}\cos 2t$

12. (1) t　　(2) $\frac{m!n!}{(m+n+1)!}t^{m+n+1}$

(3) $\frac{1}{2k}\sin kt - \frac{t}{2}\cos kt$　　(4) $e^t - t - 1$

(5) $\frac{1}{2}t\sin t$　　(6) $\begin{cases} 0, & t<a,\ 0\leqslant a\leqslant t \\ \int_a^t f(t-\tau)\,d\tau \end{cases}$

(7) $\sinh t - t$

(8) $\begin{cases} 0, & t < a,\ 0 \leqslant a \leqslant t \\ f(t-a) \end{cases}$

14. (1) $y(t) = e^{2t} - e^{t}$

(2) $y(t) = \frac{1}{4}[(7+2t)]e^{-t} - 3e^{-3t}]$

(3) $y(t) = \left[\frac{1}{2} - e^{-(t-1)} + \frac{1}{2}e^{-2(t-1)}\right]u(t-1) + e^{-t} - e^{-2t}$

(4) $y(t) = -2\sin t - \cos t$

(5) $y(t) = te^{t}\sin t$

(6) $y(t) = -\frac{1}{2} + \frac{1}{10}e^{2t} + \frac{2}{5}\cos t - \frac{1}{5}\sin t$

(7) $\begin{cases} x(t) = a + \frac{1}{2}t + \frac{1}{4}t^2 \\ y(t) = b + \frac{1}{2}t - \frac{1}{4}t^2 \end{cases}$

(8) $\begin{cases} x(t) = e^{t} \\ y(t) = e^{t} \end{cases}$

(9) $\begin{cases} x(t) = \frac{2}{3}\cos 2t + \frac{1}{3}\sin 2t + \frac{1}{3}e^{t} \\ y(t) = -\frac{2}{3}\cos 2t - \frac{1}{3}\sin 2t + \frac{2}{3}e^{t} \end{cases}$

(10) $\begin{cases} x(t) = \frac{2}{3}\cosh(\sqrt{2}t) + \frac{1}{3}\cos t \\ y(t) = z(t) = -\frac{1}{3}\cosh(\sqrt{2}t) + \frac{1}{3}\cos t \end{cases}$

15. $f(t) = a\left(t + \frac{t^3}{6}\right)$

16. $i(t) = \frac{E}{R}[1 - e^{-\frac{R}{L}(t-t_0)}]$

习题七

1. (1) $F(z) = \frac{4z-1}{2z-1}$

(2) $F(z) = \frac{z}{z-3}$

(3) $F(z) = 1$

(4) $F(z) = \frac{z}{(z-1)^2}$

(5) $F(z) = \frac{e^{a}z}{(e^{a}z-1)^2}$

2. (1) $f(n) = a^n \cdot u(n)$

(2) $f(n) = -\delta(n) + 2\left(-\frac{1}{2}\right)^n u(n)$

(3) $f(n) = 4 \cdot \left(-\frac{1}{2}\right)^n u(n) - 3 \cdot \left(-\frac{1}{4}\right)^n u(n)$

(4) $f(n) = -a\delta(n) + \left(\frac{1}{a}\right)^n \cdot \frac{(a^2-1)}{a}$

(5) $f(n) = [20 \cdot (2)^{-n} - 10 \cdot (4)^{-n}]u(n)$

(6) $f(n) = n \cdot 6^{n-1} \cdot u(n)$

(7) $f(n) = (2^{-n} - 2^{n})u(n)$

(8) $f(n) = (2^{n} - n - 1)u(n)$

(9) $f(n)=\frac{n(n+1)}{2e^2}e^{-n}u(n)$

(10) $f(n)=5\cdot(3^n-1)u(n)$

4. (1) $F(z)=\frac{6z^2-10z}{(z-3)(3z-1)}$

(2) $F(z)=\frac{z(z+1)}{(z-1)^3}-\frac{4z}{(z-1)^2}+\frac{4z}{z-1}$

(3) $F(z)=\frac{z^2}{(z+1)^2}$

(4) $F(z)=\frac{z(z+1)}{(z-1)^3}-\frac{z}{z-1}$

5. (1) $y(n)=\frac{1}{a-b}(a^{n+1}-b^{n+1})u(n)$

(2) $y(n)=a^{n-2}u(n)-a^{-2}\delta(n)-a^{-1}\delta(n-1)$

(3) $y(n)=\frac{1-a^n}{1-a}u(n)$

6. (1) $y(n)=3\cdot(0.5)^n u(n)$

(2) $y(n)=[(0.4)^{n+1}-(-0.6)^{n+1}]u(n)$

(3) $\left[\frac{25}{27}+\frac{1}{9}\cdot\left(-\frac{1}{5}\right)^n-\frac{1}{27}\cdot\left(\frac{1}{10}\right)^n\right]u(n)$

(4) $\left[\frac{5}{6}n+\frac{5}{36}-\frac{5}{36}\cdot\left(-\frac{1}{5}\right)^n\right]u(n)$

参考文献

1. 同济大学数学教研室. 工程数学:线性代数(第3版). 北京:高等教育出版社,1999
2. 张令松. 工程数学(第2版). 北京:机械工业出版社,1999
3. 南京工学院数学教研组. 积分变换(第3版). 北京:高等教育出版社,1989
4. 姜建国. 信号与系统分析基础. 北京:清华大学出版社,1994
5. 郑君里. 信号与系统(第2版). 北京:高等教育出版社,2000
6. 金忆丹. 复变函数与拉普拉斯变换(第2版). 杭州:浙江大学出版社,1994
7. 李红,谢松法. 复变函数与积分变换. 北京:高等教育出版社,1999
8. 刘学生. 线性代数全程学习指导与解题能力训练. 大连:大连理工大学出版社,2002
9. 四川工业学院数学教研室. 工程数学常见题型分析. 西安:电子科技大学出版社,1996
10. 谢延波,王爱茹,杨中兵. 线性代数同步测试. 沈阳:东北大学出版社, 2002
11. 李建林. 复变函数与积分变换典型题分析解集(第2版). 西安:西北工业大学出版社,2001
12. 张爱和,高尚华. 积分变换解题指南. 北京:高等教育出版社,1986
13. 贺才兴. 工程数学题典(二). 上海:上海交通大学出版社,2002
14. 陈生潭. 信号与系统(第2版). 西安:电子科技大学出版社,2001
15. 尹泽明,丁春利. 精通 MATLAB 6. 北京:清华大学出版社,2002
16. 刘宏友,彭锋. MATLAB 6. x 符号运算及其应用. 北京:机械工业出版社,2003